纺织服装高等教育“十三五”部委级规划教材

化学纤维生产工艺学

闫承花 主编 / 王利娜 副主编

Processing Technology of Chemical Fibers

東華大學出版社
·上海·

图书在版编目(CIP)数据

化学纤维生产工艺学/闫承花主编. —上海:东华大学出版社,2018.1
ISBN 978-7-5669-1321-0

Ⅰ.①化… Ⅱ.①闫… Ⅲ.①化学纤维-生产工艺-高等学校-教材 Ⅳ.①TQ340.6

中国版本图书馆 CIP 数据核字(2017)第 299921 号

责任编辑:周德红
封面设计:魏依东

化学纤维生产工艺学
Processing Technology of Chemical Fibers
主　　编:闫承花
出版发行:东华大学出版社(上海市延安西路 1882 号,200051)
本社网址:dhupress.dhu.edu.cn
天猫旗舰店:http://dhdx.tmall.com
营销中心:021-62193056　62373056　62379558
印刷:上海龙腾印务有限公司
开本:787mm×1092mm　1/16
印张:17.75　字数:451 千字
2018 年 1 月第 1 版　2024 年 1 月第 2 次印刷
ISBN 978-7-5669-1321-0
定价:59.00 元

前 言

21 世纪化学纤维的发展方兴未艾，纤维老品种不断改性，精益求精；新品种相继研发，锦上添花。我国是世界化纤大国和强国，化学纤维不仅是纺织领域的顶梁柱，而且在材料领域也占据了不可或缺的重要地位。从常规化学纤维到差别化纤维，从服用纤维到高科技纤维，化学纤维生产工艺和设备性能都有了跨跃式提升。为使教材与时俱进，适应科研和生产实际，太原理工大学、河南工程学院和嘉兴学院三校合编了《化学纤维生产工艺学》新教材，供纺织和材料类本科专业使用，也可供企事业单位科研技术人员参考。

本教材编写团队共有 8 位教师，其中 1 位教授，3 位副教授和 4 位讲师；3 位曾主编过规划教材，5 位参编过教材；1 位有在仪征化纤股份有限公司工作数年的经历，1 位有在浙江古纤道新材料有限公司工作数年的经历。

全书共分十四章，第一章、第六章和第九章由闫承花编写；第二章和第十四章由罗秋兰编写；第三章由颜志勇编写；第四章、第五章、第八章和第十三章由王利娜编写；第七章和第十一章由郭红霞编写；第十章由刘淑强编写；第十二章由张永芳编写。全书由闫承花统稿，辛长征校稿。

除涤纶、锦纶、丙纶、腈纶和黏胶纤维外，本教材将“十三五”规划重点发展的碳纤维、芳纶、聚乳酸纤维和聚苯硫醚纤维单列成章，内容涵盖面较广，建议教学时数为 64 学时。另外，建议前七章必讲，后七章根据各校情况选讲或供课外自学。

本教材在编写过程中得到了享受“国务院政府特殊津贴”的碳纤维专家沙中瑛、中国石油化工集团化工事业部合原及合纤处专家房晓娟、仪征化纤股份有限公司聚酯纤维专家秦鹏和中国科学院 PBO 纤维专家肖耀南的帮助，在此表示衷心感谢。

由于编者水平有限，书中不足或不妥之处在所难免，敬请读者批评指正。

编者

目 录

第一章　绪　论

第一节　化学纤维的源与流

一、世界化学纤维的发展简史

化学纤维的首创灵感来源于对蚕吐丝的观察。1884 年法国的沙尔童(Selden)用硝酸纤维素溶液通过近似蚕嘴大的小孔喷出,制得了世界上第一根化学纤维——硝化纤维素纤维,因特别容易燃烧,几近淘汰。

1891 年英国的克罗斯(Cross)、贝巴(Bevan)和彼托鲁(Beadle)研制成功了黏胶纤维,并于 1905 年开始了工业化生产。至今 110 多年来化学纤维的开发方兴未艾,经久不衰。第一次世界大战以后,有人制成了醋酯纤维,1937 年又出现了用牛奶酪蛋白制成的牛奶纤维。这几种化纤虽是人造纤维,但原料都是天然的纤维素或蛋白质,统称为再生纤维。20 世纪 30 年代前主要是再生纤维发展期,可谓化学纤维发展第一阶段。

合成纤维的发展始于 20 世纪 30 年代。这个阶段是合成纤维从无到有的重要发展期,称为化学纤维发展第二阶段。

1931 年,德国的胡彼特(Hubert)把聚氯乙烯溶于环己酮中,在含有 30% 醋酸水溶液中用湿法纺制出了可供衣料用的聚氯乙烯纤维。1946 年,德国首先实现工业化生产。

1935 年,美国的卡罗瑟斯(Carothers)成功合成了聚酰胺-66,1936 年美国杜邦公司(DuPont)纺成了聚酰胺-66 纤维,商品名定为尼龙(Nylon),我国称为锦纶-66,1940 年开始了工业化生产。聚酰胺-66 是世界上最早工业化生产的合成纤维,因此卡罗瑟斯被誉为"合成纤维之父"。

同年,杜邦公司又开始研究聚丙烯腈纤维,于 1950 年实现了工业化生产,商品名为奥纶(Orlon),我国称为腈纶。

1941 年,德国的施莱克(Schlack)发明了聚酰胺-6。

1941 年,德国的温菲尔德(Whinfieid)和迪克松(Dickson)发明了聚对苯二甲酸乙二醇酯纤维。1953 年美国杜邦公司购买了德国专利,开始了工业化生产,商品名为达克纶(Dacron),我国称为涤纶。

聚乙烯醇纤维是由日本的樱田一郎和朝鲜的李升基在 1939 年发明的,1950 年在日本开始了工业化生产,商品名为维尼纶(Vinilon),我国称为维纶。

1955 年,意大利蒙特卡梯尼公司(Montecatini)发表了关于聚丙烯纤维的专利,1958 年开始了工业化生产,商品名为梅克丽纶,我国称为丙纶。

从 20 世纪 30 年代初到 50 年代末,合成纤维六大纶,即涤纶、尼纶、腈纶、丙纶、维纶和氯纶已发展齐全。

20 世纪 60 年代进入了化学纤维发展的第三阶段。重点转向了差别化纤维、功能纤维和高性能纤维的开发和生产。如抗菌、抗辐射、反渗透、高效过滤、吸附、离子交换、导光、保暖和阻燃等功能纤维，以及耐腐蚀、耐高温、高强度和高模量等高性能纤维。

1962 年开发的新品种有芳纶和聚苯硫醚纤维等。美国杜邦公司首先开发了聚间苯二甲酰间苯二胺纤维，并实现了工业化生产，商品名为诺梅克斯（Nomex）；1966 年，杜邦公司又生产出了聚对苯二甲酰对苯二胺纤维，商品名为凯夫拉（Kevlar）。1967 年由美国菲利普公司（Phillips）研发成功塑料级聚苯硫醚，1979 年该公司研制出纤维级聚苯硫醚，1983 年实现了工业化生产，商品名为赖顿（Ryton）。

传统黏胶纤维的生产过程严重污染环境，一种不经化学反应生产的纤维素纤维——莱赛尔（Lyocell）纤维一经面世，就引起了纺织工业界和学术界的广泛关注，并且被誉为“21 世纪纤维”“绿色纤维”“革命性纤维”。

高科技纤维产品层出不穷，极大地丰富了人们的生活，同时也促进了各行各业的发展。如我国运用高性能纤维作为水泥增强材料，建成了 468 m 高的上海东方明珠塔和 36 000 m 长的杭州湾跨海大桥等。没有高性能纤维的发展，就不可能有超高或超长的现代化建筑。

现阶段主要发展具有实用功能的纤维，最早的如变色纤维。变色纤维是在越南战争时期研发出来的，用于美军作战服装。现在，我国采用淡黄绿色的三甲基螺呃嗪为光敏剂，制成的光敏纤维经过紫外线的照射后能迅速地由无色变为蓝色，光照停止后又可以迅速变为无色。

综上所述，世界化学纤维的发展史是常规化学纤维、差别化纤维、高性能纤维、高功能纤维和智能纤维相继问世、生产和应用的历程。

二、我国化学纤维的发展简史

我国在 1978 年发行的《化学纤维》特种邮票，反映了中国 1949—1978 年 30 年间的化学纤维发展成就。新中国成立初期，我国只有一家化纤厂，年产黏胶纤维 230 t。

20 世纪 50 年代末，我国才第一次从民主德国引进了一套化纤设备，建成了年产 6 000 t 的黏胶纤维厂，并相继又自主设计建成了南京、杭州等一批人造纤维厂。

20 世纪 60 年代，我国主要发展黏胶纤维（即人造纤维），合成纤维发展较慢，只有兰州从国外引进了人造毛生产设备，保定从日本引进了维尼纶生产设备。

从 20 世纪 70 年代开始，我国化纤工业进入了全面发展时期。国家投资 100 亿元，引进了 4 套大化纤生产线，建起了上海金山石化总厂、辽阳石油化纤公司等大型化纤企业。进入 20 世纪 80 年代后，我国又建成了仪征化纤联合公司。到 1986 年，我国已成为世界化纤生产大国，产量突破 100 万 t，居世界第四位，化纤生产的发展速度在世界上也是首屈一指的。

近 10 多年来我国首先开发了大豆纤维、金麦丝等，并取得了自主知识产权，填补了国际空白。我国化纤产业集聚在江苏、浙江、上海等长三角地区。该区域是我国纺织业最为发达的地区，基于地域优势、产业效率高、信息灵通、服务快捷等因素，该区域化纤产业较为兴旺发达。

三、我国化学纤维的发展趋势

我国化学纤维的发展趋势主要有以下四个方面：

（一）促进常规产品优质化、提升产品附加值

采用先进适用技术改造和提升传统化纤工艺，重点解决常规产品的优质化，加强加快发展高仿真、功能性、多功能复合等差别化纤维，提高产品附加值。

(二)努力提升高性能纤维的产业化水平

注重高性能纤维行业的创新能力建设和人才培养,通过整合基础研究、工程化配套、应用研究等资源,建设产学研用创新平台、产业联盟平台,提升产业化水平,增强行业创新实力。组织实施高性能纤维产业化专项工程,以低成本、系列化、高质量为目标,加速实现高性能纤维及其复合材料的产业化,提高原辅材料和装备配套能力,全面增强化纤工业对国民经济和战略性新兴产业的支撑作用。

(三)推进生物质纤维的开发

充分利用农作物废弃物,竹、麻、速生林及海洋生物资源等,开发替代石油资源的新型生物质纤维材料,突破纤维材料绿色加工新工艺和装备集成技术。加强生物质纤维原料的生化转化机理、可再生高分子纤维材料成型机理及制备新技术、生物聚酯的熔融纺丝关键技术、离子液体溶剂法再生纤维素纤维关键技术与工程、海洋生物高分子材料高效纺丝技术及其高性能化等的研究。

(四)积极推动节能减排和资源循环利用

加强行业"低碳经济"技术研究,加快淘汰高能耗、高污染、低效率的落后生产工艺和设备,大力推动资源的循环利用。发展废旧化纤制品尤其是废旧涤纶服装和家用纺织品的回收利用技术产业化,引导社会绿色消费。

第二节 化学纤维的分类和命名

纺织纤维分为天然纤维和化学纤维两大类。常用纺织纤维的分类见表1-1。

表1-1 纺织纤维的分类

一级分类	二级分类	三级分类	主要品种
天然纤维	植物纤维	种子纤维	棉、木棉等
		叶纤维	剑麻、蕉麻等
		韧皮纤维	苎麻、亚麻、汉麻、黄麻、罗布麻等
	动物纤维	动物毛发	绵羊毛、山羊毛、牦牛毛、兔毛等
		腺分泌物	桑蚕丝、柞蚕丝、蓖麻蚕丝等
	矿物纤维		石棉等
化学纤维	人造纤维	再生纤维素纤维	黏胶纤维、天丝纤维、竹纤维等
		再生蛋白质纤维	牛奶纤维、花生蛋白纤维、大豆蛋白纤维、蜘蛛丝蛋白纤维等
		纤维素酯纤维	二醋酯纤维、三醋酯纤维等
		其他	再生甲壳素纤维、再生海藻纤维等
	合成纤维	聚酯纤维	涤沦、聚对苯二甲酸丙二酯纤维等
		聚酰胺纤维	锦纶-66、锦纶-6等
		聚烯烃纤维	丙纶、乙纶等
		聚丙烯腈纤维	腈纶、改性腈纶等

天然纤维包括植物纤维、动物纤维和矿物纤维。例如:棉和麻属于植物纤维,是天然纤维素纤维;毛和丝属于动物纤维,是天然蛋白质纤维;石棉属于矿物纤维,是天然无机纤维。化学纤维是以天然高分子化合物或人工合成的高分子化合物为原料,经过纺丝和后处理等工序制

得的具有纺织性能的纤维。化学纤维是高科技产物,其理论与生产都较为复杂。本节主要介绍化学纤维的分类和命名。

一、化学纤维的分类

化学纤维的种类繁多,形态多样,性能各异,分类方法也有很多种。一般按以下 5 种方法分类。

(一)按原料来源分类

化学纤维按原料和加工方法可分为再生纤维(regenerated fiber)、半合成纤维(semisynthetic fiber)和合成纤维(synthetic fiber)三大类。

1. 再生纤维

再生纤维又称人造纤维,是以天然高分子化合物为原料,经化学处理与机械加工制成的纤维。天然高聚物(天然原料)种类很多,包括木材、甘蔗渣、牛奶、花生、大豆等。此类纤维常见的有黏胶纤维、铜氨纤维、大豆蛋白纤维、牛奶蛋白纤维以及甲壳质纤维等。

2. 半合成纤维

半合成纤维是以天然高分子化合物为骨架,通过与其他化学物质发生反应,改变其组成成分,再生形成天然高分子的衍生物而制成的一类纤维。主要包括醋酯纤维(即纤维素醋酸酯纤维)、聚乳酸纤维(俗称玉米纤维)等。

3. 合成纤维

合成纤维是指以石油、煤和天然气等材料中的小分子物质为原料,经人工合成得到高聚物,再经纺丝加工制成的纤维。随着纺织工业的发展,合成纤维的种类愈来愈多,性能也得到了提高,如近些年开发出来的芳纶 1414,它具有高强高模的特性,芳纶 1313 具有耐高温、阻燃等优异性能。

(二)按化学组成分类

化学纤维按化学组成可分为有机纤维(organic fiber)、无机纤维(inorganic fiber)、碳链纤维(carbon chain fiber)和杂链纤维(hetero chain fiber)等。

1. 有机纤维

有机纤维是由主要成分为有机高聚物构成的纤维。

2. 无机纤维

无机纤维是指主要成分为无机物的纤维。如碳纤维、玻璃纤维、金属纤维和陶瓷纤维等是人造无机纤维,石棉是天然无机纤维。

3. 碳链纤维

碳链纤维是主链均由碳原子以C—C键相连的纤维,如丙纶、腈纶、维纶和氯纶。

4. 杂链纤维

杂链纤维是主链上除碳原子以外,还有氧和氮等原子的纤维,如涤纶、锦纶和芳纶等。

(三)按化学纤维的形态分类

化学纤维按形态分类可分为长丝(filament)、短纤维(staple fiber)、异形纤维(profiled fiber, shaped fiber)和变形丝(textured filament)。

1. 长丝

在化学纤维的制造过程中,纺丝流体(熔体或溶液)经纺丝成型和后加工后,得到的长度以千米计的纤维,称之为化学纤维长丝,简称化纤长丝。化纤长丝又分为单丝、复丝和帘线丝。

单丝:指长度很长的连续单根纤维。

复丝:由两根或者两根以上的单丝并合在一起形成的丝条。

帘线丝:也称为帘子线丝,是指由100多根到数百根单纤维组成,用于加工制造汽车轮胎帘子布的丝条。

2. 短纤维

化学纤维在纺丝后加工中被切断成各种长度规格(几厘米至十几厘米)的纤维,称为短纤维。根据切断长度的不同,短纤维可以分为棉型短纤维、毛型短纤维和中长型短纤维。

棉型短纤维:纤维长度为30~40 mm,线密度为1.67 dtex左右,纤维较细,类似于棉花,可以与棉混纺,在棉纺设备上进行纺纱加工。

毛型短纤维:纤维长度为70~150 mm,线密度为3.3~7.7 dtex,纤维较粗,类似于羊毛,可与羊毛混纺加工成各种产品。

中长型短纤维:介于棉型与毛型之间,纤维长度为51~65 mm,线密度为2.2~3.3 dtex,可在棉纺设备或中长纤维专用设备上加工形成纱线。

3. 异形纤维

异形纤维也称为异形截面纤维,是指用非圆形喷丝孔纺制的非圆形或中空截面的纤维,如三角形、五叶形或中空的纤维。

4. 变形丝

变形丝是指化学纤维原丝在热和机械作用下,经过变形加工形成的具有卷曲、螺旋、环圈等外观特性而呈现蓬松性、伸缩性、弹性的长丝,包括弹力丝、空气变形丝、网络变形丝等。

(四)按化学纤维的性能分类

按化学纤维性能可分为常规纤维(ordinary fiber)、差别化纤维(different fiber)、特种纤维(special fiber)。

1. 常规纤维

常规化学纤维一般指圆形截面和光滑表面的传统品种黏胶和六大纶(涤纶、尼纶、腈纶、丙纶、维纶和氯纶)化学纤维。

2. 差别化纤维

差别化纤维是指经过化学或物理改性,性能优于常规纤维的服用化学纤维。如复合纤维、超细纤维、阻燃纤维、易染纤维等。

3. 特种纤维

特种纤维是指具有特殊物理化学结构、特种性能和用途的高科技含量的化学纤维,又可分为高性能纤维、高功能纤维和高感性纤维等。特种纤维用于产业、生物卫生及尖端科技领域。

(五)按化学纤维的用途分类

化学纤维按用途可分为服用纤维(apparel fiber)、装饰用纤维(decorative fiber)和产业用纤维(technical fiber)。

1. 服用纤维

服用纤维指下游产品主要为服装面料的纤维。对纤维的柔弹性和吸湿透气性等有一定的要求,以舒适卫生为主,对强度和模量等力学性能要求不太高。

2. 装饰用纤维

装饰用纤维指下游产品主要为装饰材料的纤维，如用于织造贴墙布、地毯等装饰品的纤维。

3. 产业用纤维

产业用纤维又称技术纤维，指织造生产纺织品的纤维，或是与其他材料组合或复合在一起供各行各业使用的纤维，也指专门设计的、用于结构材料的纤维。

二、化学纤维的命名

（一）再生纤维命名

再生纤维素纤维是以纤维素的溶解方法命名的，如黏胶纤维、铜氨纤维等。

再生蛋白质纤维是按蛋白质的来源命名的，如花生纤维、乳酪纤维、大豆纤维等；半合成纤维是按照纤维分子的分子结构进行命名的，如醋酯纤维、聚乳酸纤维等。

（二）合成纤维命名

合成纤维的学名是在单体名称前加“聚”，或在成纤聚合物名称后加“纤维”，如聚酯纤维、聚酰胺纤维、聚丙烯腈纤维、聚丙烯纤维、聚氯乙烯纤维、聚乙烯醇缩甲醛纤维、超高分子量聚乙烯纤维等。合成纤维的国内商品名通常以“纶”为后缀，如涤纶、锦纶、腈纶、丙纶、氯纶、维纶、力纶等。

三、化学纤维的主要品种

单体是生产合成纤维的主要原料，单体决定了合成纤维的化学结构。再生纤维的主要生产原料是天然高分子化合物。不同化学纤维的本质区别是化学结构不同，表 1－2 概括了化学纤维主要品种的学名、常用商品名、重复单元化学结构式和单体。

表 1－2　化学纤维的主要品种一览表

类别	学名	单体	主要重复单元的化学结构式	商品名	英文缩写
聚酯纤维	聚对苯二甲酸乙二酯纤维	对苯二甲酸或对苯二甲酸二甲酯、乙二醇或环氧乙烷	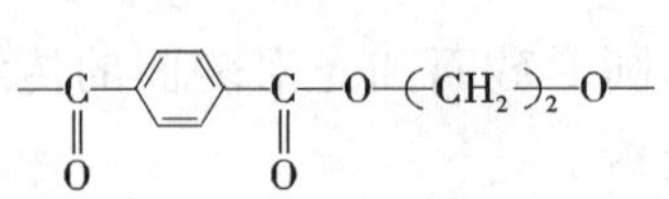	涤纶 Terylene	PET
	聚对苯二甲酸丙二酯纤维	对苯二甲酸或对苯二甲酸二甲酯、1,3-丙二醇	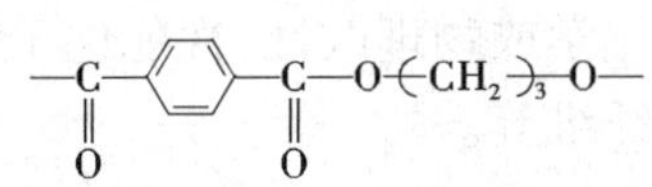	Corterra	PTT
	聚对苯二甲酸丁二酯纤维	对苯二甲酸或对苯二甲酸二甲酯、1,4-丁二醇	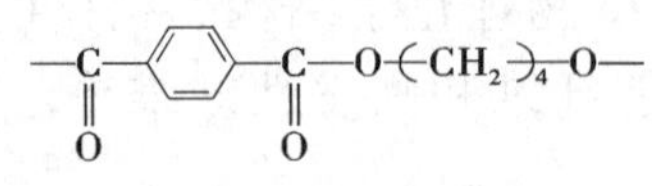	Finecell Sumola	PBT
脂肪族聚酰胺纤维	聚己内酰胺纤维	己内酰胺	$-\underset{\mathrm{H}}{\mathrm{N}}-(\mathrm{CH_2})_5-\underset{\underset{\mathrm{O}}{\Vert}}{\mathrm{C}}-$	锦纶 6 尼龙 6 Kapron Perlon	PA6
	聚己二酰己二胺纤维	己二胺、己二酸	$-\underset{\mathrm{H}}{\mathrm{N}}-(\mathrm{CH_2})_6-\underset{\mathrm{H}}{\mathrm{N}}-\underset{\underset{\mathrm{O}}{\Vert}}{\mathrm{C}}-(\mathrm{CH_2})_4-\underset{\underset{\mathrm{O}}{\Vert}}{\mathrm{C}}-$	锦纶 66 尼龙 66 Nylon	PA66

（续表）

类别	学名	单体	主要重复单元的化学结构式	商品名	英文缩写
芳香族聚酰胺纤维	聚间苯二甲酰间苯二胺纤维	间苯二胺、间苯二甲酸	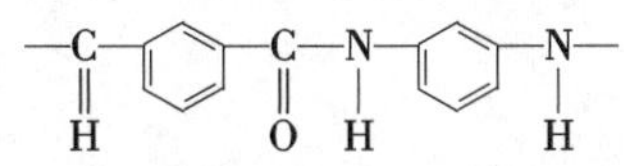	芳纶 1313 Nomex	PA1313
	聚对苯二甲酰对苯二胺纤维	对苯二胺、对苯二甲酸	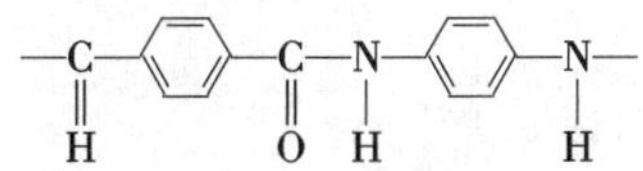	芳纶 1414 Kevlar	PA1414
聚丙烯腈纤维	聚丙烯腈纤维（系丙烯腈与15%以下其他单体的共聚物纤维）	除丙烯腈外，第二、第三单体有：丙烯酸甲酯、醋酸乙烯、苯乙烯硫酸钠、次甲基丁二酸等	$-CH_2-CH(CN)-$ （共聚结构未表明）	腈纶 Cash-milan Orlon Courtelle	PAN
聚烯烃纤维	聚丙烯纤维	丙烯	$-CH_2-CH(CH_3)-$	丙纶 Pylen Meraklon	PP
	聚乙烯纤维	乙烯	$-CH_2-CH_2-$	Soectra900 Dyneema	PE
聚乙烯醇纤维	聚乙烯醇缩甲醛纤维	醋酸乙烯酯	$-CH_2-CH(OH)-$ （缩醛未表明）	维纶、维尼纶 Kuralon Mewlon	PVA
聚氯乙烯纤维	聚氯乙烯纤维	氯乙烯	$-CH_2-CH(Cl)-$	氯纶 Leavil Rhovyl	PVC
弹性纤维	聚氨酯弹性纤维	聚酯、聚醚、芳香族二异氰酸酯、脂肪族二胺	$-NH(CH_2)_2NHOCNH-R-NH-$ $COO-X-OOCNH-R-NHCHO-$	氨纶 Lycra Dorlustan Vairdal	PU
再生纤维	黏胶纤维	天然高分子化合物	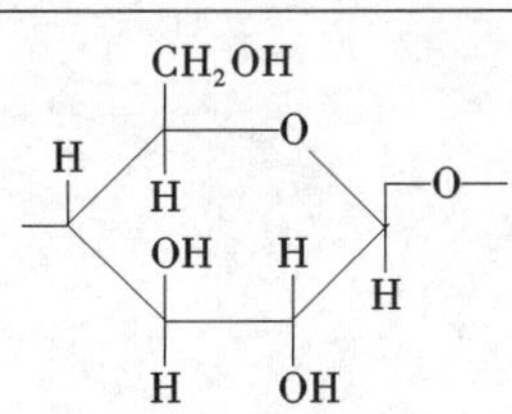	黏胶纤维 Courtaulds Modal	—

复习指导

1. 了解化学纤维的发展历史。
2. 掌握化学纤维的基本概念。
3. 了解化学纤维的分类。

4. 熟记化学纤维主要品种的学名、商品名以及英文缩写。
5. 了解化学纤维的发展趋势。

习题与思考

1. 化学纤维是如何进行分类的?
2. 什么是化学纤维、合成纤维、再生纤维、长丝、短纤、差别化纤维和特种纤维?
3. 写出合成纤维六大纶的学名、商品名、重复单元化学式和英文缩写。
4. 简述化学纤维的起源。
5. 简述化学纤维的发展趋势。

第二章　化学纤维基本原理

第一节　化学纤维的基本概念

一、异形纤维

异形纤维(profiled fiber, shaped fiber)也称为异形截面纤维,是指用非圆形喷丝孔制得的非圆形截面或中空的化学纤维,如图2-1、图2-2和图2-3所示。采用圆形喷丝孔经过湿法纺丝所得到的纤维(如腈纶)的横截面也不是圆形的,呈哑铃形或腰子形,但这不属于异形纤维。

异形截面纤维与常规纤维比较,具有以下特点:

(1)具有优良的光学性能,如涤纶仿真丝织物,采用三角形截面纤维后,织物表面光泽优雅;锦纶三角形截面纤维则使得织物具有钻石般的光泽;多叶形丝可使织物表面消光,光泽柔和。

(2)能增加纤维的覆盖能力,提高其织物的抗起球能力。

(3)能增加纤维间的抱合力,使纤维的蓬松性、透气性及保暖性均有提高。如中空纤维可以改善产品的保暖性。

(4)表面沟槽可以起到导汗、透湿的作用,同时还可以增大比表面积,有利于水分蒸发,从而使织物具有快干的性能。

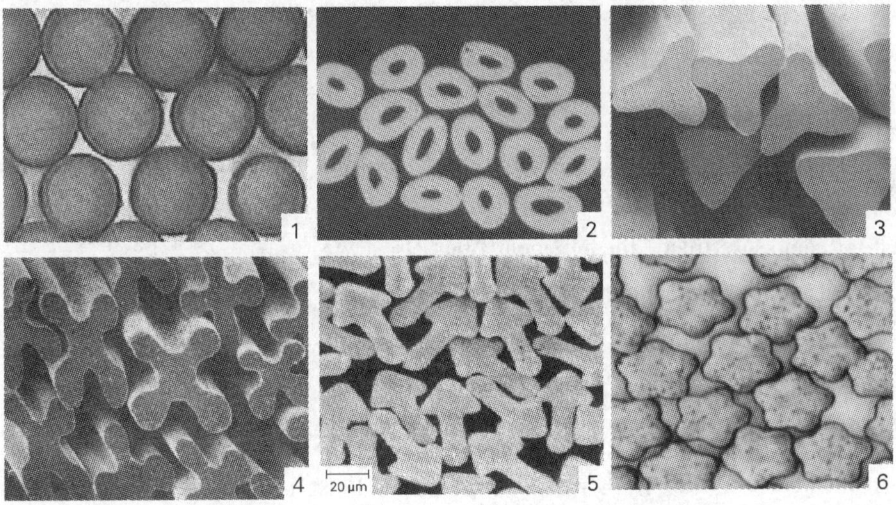

1—普通圆形纤维; 2—中空纤维; 3—三叶形纤维; 4—四叶形纤维; 5—骨头形纤维; 6—五叶形纤维

图2-1　不同截面形状的纤维

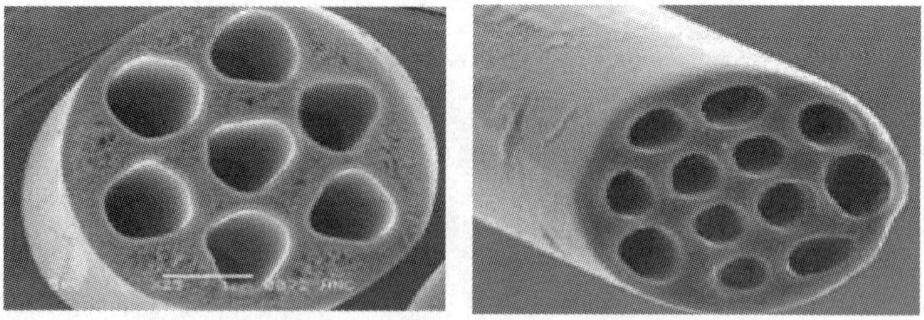

1—七孔纤维　　2—十孔纤维

图 2-2　七孔与十孔纤维

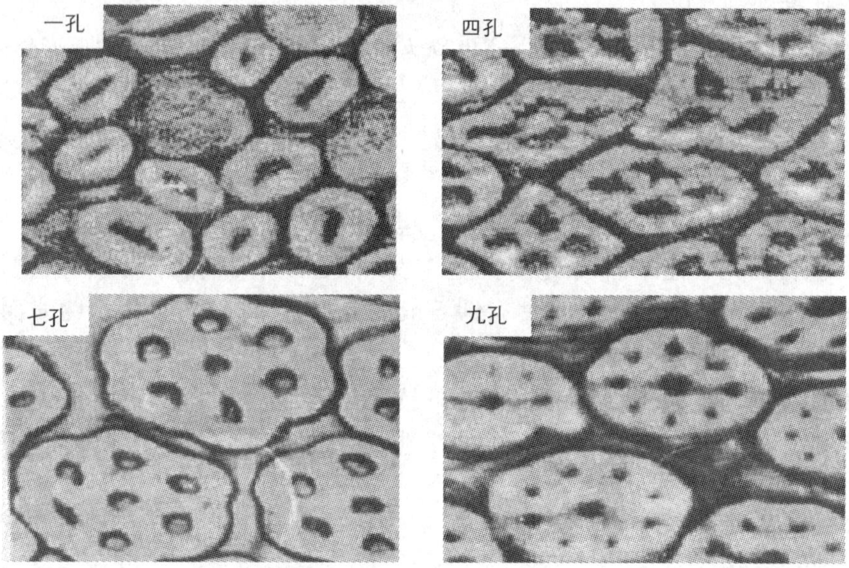

图 2-3　不同孔数的中空化学纤维

异形纤维与圆形纤维性能的差异,取决于其截面形状以及异形度的大小。异形度是偏离圆形的程度,一般用同样线密度的异形截面面积与圆形截面面积的比值表示异形度。

二、复合纤维

复合纤维(composite fiber, bicomponent fiber)是将两种或两种以上的聚合体,以熔体或溶液的方式分别输入同一喷丝头,从同一纺丝孔中喷出而形成的纤维。又称为双组分或多组分纤维。通过复合,在纤维的横截面上可以获得并列型、皮芯型、海岛型、裂离型(橘瓣型)等各种复合方式的复合纤维。具体如图 2-4 所示。

三、变形丝

变形丝(textured filament)指化学纤维原丝在热和机械作用下,经过变形加工形成的具有卷曲、螺旋、环圈等外观特性而呈现蓬松性、伸缩性、弹性的长丝。包括弹力丝、空气变形丝、网络变形丝、腈纶膨体丝(纱)等。常见变形丝的外观如图 2-5 所示。

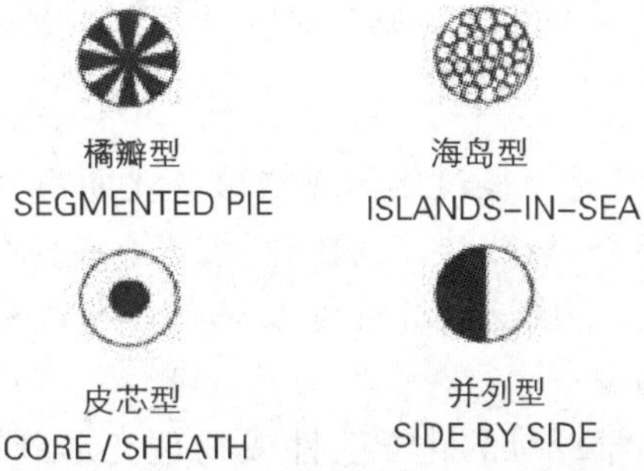

图 2-4　典型复合纤维的结构示意图

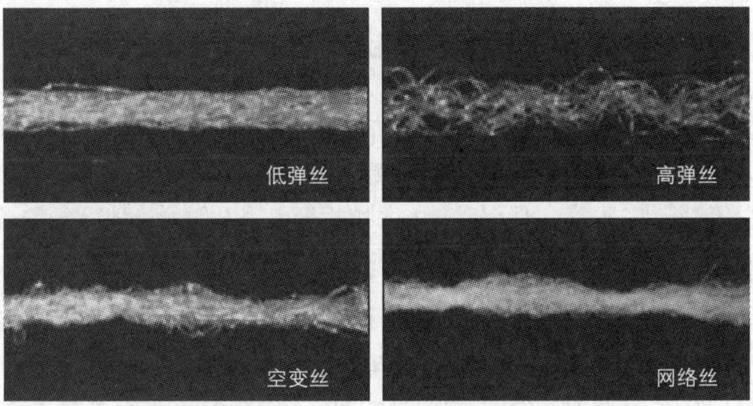

图 2-5　几种变形丝的外观形态

(一)弹力丝

弹力丝(stretch yarn)即变形长丝,可分为低弹变形丝(简称低弹丝)、中弹变形丝和高弹变形丝(简称高弹丝)。主要是利用合成纤维的热塑性加工,赋予纤维一定的伸长率。通过变形加工,高弹丝的伸长率最大可达 300%,而低弹丝的伸长率一般控制在 35%左右。

(二)膨体丝(纱)

膨体丝(bulk yarn)是利用聚合物的热收缩性,将两种收缩性能不同的合成纤维按一定比例混合,经过热处理后,高收缩纤维收缩形成纱芯,低收缩纤维收缩被挤压在表面形成圈形,从而制成膨松、柔软、保暖性好、具有一定毛型感的膨体纱,类似于毛线。目前以腈纶膨体纱产量最大,常用于制作针织外衣、内衣、毛线和毛毯等。

(三)空气变形丝

空气变形丝(air-textured yarn)简称为空变丝,是指将丝条通过一个特殊的喷嘴,在空气喷射作用下,单丝弯曲形成圈状结构,环圈和绒圈缠结在一起,形成具有高度蓬松性的环圈丝。这种丝表面有许多可见环圈,具有类似短纤纱的某些特征,因此由它织成的织物,外观和手感接近用短纤维织成的织物,还有一定的吸湿性。此外,它还可以用来生产仿绢丝、仿棉或仿毛型织物,分别用作衣料、家具布、毡毯或汽车用布。

(四)网络变形丝

网络变形丝(interlaced yarn)简称为网络丝,它是空气变形丝的发展,是指丝条在网络喷嘴中,将高速气流垂直间歇地射向喂入的长丝,使单丝之间互相纠缠和缠绕,从而增加丝束抱合性。网络变形丝除具有空气变形丝的一般特点外,还具有周期性网络结的特征。

四、差别化纤维

差别化纤维(different fiber)是指经过化学或物理变化而不同于常规纤维的化学纤维。如复合纤维、超细纤维、阻燃纤维、易染纤维、高收缩纤维等。差别化纤维以改进织物服用性能为主,主要用于服装和装饰织物。采用这种纤维可以提高生产效率、缩短生产工序,且可节约能源,减少污染,增加纺织新产品。

差别化纤维主要通过对化学纤维的化学改性或物理变形制得,它包括在聚合及纺丝工序中进行改性及在纺丝、拉伸及变形工序中进行变形的加工方法。

五、功能纤维

功能是指纤维受到外部作用时,使这些作用发生质的转变或量的变化,使纤维产生导电、传递、储存、光电及生物相容性等方面的能力。

功能纤维(function fiber)是指除一般纤维所具有的物理机械性能以外,还具有某种特殊功能的新型纤维。例如,卫生保健功能(抗菌、杀螨、理疗及除异味等)纤维,防护功能(防辐射、抗静电、抗紫外线等)纤维,医疗和环保功能(生物相容性和生物降解性)纤维等。

六、高性能纤维

高性能纤维(high performance fiber)是指具有特殊的物理化学结构、性能和用途,或具有特殊功能的化学纤维,一般指强度大于 17.6 cN/dtex、弹性模量在 440 cN/dtex 以上的纤维。如高强高模纤维、耐高温纤维、阻燃纤维、耐强腐蚀纤维,主要包括碳纤维、芳纶、高强高模聚乙烯、聚苯硫醚纤维、玄武岩纤维等。这些纤维大多应用于工业、国防、医疗、环境保护和尖端科学等领域。

七、智能纤维

智能纤维(intelligent fiber)是指能够感知环境的变化或刺激(机械、热、化学、光、湿度、电磁等),纤维的长度、形状、温度、颜色和渗透速率等随之发生敏锐响应,并能迅速做出变化的纤维。如形状记忆纤维、智能变色纤维、智能调温纤维、智能凝胶纤维等。

八、绿色纤维

绿色纤维(green fiber)是指采用可再生资源的原料,不会破坏生态平衡和导致资源枯竭;生产过程不会对环境造成污染,符合节能和环保的要求,产品穿着健康舒适;制成品废弃后可回收利用或可在自然条件下降解的纤维。可概括为:原料可再生,生产无污染,人体无毒害,生物可降解。

天然纤维生产过程无污染的天丝纤维属于绿色纤维。黏胶纤维生产过程有污染,若能很好地进行“三废”处理,也能成为绿色纤维。符合绿色纤维标准的合成纤维称为合成绿色纤维。

九、合成绿色纤维

合成绿色纤维(synthetic green fiber)是选用无污染且可再生的绿色资源为原材料,加工中节能降耗、清洁减污,符合环保排放标准的纤维。纤维制品对人体友好无毒害,废旧的纤维制品能生物降解,回归自然。合成绿色纤维包括可降解合成纤维和可回收合成纤维。

(一)可降解合成纤维

在合成纤维中,可降解的脂肪族聚酯类纤维被认为是绿色纤维。其中较为典型的是聚己内酯（PCL）纤维和聚丙交酯（PLA）纤维，都已经开发成功。PLA 亦称聚乳酸纤维，也称玉米纤维。聚乳酸的单体原料乳酸是由玉米、土豆淀粉发酵制得的，在土壤和海水中均能生物降解。聚乳酸纤维作为一种人工合成的绿色纤维，如能在合成过程中提高绿色化水平，将有利于进一步提高聚乳酸绿色纤维的层次。

（二）可回收合成纤维

国内外对聚酯等大规模工业化回收利用非常重视。聚酯饮料瓶进行回收、清洁、压碎后重新制造母料，再纺成高质量的纤维。涤纶短纤维约 30% 是利用再生原料生产的。锦纶织物的回收是先用机械方法处理后，再进行解聚，可得到单体己内酰胺，单体纯化后再缩聚、纺丝。回收后的己内酰胺质量非常接近原来的己内酰胺原料。总之，涤纶、锦纶等合成纤维的回收利用，既可解决“白色污染”问题，又节约了资源，具有很大的现实意义。绿色纤维主要来源于天然纤维以及人们利用新的纤维原料和生产工艺制得的绿色纤维。

十、天丝纤维

由于传统黏胶纤维的生产过程严重污染环境，一种不经化学反应生产的纤维素纤维——天丝纤维（lyocell 或 tencel fiber）一经面世，就引起了纺织工业界和学术界的广泛关注，并且被誉为“21 世纪纤维”“绿色纤维”“革命性纤维”。在天丝纤维生产过程中，由于省去了黏胶纤维生产中因加入二硫化碳等各种化学试剂而产生的大量废液、废气和废渣，而以安全的化学品 N-甲基吗啉-N-氧化物（NMMO）为溶剂，直接溶解纤维素制成纤维素溶液，再经凝固浴析出制成，并回收 NMMO 溶剂（国外最高回收率可达 99.5% 以上），因此生产天丝纤维的新工艺非常环保。同时，它来自于自然、归于自然，取之不尽、用之不竭。

十一、甲壳素与壳聚糖纤维

甲壳素广泛存在于虾、蟹、昆虫等甲壳动物的壳内，是一种天然的高聚物。将虾、蟹甲壳粉碎、干燥后，经脱灰、去蛋白质等提纯和化学处理，得到甲壳素粉末，然后将其经过浓碱处理脱去乙酰基，就可得到以 N-乙酰基-D-葡萄糖胺为基本单元的氨基多糖类高分子——壳聚糖。将制备的甲壳质或壳聚糖溶解在适当的溶剂中制成纺丝溶液，经过滤、脱泡工序后采用湿法纺丝，再经拉伸、洗涤、干燥后即可得到甲壳素或壳聚糖纤维。

甲壳素与壳聚糖纤维（chitin fiber 或 chitosan fiber）的分子结构与纤维素较为相似，因此具有良好的吸湿性、染色性。最主要的是甲壳质和壳聚糖纤维具有优异的生物医学性能，与人体组织具有极好的生物相容性，且具有抗菌、消炎止痛、促进伤口愈合等保健功能，适于做内衣、医用手术缝合线和医用敷料等。

十二、变色纤维

变色纤维（chameleon fiber）是一种具有特殊组成或结构的，在受到光、热、水分或辐射等外界条件刺激后可以自动改变颜色的纤维。

变色纤维目前主要品种有光致变色和温致变色两种。前者指某些物质在一定波长的光线照射下可以产生变色现象，而在另外一种波长的光线照射（或热的作用）下，又会发生可逆变化回到原来的颜色；后者则是指通过在织物表面黏附特殊微胶囊，利用这种微胶囊可以随温度变化而颜色变化的功能，而使纤维产生相应的色彩变化，并且这种变化也是可逆的。

第二节　成纤聚合物的基本结构

纤维的性能是由成纤聚合物的结构和生产工艺决定的。因此，首先要介绍成纤聚合物的结构。成纤聚合物是指能加工制成具有实用价值纤维的高分子化合物。对于熔融纺丝法，成纤聚合物应在升温下熔融转化为黏流态而不发生分解；而对于溶液纺丝，成纤聚合物不仅应具有形成纤维的能力，还必须在合适的溶剂中完全溶解，形成黏稠的浓溶液，以便进行纺丝。

一、基本性质

作为化学纤维的生产原料，成纤聚合物的性质不仅在一定程度上决定了纤维的性质，而且对纺丝、后加工工艺有一定的影响。因此，成纤聚合物必须具备以下基本性质：

(1)成纤聚合物大分子必须是线性的、能伸直，大分子上支链尽可能少，且没有庞大侧基及大分子间没有化学键。

(2)聚合物分子之间有适当的相互作用力，或具有一定规律性的化学结构和空间结构。

(3)聚合物应具有适当高的相对分子质量和较窄的相对分子质量分布，过高和过低都会给聚合物的加工和产品性质带来不利影响。

(4)聚合物应具有一定的热稳定性，且具有可溶性或可熔性，其熔点或软化点应比允许使用温度高得多。

二、大分子主链的化学组成

成纤聚合物的大分子主链是由某个结构单元(链节)以化学键的方式重复连接而成的线型长链分子。链结构主要是由碳和氢两种元素构成，还有氧、氮、磷、硫、氯、硅、铝、硼等元素。按照主链的化学组成，成纤聚合物的大分子可以分为以下三种。

1. 均链大分子

均链大分子(homochain polymer)是指主链均由一种原子以共价键形式组合的大分子链。通常情况下，是以C—C键相连。如聚丙烯纤维、聚氯乙烯纤维等。

2. 杂链大分子

杂链大分子(heterochain polymer)是指主链是由两种或两种以上的原子组成的大分子链。其通常由C—O、C—N、C—S等以共价键相联结而成。如聚酰胺纤维、聚酯纤维、聚苯硫醚纤维等，其特点是成纤聚合物大分子链的刚性较大，力学性能和耐热性较好，但由于大分子主链中含有极性基团，所以容易产生水解、醇解和酸解。

3. 元素有机大分子

元素有机大分子(elementary polymer)是指大分子主链上含有磷、硼、铝、硅、钛等元素，并在其侧链上含有有机基团。该品种的纤维有碳化硅纤维、氧化铝纤维、硼纤维、陶瓷纤维等。此类纤维具有有机物的弹性和塑性，也具有无机物的高耐热性，属于高性能纤维。

三、侧基与端基

1. 侧基

侧基(side group)是指分布在大分子主链两侧并通过化学键与大分子主链连接的基团。

侧基的性能、体积、极性等会对大分子链的柔顺性和凝聚态结构等产生影响，进而影响到纤维的加工工艺，也影响到纤维的力学等性能。可以采用接枝或共聚在大分子主链上引入特定的侧基，来改善纤维的大分子主链的结构，进而实现纤维的功能化。

2. 端基

端基(end group)是指成纤聚合物大分子链末端的结构单元，它与主链重复结构单元有不同的化学组成。它对纤维的光、热稳定性有着较大的影响。通常可利用端基上的活性官能团，对纤维进行改性处理(如扩链、嵌段等)，也可以通过准确测定端基结构和数量来研究大分子的相对分子质量。

四、大分子链的柔性

大分子链的柔性(flexibility)是指能够改变分子构象的性质。成纤聚合物的大分子链必须是线性的，无支链或尽可能少支链。在大分子主链上含有较多的可旋转的 σ 键，以赋予纤维一定的柔弹性。大分子链柔性的影响因素有：

(1)一般情况下，主链结构中含有 C—C、Si—O、C—O 键的大分子链具有较好的柔性，其制得的纤维也具有较好的柔韧性，如聚乙烯纤维。

(2)如果主链结构中含有共轭双键大分子链(—C═C—C═C—)，它的柔性会显著降低，相应制得的纤维的柔韧性也较低，如聚乙炔纤维。

(3)当大分子链中含有芳杂环时，大分子链的柔性较差，如聚苯硫醚纤维。

(4)当大分子链含有侧基时，侧基极性越大，体积越大，则大分子链越僵硬。

(5)若在大分子链之间形成氢键，则大分子链的刚性增加。

此外，成纤聚合物所处的环境因素(湿度、温度、应力等)和制造加工或改性处理过程中的添加剂(如增塑剂)也会对大分子链的柔性产生影响。

五、相对分子质量及其分布

成纤聚合物大分子相对分子质量的大小，对最终成品纤维的拉伸、弯曲、冲击强度和模量、热学及热稳定性能、光学性能、透通性能、耐化学药品性能等具有较大影响，也影响到纤维的加工性能。如超高分子质量的聚乙烯纤维与普通聚乙烯纤维相比，拉伸强度相差 2 ~ 3 倍。

大分子的相对分子质量一般可通过化学法(端基分析法)、热力学法(蒸气压法、渗透压法、沸点升高和冰点下降法)、光学法(光散射法)、动力学法(黏度法)、凝胶渗透色谱法测量得到。根据不同的测试统计方式，纤维平均分子质量有如下四种：

(1)数均相对分子质量法：按分子数加权平均的相对分子质量，简称为 M_N。

(2)重均相对分子质量法：按分子质量加权平均的相对分子质量，简称为 M_W。

(3)黏均相对分子质量法：用溶液黏度法测出的平均相对分子质量，简称为 M_V。

(4)Z 均相对分子质量法：按 Z 值统计的平均分子质量，简称为 M_Z。

由于成纤聚合物是由一系列分子质量(或聚合度)不等的同系高分子组成的，具有多分散性，单一一种平均分子质量往往不能够表征聚合物的性能，因此，需要了解分子质量的分布情况。分子质量分布是指聚合物试样中各个组分的含量和相对分子质量之间的关系。

第三节　化学纤维生产方法概述

不论哪种化学纤维，其生产过程都可分为四个步骤：一是原料的制备，指高分子化合物的合成（聚合）或天然高分子化合物的化学处理和机械加工；二是纺前准备，即纺丝熔体或纺丝溶液的制备；三是关键步骤纺丝成型，即纤维的成型；四是后加工，即纤维的后处理。

一、原料制备

作为化学纤维生产所必需的原料，成纤聚合物主要分为两大类：一类为天然高分子化合物，用于生产再生纤维；另一类为合成高分子化合物，用于生产合成纤维。

成纤聚合物的性质不仅在一定程度上决定纤维的性质，而且对纺丝、后加工工艺也有很大影响。成纤聚合物的结构及特征已在前一节叙述，这里不再赘述。

再生纤维的原料制备过程，是将天然高分子化合物经一系列化学处理和机械加工，除去杂质，并使其具有能满足再生纤维生产的物理和化学性能。例如，黏胶纤维的基本原料是浆粕（纤维素），它是将棉短绒、木材或甘蔗渣等富含纤维素的物质，经备料、蒸煮、精选、脱水和烘干等一系列工序制备而成的。

合成纤维的原料制备过程，是将有关单体通过一系列化学反应聚合成具有一定官能团、一定相对分子质量分布的线型聚合物。

制备好的成纤聚合物在纺丝前要制成聚合物的熔体或浓溶液，前者称为熔体纺丝，后者称为溶液纺丝。两者的区别主要在于聚合物的热分解温度和熔点的差异。对于具有良好热性能的成纤聚合物，其熔点低于热分解温度，则可通过将常温下呈固体的聚合物加热成具有良好流动性的熔融体，以供纺丝用；对于热稳定性不良的聚合物，加热后没有熔融态，而是直接产生热分解的聚合物，可将固态的聚合物加工成粉末，用溶剂将粉末状聚合物调制成溶液，作为纺丝用溶液。因此，成纤聚合物必须保证在熔融时不分解，或能在普通溶剂中溶解形成浓溶液，并具有充分的成纤能力和随后使纤维性能强化的能力，最终所得纤维具有一定的良好综合性能。几种主要成纤聚合物的热分解温度和熔点如表 2－1 所示。

表 2－1　几种主要成纤聚合物的热分解温度和熔点

聚合物	热分解温度 /℃	熔点 /℃
聚乙烯	350～400	138
等规聚乙烯	350～380	176
聚丙烯腈	200～250	320
聚氯乙烯	150～200	170～220
聚乙烯醇	200～220	225～230
聚己内酰胺	300～350	215
聚对苯二甲酸乙二酯	300～350	265
纤维素	180～220	—
醋酸纤维素酯	200～230	—

由表 2－1 可见，聚乙烯、聚己内酰胺和聚对苯二甲酸乙二酯的熔点低于热分解温度，可以进行熔体纺丝；聚丙烯腈、聚氯乙烯和聚乙烯醇的熔点与热分解温度接近，甚至高于热分解温

度,而纤维素及其衍生物则观察不到熔点,这类成纤聚合物只能采用溶液纺丝方法成型。

此外,在化学纤维原料制备的过程中,可采用共聚、共混、接枝和添加助剂等方法,生产某些改性化学纤维。

二、纺前准备

(一)纺丝熔体的制备

纺丝熔体的制备主要有两种方法:一是将聚合物熔体直接进行纺丝,这种方法称为直接纺丝法;二是将聚合物熔体经铸带、切粒等工序制成“切片”,再以切片为原料,加热熔融成熔体进行纺丝,这种方法称为切片纺丝法。直接纺丝法和切片纺丝法目前在工业中都有应用。

切片纺丝法需要在纺丝前将切片干燥,然后加热至熔点以上、热分解温度以下,将切片制成纺丝熔体。

1. 切片干燥

经铸带和切粒后得到的成纤聚合物切片在熔融之前,必须先进行干燥。切片干燥的目的是除去水分,提高聚合物的结晶度与软化点。

切片中含有水分会给最终纤维的质量带来不利影响,因为在切片熔融过程中,聚合物在高温下易发生热裂解、热氧化裂解和水解反应,使聚合物相对分子质量明显下降,大大降低所得纤维的质量。另外,熔体中的水分汽化会使纺丝断头率增加,严重时使纺丝无法正常进行。在涤纶和锦纶的生产中必须对切片进行干燥,干燥后切片的含水率视纤维品种而异。例如,对于聚酰胺6切片,要求干燥后含水率一般低于0.05%;对于聚酯切片,由于在高温下聚酯中的酯键极易水解,故对干燥后切片含水率要求更为严格,一般应低于0.01%;对于聚丙烯切片,由于其本身不吸湿,回潮率为零,所以不需干燥。

切片干燥的同时,也使聚合物的结晶度和软化点提高,这样的切片在输送过程中不易因碎裂而产生粉末,也可避免在螺杆挤出机中过早地软化黏结而产生“环结阻料”现象。

2. 切片的熔融

切片自料斗进入螺杆,随着螺杆的转动被强制向前推进,同时螺杆套筒外的加热装置将切片加热熔融,熔体以一定的压力被挤出而输送至纺丝箱体中进行纺丝。

与切片纺丝相比,直接纺丝法省去了铸带、切粒、干燥切片及再熔融等工序,这样可大大简化生产流程,减小车间面积,节省投资,且有利于提高劳动生产效率和降低成本。

切片纺丝法的工序较多,但具有较强的灵活性,产品质量也较高。另外,还可以使切片进行固相聚合,进一步提高聚合物的相对分子质量,生产高黏度切片,以制取高强度纤维。目前,生产帘子线或长丝以及无聚合生产线的小企业常采用切片纺丝法。

(二)纺丝溶液的制备

将聚合后的聚合物溶液直接送去纺丝,称为一步法;先将聚合得到的溶液分离制成颗粒状或粉末状的成纤聚合物,然后溶解制成纺丝溶液,称为二步法。

目前,在采用溶液纺丝法生产的主要化学纤维品种中,只有腈纶既可采用一步法又可采用二步法纺丝,其他品种的成纤聚合物无法采用一步法生产工艺。虽然采用一步法省去了聚合物的分离、干燥和溶解等工序,可简化工艺流程,提高劳动生产率,但制得的纤维质量不稳定。

采用二步法时,需要选择合适的溶剂将成纤聚合物溶解,所得溶液在送去纺丝之前还要经过混合、过滤和脱泡等工序,这些工序总称为纺前准备。

1. 成纤聚合物的溶解

线型聚合物的溶解过程是先溶胀后溶解，即溶剂先向聚合物内部渗入，聚合物的体积不断增大，大分子之间的距离增加，最后大分子以分离的状态进入溶剂，从而完成溶解过程。

用于制备纺丝溶液的溶剂必须满足下列要求：

(1)在适宜温度下具有良好的溶解性能，并能使所得聚合物溶液在尽可能高的浓度下具有较低的黏度。

(2)沸点不宜过低，也不宜过高。如沸点过低，溶剂挥发性太强，会增加溶剂损耗并恶化劳动条件；沸点过高，则不易进行干法纺丝，且溶剂回收工艺比较复杂。

(3)有足够的热稳定性和化学稳定性，并易于回收。

(4)应尽量无毒和无腐蚀性，并且不会引起聚合物分解或发生其他化学变化。

合成纤维生产过程中常用的纺丝溶剂如表 2-2 所示。

表 2-2　合成纤维生产中常用的纺丝溶剂

成纤聚合物	溶剂
聚丙烯腈	二甲基甲酰胺、二甲基乙酰胺、二甲基亚砜、硫氰酸钠、硝酸或氯化锌的水溶液等
聚乙烯醇	水
聚氯乙烯	丙酮与二硫化碳、丙酮与苯、环己酮、四氢呋喃、二甲基甲酰胺、丙酮
聚对苯二甲酰对苯二胺	浓硫酸、含有氯化锂的二甲基亚砜

在纤维素纤维生产中，由于纤维素不溶于普通溶剂，所以，通常是将其转变成衍生物（纤维素黄原酸酯、纤维素醋酸酯等）之后，再溶解制成纺丝溶液，进行纺丝成型及后加工。采用新溶剂（N-甲基吗啉-N-氧化物）纺丝工艺时，纤维素可直接溶解在溶剂中制成纺丝溶液。

纺丝溶液的浓度根据纤维品种和纺丝方法的不同而异。通常，用于湿法纺丝的纺丝溶液质量分数为 12% ~25%；用于干法纺丝的纺丝溶液质量分数则高一些，一般为 25% ~35%。

2. 纺丝溶液的混合、过滤和脱泡

混合的目的是使各批纺丝溶液的性质（主要是浓度和黏度）均匀一致。

过滤的目的是除去杂质和未溶解的高分子化合物。纺丝溶液的过滤一般采用板框式压滤机，过滤材料选用能承受一定压力、具有一定紧密度的各种织物，一般要连续进行 2 ~4 道过滤。后一道过滤所用滤材应比前一道的更致密，这样才能达到应有的效果。

脱泡是为了除去留存在纺丝溶液中的气泡。这些气泡会在纺丝过程中造成断头、毛丝和气泡丝而降低纤维质量，甚至使纺丝无法正常进行。脱泡过程可在常压或真空状态下进行。在常压下静置脱泡，因气泡较小，气泡上升速度很慢，脱泡时间很长；在真空状态下脱泡，真空度越高，液面上压力越小，气泡会迅速胀大，脱泡速度可大大加快。

三、纺丝成型

将成纤聚合物熔体或浓溶液用纺丝泵（或称计量泵）连续、定量且均匀地从喷丝头（或喷丝板）的毛细孔中挤出，称为液态细流，再在空气、水或特定凝固浴中固化成为初生纤维的过程，称作“纤维成型”，或称“纺丝”。

化学纤维的纺丝方法主要有两大类：熔体纺丝法和溶液纺丝法。在溶液纺丝法中，根据凝固方式不同又分为湿法纺丝和干法纺丝。化学纤维生产绝大部分采用上述三种纺丝方法。此外，还有一些特殊的纺丝方法，如乳液纺丝、悬浮纺丝、干湿法纺丝、冻胶纺丝、液晶纺丝、相分离纺丝和反应纺丝等。

(一)熔(融)体纺丝

熔体纺丝是指切片由聚合物料斗进入螺杆,通过旋转的螺杆将其逐级推进加压,在螺杆挤出机中熔融后或由连续聚合制成的熔体,送至纺丝箱中的各个纺丝部位,再经纺丝泵定量压送至纺丝组件,过滤后从喷丝板的毛细孔中压出而成为细流,并在纺丝甬道中冷却成型的工艺过程。初生纤维被卷绕成一定形状的卷装(对于长丝)或均匀落入盛丝桶中(对于短纤维)。图2-6为熔体纺丝示意图。

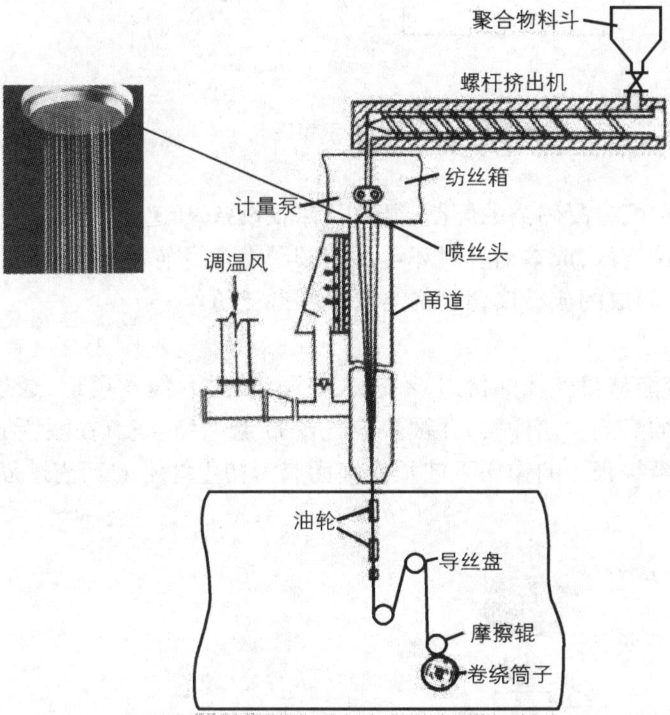

图2-6　熔体纺丝示意图

由于熔体细流在空气介质中冷却,传热和丝条固化速度快,而丝条运动所受阻力很小,所以熔体纺丝的纺丝速度要比湿法纺丝高得多,目前熔体纺丝一般纺速为1 000~3 500 m/min。采用高速纺丝时,可达4 000~6 000 m/min。喷丝板孔数:长丝为1~150孔,短纤维少的为400~800孔,多的可达1 000~2 000孔。喷丝板的孔径一般为0.2~0.4 mm。

为加速冷却固化过程,一般在熔体细流离开喷丝板后与丝条垂直方向进行冷却吹风,吹风形式有侧吹和环吹等,吹风窗的高度一般在1 m左右。纺丝甬道的长短视纺丝设备和厂房楼层的高度而定,一般为3~5 m。

(二)湿法纺丝

湿法纺丝是将高聚物在溶剂中配成纺丝溶液后,经过混合、过滤和脱泡等纺前准备,送至纺丝机,通过纺丝泵计量,鹅颈管进入喷丝头,从喷丝头毛细孔中挤出的溶液细流进入凝固浴,溶液细流中的溶剂向凝固浴扩散,浴中的凝固剂向细流内部扩散,于是聚合物在凝固浴中析出,形成初生纤维的工艺流程。湿法纺丝中的扩散和凝固不仅是一般的物理及化学过程,对某些化学纤维如黏胶纤维同时还发生化学变化,所以湿法纺丝的形成过程比较复杂。受溶剂和凝固剂的双扩散、凝固浴的流体阻力等因素限制，纺丝速度比熔体纺丝低得多。图 2－7 为湿法纺丝示意图。

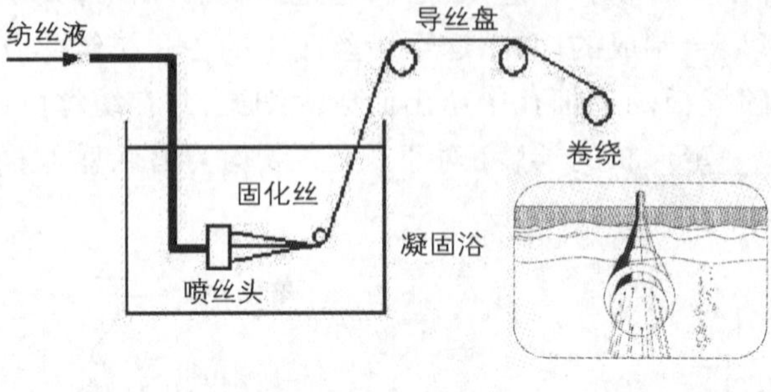

图 2－7 湿法纺丝示意图

采用湿法纺丝时，必须配备凝固浴的配制、循环及回收设备，工艺流程复杂，厂房建筑和设备投资费用都较大，纺丝速度低，成本高且对环境污染较严重。目前，腈纶、维纶、氯纶、黏胶纤维以及某些由刚性大分子构成的成纤聚合物都需要采用湿法纺丝。

（三）干法纺丝

干法纺丝是将纺丝溶液从喷丝孔中挤出，不进入凝固浴，进入纺丝甬道，通过甬道中热空气的作用，使溶液细流中的溶剂快速挥发，并被热空气流带走；溶液细流在逐渐脱去溶剂的同时发生浓缩和固化，并在卷绕张力的作用下伸长变细而成为初生纤维的工艺过程。图 2－8 为干法纺丝示意图。

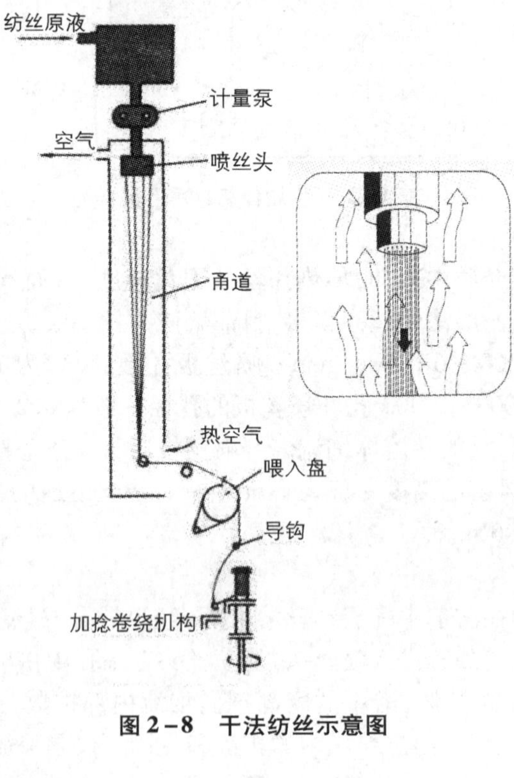

图 2－8 干法纺丝示意图

选择的溶剂应使溶液中聚合物的浓度尽可能高，而溶剂的沸点和蒸发潜热应尽可能低，这样就可减少在纺丝溶液转化为纤维过程中所挥发的溶剂量，降低热能消耗，并提高纺丝速度。除技术经济要求外，还应考虑溶剂的可燃性，以保证达到安全防护要求。最常用的干法纺丝溶剂为丙酮、二甲基甲酰胺等。

目前，干法纺丝速度一般为200～500 m/min，高者可达到1 000～1 500 m/min，但受溶剂挥发速度的限制，纺速还是比熔体纺丝低，而且还需要设置溶剂回收等工序，故辅助设备比熔体纺丝多。干法纺丝一般适宜纺制化学纤维长丝，主要生产品种有腈纶、醋酯纤维、氯纶和氨纶等。熔体纺丝是一元体系，只涉及聚合物熔体丝条与冷却介质间的传热，纺丝体系没有组成的变化；而干法纺丝和湿法纺丝分别为二元体系（聚合物＋溶剂）和三元体系（聚合物＋溶剂＋沉淀剂）。

（四）其他纺丝方法

1. 干湿法纺丝

又称为干喷湿法纺丝，它将干法纺丝与湿法纺丝相结合。先将纺丝液从喷丝头挤出，经过一段空间，然后进入凝固浴槽，从凝固浴槽导出初生纤维。与一般湿法纺丝比较，干喷湿纺法的纺丝速度要高若干倍，还可采用孔径较大（0.5～0.3 mm）的喷丝头，同时采用浓度较高、黏度较大的纺丝溶液，显著提高了纺丝机的生产能力。目前，这种纺丝方法已在聚丙烯腈纤维、芳香族聚酰胺纤维等生产中得到应用。

2. 乳液纺丝

又称载体纺丝法，是将聚合物分散于某种可纺性较好的物质（作载体）中呈乳液状态，然后按载体常用的方法纺丝。载体常用黏胶或聚乙烯醇水溶液，所以乳液纺丝工艺类似于湿法纺丝。得到的初生纤维经拉伸后在高温下烧结，载体炭化，聚合物颗粒在接近黏流温度下被黏连形成纤维。适宜于乳液纺丝的成纤聚合物应具有高于分解温度的熔点，没有合适的溶剂使其溶解或塑化，因而无法制成熔体和纺丝溶液。目前，该法在聚四氟乙烯纤维等的生产中已得到应用。

3. 膜裂纺丝

它是将聚合物先制成薄膜，然后经机械加工方式制得纤维。根据机械加工方式不同，所得纤维又分为割裂纤维和撕裂纤维两种。割裂纤维又称为扁丝，其加工方式是将薄膜切割成一定宽度的条带，再拉伸数倍，并卷绕在筒子上得到成品。撕裂纤维的加工方式是将薄膜沿纵向高度拉伸，使大分子沿轴向充分取向，同时产生结晶，再用化学和物理方法使结构松弛，并以机械作用撕裂成丝状，然后加捻和卷曲获得成品。前者纤维较粗，用于代替麻类作包装材料；后者纤维稍细，用于制作地毯和绳索。目前，膜裂纺丝法主要应用于聚丙烯纤维等生产。

4. 冻胶纺丝

又称半熔体纺丝，它是将浓聚合物溶液或塑化的冻胶从喷丝头细孔挤出到某气体介质中，细流冷却，伴随溶剂挥发，聚合物最终固化得到纤维的一种纺丝方法。

5. 闪蒸纺丝

又称溶液闪蒸纺丝，它是将聚合物在高温高压下溶解于特殊溶剂中，然后将高聚物溶液在其溶剂沸点以上高压挤出，原液细流出喷丝头时，溶剂闪蒸导致聚合物冷却固化形成纤维的纺丝方法。这种纺丝方法要求高聚物和溶剂在溶剂沸点以上不分解，溶剂容易蒸发，而且挤出的溶液细流在压力突然降低时，能够引起溶剂闪蒸，使高聚物固化成纤维。

6. 反应纺丝

又称化学纺丝，即由单体或低聚体变成高聚物过程和成纤过程合二为一的纺丝方法。当低聚体（预聚体）溶液细流挤入凝固浴时，与凝固浴中的扩链剂（偶联剂）迅速反应，形成高聚物而固化成纤维。美国橡胶公司是最早应用反应纺丝法的公司,其氨纶产品命名为韦纶。

7. 静电纺丝

静电纺丝一词来源于"electrospinning"或更早一些的"electrostatic spinning",国内一般简称为"静电纺"或"电纺"等。它是指聚合物熔体或其在挥发性溶剂中的溶液在静电场中喷射形成纤维。静电纺丝以其制造装置简单、纺丝成本低廉、可纺物质种类繁多、工艺可控等优点,已成为有效制备纳米纤维材料的主要途径之一。目前,静电纺丝技术已经制备了种类丰富的纳米纤维,包括有机、有机/无机复合和无机纳米纤维等。

此外,为纺制具有特殊性能纤维的需要,还有若干其他纺丝方法,例如相分离纺丝法、喷雾凝固纺丝法、液晶纺丝法等。

四、后加工

纺丝成型后得到的初生纤维结构还不完整,力学性能较差,如断裂伸长率过大、断裂强度过低、尺寸稳定性差,不能直接用于纺织加工,必须经过一系列的后加工。后加工因化学纤维的品种、纺丝方法和产品要求而异。

(一)拉伸

拉伸的目的是提高纤维的断裂强度,降低断裂伸长率,提高耐磨性和对各种形变的疲劳强度。拉伸的方式有多种,按拉伸次数分,有一道拉伸和多道拉伸;按拉伸介质分,有干拉伸、蒸气拉伸和湿拉伸,相应拉伸介质分别是空气、水蒸气和水浴、油浴或其他溶液;按拉伸温度又可以分为冷拉伸和热拉伸。总拉伸倍数是各道拉伸倍数的乘积,一般熔体纺丝的总拉伸倍数为3~7倍;湿法纺丝纤维可达到8~12倍;生产高强度纤维时,拉伸倍数更高,甚至高达数十倍。

(二)热定型

热定型的目的是消除纤维的内应力,提高纤维的尺寸稳定性,并且进一步改善其力学性能。热定型可以在张力下进行,也可以在无张力下进行,前者称为紧张热定型,后者称为松弛热定型。热定型的方式和工艺条件不同,所得纤维的结构和性能也不同。

(三)上油

上油的目的是提高纤维的平滑性、柔软性和抱合力,减少摩擦和静电的产生,改善化学纤维的纺织加工性能。不同的油剂其组分和含量不同,一般都包括平滑剂、乳化剂、抗静电剂、调整剂等,此外还有抗氧剂、防霉剂和消泡剂等。

不同纤维需要的含油率范围有差异:短纤维为0.1%~0.5%,长丝为0.4%~1.2%。纤维的含油率通常以四氯化碳、乙醚等为溶剂用萃取法测定。

长丝上油法有两种:①油盘法——给油盘以一定深度浸在油浴中运转,丝束与给油盘切线接触上油。②油嘴法——始于20世纪70年代,主要用于高速纺丝,油剂通过计量泵定量输送到给油嘴,对丝束上油。

短丝上油法也有两种:①浸渍法——丝束通过油槽上油,适用于未切断丝束。②喷淋法——将油剂直接喷淋到散纤维上,适用于未切断丝束或短纤维。

(四)卷曲

卷曲是赋予纤维一定的卷曲数,从而改善纤维之间的抱合力,使纺纱正常进行,并改善织物的服用性能。卷曲的方法有填塞箱法、齿轮卷曲法、刀边卷曲法等,常采用填塞箱法,即将纤维送入到具有一定温度的卷曲箱中,经挤压后形成卷曲。

（五）络筒

借助于分丝器，将加工好的化学纤维长丝通过平行卷绕头卷绕制成圆柱形丝筒（或丝饼）。

除上述工序外，某些纤维还有其特有的工序。如锦纶的压洗，以除去附着在纤维中的单体及低聚物；黏胶纤维的脱硫、漂白和酸洗工序；短纤维的切断和打包工序等。为赋予纤维某些特殊性能，还可以在后加工中进行某些特殊处理，如提高纤维的抗皱性、耐热水性和阻燃性等。

随着技术的进步，纺丝和后加工技术发展为连续、高速和联合工艺，如聚酯全拉伸丝（FDY）可在纺丝—牵伸联合机上生产；超高速纺丝（纺丝速度≥5 500 m/min）生产的全取向丝（FOY），则不需进行后加工便可直接用作纺织原料。

第四节　化学纤维的主要性能指标

化学纤维的性能是指对纤维制品的使用价值有决定意义的指标。反映纤维性能的主要指标有物理性能指标，包括纤维的长度、线密度、密度、光泽、吸湿性、热性能、电性能等；机械性能指标，包括断裂强度、断裂伸长、初始模量、回弹性、耐多次变形性等；稳定性能指标，包括对高温、低温、光、大气、化学试剂的稳定性以及对微生物作用的稳定性等；加工性能指标包括纤维的抱合性、起静电性和染色性等；短纤维的附加品质指标包括纤维长度、卷曲度、纤维疵点等。

一、线密度

线密度（fineness）是指纤维沿长度方向的粗细程度，分直接指标和间接指标两种。直接指标一般用纤维的直径和截面积表示，由于纤维截面积不规则，且不易测量，通常用直接指标表示其粗细的时候并不多，故常采用间接指标表示。

（一）表示方法

间接指标常用的有以下三种表示方法：

1. 特克斯（tex）或分特克斯（dtex）

简称为特或分特，是我国法定计量单位。特指在公定回潮率时，1 000 m 长的纤维所具有的质量克数，用 N_t 来表示。当纤维线密度较小时，用特数表示线密度时数值较小，通常以分特表示纤维的线密度，指 10 000 m 长纤维的质量克数。对同一种纤维来讲，特数越小，单纤维越细，手感越柔软，光泽柔和且易变形加工。

2. 旦尼尔（denier）

简称为旦，指在公定回潮率时，9 000 m 长的纤维所具有的质量克数，用 N_d 来表示。对同一种纤维来讲，旦数越小，单纤维越细。旦为线密度的非法定计量单位。

3. 公制支数

简称公支（N_m），指在公定回潮率时，单位质量（g）的纤维所具有的长度（m）。对同一种纤维而言，支数越高，表示纤维越细。公制支数为线密度的非法定计量单位。

（二）测定方法

化学纤维线密度的测定方法有直接和间接法两种。直接法中，常用中段切取称量法。间接法利用振动仪或气流仪测定纤维的线密度。国际上推荐采用振动法来测量单根化学纤维的线密度。由于振动法是在单根纤维上施加规定张力使其在伸直的情况下测量其线密度的，故测量结果比较准确，特别是卷曲较大的纤维以及需要测试单纤维相对强度时，采用振动法更具优越性。

在化学纤维生产中，因原材料、设备运转状态和工艺条件的波动，都会使未拉伸丝、拉伸丝的条干不均匀。因此，测定纤维沿长度方向的条干均匀度是衡量纤维质量变化的重要指标，它影响纤维的物理机械性能与染色性能，还影响纤维的纺织加工性能及织物外观。一般采用乌斯特(Uster)条干均匀度仪进行测定，测定结果以平均差系数 *U%*、均方差系数 *CV%*、极差系数 *R* 表示。

二、吸湿性

吸湿性(moisture absorption)是纤维的物理性能指标之一，通常把纤维材料从气态环境中吸收水分的能力称为吸湿性。

(一)吸湿性指标

1. 含水率

含水率(moisture content)是指纤维材料中的水分含量，即纤维所含水分的质量与干燥前纤维质量(湿基)的百分比。

2. 回潮率

回潮率(moisture regain)是指纤维所含水分质量与绝干纤维(干基)质量的百分比。化纤领域多用回潮率来表示纤维的吸湿性能。

(二)标准回潮率与公定回潮率

我国规定，在标准大气条件，即温度 20 ℃、相对湿度 65% 的条件下测得的回潮率称为标准回潮率。

在贸易和成本计算中，纤维材料往往并不处于标准状态，为了方便计重核价，各国依据各自的条件，对纺织纤维的回潮率作统一规定，称为公定回潮率。几种纤维的标准回潮率和我国的公定回潮率如表 2－3 所示。

表 2－3　几种纤维的标准回潮率和我国的公定回潮率

纤维名称	标准回潮率/%	公定回潮率/%	纤维名称	标准回潮率/%	公定回潮率/%
蚕丝	9	11.0	维纶	3.0～5.0	5.0
棉	7	8.5	锦纶	3.0～5.0	4.5
羊毛	16	16.0	腈纶	1.2～2.0	2.0
亚麻	7～10	12.0	涤纶	0.4～0.5	0.1
苎麻	7～10	12.0	氯纶	0.0	0.0
黏胶纤维	12～14	13.0	丙纶	0.0	0.0
醋酯纤维	6～7	7.0	乙纶	0.0	0.0

三、拉伸性能

纤维材料在使用中会受到拉伸、弯曲、压缩、摩擦和扭转作用，产生不同的变形。化学纤维在使用过程中主要受到的外力是张力，纤维的弯曲性能也与其拉伸性能有关，因此拉伸性能(tensile property)是纤维最重要的机械性能。它包括强力和伸长两个方面，因此又称强伸性能。表示材料在拉伸过程中受力与变形的关系曲线称为拉伸曲线，可以用负荷－伸长(load-elongationcurve)曲线表示，也可用应力－应变曲线(stress-strain curve)表示。图 2－9 为几种常见纤维的应力－应变曲线。

(一)断裂强度

断裂强度(breaking strergth)是表征纤维品质的主要指标，通常有以下几种表示方法：

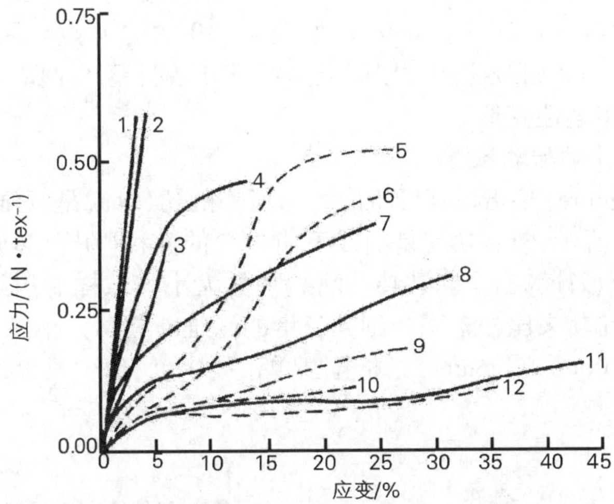

1—亚麻；2—苎麻；3—棉；4—涤纶；5、6—锦纶；7—蚕丝；
8—腈纶；9—黏胶纤维；10、12—醋酯纤维；11—羊毛

图2-9　常见纤维的应力-应变曲线

1. 断裂强力

亦称绝对强力或断裂负荷，简称强力。即纤维材料受外界直接拉伸到断裂时所需的力，单位为牛顿(N)，衍生单位有厘牛顿(cN)、毫牛顿(mN)、千牛顿(kN)等。

2. 相对强度

拉断单位线密度纤维所需要的强力称为相对强度，即纤维的断裂强力与线密度之比，用以比较不同粗细的纤维拉伸断裂性质的指标，单位为牛每特(N/tex)。

3. 强度极限

纤维单位截面积上能承受的最大强力，单位为帕斯卡(Pa)。

4. 断裂长度

以自身重量拉断纤维所具有的长度，单位为千米(km)。

(二)断裂伸长

纤维拉伸时产生的伸长占原来长度的百分率称为伸长率。纤维拉伸至断裂时的伸长率称为断裂伸长率(elongation at break)，它表示纤维承受拉伸变形的能力。断裂伸长率大的纤维手感比较柔软，在纺织加工时可以缓冲所受到的力，毛丝、断头较少；但断裂伸长率也不宜过大，否则织物容易变形。普通纺织纤维的断裂伸长率在10%~30%范围内比较合适。但对于工业用强力丝，则一般要求断裂强度高、断裂伸长率低，使其产品不易变形。

(三)初始模量

初始模量(initial modulus)亦称弹性模量或杨氏模量(Young's modulus)，为纤维受拉伸而当伸长为原长的1%时所受的应力，即应力-应变曲线(或称负荷-伸长曲线)起始一段直线部分的斜率，单位为N/tex，如图2-10中直线OY的斜率。初始模量表示试样在小负荷下变形的难易程度，反映了材料的刚性。

纤维的初始模量取决于高聚物的化学结构以及分子间相互作用力的大小。大分子柔性越强，纤维的初始模量就越小。同一种高聚物制得的纤维，取向度和结晶度越高，初始模量就越大。六大纶中涤纶的初始模量最大，织物挺括，不易起皱；而锦纶的模量小，易起皱，保形性差。

(四)屈服应力与屈服应变

在应力-应变曲线上，当曲线的坡度由较大转向较小时，表示材料对于变形的抵抗能力逐

渐减弱，这一转折点称为屈服点(yield point)，如图2－10中的P点。屈服点处所对应的应力和伸长就是它的屈服应力和屈服应变。屈服点是纤维开始明显产生塑性变形的转变点。屈服应力高的纤维，不易产生塑性变形。

(五)断裂功、断裂比功和功系数

断裂功(work of rupture)是指拉断纤维时外力所作的功，也就是纤维受拉伸到断裂时所吸收的能量。如图2－11所示，断裂功就是曲线下所包含的面积(阴影部分)。目前的电子强力仪即是根据上述积分原理计算出了断裂功。断裂功的大小与试样的粗细和长度有关，为了能相互比较，常采用断裂比功来比较不同粗细和长度的纤维断裂功大小。

断裂比功(specific work of rupture)是指拉断单位线密度、单位长度纤维材料所需的能量，单位常用N/tex来表示。

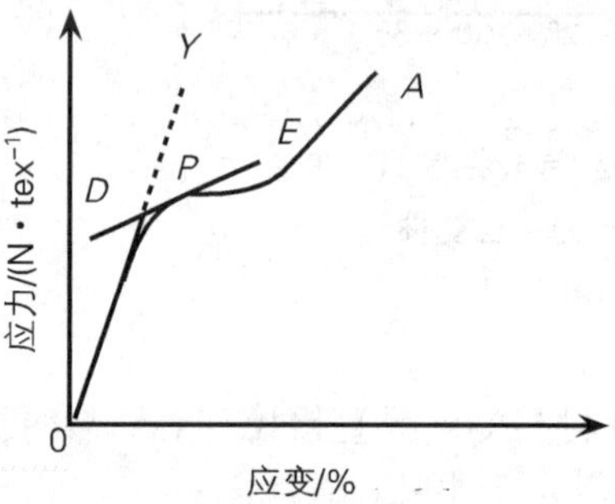

图2－10 纤维初始模量与屈服点

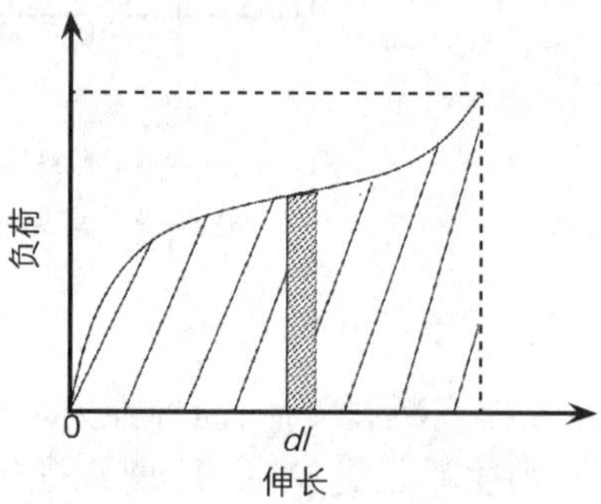

图2－11 纤维断裂功的求法

负荷－伸长曲线下面积与断裂强力和断裂伸长乘积之比称为功系数。功系数越大，外力拉伸纤维所做的功越多，表明这种材料抵抗拉伸断裂的能力越强，其制品的使用寿命也就越长。各种纤维的功系数为0.36～0.65。

断裂功、断裂比功和功系数反映了纤维的韧性，可用来表征纤维及其制品耐冲击和耐磨的能力。其他条件不变时，断裂功或断裂比功愈大，纤维的韧性及其制品的耐磨和耐冲击的能力愈好。当断裂强力、断裂伸长相同时，功系数大表示拉断时外力做功大，纤维坚韧。几种常见化学纤维的拉伸指标见表2－4。

表2－4 几种常见化学纤维的拉伸指标

纤维品种	断裂强度/(N·tex⁻¹)		钩接强度/(N·tex⁻¹)	断裂伸长率/%		初始模量/(N·tex⁻¹)	定伸长回弹率/%(伸长3%)
	干态	湿态		干态	湿态		
涤纶(高强低伸型)	0.53～0.62	0.53～0.62	0.35～0.44	18～28	18～28	6.17～7.94	97
涤纶(普通型)	0.42～0.52	0.42～0.52	0.35～0.44	30～45	30～45	4.41～6.17	
聚酰胺6	0.32～0.62	0.33～0.53	0.31～0.49	25～55	27～58	0.71～2.65	100
腈纶	0.25～0.40	0.22～0.35	0.16～0.22	25～50	25～60	2.65～5.29	89～95
维纶	0.44～0.51	0.35～0.43	0.28～0.35	15～20	17～23	2.21～4.41	70～80
丙纶	0.40～0.62	0.40～0.62	0.35～0.62	30～60	30～60	1.76～4.85	96～100
氯纶	0.22～0.35	0.22～0.35	0.16～0.22	20～40	20～40	1.32～2.21	70～85
黏胶纤维	0.18～0.26	0.11～0.16	0.06～0.13	16～22	21～29	3.53～5.29	55～80
富强纤维	0.31～0.40	0.25～0.29	0.05～0.06	9～10	11～13	7.06～7.94	60～85
醋酯纤维	0.11～0.14	0.07～0.09	0.09～0.12	25～35	35～50	2.21～3.53	70～90

(六)回弹性

材料在外力作用下(拉伸或压缩)产生的形变,在外力除去后恢复原来状态的能力称为回弹性(elastic recovery)。纤维在负荷作用下所发生的形变包括三部分:普弹形变、高弹形变和塑性形变。这三种形变不是逐个依次出现而是同时发展的,只是各自的速度不同。因此,当外力撤除后,可回复的普弹形变和松弛时间较短的那一部分高弹形变(急回弹形变)将很快回缩,并留下一部分形变,即剩余形变,其中包括松弛时间长的高弹形变(缓回弹形变)和不可回复的塑性形变。剩余形变值越小,纤维的回弹性越好。

四、耐疲劳性

耐疲劳性(fatigue durability)通常是指纤维在反复负荷作用下,或在静负荷的长时间作用下引起的损伤或破坏。疲劳破坏有两种形式:一种是纤维材料在一恒定的拉伸力作用下,开始纤维迅速拉长,然后逐步缓行,最后趋于不明显,到达一定时间后,纤维在最薄弱的地方发生断裂,称为静态疲劳;另一种是纤维经受多次加、去负荷的反复作用,塑性变形的逐渐积累,纤维内部逐渐形成裂痕,最后被破坏的现象,叫动态疲劳。不同的疲劳形式,纤维将表现出不同的疲劳破坏形态,即纤维的断口形态与一次性测试失效有明显不同的特征。常采用单纤维强力仪来测定纤维的耐疲劳性。

五、耐磨性

磨损一般指材料由于机械作用从固体表面不断失去少量物质的现象,即两个固体表面接触作相对运动,伴随着摩擦引起的减量过程。影响纤维耐磨性能的因素非常复杂,首先是纤维的分子结构和微观结构。一般情况下,分子主链键能强,分子链柔性好,取向度高,结晶度适当,结晶颗粒较细较匀,纤维的玻璃化转变温度在使用温度附近时,其耐磨损性能较好。其次,外界的温湿度、试样张力以及磨料的种类、形状、硬度等都对耐磨性能有影响。纤维耐磨性的测定方法有很多,一般以纤维在耐磨试验仪器上摩擦前后的强度或质量损失程度来表征纤维耐磨性的好坏。化学纤维六大纶(涤沦、锦纶、腈纶、丙纶、维纶、氯纶)中,锦纶的耐磨性最好。

六、耐热性和热稳定性

纤维及其制品在加工过程中,要经受高温的作用(如染整、烘干),在使用过程中,也要常常接触到高温(如洗涤、熨烫),具有特殊要求的纤维则更要受到高温的长时间处理,因此,对高温作用的稳定性是材料稳定性能的重要指标之一。

耐热性(thermal stability)表征纤维在升高温度时,其机械性能的变化,这种变化在恢复至常温时往往能够恢复(属于可回复变化),因此也称物理耐热性。

热稳定性(thermal stability)表征纤维受热后,机械性能的不可回复变化,这种变化是将纤维加热并冷却至常温后测得的,系聚合物发生了降解或化学变化所致,因此亦称化学耐热性。影响纤维对高温作用的稳定性的因素包括:①高聚物分子链的化学结构;②大分子之间是否存在交联;③分子间相互作用的强弱;④纤维受热时所处的介质(是否有氧和水分存在);⑤抗氧剂和热稳定剂的性质和含量。

高聚物的化学结构是影响纤维耐热性(包括热稳定性)的主要因素之一。天然的纤维素纤维和再生的水化纤维素纤维的耐热性很好,这类纤维不是热塑性的,因而在升温下它们不会软化或发生黏结。常规化学纤维中,黏胶纤维耐的热性最好,而涤纶的热稳定性较好。高聚物分子中形成交联结构可以提高纤维的耐热性，如聚乙烯醇的缩醛化。借助于加入少量抗氧剂或链裂解过程的阻滞剂，可使纤维的热裂解和热氧化裂解程度大为减小，可提高纤维的热稳定性，但不能提高纤维的耐热性。

七、热收缩

热收缩（thermal shrinkage）是纤维热性能之一，指受热条件下纤维形态尺寸收缩，温度降低后不可逆。纤维产生热收缩是由于纤维存在内应力，热收缩的大小用热收缩率（heat-shrinkage）表示，它是指加热后纤维缩短的长度占原长度的百分率。

根据加热介质不同，有沸水收缩率、热空气收缩率和饱和蒸气收缩率等。对纤维热收缩处理，品种不同采取的热处理条件也不同，详见表2-5。

表2-5　不同纤维的热收缩处理条件

纤维品种	加热介质	处理时间/min
涤纶、锦纶	180 ℃干热空气	30
腈纶	沸水或120 ℃蒸气	30
维纶	沸水	30

用纤维热收缩测定仪测量纤维热收缩前后的长度。纤维热收缩率的大小与热处理的方式、处理温度和时间等因素有关，一般情况下，纤维的收缩在饱和蒸气中最大，在沸水中次之，在热空气中最小。例如，氯纶在100 ℃热空气中的收缩率达50%以上，维纶的沸水收缩率约为5%，涤纶短纤维的沸水收缩率约为1%。

八、阻燃性

纤维燃烧是纤维物质在遇到明火高温时的快速热降解和剧烈化学反应的结果。阻燃性（flame resistamce）是纤维的稳定性能指标之一，亦称防燃性。描述纤维燃烧性能的指标有极限氧指数（*LOI*，limiting oxygen index）、着火点温度 T、燃烧时间 t、火焰温度 TB 等指标。其中应用较为广泛的为极限氧指数。

极限氧指数，又称限氧指数或氧指数，可以定量地区分纤维的燃烧性。所谓极限氧指数，是指试样在氧气和氮气的混合气体中，维持完全燃烧所需的最低氧气体积分数。其计算方法见式（2-1）。

$$LOI = \frac{V(O_2)}{V(O_2) + V(N_2)} \times 100\% \tag{2-1}$$

式中：$V(O_2)$ 和 $V(N_2)$ 分别为氧气和氮气的体积。

极限氧指数愈高，说明燃烧时所需氧气的浓度愈高，常态下纤维愈难燃烧。根据 *LOI* 数值的大小，可将纤维的燃烧性能分为四类，见表2-6。

表2-6　根据 *LOI* 值对纤维燃烧性能的分类

分类	*LOI*/%	燃烧状态	纤维品种
不燃	≥35	常态环境及火源作用后短时间不燃烧	多数金属纤维、碳纤维、石棉、硼纤维、玻璃纤维及PBO纤维、氟纶、PPS纤维
难燃	26~34	接触火焰燃烧，离火自熄	芳纶、氯纶、酚醛纤维、改性腈纶、改性涤纶、改性丙纶等
可燃	20~26	可点燃及续燃，但燃烧速度慢	涤纶、锦纶、维纶、羊毛、蚕丝、醋酯纤维等
易燃	≤20	易点燃，燃烧速度快	丙纶、腈纶、棉、麻、黏胶纤维等

部分化学纤维的极限氧指数见表 2-7。

表 2-7 部分化学纤维的 *LOI*

纤维名称	*LOI*/%	纤维名称	*LOI*/%
黏胶纤维	17~19	氯纶	35~37
丙纶	19~20	涤纶	20~22
腈纶	18~20	氟纶	95
锦纶	20~22	酚醛纤维	32~34

测试燃烧性能常用的仪器是极限氧指数测试仪。要获得阻燃纤维，一是在纺丝原液中加入阻燃剂，混合纺丝制成；二是由合成的难燃聚合物纺制而成。由于主要化学纤维品种都属于易燃或可燃纤维，因此耐燃烧性能的测试与研究已成为当前国内外关注的问题。

九、对化学试剂及微生物作用的稳定性

对化学试剂作用的稳定性是材料的稳定性能之一，亦称耐化学性（chermical resistance）。它是纤维抵抗化学试剂作用的能力的量度。对微生物作用的稳定性是指纤维抵抗蛀虫、霉菌作用的能力，亦称耐微生物性（antimicrobial resistance）。

化学纤维对化学试剂作用的稳定性主要取决于其聚合物的结构。一般碳链化学纤维比杂链化学纤维对酸碱的稳定性好，但与侧基也有关系，例如腈纶纤维的大分子链上有氰基，因此不耐强碱。涤纶的化学稳定性主要取决于分子结构，涤纶除耐碱性差以外，耐其他化学试剂性能均比较优良。涤纶耐微生物作用，不受虫蛀、霉菌等作用；锦纶耐碱性、耐还原剂作用的性能很好，但耐酸性和耐氧化剂作用性能比较差。锦纶耐微生物作用的性能较好，在淤泥水或碱中，耐微生物作用的能力仅次于氯纶，但有油剂或上浆剂的锦纶，耐微生物作用的能力降低；腈纶耐酸、碱性好，35% 盐酸、65% 硫酸、45% 硝酸对其强度无影响，在 50% 苛性钠和 28% 氨水中，其强度几乎不下降。腈纶的耐虫蛀、耐霉菌性能好。

十、耐光性和对大气作用的稳定性

对日光和大气作用的稳定性是纤维的稳定性指标之一，亦称耐候性（weathor resistamce）。

耐光性（light fastness）是指纤维受光照后其力学性能保持不变的性能，对大气作用的稳定性是指纤维受光照射以及空气中的氧气、热和水分的长时间作用后，不发生降解或光氧化，不产生色泽变化的性能。

化学纤维的耐光性与纤维分子链节的组成、主链键和交联键的形成有关，与分子的振动能量和转换有关，与纤维的聚集态结构有关，与光辐射强度、照射时间和波长有关。

在化学纤维中，腈纶的耐光性和对大气作用的稳定性最好，因为在腈纶的大分子中有氰基，能吸收紫外线并把光能转化为热能，可以有效地保持分子化学结构的完整性和分子之间结构的稳定，保护聚合物不受破坏，因此耐性最好。锦纶的耐光性和对大气作用的稳定性差，其裂解过程是一个氧化反应过程，锦纶分子上的酰胺键具有促进氧化的作用，其裂解速度随氧浓度的增大和温度的升高而增大，故其耐光性差。如果在锦纶的分子中可以引入氰基，抑制高聚物的光化学裂解过程，就可以使纤维的耐光性显著改善。表 2-8 是几种常用纤维日晒后的强力保持率，纤维耐光性的排序大致为黏胶纤维 > 腈纶 > 涤纶 > 锦纶。

表 2-8　几种常用纤维日晒后强力损失程度

纤维名称	日晒时间/h	强力损失/%
黏胶纤维	900	50
腈纶	800	10 ~ 25
锦纶	200	36
涤纶	600	60

十一、染色性

纤维的染色性(dyeability)与三方面的因素有关:染色亲和力、染色速度及纤维-着色剂的性质。染料与纤维的结合可通过离子键、氢键、偶极的相互作用,对于活性染料的染色还有共价键的相互作用。纤维的分子结构和超分子结构对纤维与染料的亲合力有很大影响,采用适当的共聚、共混等改性方法可改进染色性,即增大了无序程度和可及性,又可以引入亲染料的基团。

染料从溶液中进入纤维是一个打散过程,它取决于染浴中的染料向纤维表面扩散、染料被纤维表面吸附以及染料从纤维表面向纤维内部扩散。纤维-染料复合体的稳定性是决定染色坚牢度的结构因素,各种染色坚度主要与纤维-染料复合体的性质有关。染色均匀性是化纤长丝的重要质量指标。

十二、导电性

在电场作用下,电荷在纤维材料中定向移动而产生电流的特征称为纤维材料的导电性(electric conductivity)。材料的导电性可用电导率、电阻率(电导率的倒数)、体积比电阻、质量比电阻等来表示。电导率越大,则电阻率越小,材料的导电性能越强。

对于纤维材料来说,由于截面的面积不易测量,用体积比电阻就不如用质量比电阻方便,所以在实际应用中,经常用质量比电阻来表征纤维材料的导电性能,其数值越大,纤维的导电性能越差。纤维的质量比电阻值通常用 YG321 型纤维比电阻仪测定。表 2-9 为几种常用化学纤维的质量比电阻。

表 2-9　几种常用化学纤维的质量比电阻

纤维种类	质量比电阻/($\Omega \cdot g \cdot cm^{-2}$)
黏胶纤维	107
锦纶、涤纶(去油)	1 013 ~ 1 014
腈纶(去油)	1 012 ~ 1 013

十三、导热性

纤维的导热性(thermal condwtivity)用导热系数 λ 来表示,导热系数也称热导率,它表示的是材料在一定温度梯度条件下,热能通过物质本身扩散的速度,单位为 W/m · K。λ 值越小,表示材料的导热性越差,保暖性或其热绝缘性越好。表 2-10 是几种纺织材料的导热系数。

由表 2-10 可知,水的导热系数最大,静止空气的导热系数最小,所以空气是最好的热绝缘体。因此,纺织品的保暖性主要取决于纤维间保持的静止空气和水分的数量,即静止空气越多，保暖性就越好，水分越多，保暖性就越差。此外，温度不同，纤维的导热系数也不同，温度高时，导热系数稍大。

表 2－10　几种纺织材料及空气和水的导热系数（室温 20 ℃测量）

材料	$\lambda/[W\cdot(m\cdot K)^{-1}]$	材料	$\lambda/[W\cdot(m\cdot K)^{-1}]$
棉	0.071～0.073	涤纶	0.084
羊毛	0.052～0.055	腈纶	0.051
蚕丝	0.050～0.055	丙纶	0.221～0.302
黏胶纤维	0.055～0.071	氯纶	0.042
醋酯纤维	0.050	空气	0.026
锦纶	0.244～0.337	水	0.697

十四、卷曲度

通常采用单位长度纤维上的卷曲数来表示卷曲度（crimp degree）。一般供棉纺用的化学纤维要求高卷曲度（4～5.5 个/cm），供精梳毛纺的化学纤维及制膨体毛条的长纤维要求中卷曲度（3.5～5 个/cm）。为了全面地表征化学纤维的卷曲度，可采用下列指标：

1. 卷曲数 J_n

卷曲数是表示卷曲多少的指标，指单位长度（10 mm 或 25 mm）内纤维的卷曲个数，其公式见式（2－2）：

$$J_n = \frac{J_a}{2L_0} \times 25 \text{ 或 } J_n = \frac{J_a}{2L_0} \times 10 \tag{2-2}$$

式中：J_n 为纤维卷曲数；J_a 为纤维在 25 mm 内全部卷曲的波峰数和波谷数；L_0 为纤维在轻负荷下测得的长度，单位 mm。

卷曲数太少，纤维难以承受多道工序的牵伸，纤维易伸直，黏卷严重，可纺性不好；卷曲数过高，则不利于纤维开松和牵伸的顺利进行，影响成纱质量。

2. 卷曲率 J

卷曲率表示卷曲程度，其计算公式见式（2－3）。卷曲率越大，表示卷曲波纹越深，卷曲数多的卷曲率也大。一般化学纤维的卷曲率为 10%～15%。

$$J = \frac{L_1 - L_0}{L_1} \times 100\% \tag{2-3}$$

式中：L_1 为纤维在重负荷下测得的长度，单位 mm。

3. 卷曲回复率 J_w

卷曲回复率表示卷曲的牢度，其计算公式见式（2－4）。卷曲回复率越小，表示回缩后剩余的波纹越深，波纹不易消失，卷曲耐久。一般在 10% 左右。

$$J_w = \frac{L_1 - L_2}{L_1} \times 100\% \tag{2-4}$$

式中：L_2 为纤维在重负荷下保持 30 s 后卸载，回复 2 min，再在轻负荷下测得的长度，单位 mm。

复习指导

1. 掌握化学纤维的基本概念。
2. 了解成纤聚合物的结构与基本性质。
3. 了解化学纤维的生产方法及一般的加工工艺流程。
4. 熟悉化学纤维的主要性能指标。
5. 了解分子量及其分布对纤维性能的影响。

习题与思考

1. 什么是异形纤维、复合纤维、差别化纤维、高性能纤维、功能纤维?
2. 什么是成纤聚合物? 它应具备哪些基本性质?
3. 试写出纺织品的一般加工工艺流程。
4. 何为熔融纺丝,何为溶液纺丝? 两者的区别是什么?
5. 化学纤维后加工有哪些主要工序? 各工序的加工目的是什么?
6. 纤维的初始模量有什么物理意义,与纤维的性能有什么关系?

第三章 聚对苯二甲酸乙二酯纤维

第一节 概述

聚酯纤维是由大分子链中的各链节通过酯基相连的成纤聚合物纺制的纤维。我国将聚对苯二甲酸乙二酯含量大于85%以上的纤维称为涤纶,国外的商品名称很多,如美国的达克纶(Dacron)、日本的特托纶(Tetoron)、英国的特恩卡(Ter-lenka)等。

聚酯纤维是一大类纤维。聚对苯二甲酸乙二酯(polyethylene terephthalate,PET)纤维是产量最大的聚酯纤维。除聚对苯二甲酸乙二酯纤维外,还有高伸缩弹性的聚对苯二甲酸丁二酯(polybutylene therephthalate,PBT)纤维及聚对苯二甲酸丙二酯(polytrimethylene terephthalate,PTT)纤维等。一般“聚酯纤维”特指聚对苯二甲酸乙二酯纤维。

1894 年,沃尔兰德(Vorlander)用丁二酰氯和乙二醇制得低相对分子质量的聚酯;1941 年,英国的温菲尔德(Whinfield)和迪克松(Dickson)用对苯二甲酸二甲酯和乙二醇合成了聚对苯二甲酸乙二酯。1953 年,美国首先建厂生产 PET 纤维。

涤纶具有断裂强度高、弹性模量高、回弹性适中、热定型优异等优点,但它也有染色性差、吸湿性低、易积聚静电荷和织物易起球等缺点,将其用作轮胎帘子线时,与橡胶的黏结性差。为了克服聚酯纤维的缺点,1980 年以来,人类不断开发聚酯纤维改性品种,生产出了具有良好舒适性和独特风格的差别化及功能化聚酯纤维。

聚酯短纤维可以纯纺,也可以与其他纤维混纺,如与棉、麻、羊毛、黏胶、腈纶等混纺;聚酯加捻长丝(DT)主要用于织造各种仿真丝绸织物。聚酯变形纱(主要是低弹丝 DTY)与普通长丝不同之处是高蓬松、大卷曲度、毛型感强、柔软,且具有高度的弹性伸长率(达 400%),适于织造仿毛呢、哔叽等西装、外衣、沙发面料等;聚酯空气变形纱(ATY)和网络丝的抱合性、平滑性良好,可以筒丝形式直接用于喷水织机,适合织造仿真丝绸及薄型织物,亦可织造中厚型织物。

聚酯纤维是合成纤维中的第一大品种。我国先后在上海金山、辽宁辽阳、天津、江苏仪征、广东佛山、福建厦门等地建成大中型涤纶生产基地。随着大型化、连续化、高速化和自动化工艺技术的采用,聚酯纤维的不断改性,我国聚酯纤维工业前景广阔。

第二节 聚对苯二甲酸乙二酯

作为聚酯纤维的原料,聚对苯二甲酸乙二酯的制备首先必须从单体的制备开始。

一、对苯二甲酸及乙二醇的制备

(一)对苯二甲酸及对苯二甲酸二甲酯的制备

早期,对苯二甲酸(PTA)或对苯二甲酸二甲酯(DMT)从煤开始,经炼焦、分离等一系列过程而制得,但随着石油化学工业的发展,对苯二甲酸的生产早已以石油路线为主。简单地说,它是催化重整石油中的环烷化合物得到混合二甲苯,由混合二甲苯分离出对二甲苯,对二甲苯再经氧化制得对苯二甲酸,而后经酯化反应制得对苯二甲酸二甲酯。

目前工业制取对苯二甲酸及其二甲酯的方法主要有高温氧化法、低温氧化法及氧化酯化法。

1. 高温氧化法

此法以醋酸为溶剂,醋酸钴或醋酸锰为催化剂,溴化物为促进剂,在高温下以对二甲苯为原料,经空气液相氧化将对二甲苯一步氧化为对苯二甲酸:

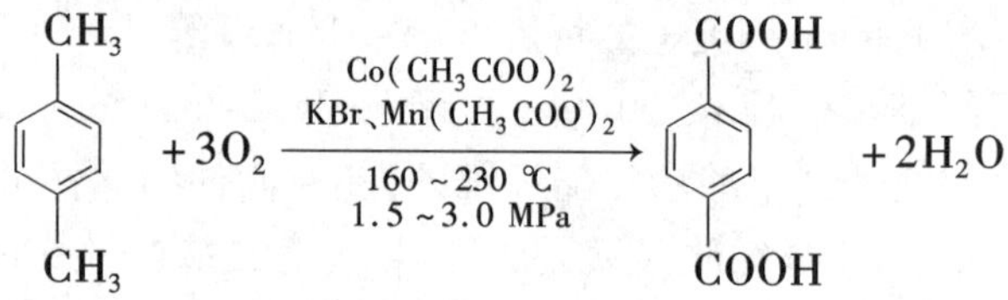

此法的优点是反应快、流程简单,收率在 90% 以上,适合大型化生产,是目前应用最广泛的方法。缺点是设备腐蚀严重,反应温度较高,并需用溴化物作促进剂。

2. 低温氧化法

此法以醋酸为溶剂,醋酸钴为催化剂,甲乙酮为促进剂,在 130 ℃、1.5 MPa 压力下,以纯氧为氧化剂,用对二甲苯制对苯二甲酸。此法的优点是反应温度、压力较低,操作简便,产品纯度高,收率亦高。缺点是需用氧化促进剂且副产品醋酸需专门处理,反应时间长,动力消耗大。

3. 氧化酯化法

此法用对二甲苯分步氧化、酯化,直接制取对苯二甲酸二甲酯。不必分步制取 PTA 和 DMT,而是将氧化和酯化过程两步合并,故称合并氧化酯化法。此法反应不需用醋酸作溶剂,反应条件温和。缺点是反应速率偏低,仅为 85% 左右,对二甲苯单耗大。

(二)乙二醇的制备

生产 PET 纤维使用的原料为乙二醇(EG),通常可用两种方法制备:

1. 环氧乙烷(EO)水解法

此法的优点是所制备的乙二醇纯度较高,缺点是环氧乙烷容易着火、爆炸,在贮存和运输过程中比较困难。其反应过程如下:

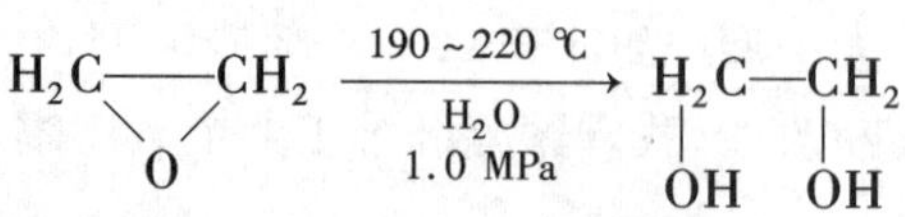

2. 氯乙醇水解法

此方法制得的粗制乙二醇,需经进一步精制提纯才能使用。此外,还有二氯乙烷水解法等,反应过程如下所示。

$$ClH_2C—CH_2OH + NaHCO_3 \xrightarrow[78\sim80\ ^\circ C,\ 1.0\ MPa]{H_2O} HOH_2C—CH_2OH + NaCl + CO_2\uparrow$$

二、对苯二甲酸乙二酯的制备

对苯二甲酸乙二酯的制备方法主要有三种:酯交换法(间接法)、直接酯化法和直接加成法(直接法)。具体如图 3-1 所示。

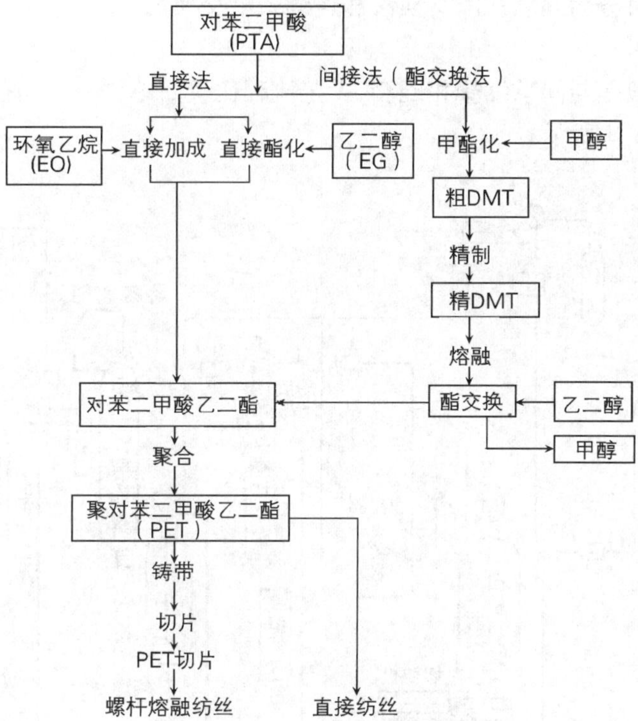

图 3-1　PET 纤维生产路线

(一)酯交换法

1. 酯交换原理

酯交换反应是在催化剂(锰、锌、钴、镁等的醋酸盐)存在下,在 150~220 ℃进行的均相反应。乙二醇与对苯二甲酸二甲酯中的甲氧基($—OCH_3$)进行交换,生成对苯二甲酸乙二酯(BHET),被取代的甲氧基和乙二醇中的氢结合生成甲醇,其反应式如下所示:

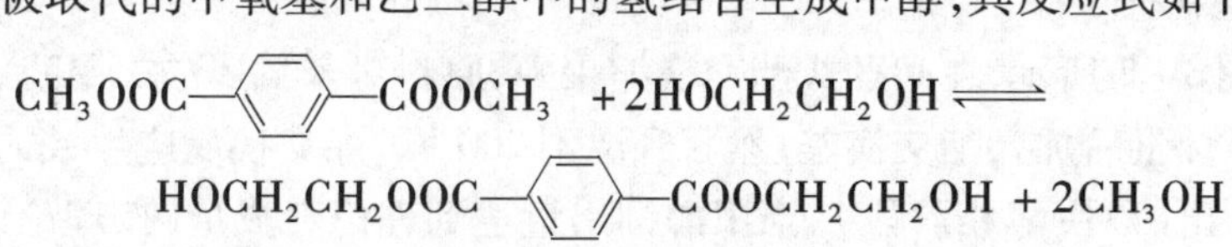

上述反应本质上相似于酯化反应或皂解反应,是一个可逆平衡反应。为使正反应程度尽量完全,生产上通常采用增加反应物浓度和减小生成物浓度两种方法。因此,在酯交换反应的配比中加入过量的乙二醇,一般 $n(DMT):n(EG)$ 为 1:2~1.0:2.5;或者把所生成的甲醇从体系中排除,从而抑制逆反应。生产中为了增加对苯二甲酸乙二酯的收率,通常同时采用以上两种方法,即加入过量的乙二醇,并从体系中排除反应副产物甲醇。

在上述酯交换反应过程中,伴随着主反应可发生许多副反应。例如,生成低聚物,它们可能是二聚、三聚或四聚体,利用熔点不同,可将这些低聚体分离;生成对苯二甲酸甲乙酯(缩聚反应的链转移剂),会使 BHET 的缩聚反应终止,致使 PET 的聚合度下降;生成环状低聚物,会影响 BHET 的缩聚反应,使 PET 相对分子质量下降,熔点波动;生成二甘醇,使 PET 熔点下降,切片颜色发黄,树脂质量下降,纺丝困难;生成乙醛(缩聚反应的链终止剂),使 PET 相对分子质量下降,而醛类又是发色基团,会使切片颜色变黄。

酯交换法具体又可分为间歇式酯交换法和连续式酯交换法。

2. 间歇式酯交换工艺

间歇式酯交换一般是与间歇缩聚相配套,工艺流程比较简单,主机只有一台酯交换釜和一台缩聚釜,具体如图 3-2 所示。

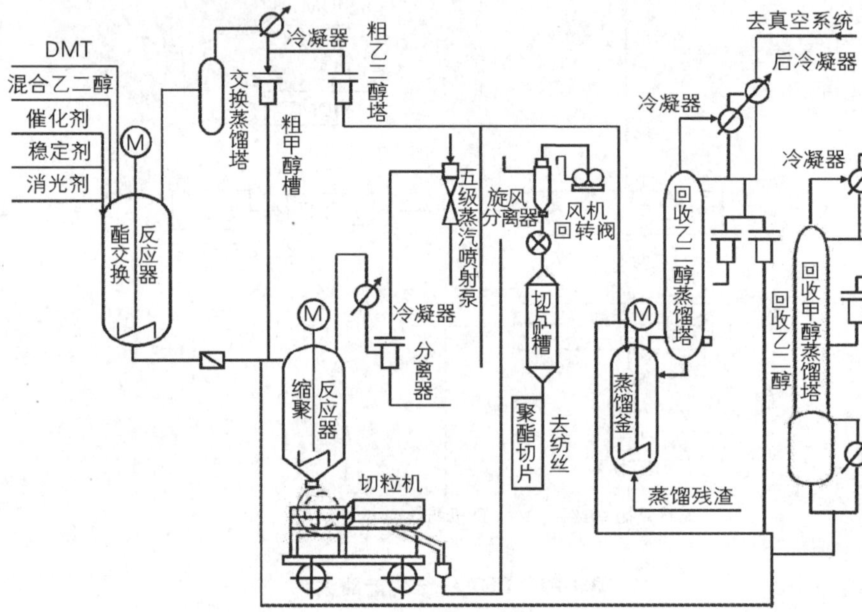

图 3-2　间歇式酯交换缩聚工艺流程图

在 PET 纤维生产初期,由于间歇式酯交换生产操作简单,对于改性 PET 或变换生产品种较为方便,故基本上都采用间歇式进行酯交换。待酯交换反应结束后,再将反应生成物对苯二甲酸乙二酯转入缩聚釜中进行缩聚反应。

(1)工艺流程:如图 3-2 所示,在间歇式酯交换缩聚中,原料对苯二甲酸二甲酯、乙二醇以及配制好的催化剂等经计量后加入酯交换釜,然后升温到 200 ℃,酯交换反应生成的甲醇经酯交换釜上部的蒸馏塔馏出(称甲醇相阶段),当甲醇馏出量达到理论生成量(按理论计算,每吨 DMT 生成甲醇约 417 L)的 90% 时,认为酯交换反应结束。酯交换反应通常在常压下进行。酯交换结束后,随即加入缩聚催化剂三氧化二锑和热稳定剂亚磷酸三苯酯,可直接将物料放入缩聚釜中进行缩聚反应,亦可在酯交换结束后,物料继续升温,蒸出多余的乙二醇,并进行初期缩聚反应(称乙二醇相阶段),反应程度根据蒸出的乙二醇量来确定。酯交换过程蒸出的甲醇或乙二醇蒸气,先后经蒸馏塔和冷凝器冷凝,收集的粗甲醇或粗乙二醇,进行蒸馏提纯后回收再用。

(2)酯交换反应主要工艺参数:

①单体配料比:按理论计算,酯交换反应配料的摩尔比为 $n(\mathrm{DMT}):n(\mathrm{EG})=1:2$。但为了

增加 BHET 收率,必须使用过量的乙二醇,通常 n(DMT)∶n(EG)=1∶(2.3~2.0)。若乙二醇量过少,未反应的 DMT 被带入缩聚阶段进行酯交换反应,会生成低聚物而堵塞管道,并影响 PET 的聚合度;当乙二醇用量偏多时,过量的乙二醇会自聚生成多缩乙二醇,并嵌入 PET 的大分子链中,影响 PET 的结构规整性,使大分链柔性增加,熔点降低,亦会增加乙二醇的回收量,从而增加生产成本。

②催化剂的种类和用量:酯交换反应的催化剂应具备催化活性大、引起副反应少、不使聚合物着色并能溶于聚合物、对聚合物降解作用小等性质,而且酯交换催化剂也应是缩聚反应的催化剂。目前大多采用锰、钴、锌、镁、钙等盐类(醋酸盐或氯化物)作为酯交换反应的催化剂。这些化合物的反应活性大,基本能满足 PET 质量要求,且价格低廉,来源丰富。催化剂用量一般为 DMT 质量的 0.05% 左右。

③反应温度:酯交换反应是一个吸热反应,温度过低会使反应缓慢,适当提高温度有利于反应进行和甲醇蒸气排出;但温度过高,尤其在 200 ℃以上时,副反应显著,且 DMT 会升华而阻塞分馏柱,甚至产生气阻和液泛现象,使乙二醇和甲醇一起蒸出,物料倒流,不利于酯交换反应。因此酯交换反应温度在甲醇相阶段应控制在乙二醇沸点左右,即 180~200 ℃;在乙二醇相阶段温度逐渐升高至 230~240 ℃。

④反应时间:酯交换反应时间取决于反应速度(即甲醇蒸气排出速度),而反应速度又与温度和催化剂性质、用量等有关。在生产中,甲醇相阶段约需 3 h,乙二醇相阶段约需 1.5 h,总反应时间为 4~6 h。

⑤酯交换率:酯交换率越高越好,一般要求在 99% 以上,过低时缩聚的聚合度下降,影响成品质量。

3.连续式酯交换工艺

连续式酯交换反应中,进料和出料同时进行,物料在连续流动和搅拌过程中完成酯交换反应。连续式酯交换装置有多种形式,如多个带搅拌的立式反应釜串联式,多个带搅拌的卧式反应釜串联式和多层泡罩式,但这些装置都是根据反应物浓度的变化,分成几个反应器串联而成的。

图 3-3 是 3 个立式反应釜串联装置的连续式酯交换流程。DMT 由甲酯化工段送来,与乙二醇分别被预热到 190 ℃,在常压下与催化剂一并定量连续加入第一酯交换釜,进行酯交换反应。酯交换率为 70%,并利用物料位差,连续流经第二、第三酯交换釜,继续进行反应(酯交换率分别提高到 91.3% 和 97.8%),其后送入 BHET 储槽,在槽内最终完成酯交换反应过程(酯交换率 >99%),并被连续定量地抽出,进行缩聚。

连续式酯交换工艺除了要控制好酯交换率外,还需严格控制反应物料配比(摩尔比)、反应温度和反应时间。物料配比通常为 n(DMT)∶n(EG)=1∶2.15 左右。由于连续酯交换时有低聚物生成,反应釜内总有一定量乙二醇,因此在配料时 EG 的用量比间歇酯交换时的用量小。反应温度按反应釜顺序依次升高,分别为 190、210 和 215℃,BHET 储槽的温度提高到 235 ℃。升高温度有利于加快最终反应的完成。物料在每个反应釜内平均停留时间为 2~3 h,在 BHET 储槽内平均停留时间为 1.5 h,总反应时间为 8~10 h,各釜(槽)内均为常压。

就酯交换反应过程而言,连续式和间歇式无本质差异,它们所要求的反应工艺条件也大体一致,只是间歇式反应过程随反应时间而变化,而连续式的反应过程则随体系中质点空间位置而变化。

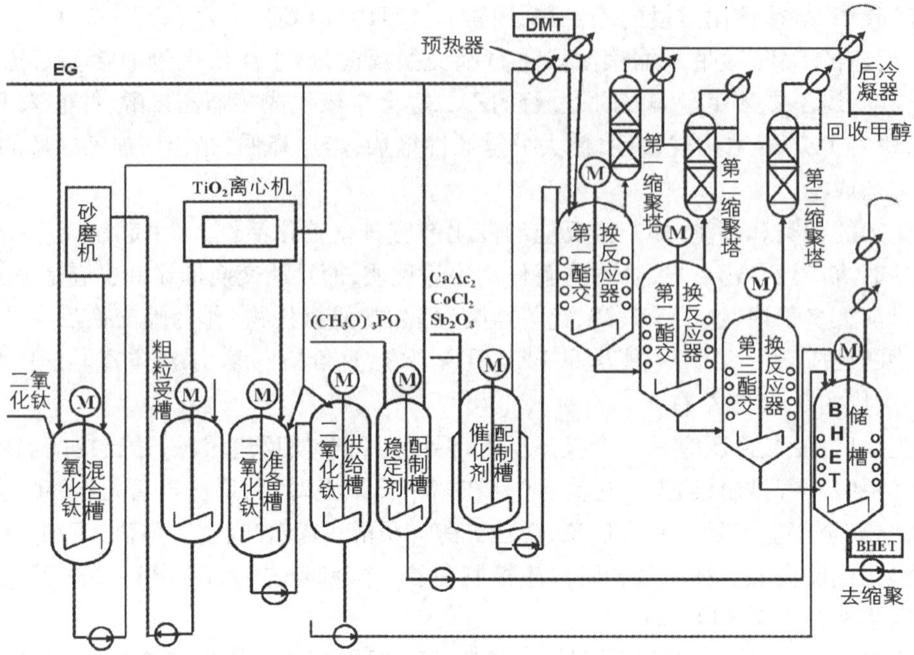

图 3-3　连续式酯交换工艺流程图

(二)直接酯化法

直接酯化法为对苯二甲酸与乙二醇直接进行酯化反应,一步法制得对苯二甲酸乙二酯。由于 PTA 在常态下为无色针状结晶或无定形粉末,其熔点(425 ℃)高于升华温度(300 ℃),而乙二醇的沸点(197 ℃)又低于 PTA 的升华温度,因此直接酯化体系为固相 PTA 与液相乙二醇共存的多相体系,酯化反应只发生在已溶解的 PTA 和乙二醇之间,溶液中反应消耗的 PTA 由随后溶解的 PTA 补充。其反应式如下:

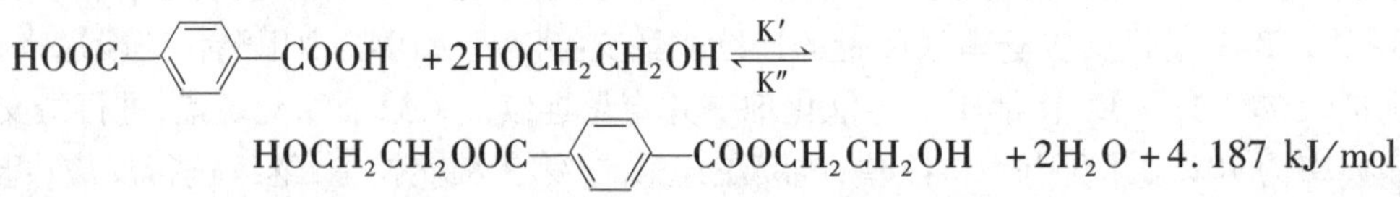

由于 PTA 在乙二醇中的溶解度不大,所以在 PTA 全部溶解前,体系中的液相为 PTA 的饱和溶液,故酯化反应速度与 PTA 浓度无关,平衡向生成 BHET 方向进行,此时酯化反应为零级反应。

直接酯化反应为吸热反应,但热效应较小,为 4.18 kJ/mol。因此升高温度,反应速度略有增加。与酯交换法一样,直接酯化法亦有两种:一种为间歇式,另一种为连续式。目前工业生产多用连续式。

(三)直接加成法

乙二醇是由环氧乙烷制成的,由环氧乙烷与 PTA 直接合成 BHET 的方法称为直接加成法。其反应过程如下:

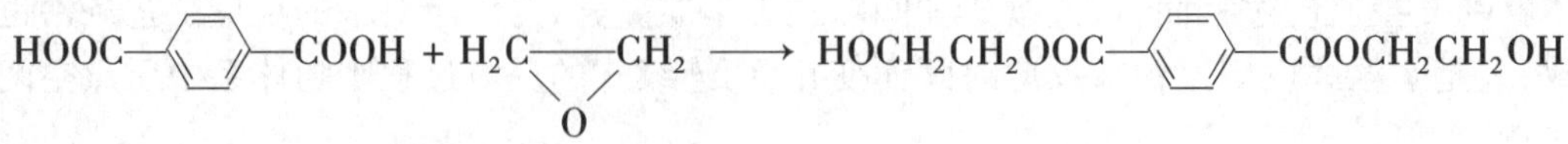

此法较直接酯化法具有成本更低、反应更快的优点。但因 EO 易于开环生成聚醚,反应热大

(约为 100 kJ/mol),EO 易热分解,且该反应产物 BHET 的双分子缩合物是一种胶状物,会影响精制与过滤,因而必须严格控制反应条件,减少副反应的发生。此法目前尚未大规模采用。

综上所述,BHET 的生产主要有酯交换法、直接酯化法和直接加成法,这三种工艺路线各有特点。

(1)酯交换法:历史悠久,技术成熟,产品质量好且稳定,目前仍广泛采用。但其工艺过程长,设备多,投资大,且需要大量甲醇,甲醇和乙二醇回收量大,增加设备和能量消耗。

(2)直接酯化法:生产流程短,投资少,生产效率高,生产过程无需使用甲醇,乙二醇的耗用量少,可简化回收过程和设备,并能减少环境污染,特别适合于制造高聚合度 PET。直接酯化法的缺点是 PTA 和乙二醇在多相体系中反应,反应不易均匀,容易生成较多二甘醇,影响 PET 的质量。近年来,研究开发的中纯度 PTA 与乙二醇酯化制取 BHET 的工艺方法,省去了 PTA 的精制,缩短了生产过程,大大降低了生产成本,经济效益显著。

(3)直接加成法:此法在理论上最为合理,因为上述两种方法所用原料乙二醇均由环氧乙烷加水合成。直接加成法的优点是生产过程短,原料低廉,产品纯度高。但由于环氧乙烷沸点低(10.7 ℃),常温下为气体,容易着火、爆炸,运输、贮存和使用都不方便,因而目前采用此法的不多。

三、聚对苯二甲酸乙二酯的生产

(一)生产原理

通过酯交换反应制备 BHET 之后,加入摩尔分数为 0.03% ~0.04% 的缩聚反应催化剂(如 Sb_2O_3)以及 0.015% ~0.03% 的稳定剂,温度逐渐升至 270 ~280 ℃,压力降低至 133.3 Pa (1 mmHg 柱)以下进行缩聚反应,制成成纤 PET。在此过程中对苯二甲酸乙二酯分子间彼此多次缩合,不断释出乙二醇。在反应体系中,单体很快消失而转变成各种不同聚合度的缩聚物,产物的聚合度随时间而逐渐增加。缩聚反应式如下:

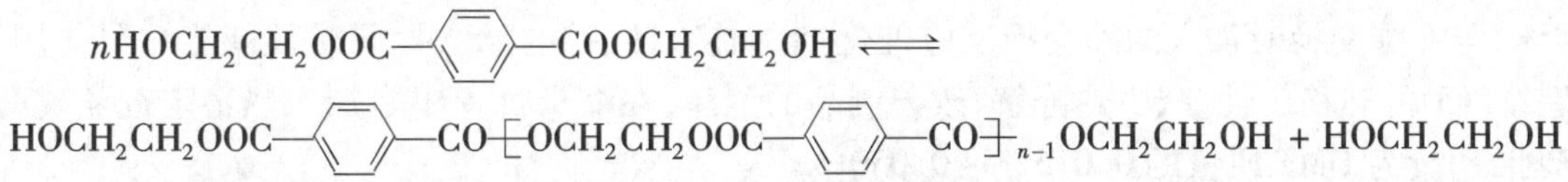

合成 PET 的缩聚反应是可逆平衡的逐步反应,为使反应向生成 PET 的方向进行,必须将反应所生成的 EG 尽快并完全地从反应体系中排除,使 PET 聚合度逐步增加,直至达到平衡为止。另外,PET 缩聚过程是在较高温度(260 ~280 ℃)下进行的,在所生成的聚合物中存在着许多可被裂解的链、活性的链端基(如羟基、羧基)及少许齐聚物、醚化物等。反应温度越高,则在多组分缩聚体系中,可形成的副反应产物就越多。热氧化裂解反应会使 PET 相对分子质量降低,颜色变深。为防止热裂解反应,必须在无氧或惰性气体保护下进行缩聚反应。若加入少量稳定剂,如磷酸盐或亚磷酸酯(亚磷酸三苯酯或磷酸三苯酯),也可提高 PET 熔体的热稳定性。PET 生产可采用间歇法缩聚和连续法缩聚。

(二)间歇法缩聚工艺

1. 工艺流程

间歇法缩聚通常与间歇法酯交换流程配合(图 3 -2)。在间歇酯交换生成的 BHET 中加入缩聚催化剂和热稳定剂,并经高温(230 ~240 ℃)常压蒸出乙二醇(实际是常压缩聚)后,用 N_2 气压送入缩聚釜进行缩聚反应。

物料在缩聚釜内的反应分两阶段控制,前段是低真空(余压约 5.3 kPa)缩聚,后段是高真空(余压小于6.6 Pa)缩聚。两段反应的温度均需严格控制,通常前段250 ~260 ℃,后段270 ~280 ℃。当缩聚釜内搅拌器电流增至一定数值(表示反应物料的表观黏度达到一定值),或经取样测定聚合物特性黏数达到一定值(通常为0.64 ~0.66 dL/g),即可打开缩聚釜出料,熔体经铸带头铸条、冷却后由切粒机切成一定规格的PET粒子供纺丝用。

2. 主要工艺参数

(1) 反应温度:从化学平衡考虑,缩聚是放热反应,升高温度使反应平衡常数略降,对提高PET的平均聚合度($\overline{DP}$)不利,但在一定温度范围内升高温度能降低物料的表观黏度,易于排除体系中的乙二醇,故有利于提高$\overline{DP}$。根据反应动力学原理,升高温度使链增长的反应速度加快,但大分子链热降解的反应速度随温度升高而加快的速度更大,使所得PET的$\overline{DP}$最大值变小。

从副反应考虑,温度过高,除了使大分子裂解反应加速外,还可生成环状低聚物以及使端羧基、端醛基、乙二醇醚等反应加快,使最终产物PET的熔点降低,色泽变黄,可纺性变差。

综上所述,随反应温度升高,PET的$\overline{DP}$达到最大值的时间缩短,但所得$\overline{DP}$数值变小,产物杂质含量增加。温度过低,不仅缩聚反应速度变慢,且体系中乙二醇的排除困难,也不能获得高相对分子质量的PET。故通常控制缩聚温度在低真空阶段为250 ~260 ℃,高真空阶段为270 ~280 ℃。

(2)反应真空度:缩聚真空度直接影响生成物的相对分子质量。BHET缩聚反应的平衡体系中,必须抽真空将缩聚体系中生成的乙二醇不断排除。真空度越高,残存的乙二醇越少,PET的$\overline{DP}$值越高。若缩聚过程真空度达不到规定值,则缩聚时间再长,分子量也不会提高,且会使色泽泛黄。缩聚反应初期,物料黏度低,乙二醇排出量亦多,这时真空度不必过高(通常余压5.3 kPa);反应后期,反应体系的黏度很大,乙二醇生成量少,难以排出,故要求体系真空度高(余压小于6.6 Pa)。

(3)催化剂及稳定剂:BHET缩聚通常用金属催化剂,其催化活性和金属离子与BHET羰基氧的配位能力有关。目前,普遍使用的是Sb_2O_3,用量是DMT质量(酯交换法)的0.03% ~0.04%,与在酯交换时加入的酯交换反应催化剂,如锰、钴、锌的醋酸盐同时起催化缩聚作用。为提高PET的热稳定性,减少热降解,改善制品的色泽,在缩聚过程中常加入热稳定剂亚磷酸三苯酯,用量为DMT质量的0.015% ~0.030%。

(4)反应时间:缩聚反应的时间与真空度、温度和催化剂有关,当这些因素不变时,主要取决于聚合物相对分子质量的大小。在缩聚过程中,聚合物熔点、熔体黏度随反应时间增加而不断升高,搅拌电动机功率也逐渐增加,但达到一定时间后黏度不再增加,此时搅拌功率达到极大值,即为缩聚终点,应及时出料,否则黏度会因热降解而下降。一般缩聚反应时间为4 ~6 h。出料时间应尽可能缩短,以免釜内高聚物熔体受热时间过长而使相对分子质量下降。

(三)连续法缩聚工艺

连续法与间歇法相比在产品质量和成本方面均有优越之处。间歇法生产PET因熔体停留时间不一致,聚合度不均匀,再熔融后纺丝易发生热降解。而连续法可避免聚合物热降解,因为连续缩聚是物料在连续流动过程中完成缩聚反应,而且物料的性质和状态随反应进行的程度而连续变化,所以连续缩聚易获得高相对分子质量的PET,可用于生产轮胎帘子线及其他工业用纤维。连续法缩聚工艺的劳动生产率较高,产品成本低,且产品质量均匀、稳定,有利于生产过程的自动控制。但由于连续生产规模大,不易于更换品种,也因需用反馈控制装置等使连续法投资较高。

1. 工艺流程

在实际生产中,连续法缩聚工艺流程因设备选型以及缩聚分段方法和相互衔接方式等不同，差异很大，但各种连续缩聚流程都有其共同特点。

物料在连续进料和出料的流动过程中完成缩聚反应，物料的输送根据其性质和状态可采用位差或机械泵等方法。进入缩聚工序的物料酯交换率要求大于99%；随着缩聚反应进行，物料的性质和状态发生连续变化，需分段进行工艺控制，采用多个反应器串联设备。生产通常分三阶段进行：第一段是脱除在酯化或酯交换过程中多余的乙二醇；第二段是物料在低真空、低黏度下缩聚；第三段是在高黏度、高真空下完成缩聚过程。在初期缩聚阶段，由于物料黏度小，可用釜式、塔式等设备，而且设备容量可比后缩聚设备大些。但需注意，后缩聚必须独立出来，以适应高黏度、高真空的要求。图3－4为连续缩聚装置与连续酯交换相衔接，物料在该装置内进行脱乙二醇、预缩聚、前缩聚和后缩聚过程。

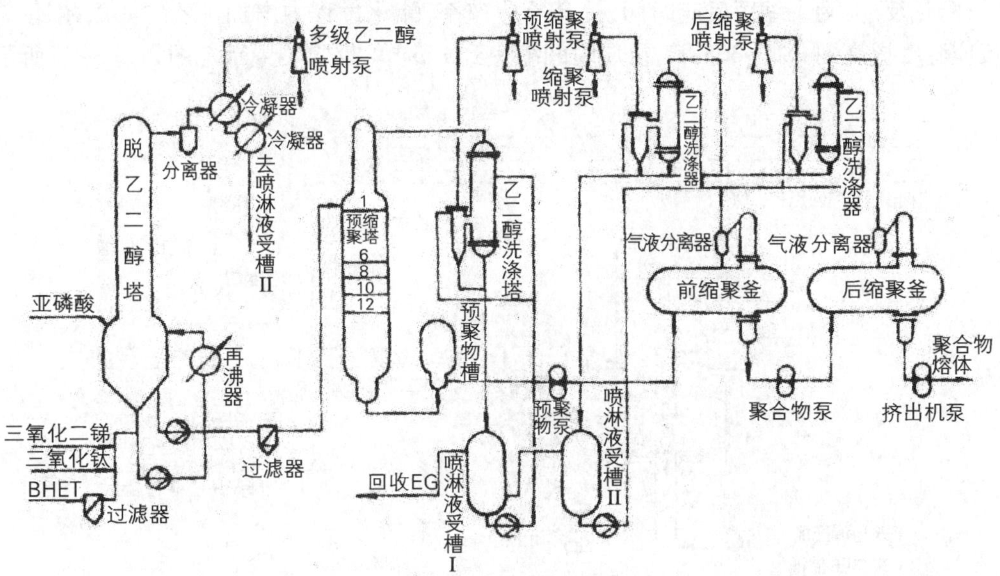

图3－4　连续法缩聚工艺流程图

在图3－4中，从脱乙二醇塔至后缩聚釜出料，均用机械泵强制输送。各反应器均用多级蒸气喷射泵抽真空。脱乙二醇塔抽出的乙二醇蒸气由两个串联的冷凝器回收，其余反应器抽出的乙二醇蒸气分别由相应的乙二醇洗涤塔喷淋冷凝。

2. *主要工艺参数*

连续缩聚过程和间歇缩聚一样，也需要严格控制反应温度、真空度、反应时间、催化剂和稳定剂的种类和数量等。但连续缩聚的进行方式不同于间歇缩聚，它的工艺通常是根据物料性质和状态分三段控制。

（1）乙二醇的脱除：由酯交换或直接酯化工段制得的BHET中过量的乙二醇，以及在脱乙二醇塔（或釜）内BHET生成低聚物时释放出的乙二醇，被大量蒸发除去。乙二醇脱除塔内物料黏度较低，余压20 kPa即可，反应温度通常控制在235～250 ℃。

（2）预缩聚和（或）前缩聚：此为缩聚反应进行的主要阶段，乙二醇逸出量比前段相应减少，物料的表观黏度增大，乙二醇不易逸出。因此要升高温度，提高真空度和加强物料翻动或形成薄的料层，以促使乙二醇蒸发，加速缩聚反应。通常控制预缩聚时间1～1.5 h，温度73～280 ℃，余压小于6.6 kPa；前缩聚1.5～3 h，275～282 ℃，余压小于400 kPa。不同的装置流程，其控制亦不尽相同，有些装置有前缩聚但无预缩聚，而有些装置既有预缩聚，又有前缩聚。

（3）后缩聚：此为最终完成缩聚反应的阶段，此时物料黏度高，乙二醇气泡难以形成和排除，故要求真空度很高。通常控制温度 275 ~ 285 ℃，余压 100 ~ 300 Pa，物料平均停留 1.5 ~ 5 h。

（四）典型的工艺流程和装置

一些世界知名企业根据自己的经验和研究成果，设计了不同的工艺流程和装置，其中最有代表性的是美国杜邦公司的杜邦工艺和瑞士伊文达公司的伊文达工艺。

1. 杜邦工艺

杜邦公司采用三釜连续流程，即酯化反应釜、预缩聚反应釜和终缩聚反应釜串联工艺。该工艺流程短，反应时间短，效率高，对反应条件和设备装置提出了很高的要求。

（1）酯化反应：为了缩短反应时间，提高反应速率，酯化过程中增加了乙二醇摩尔比，2 倍于 PTA，反应温度提高到 280 ~ 305 ℃，反应时间缩短到 1.5 h。反应装置示意图如图 3－5 所示。

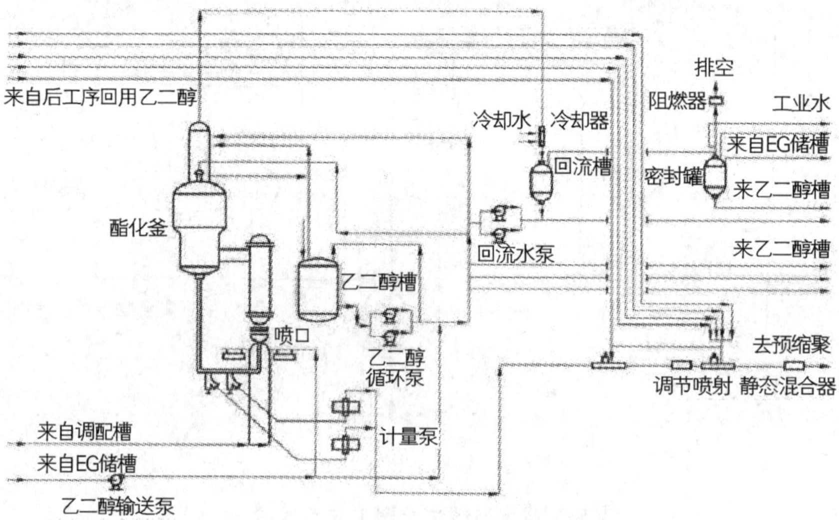

图 3－5　三釜连续流程酯化反应流程图

（2）预缩聚反应：此阶段酯化产物 BHET 开始缩聚，熔体黏度开始增加，体系中既有未反应的乙二醇蒸发气体，也生成水分蒸发气体，各组分的流向如图 3－6 所示。

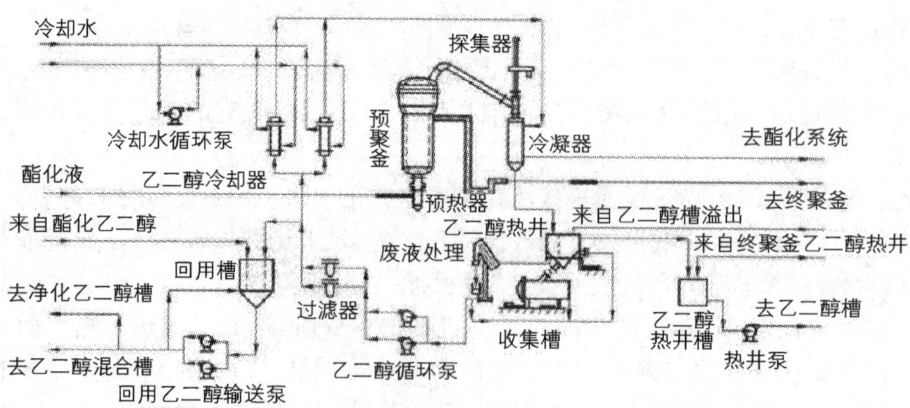

图 3－6　三釜连续流程预缩聚反应流程图

预聚釜中未反应的乙二醇通过冷凝器分离后，回到酯化反应釜，继续参与反应，BHET 缩聚温度 280 ~ 285 ℃，压力 1.3 ~ 2.0 kPa。催化剂最早采用钴系，如醋酸钴，钴系催化剂效果好，但是毒性大；为了减少对产品的污染，采用锑系，如三氧化二锑、醋酸锑，或更环保的钛系催化剂，反应产物聚合度 8 ~ 25，形成齐聚物，输送到终缩聚反应釜，继续缩聚。

(3)终缩聚反应：各阶段缩聚反应最终完成，形成 PET 分子结构，物料流动示意图如 3 - 7 所示。终缩聚反应釜中仍然有未反应的乙二醇，部分聚合度不高的齐聚物和主体产物 PET。为了控制产品质量，需要采用二级甚至三级真空泵，将反应釜中的小分子和低聚物抽出来，压力0.25 ~ 0.35 kPa，反应温度控制一个梯度，进料端温度为 285 ℃，出料端温度为 290 ℃。由于终缩聚中熔体黏度比较高，搅拌器是非常关键的装置，首先把反应釜做成卧式，尽可能阻止物料回流。采用鼠笼式搅拌装置和带网盘的框板结构。在终缩聚反应过程中，由于熔体黏度高达 0.60 dL/g 以上，流动比较困难，因而发生一系列副反应，需要添加适当催化剂，主要还是锑系和钛系。副反应主要有：生成低聚物二甘醇(DEG)、环化反应、酯降解反应、生成乙醛等，这些生成的低聚物和乙醛，严重影响产品的色相、分子量和分子量分布，进而影响熔体的特性黏数及后加工性能。因此，严格调控反应温度、真空度和熔体停留时间，是生产高品质 PET 的关键。

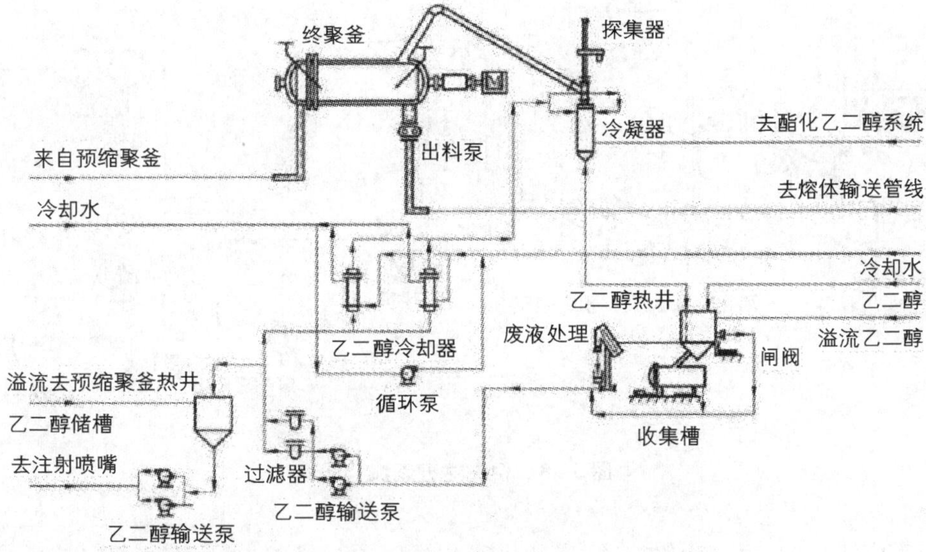

图 3 - 7　三釜连续流程终缩聚反应流程图

三釜连续流程中，物料连续从一个釜到另一个釜，生产线上每个点的物料不堆积，温度、压力、特性黏数都不能随时间变化而变化。因此，需要严格控制前后反应釜的参数，包括温度、压力、物料流量，特别是调整某个位置的工艺参数时，其他地方需要联动，否则会发生物料堆积、停留时间不均等现象。杜邦公司采用了先进的集散型数据控制系统(DCS)。DCS 能远程操控各个仪器的参数，一是具备替代人员到现场查看的功能，能安全操作；二是能快速纵观全局，对整个系统的每个环节快速排查，大大提高效率。

2. *伊文达工艺*

瑞士伊文达公司采用五釜流程生产 PET，以精对苯二甲酸(PTA)和乙二醇为原料直接聚合成 PET,其工艺流程示意图如图 3-8 所示。整个反应体系采用五个釜:第一酯化釜、第二酯化釜、第一缩聚釜、第二缩聚釜和终缩聚釜。每个反应釜之间串联,物料连续流动。由于酯化反应和预缩聚都采用 2 个反应釜,能够更加精准控制反应进程,使反应平缓进行,能有效控制副反应,提高产品质量。但是物料从进入第一酯化釜到出料,总共经历 10 h,反应效率没有三釜流程高,单位产品的能耗比三釜流程高。同样,需要严格控制反应釜的温度、压力和反应时间。

伊文达工艺的具体流程为:首先按照一定比例配好 PTA 和乙二醇,考虑到反应时间比较长,乙二醇的用量是 PTA 的 1.15 ±0.03 倍(按照摩尔比计算),略高于 PTA。充分搅拌后,吸入到第一酯化釜。第一酯化釜温度 255 ~ 265 ℃,压力 110 ~ 150 kPa,酯化率能达到 85%;第二酯化釜温度 265 ~ 275 ℃,压力 100 ~ 105 kPa,酯化率能达到 98%。第一缩聚釜温度 270 ~ 275 ℃,压力 5 ~ 7 kPa,因为预缩聚过程中,反应体系特性黏数增加,需要把产生的水分和未反应的乙二醇排掉,需要抽真空,降低体系压力,有利于排出小分子;同理,第二缩聚釜温度 275 ~ 285 ℃,压力 0.5 ~ 0.7 kPa;终缩聚釜温度 285 ~ 295 ℃,压力 50 ~ 60 Pa,熔体黏度达到 0.60 dL/g 以上。

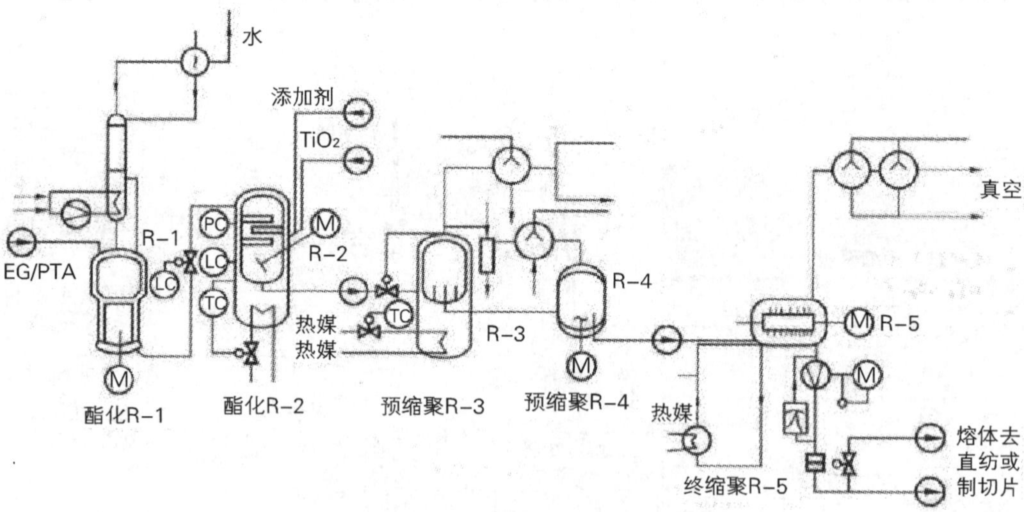

图 3-8　伊文达五釜流程图

五釜反应流程中,第一酯化釜、第二酯化釜和第一预缩聚釜中,都有大量的未反应乙二醇单体,也有生成的水蒸气,还有低聚物和齐聚物,需要分离,从第一缩聚釜开始采用抽真空的方式将能够汽化的小分子除去,利用它们之间沸点不同,逐一冷却回流。

终缩聚反应决定了 PET 产品的最终质量指标,严格控制熔体的停留时间是整个工艺的关键,且五釜流程与三釜流程不同,采用盘式搅拌器。

PTA 和乙二醇直接聚合的两种典型工艺流程的工艺参数比较列于表 3-1,工艺流程及设备装置的比较列于表 3-2。

表 3-1　五釜流程与三釜流程反应工艺比较

项目	五釜工艺	三釜工艺
酯化反应条件	第一酯化釜 257 ℃,110 kPa 第二酯化釜 265 ℃,100 ~ 105 kPa	280 ~ 305 ℃,110 kPa
预缩聚条件	第一预缩聚 273 ℃,25 kPa 第二预缩聚 278 ℃,15 kPa	280 ~ 285 ℃,1.3 ~ 2.0 kPa
终缩聚条件	283 ℃,0.1 kPa	进 285 ℃,出 290 ℃,0.27 ~ 0.33 kPa
投料/[n(EG):n(PTA)]	1.13:1	2:1

表 3-2　五釜流程与三釜流程及装备比较

项目	五釜工艺	三釜工艺
制造商代表	伊文达公司	杜邦公司
规模/($t \cdot d^{-1}$)	600	600
停留时间/h	8 ~ 10	2.5 ~ 3.5
酯化	2 个釜,带搅拌器	1 个釜,无搅拌器
预缩聚	2 个釜,带搅拌强制循环,需泵送料到终聚釜	1 个釜,上流式,无搅拌,用泵输送到终聚釜
终缩聚	圆盘搅拌器,有中轴,物料停留时间长,需清洗	鼠笼式搅拌器,无中心长轴,反应快,可防止凝胶生成
装置投资额/(元 · t^{-1})	1 700 ~ 1 900	<1 000
综合能耗/(MJ · t^{-1}PET)	4 410	4 510

我国 1980 年开始引进美国杜邦、瑞士伊文达、德国吉玛三家公司的工艺技术,到 20 世纪 90 年代末,研发了我国自主知识产权的聚酯生产技术。

四、聚对苯二甲酸乙二酯的结构与性能

(一)分子结构

聚对苯二甲酸乙二酯的化学结构式如下所示:

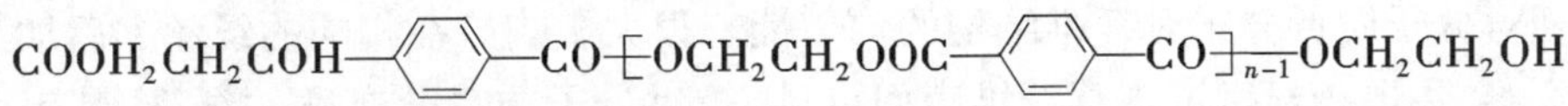

PET 是具有对称性芳环结构的线型大分子,没有大的支链,因此分子线型好,易于沿着纤维拉伸方向取向而平行排列;PET 分子链中的 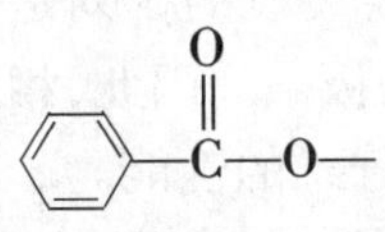 基团刚性较大,因此纯净的 PET 熔点较高(约 267 ℃);由于分子内 C—C 链的内旋转,故分子存在两种空间构象。无定型 PET 为顺式构象:

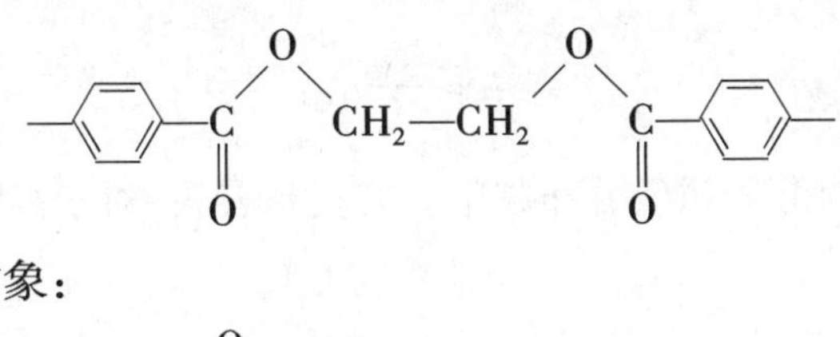

结晶时,即转变为反式构象:

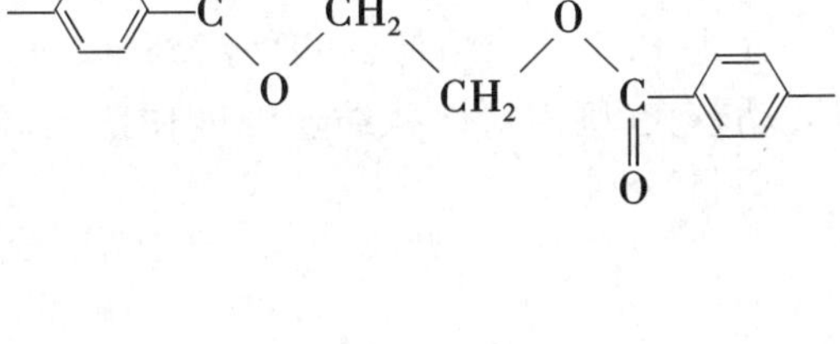

PET 分子链的结构具有高度的立体规整性，所有的芳香环几乎处在一个平面上，这样使得相邻大分子上的凹凸部分便于彼此镶嵌，从而具有紧密敛集能力与结晶倾向；PET 分子间没有特别强大的定向作用力，相邻分子的原子间距均是正常的范德华距离，其单元晶格属三斜晶系，大分子几乎呈平面构型；PET 的分子链节是通过酯基（$-\overset{\displaystyle O}{\overset{\|}{C}}-O-$）相互连接起来的，故其许多重要性质均与酯键的存在有关。如在高温和水分存在下，PET 大分子内的酯键易于发生水解，使聚合度降低，因此纺丝时必须对切片含水量严加控制。

由于缩聚反应过程中的副反应，如热氧化裂解、热裂解和水解作用等都可以产生羧基，还可能存在醚键（$\{O-(CH_2)_2-O\}$），以致破坏 PET 结构的规整性，减弱分子间力，使熔点降低。

（二）相对分子质量及其分布

1. 相对分子质量

高聚物相对分子质量的大小直接影响其加工性能和纤维质量。PET 的耐热、耐光、化学稳定等性质及纤维的强度均与相对分子质量有关，如 PET 相对分子质量小于 1×10^4 时，就不能正常加工为高强力纤维。工业控制通常采用相对黏度和特性黏数作为衡量相对分子质量大小的尺度。特性黏数与相对分子质量的关系见式（3－1）：

$$[\eta] = KM^a \tag{3-1}$$

民用成纤 PET 切片的相对黏度 η_r 至少为 1.30～1.36，相当于 $[\eta]=0.55\sim0.65$ dL/g，或相当于 $\overline{M_W}$（重均相对分子质量）＝22 000～27 000，$\overline{M_n}$（数均相对分子质量）＝16 000～20 000。

2. 相对分子质量分布

缩聚反应制得的 PET 树脂是从低相对分子质量到高相对分子质量的分子集合体，因此，各种方法所测定的相对分子质量仅具有平均统计意义。对于每一种 PET 切片，均存在相对分子质量分布问题。

PET 相对分子质量分布对纤维结构的均匀性有很大影响。在相同的纺丝和后加工条件下所制得的纤维，用电子显微镜观察纤维表面可见，相对分子质量分布宽的纤维，其表面有大的裂痕，在初生纤维和拉伸丝内，裂痕的排列是紊乱的；而分布窄的纤维，无论未拉伸丝或拉伸丝，其表面基本是均一的，裂痕极微。因此，相对分子质量分布宽会使纤维加工性能变坏，拉伸断头率急剧增加，并影响成品纤维的性能。

PET 相对分子质量分布常采用凝胶渗透色谱法（GPC）测定，可用相对分子质量分布指数 α 来表征，见式（3－2）。

$$\alpha = \frac{M_W}{M_n} \tag{3-2}$$

式中的 α 值越小，表示相对分子质量分布越窄。有资料表明，对于高速纺丝，PET 的 $\alpha\leqslant2.02$ 时，其可纺性较好。

（三）流变性质

1. 熔点

纯 PET 的熔点为 267 ℃，工业 PET 熔点略低，一般为 255～264 ℃。熔点是 PET 切片的一项重要指标，如果切片熔点波动较大，则需对熔融纺丝温度作适当调整，但熔点对成型过程的影响不如特性黏数（相对分子质量）的影响大。

2. 熔体黏度

熔体纺丝时，聚合物熔体在一定压力下被挤出喷丝孔，成为熔体细流并冷却成型。熔体黏度是熔体流变性能的表征，与纺丝成型密切相关。影响熔体黏度的因素有温度、压力、聚合度和切变速率等。随着温度的升高，熔体黏度以指数函数关系降低。

（四）物理性质和化学性质

表 3－3 为纤维级 PET 的物理性质和化学性质。

表 3－3　纤维级 PET 的物理性质和化学性质

项目		数值
相对分子质量		15 000～22 000
玻璃化转变温度/℃	无定型	67
	晶态	81
	取向态结晶	125
熔点/℃		264
熔体密度/(g·cm^{-3})		1.220(270 ℃)
		1.117(295 ℃)
熔融热/(J·g^{-1})		130～134
导热系数/[W·(cm·K)$^{-1}$]		1.407×10^{-3}
体积电阻/(Ω·cm^{-1})，250 ℃，RH65%		1.2×10^{19}

第三节　聚酯切片的干燥

一、切片干燥的目的和要求

切片在熔融纺丝之前必须进行干燥。干燥的目的是除去切片中的水分，并提高切片的结晶度和软化点。PET 可能发生的降解有三种：热降解、热氧化降解和水解。由于 PET 分子结构中存在着酯基，在熔融时极易水解，使相对分子质量下降，影响纺丝质量。即使切片中含有微量水分，在纺丝时也会汽化而形成气泡丝，造成纺丝断头或毛丝，甚至使纺丝无法进行，因此在纺丝前必须先将湿切片进行干燥，使其含水率从 0.4% 下降到 0.01% 以下。PET 熔体铸带是在水中急剧冷却，所得到的切片具有无定型结构，软化点较低。这种切片如不经干燥，进入螺杆挤出机后，会很快软化黏结，造成环结阻料。

经干燥的 PET 切片，因发生了结晶其软化点大大提高，切片也变得坚硬，且熔程狭窄，熔体质量均匀，不再发生环结阻料现象。因此，提高切片干燥质量，使其含水量尽可能低并力求均匀，以减少纺丝过程中相对分子质量下降，从而可使纺丝、拉伸等过程顺利进行。

二、切片干燥工艺

切片干燥过程实质上是一个同时进行的传热和传质过程，并伴随着高聚物结构（结晶）与性质（软化点等）的变化。影响切片干燥的因素有：

（一）温度

温度高则干燥速度加快，干燥时间缩短，干燥后切片的平衡含水率降低。但温度过高，则切片易黏结，大分子降解，色泽变黄。在 180 ℃以上易引起固相缩聚反应，影响熔体均匀性，因此通常预结晶温度控制在 170 ℃以下，干燥温度控制在 180 ℃以下。

（二）时间

干燥时间取决于采用的干燥方式和设备。对于同一设备，则干燥时间取决于干燥温度。在同一温度下，干燥时间延长则切片含水率下降，均匀性亦佳；但时间过长，则 PET 降解严重，色泽变黄。

（三）风速

风速提高，切片与气流相对速度大，干燥时间可缩短；但风速太大，则切片粉尘增多。风速选择还与干燥方式有关。例如，沸腾干燥，需风速大，否则切片沸腾不起来，可用 20 m/s 以上的风速；而充填干燥则风速不能太大，否则把料床吹乱，不能保证切片在干燥器内以均匀的柱塞式下降，通常风速为 8 ~ 10 m/s。风速的选择也与所用设备尺寸、料柱高度、生产能力等有关。

（四）风湿度

热风含湿率越低，则干燥速度越快，切片平衡水分越少。因此必须不断排除循环热风中的部分含湿空气，并不断补充经除湿的低露点空气。如 BM 型干燥机所补充的新鲜空气含湿量小于 8 g/kg。

三、切片干燥设备

PET 切片干燥设备分为间歇式和连续式两大类。间歇式设备有真空转鼓干燥机，连续式设备有回转式、沸腾式和充填式等干燥机。也有用多种形式组合而成的联合干燥装置，如德国的 KF 式、BM 式干燥设备，吉玛和日本的钟纺、奈良等干燥装置。

（一）间歇式干燥设备

真空转鼓干燥机是应用已久的间歇式干燥设备，如图 3－9 所示。设备主要由转鼓、真空系统和加热系统组成。

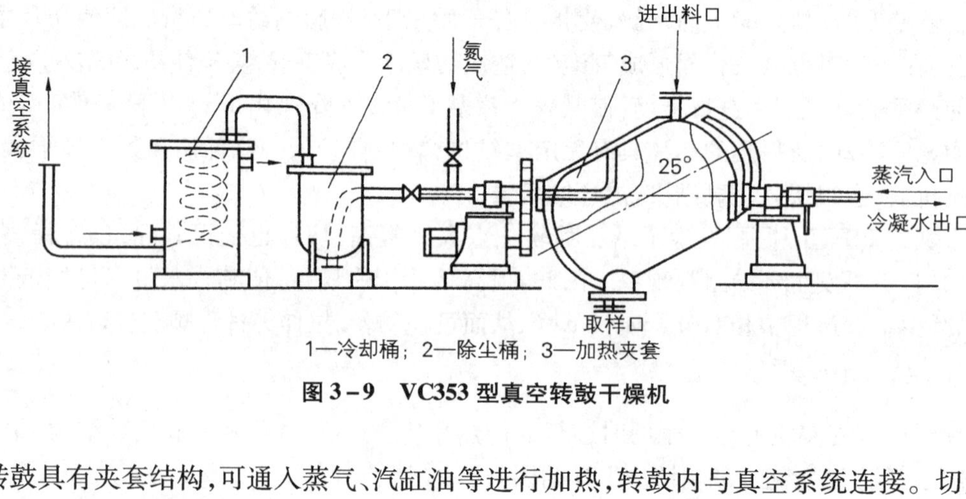

1—冷却桶；2—除尘桶；3—加热夹套

图 3－9　VC353 型真空转鼓干燥机

转鼓具有夹套结构，可通入蒸气、汽缸油等进行加热，转鼓内与真空系统连接。切片由进料口加入，转鼓由电动机并通过减速齿轮箱传动而回转。由于倾角的存在，转鼓运转时切片翻动良好，不需搅拌也能达到均匀干燥的目的。

真空转鼓干燥机能较充分地排除水分，且在真空下可防止氧化降解和加速干燥速度。但这种干燥形式不适合连续生产，单机生产能力小，适合中、小型企业使用。

采用真空转鼓干燥时，干燥温度一般选择为115～150 ℃，真空转鼓干燥工作周期一般为8～12 h，其中包括进出料1.5～2 h，升温2.3～3.5 h，保温3～4 h，冷却1 h。

（二）连续式干燥设备

1. 回转圆筒-充填干燥机

采用单一的干燥设备，往往干燥曲线形状相似，而切片质量不匀，难以达到工艺要求，因此近年来出现了各种各样的组合干燥器。

回转圆筒-充填二级干燥是组合干燥的一种形式。此装置是与VD406涤纶短纤维纺丝机配套的切片干燥设备。前段是切片输送和回转圆筒干燥机，后段由切片输送系统和充填干燥机等部分组成，其工艺流程如图3-10所示。切片进入回转圆筒干燥机后被筒内翼片带动，借重力作用下落，被轴向气流吹动而移动一段距离，与热风进行热交换，使水分蒸发，以达到切片干燥和结晶的目的。

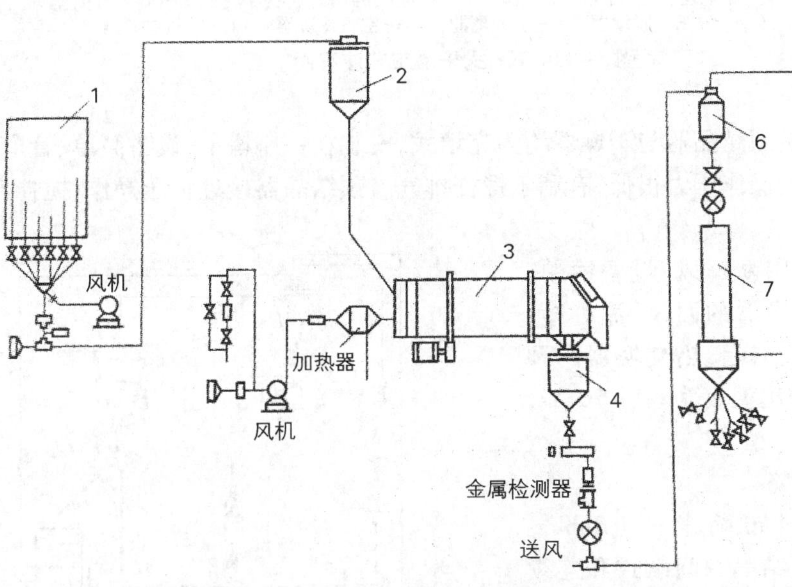

1—混合料仓；2—上部切片料斗；3—回转干燥机；4—下部切片料斗；
5—旋风分离器；6—第三料斗；7—充填式干燥机

图3-10　回转圆筒-充填组合干燥工艺流程图

回转圆筒-充填干燥机的特点是生产能力大，干燥切片能满足短纤维纺丝要求，最高日产量可达28～29 t。其缺点是干燥流程长，设备庞大，由于无余热回收装置，能耗较高，并要求有较高压力的蒸气，切片产生的粉末也较多。

自20世纪80年代以来，我国从国外引进了几种PET切片干燥设备及技术，现简单介绍如下。

2. KF式干燥设备

KF式干燥设备是德国卡尔菲休（Karlfischer）公司生产的连续式气流干燥设备。KF式干燥设备的干燥流程如图3-11所示，主要由干燥塔和热风系统组成。

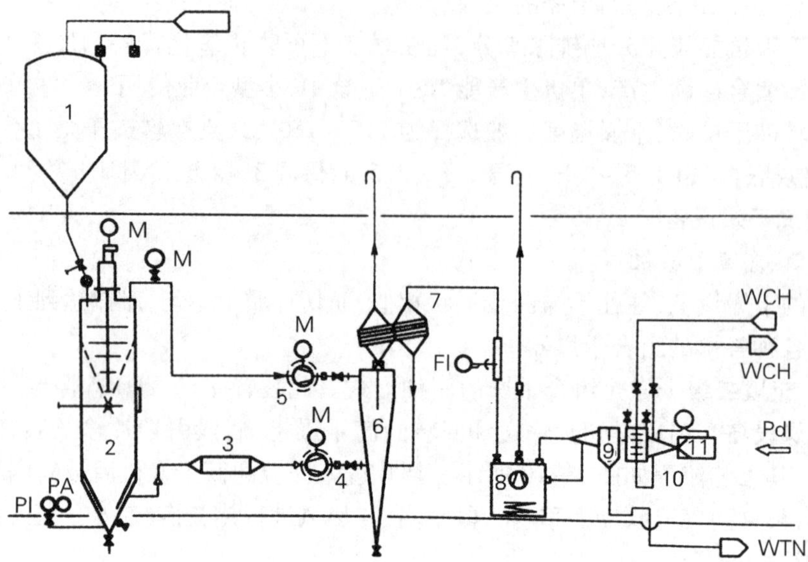

1—料仓；2—干燥塔；3—干空气加热器；4—进风风机；5—吸风风机；6—旋风分离器；
7—热交换器；8—脱湿器；9—水分离器；10—空气冷冻器；11—空气过滤器

图 3-11　KF 式干燥工艺流程图

干燥塔的特点是预结晶器与干燥器均为充填式，安装在一座塔上，设备简单、管道少，占地和空间小。干燥塔内操作压力很低，有利于螺杆排气。预结晶器接近负压操作，搅拌产生的粉末可以被吸出。

热风系统均采用新鲜风，设备简单。预结晶直接采用干燥器的回风，流程短。干燥热风经干燥、预结晶、热交换器内预热等三次利用后，排出温度为 60 ~ 70 ℃，热能利用充分。

3. BM 式干燥设备

该设备由德国布勒米格（Buhler-Miag）公司制造。预结晶有间歇式和连续式两种，结晶器与干燥器分开安装。图 3-12 是间歇式预结晶和 BM 式干燥工艺流程图。

BM 式干燥装置的优点有：①预结晶温度高（切片 140 ~ 150 ℃），速度快（10 ~ 15 min），切片表层坚硬。②气缝式充填干燥器设计合理，切片干燥均匀，热风阻力小，可用中低压热风。③热气流循环使用，热能回收率较高。缺点是热风中粉尘较多，易在加热器上结焦，增加能耗。

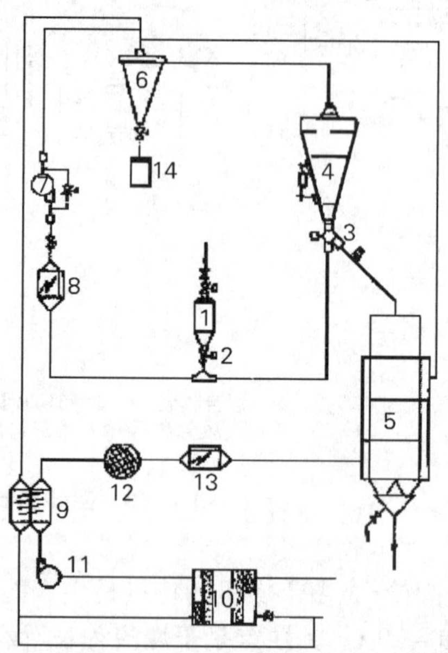

1—批量槽；2—进料阀；3—换向阀；4—预结晶器；
5—干燥塔；6—旋风分离器；7—预结晶风机；
8—预结晶加热器；9—热交换器；10—脱湿器；
11—干燥风机；12—过滤器；13—干燥加热器；
14—粉末收集桶

图 3-12　间歇式预结晶和 BM 式干燥工艺流程图

4. Zimmer 公司预结晶-干燥设备

该装置采用卧式连续沸腾床预结晶机和充填干燥机组合，如图 3-13 所示。

Zimmer 公司预结晶-干燥设备中，结晶机内有一块装于振动弹簧上的卧式不锈钢多孔板，板面具一定倾斜度，170 ℃热气流自下部通过多孔板向上吹，使切片翻动呈沸腾状以防止黏结。预结晶切片通过振动器，不断送到充填干燥机中。充填干燥机主体为圆柱体，底部为锥形，热气流分别从底部和中上部进入，通过气流分配环在塔内均匀分布。

此外，还有日本的钟纺公司预结晶-干燥装置、帝人公司预结晶-干燥装置、奈良公司切片干燥装置等，这些装置技术较先进，可以大大缩短干燥周期，但也都各自存在不足之处。

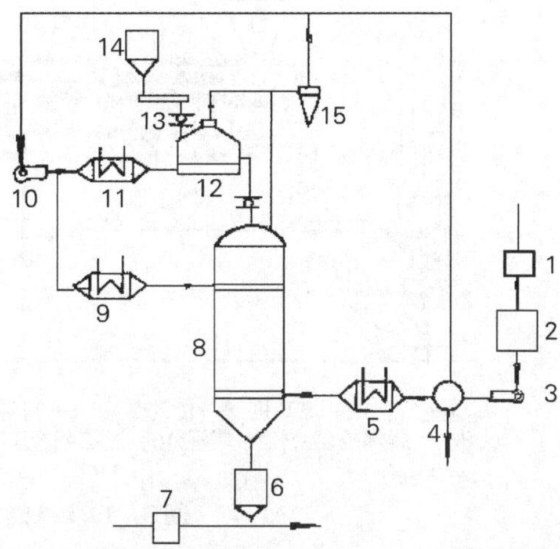

1—空气冷却器；2—氯化锂去湿机；3—干燥风机；4—省热器；5—电加热器；6—干料仓；7—空气脱湿器；8—充填干燥机；9、11—电加热器；10—预结晶风机；12—预结晶机；13—振动管；14—料斗；15—旋风分离器

图 3-13　沸腾床式预结晶和充填干燥工艺流程图

第四节　聚酯纤维的纺丝

聚对苯二甲酸乙二酯属于结晶性高聚物，其熔点 T_m(265 ℃)低于分解温度 T_d(350 ℃)，因此可以采用熔体纺丝方法。

熔体纺丝的基本过程包括：熔体的制备、熔体自喷丝孔挤出、熔体细流的拉长变细同时冷却固化，以及纺出丝条的上油和卷绕。

一、纺丝熔体的制备

由缩聚釜或用连续缩聚制得的 PET 熔体可直接用于纺丝，也可以经铸带、切粒后再熔融以制备纺丝熔体。采用熔体直接纺丝省去了铸带、切粒、包装运输等工序，大大降低了生产成本，但对生产系统的稳定性要求十分严格，生产灵活性也较差；而切片纺丝则生产流程较长，但灵活性大，更换品种方便，生产过程较直接纺丝易于控制。在质量要求较高的场合，多用切片纺丝法，如长丝生产目前均采用切片纺丝法，丙纶的纺丝也采用切片纺丝法。

PET 纤维熔融纺丝广泛采用螺杆挤出纺丝机进行纺丝。螺杆挤出机熔融高聚物具有三个显著优点：一是螺杆不断旋转，推料前进，使传热面不断更新，大大提高了传热系数，使切片熔融过程强化，从而提高了劳动生产率；二是螺杆挤出机能将各种黏度较高的熔体强制输送；三是螺杆旋转输送熔体，熔体被塑化搅拌均匀，在机内停留时间较短，一般为 5～10 min，大大减小了热分解的可能性。按照螺杆的数目，挤出有 3 种，即单螺杆挤出机、双螺杆挤出机和多螺杆挤出机，常用于合成纤维熔体纺丝的主要是单螺杆挤出机，其结构如图 3-14 所示。

根据螺杆中物料前移的变化和螺杆各段所起的作用，通常把螺杆的工作部分分为三段，即

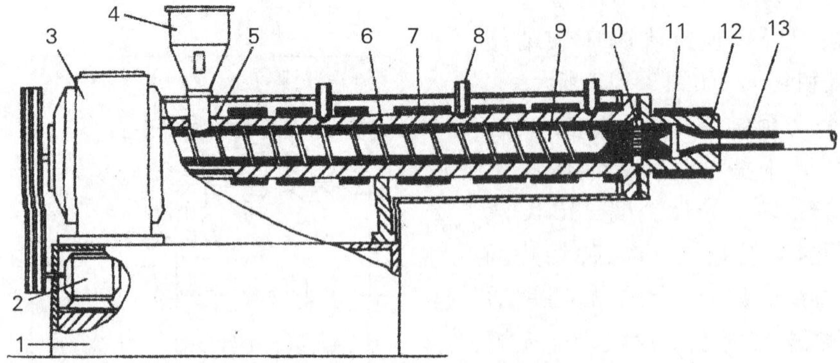

1—机座；2—电动机；3—传动装置；4—料斗；5—料斗冷却区；6—机筒；7—料筒加热器；
8—电热偶控温点；9—螺杆；10—过滤网及多孔板；11—机头加热器；12—机头；13—挤出物

图 3-14 单螺杆挤出机结构图

进料段、压缩段和计量段。螺杆的各段长度比例与被加工物料的性质有关，可根据生产实践确定。固体切片从料筒进入螺杆后，首先在进料段被输送和预热，继而经压缩段压实、排气并逐渐熔化，然后在计量段内进一步混合塑化，并达到一定的温度，以一定的压力定量输送至计量泵进行纺丝。切片在螺杆挤出机中经历着温度、压力、黏度、物理结构与化学结构等一系列复杂的变化。

在整个挤出过程中螺杆完成以下三项操作：切片的供给、切片的熔融、熔体的计量挤出，同时使物料起到混匀和塑化作用。按物料在挤出机中的状态，可将螺杆挤出机分为三个区域：固体输送区、熔融区和熔体输送区，如图 3-15 所示。在固体输送区和熔体输送区物料是单相的，在熔融区是两相并存。这和螺杆的几何分段——进料段、压缩段和计量段在一定程度上相一致。

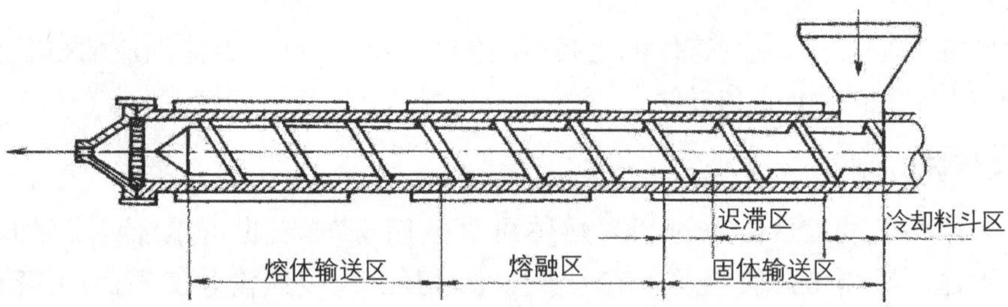

图 3-15 单螺杆挤出机的三区分布

事实上，物料在螺杆挤出机中的状态是连续变化的，不能机械地认为某种变化仅限于在某段发生。如进料段物料主要处于固体状态，但在其末端已开始软化并部分熔化；而在计量段主要是熔融状态，但在开始的几节螺距内还可能继续完成熔化作用。

二、纺丝机的基本结构

我国熔体纺丝采用的螺杆挤出纺丝机有多种型号，如 VC 型为长丝纺丝机，VD 型为短纤维纺丝机，这是根据纺制纤维的类别来编制的。还有从国外引进的纺丝机。

纺丝机的种类及型号虽多种多样，但其基本结构相似，均包括以下一些构成部分：①高聚物熔融装置，即螺杆挤出机。②熔体输送、分配、纺丝及保温装置，包括弯管、熔体分配管、计量泵、纺丝头组件及纺丝箱体部件。③丝条冷却装置，包括纺丝窗及冷却套筒。④丝条收集装置，即卷绕机或受丝机构。⑤上油装置，包括上油部件及油浴分配循环机构。

(一)纺丝箱体及纺丝组件

熔体自螺杆挤出后，经熔体管路分配至各纺丝位的计量泵和纺丝组件。为进行熔体的保温和温度控制，一般采用4～6位(即一根螺杆所供给的位数)合用一个矩形的载热体加热箱进行集中保温，这个加热箱通常被称为纺丝箱体。箱体内装有送至各部位的熔体分配管、计量泵与纺丝组件安置的保温座以及电热棒等，通过加热联苯－联苯醚混合热载体气液两相保温，箱体外包覆有绝热材料。VD405 纺丝机的纺丝箱体断面如图 3－16 所示。

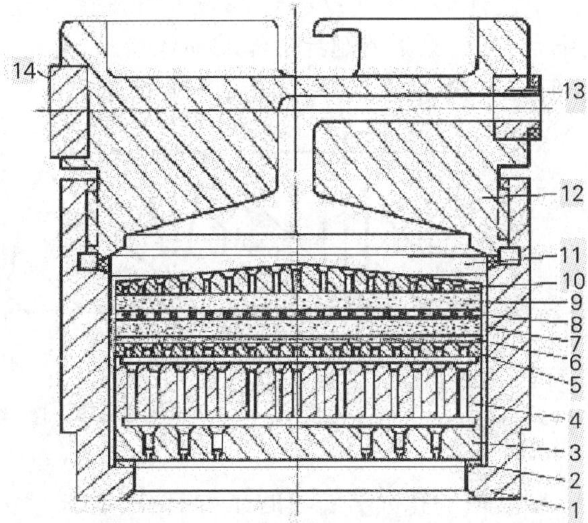

1—喷丝板座；2—铝垫圈；3—喷丝板；4—耐压板；5—滤网托板；6—组合多层海砂（20、40、60 目/2.54 cm）；7—分配板；8—密封圈；9—压盖；10—铝垫圈；11—熔体进口接头；12—压力传感器接口；13—定位块；14—包边滤网（400、6 000、10 000 孔/cm^2）

图 3－16　VD405 高压纺丝头组件

纺丝箱一般有 2、4、6、8 个纺丝位，国内多为 6 位。纺长丝是一个纺丝位可有 2、4、6、16 个纺丝头；纺短纤维时，一个纺丝位只有 1 个纺丝头。

纺丝组件是喷丝板、熔体分配板、熔体过滤材料及组装套的结合件。其基本结构包括两部分：一是喷丝板、熔体分配板和熔体过滤材料等零件；二是容纳和固定上述零件的组装套。纺丝组件是纺丝熔体最后通过的一组构件，除确保熔体过滤、分配和纺丝成型的要求外，还应满足高度密封、拆装方便和固定可靠的要求。

纺丝组件的作用：一是将熔体过滤，去除熔体中可能夹带的机械杂质与凝胶粒子，防止堵塞喷丝孔眼，延长喷丝板的使用周期；二是使熔体能充分混合，防止熔体产生黏度的差异；三是将熔体均匀地分配到喷丝板的每一小孔，形成熔体细流。PET 短纤维有常压纺丝和高压纺丝两种，故纺丝组件也有两种组装形式。

(二)计量泵

计量泵的作用是精确计量、连续输送成纤高聚物熔体或者溶液，并与喷丝头组件结合产生预定的压力，保证纺丝流体通过过滤层到达喷丝板，以精确的流量从喷丝孔喷出。

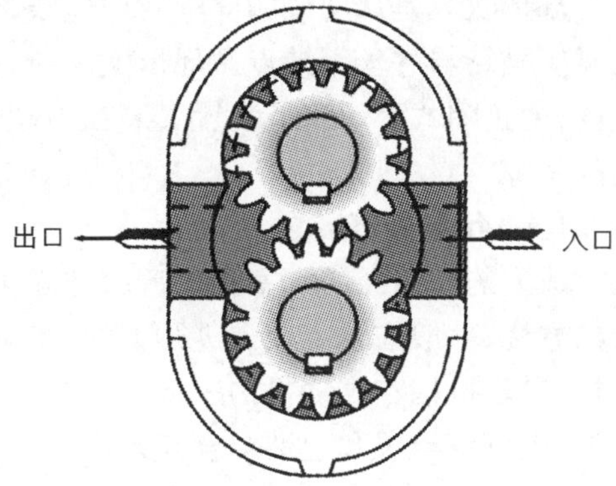

图 3－17　齿轮泵工作图

计量泵是纺丝过程中的高精度部件，它属于高温齿轮泵类型，由一对相等齿数的齿轮、三块泵板、两根轴和一副联轴器构成。其工作原理是：当齿轮啮合运转时，在吸入孔造成负压，流体被吸入泵内并填满两个齿轮的齿谷，熔体在齿轮的带动下紧贴着孔内壁回转一周后送至出口，如图 3－17 所示。

（三）喷丝板

喷丝板的主要作用是将成纤高聚物熔体或溶液通过微孔转变成具有特定截面的细流，经风冷却或凝固浴固化而形成细条。喷丝板的形状有圆形和矩形两种，圆形喷丝板加工方便，使用比较广泛，矩形喷丝板主要用于纺制短纤维。

喷丝孔的几何形状直接影响熔体的流动特性，从而影响纤维成型。喷丝孔通常由导孔和毛细孔构成，除了纺制异形丝的喷丝孔外，毛细孔都是圆柱形的，导孔则有圆柱形、圆锥形、平底圆柱形和双曲线形等，如图 3-18 所示。

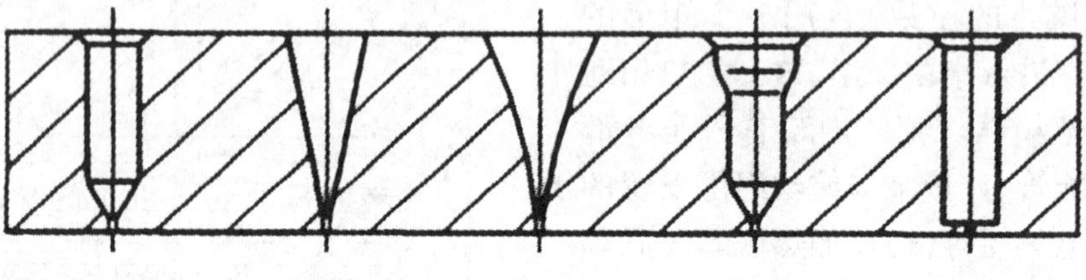

图 3-18　喷丝板导孔形状

喷丝板的孔数与纺丝的品种有关，纺长丝一般采用 1～80 孔，广泛采用的有 20、24、32、36、68、72、74、96 孔等，纺帘子线采用 100～400 孔，纺短纤维则采用 400 孔以上，有的高达 150 000 孔。

（四）丝条冷却装置

丝条冷却吹风的形式有两种，即侧吹风和环形吹风。

1. 侧吹风

目前，聚酯长丝在纺丝成型过程中常采用侧吹风。采用侧吹风时，空气直接吹在纤维还未完全凝固的区域，并与纤维成垂直方向，故传热系数高，但往往不够均匀，尤其是单纤维根数较多时，位于侧吹风的迎风侧和背风侧的冷却条件差异较大。

侧吹风的风速分布与导流板形式有关，按照丝条的温度变化规律，要求风速紧靠喷丝板下方处为零，随着喷丝板距离的增加，风速逐渐增大。在离喷丝板 100～500 mm 处，风速最大，待丝条固化后，风速再逐渐减小。

2. 环形吹风

环形吹风是从丝束的周围吹向丝条，可克服凝固的丝条偏离垂直位置而产生弯曲，甚至互相碰撞黏结与并丝等缺点。环形吹风装置用于生产聚酯短纤维，它在结构上有密闭式和开放式两种，密闭式环形吹风装置安装在喷丝头下方，而开放式环形吹风装置与喷丝头之间留有一定的间隙。

（五）丝条卷绕装置

成型的丝条经纺丝室和甬道冷却固化后是完全干燥的，目的是避免产生静电，并能进行正常的卷绕，一般在卷绕前先进行上油、给湿，才能按照一定规律紧密卷绕。一般卷绕机由上油机构、导丝机构和卷绕机构三部分组成，国产的纺丝机每位有两个油盘，可分别给丝条给湿和上油，也可将给湿和上油结合起来。

三、纺丝工艺参数

熔法纺丝过程中有许多参数，这些参数决定了纤维成型的历程和纺出纤维的结构和性能，生产中就是通过控制这些参数来制得所要求性能的纤维。

为方便起见,按工艺过程把生产中控制的主要纺丝参数归纳为熔融条件、喷丝条件、固化条件、绕丝条件等项。

(一)熔融条件

这里主要指高聚物切片熔融及熔体输送过程的条件。

1. 螺杆各区温度的选择与控制

切片自进料后被螺杆不断推向前,经过冷却区,进入预热段,被套筒壁逐渐加热到达预热段末端紧靠压缩段时,温度达到熔点。在整个进料段内,物料有一较大的升温梯度,一般从50 ℃上升至265 ℃。在预热段内,物料温度基本低于熔点,即物料应基本上保持固体状态。进入压缩段后,随着温度的升高,并随着螺杆的挤压作用,切片逐渐熔融,由固态转变为黏流状态的熔体,其温度基本上等于熔点或略高于熔点。在压缩段还没有结束以前,切片已全部转化为流体,而在计量段内的物料,则为全部温度高于熔点的熔体。

(1)预热段温度:为保证螺杆的正常运转,在预热段内切片不应过早熔化,但同时又要使切片在达到压缩段时温度不致过低而应达到熔融温度,因此预热段套筒壁就必须保持一个合适的温度。若预热段温度过高,切片在达到压缩段前就过早熔化,使原来固体颗粒间的空隙消失,熔化后的熔体由于在螺槽等深的预热段无法压缩,从而失去了往前推进的能力,造成了"环结"阻料;反之,若预热段温度过低,以致切片在进入压缩段后还不能畅通地熔融,也必然造成切片在压缩段内阻塞。对于某一给定的熔体挤出量,必然有其相应合适的套筒壁温度。

(2)螺杆其他各加热区的温度:螺杆的另一重要加热区在压缩段。切片在该区内要吸收熔融热并提高熔体温度,故该区温度可高一些,根据生产实践经验,实际加热温度可按式(3-3)确定:

$$T = T_m + (27 \sim 33)\ ℃ \tag{3-3}$$

实际上加热温度的确定除需依据切片的熔点 T_m 及螺杆的挤出量外,还应考虑切片的特性黏数与切片尺寸等因素。对于计量段的温度控制,是使切片进一步熔化,使其保持一定的熔体温度和黏度,并确保在稳定的压力下输送熔体。对熔点在255 ℃以上的PET切片,该区温度为285 ℃左右。切片特性黏数较大时,温度要相应提高。

2. 熔体输送过程中温度的选择与控制

螺杆通过法兰与弯管相连,由于法兰区本身较短,对熔体温度影响不大,但法兰散热较大,故该区温度不易过低,一般法兰区温度可与计量段相等或略低一些。

弯管则起输送熔体及保温作用。由于弯管较长,对PET降解影响较大。一般弯管区温度可接近或略低于纺丝熔体温度。

箱体是对熔体、纺丝泵及纺丝组件保温及输送并分配熔体至每个纺丝部位的部件,此区温度直接影响熔体纺丝成型,是纺丝工艺温度中的重要参数。适当提高箱体温度,有利于纺丝成型,并改善初生纤维的拉伸性能,但也不宜过高,以免特性黏数明显下降。通常箱体温度为285~288 ℃,并依纺丝成型情况而定。

(二)喷丝条件

1. 泵供量

泵供量的精确度和稳定性直接影响成丝的线密度及其均匀性。熔体计量泵的泵供量除与泵的转速有关外,还与熔体黏度、泵的进出口熔体压力有关。当螺杆与纺丝泵间的熔体压力达到2 MPa以上时，泵供量与转速成线性关系。而在一定的转速下，泵供量为一恒定值，不随熔体压力而改变。

2. 喷丝头组件结构

喷丝头的组件结构是否合理以及喷丝板清洗和检查工作的优劣，均对纺丝成型过程及纤维质量有很大影响。要使纤维成型良好，就应使熔体均匀稳定地分配到每一个喷丝孔中，这个任务由喷丝头组件内的耐压板、分配板及粗滤网、滤砂来完成，且尽可能使组件内储存的空腔加大，保证喷丝头组件内熔体压力均匀，喷丝良好。

3. 喷丝头孔数与孔径

众所周知，对线密度相同的长丝，其单丝根数愈多，手感愈柔软，纤维的品质愈好。高速纺丝喷丝板有12、24、36、48、72、96、144、216等不同孔数，依生产而选择。

高速纺丝喷丝板的孔径一般为0.15～0.30 mm，对于1 dtex以下的细旦丝，喷丝板孔径更小。为了保持熔体有一定的吐出速度，一般纺单丝线密度较低的POY时，孔径宜稍小；而纺单丝线密度较高的POY时，孔径宜稍大。选择依据是控制聚酯熔体出喷丝孔的剪切速率在10^4数量级内，一般为$(1 \sim 3) \times 10^4\ s^{-1}$时较好；同时其喷丝头拉伸倍数（熔体吐出速度与纺丝速度的差值）应在80～180范围内较为适宜。

喷丝板的剪切速率可由式（3－4）求得：

$$\lambda = \frac{32Q}{\pi \times d^3 \times \rho} \tag{3-4}$$

熔体吐出速度v_0由式（3－5）求得：

$$v_0 = \frac{4Q}{N \times \pi \times d^3 \times \rho} \tag{3-5}$$

喷丝头拉伸比ε可用式（3－6）进行计算：

$$\varepsilon = \frac{v - v_0}{v_0} \tag{3-6}$$

式中：N为喷丝板孔数；ρ为熔体密度（g/cm^3）；d为喷丝板微孔直径（cm）；λ为剪切速率（s^{-1}）；v为纺丝速度（cm/s）；v_0为熔体吐出速度（cm/s）；Q为单孔吐出量（g/s）；ε为喷丝头拉伸倍数（倍）。

（三）丝条冷却固化条件

丝条冷却固化条件对纤维的结构与性能有决定性影响，为控制PET熔体细流的冷却速度及其均匀性，生产中普遍采用冷却吹风。冷却吹风可以加速熔体细流冷却，有利于提高纺丝速度；可加强丝条周围的空气对流，使内外层丝条冷却均匀，为采用多孔喷丝板创造了条件；冷却吹风时初生纤维质量提高，拉伸性能好，又有利于提高设备的生产能力。

冷却吹风工艺条件主要包括风温、风湿、风速（风量）等。

1. 风温

风温的选择与成纤聚合物的玻璃化转变温度、纺丝速度、产品线密度、设备特征等因素有关。在采用单面侧吹风时，适当提高送风温度（22～32 ℃），有利于提高卷绕丝的断裂强度。在较高的纺丝速度下，热交换量增加，应加大丝条冷却速度，此时风温可适当降低。风温的高低直接影响初生纤维的预取向度，卷绕丝的双折射率总是随着风温的升高而降低，而在某一温度以上，则随着风温的升高而增大。

2. 风湿

风湿是指冷却介质的空气湿度。一定的湿度可防止丝束在纺丝甬道中摩擦带电，减少丝束的抖动；空气含湿可提高介质的比热容和热导率，有利于丝室温度恒定和丝条及时冷却；此外，湿度对初生纤维的结晶速度和回潮伸长均有一定的影响。一般在纺制短纤维时，对卷绕成型要求稍低，送风湿度可采用70%～80%的相对湿度，也可采用相对湿度为100%的露点风。

3. 风速及其分布

风速和风速分布是影响纺丝成型的重要因素。风速的分布形式多样，在采用不同孔径的均匀分布环形吹风装置时，纺丝成型效果良好。对于侧吹风而言，风速分布一般有均匀直形分布、弧形分布及S形分布三种形式。

（四）卷绕工艺条件

1. 纺丝速度

纺丝速度又称为卷绕速度，纺丝速度越高，纺丝线上速度梯度也越大，且丝束与冷却空气的摩擦阻力提高，致使卷绕丝分子取向度高，双折射率增加，后拉伸倍数降低。当卷绕速度为1 000～1 600 m/min时，卷绕丝的双折射率和卷绕速度成线性关系；若卷绕速度达到5 000 m/min以上时，就可能得到接近于完全取向的纤维。

2. 上油、给湿

上油、给湿的目的是为了增加丝束的集束性、抗静电和平滑性，以满足纺丝、拉伸和后加工的要求。上油方式一般可采用由齿轮泵剂量的喷嘴上油，或油盘上油，或喷嘴和油盘兼用三种形式。纺丝油剂是由多种组分复配而成，其主要成分有润滑剂、抗静电剂、集束剂、乳化剂和调整剂等。高速纺丝对上油的均匀性要求高于常规纺丝。此外，对于高速纺的纺丝油剂还要求具有良好的热稳定性。

3. 卷绕车间的温湿度

为确保初生纤维吸湿均匀和卷绕成型良好，卷绕车间的温湿度应控制在一定范围内。一般生产厂卷绕车间温度冬季20 ℃左右，夏季为25～27 ℃；相对湿度控制为60%～75%。

第五节　聚酯短纤维的纺丝

一、聚酯短纤维的纺丝工艺

PET短纤维的纺丝，按其使用的原料状态不同，可分为切片纺丝和直接纺丝两类，这也是熔体纺丝法用于工业生产的两种实施方法。

切片纺丝工艺流程为：PET切片→干燥→熔融→纺丝→后处理→成品纤维。

直接纺丝工艺流程为：PET熔体→纺丝→后处理→成品纤维。

一般切片纺丝使用的是间歇酯交换缩聚后的原料，而直接纺丝使用的是连续酯交换缩聚得到的聚合物熔体原料。

切片纺丝需将聚合熔体冷却、铸带、切粒成切片后包装出厂，到纺丝厂又需拆包干燥再熔融成熔体。熔体直接纺丝工艺是将聚合熔体通过熔体管道输送到纺丝机直接纺丝，节省投资，降低能耗,且不易带入水分。目前大型涤纶企业几乎都采用直接纺丝。

直接纺丝的缺点主要是灵活性差。一是生产平衡不易解决,更换纺丝组件或纺丝出现故障时,影响后缩聚釜内熔体液面的稳定,而液面的波动易产生凝胶、焦化物等,影响纤维的质量。二是在生产管理方面要求更加严格,更换品种也不方便。

切片纺丝灵活性大,更换品种方便,在必要时还可以使切片在一定温度下进行固相补充缩聚,进一步提高其相对分子质量。对于质量要求较高的产品,多用切片纺丝法,如长丝生产多采用切片纺丝法。

二、常规纺丝工艺特点及参数

PET 短纤维在我国产量较大,约占 PET 纤维总量的 60%,其技术路线仍以常规纺丝法为主。现代 PET 短纤维生产技术的特点是大容量化、高速化、连续化。

(一)常规纺丝工艺特点

1. 直接纺丝

大型 PET 短纤维厂几乎全部采用连续聚合、直接纺丝工艺,大大提高了过程的连续化和自动化程度。

2. 纺丝设备大型化

现代 PET 短纤维生产线的生产能力大多为日产 200 ~ 600 t,最大规模为日产 1 200 t,甚至可达 2 000 t 以上;纺丝采用大型喷丝板,其孔数达 5 000 ~ 50 000 孔;纺丝集束线密度达 30 000 dtex以上;短纤维常规纺丝速度为1 500 ~ 2 000 m/min,高速纺丝已实现工业化生产,纺丝直接制条技术也得到推广应用。

3. 品种多样化

PET 短纤维的品种繁多,除棉型、毛型、中长型、高强低伸型外,还有异形纤维、有色纤维、超细纤维、三维卷曲纤维等品种,使纺织原料多样化,产品高档化,以提高短纤维产品的附加值。

(二)常规纺丝工艺流程及参数

PET 短纤维多采用卧式螺杆挤出熔融纺丝,其常规纺丝工艺流程如图 3 - 19 所示。短纤维的卷绕不像长丝,每个喷丝板喷出的丝单独卷绕在一个筒管上,而是将 12、18 或 24 个喷丝板喷出的 12、18 或 24 束丝集中经喂入轮落到大桶中。

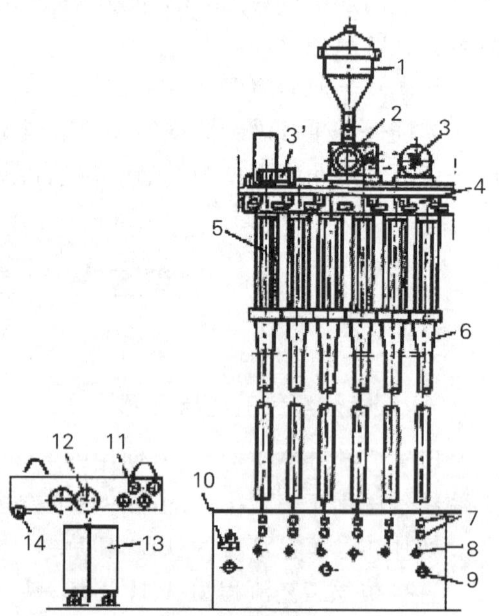

1—切片料桶;2—螺杆挤出机;3,3'—螺杆挤出机和计量泵传动装置;4—纺丝箱体;5—吹风窗;6—甬道;7—上油轮;8—导丝器;9—绕丝辊;10—总上油轮;11—牵引辊;12—喂入轮;13—受丝桶;14—总绕丝辊

图 3 - 19 PET 短纤维常规纺丝工艺流程图

短纤维常规纺丝的工艺参数主要包括:

1. 纺丝温度

纺丝时螺杆各区温度控制在 290 ~ 300 ℃,纺丝箱体温度控制在 285 ~ 310 ℃。纺丝温度过高会导致热降解,熔体黏度下降,造成气泡丝;温度过低,则使熔体黏度增高,造成熔体输送困难而出现漏浆现象,纺丝温度过高或过低均会导致成型时产生异常丝。生产要求纺丝温度波动范

围越小越好，一般不超过 ±2 ℃。

2. 纺丝压力

PET 短纤维熔体纺丝压力为 0.5 ~ 0.9 MPa 时称为低压纺丝，15 MPa 以上时为高压纺丝。采用低压纺丝时，一般需升高纺丝温度，以改善熔体的流变性能，但易引起热降解；而采用高压纺丝时，由于组件内滤层厚而密，熔体在高压下强制通过滤层会产生大的压力降，使熔体温度升高。压力每升高 10 MPa，熔体温度升高 3 ~ 4 ℃，因此采用高压纺丝可降低纺丝箱体的温度。在纺丝过程中，必须建立稳定的压力，若组件阻力随时间延长而增加较大时，则可相应调低纺丝箱体温度，以保证纺丝温度恒定。

3. 丝条冷却固化条件

冷却吹风有利于丝条均匀冷却，使丝条横截面结构均匀。吹风温度的选定与纺丝速度、产品线密度、设备特征等因素有关。PET 短纤维生产中，环形吹风的温度一般为（30 ±2）℃，风的相对湿度为 70% ~80%。

吹风速度对纤维成型的影响比风温和风湿更大。随着纺丝速度的提高或孔数增加，吹风速度应相应增大，生产上一般为 0.3 ~ 0.4 m/s。吹风速度的分布可为弧形或直形分布，均能达到良好的冷却效果。一般在喷丝板下 10 cm 处开始吹风，其目的是使熔体细流在其上一段距离内保持静止状态，同时避免冷却气流影响喷丝板面的温度。

4. 纺丝速度

当 PET 短纤维的纺丝速度为 1 000 m/min 时，后拉伸倍数约 4 倍；当纺丝速度增加到 1 700 m/min时，后拉伸倍数只有 3.5 倍。后拉伸倍数的选择一般根据纺织加工的需要来确定，而其可拉伸倍数则取决于纺丝速度。为保证卷绕丝具有良好的后加工性能，常规纺短纤维的纺丝速度控制为不超过 2 000 m/min。

三、聚酯短纤维的高速纺丝

随着高速纺丝技术的出现和发展，短纤维的高速纺丝已实现工业化。以往的短纤维生产是采用一对喂入轮将纤维束贮于受丝桶中。但当纺丝速度高于 2 500 m/min 时，喂入轮会使丝束产生毛丝，且由于两只喂入轮高速旋转产生的空气涡流，会使丝束缠绕在喂入轮上。因此对于短纤维的高速纺丝，由于缺少完善的圈条装置而发展缓慢，最高的纺丝速度也只有 2 000 m/min 左右。

近年来，丝束落入受丝桶的沉降速度问题已通过采用螺旋圈状沉降式布丝器而得到解决，促进了短纤维高速纺丝的工业化。

（一）聚酯短纤维高速纺丝的特殊要求

短纤维的高速纺丝工艺原理与长丝高速纺丝相同，也有 POY 工艺、FOY 工艺或纺丝—拉伸—卷曲连续化工艺。但由于短纤维在纺丝机上进行多位集束并喂入受丝机构，因此高速化必须解决丝束喂入问题。此外，由于短纤维纺丝的泵供量大，纤维凝固时散热量也大，为了使丝条凝固均匀，一般采用环形吹风或径向吹风，以提高冷却的均匀性，同时还要控制吹风速度、吹风温度、吹风湿度以及吹过丝条后的出风温度。例如，PET 短纤维高速纺丝常采用密闭式的吹风形式，即环形吹风筒与甬道连接处是密闭的，风从环形吹风筒吹出后，由甬道下端的侧面排出。此外，短纤维高速纺丝比常规纺丝工艺要复杂得多，其单丝线密度以较低为宜，一般选择 2.8 dtex 以下。短纤维高速纺丝工艺与 POY 性质有密切关系。

(二)高速条筒布丝器

高速条筒布丝器有螺旋圈状沉降式、帘子缓冲式、圆网缓冲式等。高速纺丝的丝束以螺旋线圈的形式盘卷在条筒内,欲使丝束在条筒内充填密度均匀,可将圈条按心形曲线在条筒内盘卷,或圈条按偏心圆运动,均能达到均匀的充填密度,这不仅可简化传动装置,且可节省设备投资。

(三)PET 短纤维高速短程纺丝工艺

PET 短纤维高速短程纺丝工艺是20世纪80年代出现的先进纺丝技术之一,其特点是高速、多孔、短程、连续和高速自动化。我国引进的高速一步法短程纺丝工艺,纺丝速度可达2 000~3 000 m/min,喷丝板孔数为2 860孔,采用热辊拉伸、中压蒸气卷曲和高速切断,产品呈立体卷曲,其工艺流程如图3-20所示。

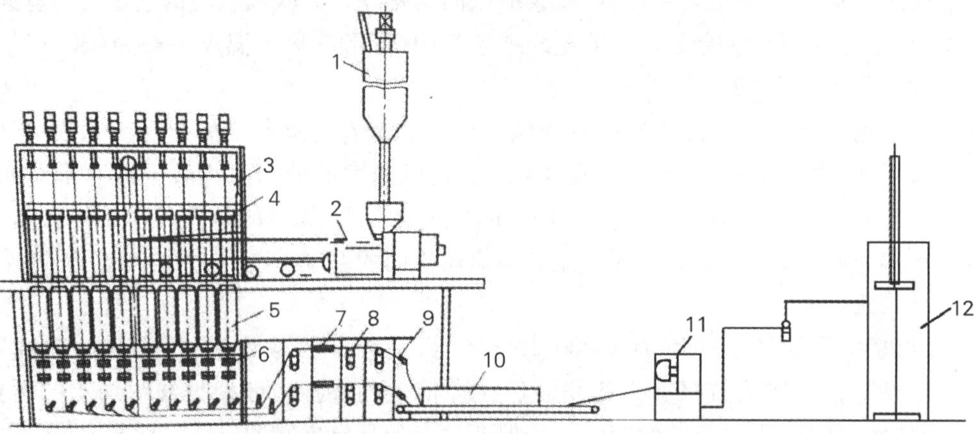

1—切片干燥机;2—螺杆挤出机;3—纺丝箱;4—环吹风套;5—纺丝甬道;6—上油轮;7—蒸气加热器;8—拉伸辊;9—卷曲器;10—热定型装置;11—切断机;12—打包

图3-20 PET 短纤维高速短程纺丝工艺流程图

在高速短程纺丝工艺中,凝固丝条在纺丝机上经二道油轮上油后,立即进行二级热辊拉伸和中压蒸气卷曲、松弛热定型、喷油,并连续切断成为三维立体卷曲的短纤维,从原料切片到短纤维的生产过程连续一步完成。纺丝速度为2 000~3 000 m/min,具有高速高效的优点。

第六节 聚酯长丝的纺丝

PET 长丝一般以纺丝速度的高低来划分纺丝技术路线的类型,如常规纺丝技术、高速纺丝技术和超高速纺丝技术等。

(1)常规纺丝:纺丝速度为1 000~1 500 m/min,其卷绕丝为未拉伸丝,通称 UDY(un-draw yarn)。

(2)中速纺丝:纺丝速度为1 500~3 000 m/min。其卷绕丝具有中等取向度,为中取向丝,通称 MOY(medium oriented yarn)。

(3)高速纺丝:纺丝速度为3 000~6 000 m/min。纺丝速度为4 000 m/min 以下的卷绕丝具有较高的取向度,为预取向丝 POY(pre-oriented yarn)。若在纺丝过程中引入拉伸作用,可获得具有高取向度和中等结晶度的卷绕丝，为全拉伸丝 FDY(full draw yarn)。

(4)超高速纺丝：纺丝速度为 6 000～8 000 m/min。卷绕丝具有高取向和中等结晶结构，为全取向丝，通称 FOY(fully oriented yarn)。

20 世纪 70 年代以来，高速纺丝技术发展很快，不仅大大提高了生产效率和过程的自动化程度，而且进一步将纺丝和后加工联合起来，可从纺丝过程中直接制得有使用价值的产品。今后仍将沿着高速、高效、大容量、短流程、高速自动化的方向发展，并将加强差别化、功能化纤维纺制技术的开发。

一、聚酯长丝的纺丝工艺

(一)聚酯长丝的特点及分类

PET 长丝包括普通长丝(复丝)、工业用长丝、弹力丝、空气变形丝等品种。目前在 PET 纤维中，长丝产量占 42%。与 PET 短纤维相比，PET 长丝的优点如下：

(1)长丝不用纺纱，可直接用于织造。

(2)长丝的基建投资虽高于短纤维，但可以省去纺织加工的投资。

(3)长丝的纺丝速度已由 1 000 m/min 提高到 3 500 m/min 以上。工业路线已由"低速纺丝—拉伸加捻—变形加工"的三步法，简化为"高速纺丝—拉伸变形"的二步法，进而又发展到"纺丝—拉伸"一步法，从而降低成本，提高了产品质量和生产效率。

(4)长丝的品种繁多，易于生产差别化纤维。长丝的各种优异性能决定了它的广泛用途，这是短纤维无法比拟的。

PET 长丝按其加工方法可分类如下：

- 聚酯长丝
  - 初生丝
    - 未拉伸丝(常规纺丝)—UDF
    - 未预取向丝(中速纺丝)—MOY
    - 预取向丝(高速纺丝)—POY
    - 高取向丝(超高速纺丝)—HOY
  - 拉伸丝
    - 低速拉伸丝—DY
    - 全拉伸丝(纺丝拉伸一步法)—FDY
  - 变形丝
    - 常规变形丝—TY
    - 拉伸变形丝—DTY
    - 空气变形丝—ATY
    - 网络变形丝—NSY

(二)聚酯长丝的纺丝工艺流程

PET 长丝的生产工艺发展很快，种类很多。按其纺丝速度可分为常规纺丝、中速纺丝和高速纺丝；按工艺流程可分为三步法、二步法和一步法。

1. 常规纺丝

常规纺丝又称低速纺丝，纺丝速度为 1 000～1 500 m/min，拉伸加捻速度为 600～1 100 m/min，假捻变形速度为 120～160 m/min，可纺制 33～167 dtex 的长丝。

2. 中速纺丝

纺丝速度为 1 500～3 000 m/min，卷绕丝为半预取向丝(MOY)。

(1) MOY－DY 工艺：此工艺采用中速纺丝和低速拉伸，拉伸加捻速度为 800～

1 200 m/min,可纺制 33 ~ 167 dtex 的拉伸丝。

(2)MOY - DTY 工艺:此工艺采用中速纺丝和高速拉伸变形。MOY 的剩余拉伸倍数为 2.1 ~ 2.4 倍,拉伸变形速度为 400 ~ 500 m/min,可纺制 55 ~ 88 dtex 的变形丝。

3. 高速纺丝

高速纺丝的纺丝速度为 3 000 ~ 6 000 m/min,卷绕丝为预取向丝(POY)。在高速下,纤维产生一定的取向度,结构比较稳定。

(1)POY - DTY 工艺:此工艺采用高速纺丝和高速拉伸变形,是典型的二步法工艺路线。POY 的后加工速度通常为 450 ~ 700 m/min,可纺制 50 ~ 167 dtex 的变形丝(DTY)。其特点是工艺流程短,生产效率高,基建投资省,是变形丝生产的发展方向。

(2)POY - DY 工艺:此工艺采用高速纺丝和低速拉伸加捻,可纺制 55 ~ 110 dtex 的拉伸丝,拉伸比为 1.3 ~ 1.7。

(3)FDY 工艺(全拉伸丝):生产工艺采用低速纺丝和高速拉伸,且两道工序在一台纺丝拉伸联合机上完成。纺丝速度为 900 m/min,拉伸速度为 3 200 m/min,拉伸比为 3.5,可纺制 55 ~ 167 dtex 的拉伸丝。全拉伸丝质量较稳定,毛丝断头较少。

(4)HOY 工艺:高取向丝亦称全取向丝(FOY)。纺丝速度为 6 000 ~ 8 000 m/min。由于大幅度提高了喷丝头拉伸比,卷绕丝的取向度大大提高,但微晶尺寸较大,非晶区取向度较低,目前尚处于研究阶段。

(三)聚酯长丝的纺丝工艺要求

1. 对原材料的质量要求高

原料切片(或熔体)的质量和可纺性与产品质量密切相关。由于长丝纺丝温度高,熔体在高温下停留时间长,因此要求切片含水率低。常规纺长丝切片的含水率不大于 80×10^{-6}(纺短纤维时切片含水率为 200×10^{-6})。此外,还要求干切片中粉末和黏结粒子少,干燥过程中的黏度降低,干燥均匀性好。

2. 工艺控制要求严格

长丝生产中,为了保证纺丝的连续性和均一性,工艺参数需严格控制。如熔体温度波动为 ±1℃,侧吹风风速差异不大于 0.1 m/s,纺丝张力要求稳定等。

3. 高速度、大卷装

PET 长丝的纺丝卷绕速度为 1 000 ~ 8 000 m/min。在不同卷绕速度下制得的卷绕丝具有不同的性能,目前长丝的纺丝速度趋向高速化,工业生产中已经普遍采用 5 500 m/min 的纺速。随着纺丝速度的提高,长丝筒子的卷装质量越来越大,卷绕丝筒子的净质量从 3 ~ 4 kg 增至 15 kg。卷装质量增加后,对高速卷绕辊的材质、精度和运转性能要求大大提高,对筒子内外层质量的均一性、原丝的退卷、筒子的装箱运输等亦有较高的要求。

二、聚酯长丝的常规纺丝

与高速纺丝、纺丝—拉伸一步法技术相比,常规纺丝的纺丝速度较低。生产变形丝时,拉伸与变形要分两步进行,工艺流程长,生产效率较低。但常规纺丝的设备制造要求低,一次性投资少,生产技术易于掌握,尤其是在拉伸丝的生产上更显示出其优越性,故在 PET 长丝生产中仍占有相当重要的地位。常规纺丝工艺流程如图 3 - 21 所示。

生产中主要控制的工艺参数如下:

1. 纺丝温度

长丝纺丝可采用低温或高温进料的纺丝工艺。熔体纺丝温度一般控制为 280 ~ 290 ℃，根据切片黏度和挤出量进行调节。随纺丝温度升高，熔体的流动黏度逐渐降低，熔体的均匀性和流变性能变好，可纺性得到提高。但熔体温度又不能过高，否则会加剧熔体的降解，影响纺丝的正常进行及产品质量。

2. 螺杆挤出压力

螺杆挤出压力用于克服熔体在管道和混合器等设备内的阻力，以保证计量泵有一定的入口压力。实际生产中螺杆挤出压力控制为 6.5 ~ 7.5 MPa，而纺丝组件的压力则控制为 9.8 ~ 24.5 MPa。

3. 冷却条件

长丝纺丝一般采用侧吹风的冷却形式。冷却吹风温度一般控制为 20 ~ 30 ℃，常采用28 ℃。冷却风湿通常控制为 70% 左右。风速对卷绕丝的结构和性能有较大影响，不同线密度的丝条，对冷却风速有不同的要求。一般情况下，吹风速度随丝条线密度增大而提高。常规纺丝的冷却风速采用 0.3 ~ 0.5 m/min。

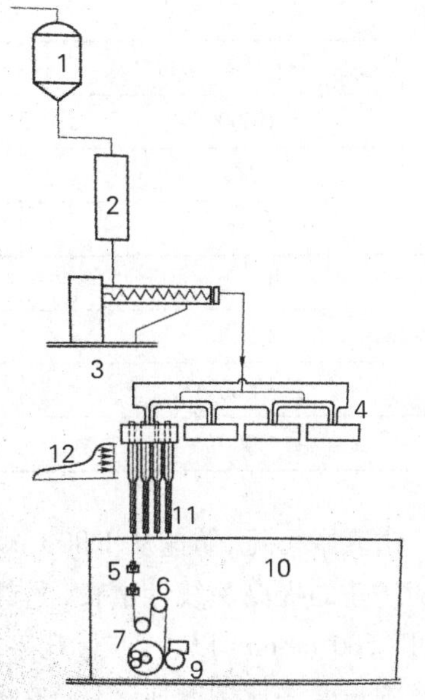

1—切片料仓；2—切片干燥机；3—螺杆挤出机；4—箱体；5—上油轮；6—上导丝盘；7—下导丝盘；8—卷绕筒子；9—摩擦辊；10—卷绕机；11—纺丝甬道；12—冷却吹风

图 3 – 21　长丝纺丝工艺流程图

4. 卷绕速度

卷绕速度是影响卷绕丝预取向度的重要因素。卷绕速度越高，卷绕丝预取向度越高，后拉伸倍数越低。常规纺长丝的最佳卷绕速度为 900 ~ 1 200 m/min。

5. 上油量

卷绕丝的上油量直接决定成品丝的含油量。油剂浓度越高，卷绕丝的上油量越高。上油量视丝的最终用途而定，机织用丝为 0.6% ~ 0.7%，针织用丝为 0.7% ~ 0.9%，加弹用丝为 0.5% ~ 0.6%。油轮转速为 10 ~ 20 r/min，油剂质量分数为 10% ~ 16%。

三、聚酯长丝的高速纺丝

在常规纺丝生产中，由于纺丝速度低，生产能力的提高受到限制，且得到的初生丝取向度低，结构不稳定，性质随放置时间的长短差异很大，不能直接用于变形加工。因此，人们试图用提高纺丝速度来提高初生丝的取向度及其稳定性。高速纺丝是利用纺丝过程中，大变形和大应力使从喷丝孔挤出的高聚物熔体冷却、固化的同时，发生取向、结晶的合成纤维新方法。

PET 长丝的高速纺丝是 20 世纪 70 年代初发展起来的，由于高速纺丝具有很多优越性，这项技术得到了迅猛发展，国外至今已有 90% 以上的长丝采用高速纺丝技术生产。高速纺丝的主要特点如下：

1. 提高了单机产量

由于高速纺丝比普通纺丝的纺速高 2 ~ 4 倍，因而喷丝孔的吐出量大，单机生产能力高。PET 长丝随纺速增加，产量的递增率如表 3 – 4 所示。

表 3-4　纺丝速度与产量的递增率

纺丝速度/(m·min^{-1})	剩余拉伸倍数/倍	产量递增率/%
1 000	3.6	—
1 500	3.0	25
2 000	2.5	11
2 500	2.1	5
3 000	1.8	3
3 500	1.6	3
4 000	1.4	—

由表中可见,纺速从 1 000 m/min 提高到 3 500 m/min,产量可增加 47%。显然产量并不是随纺速的提高呈线性增长,尤其当纺速超过 3 000 m/min 时,产量的增加相当微小,在纺速超过3 600 m/min 以后,产量几乎不随纺速的提高而增大。这是因为随着纺速的提高,虽然卷绕丝的长度按比例增加,但卷绕丝的后拉伸倍数却随纺速的提高而下降,为了得到一定线密度的成品丝,就必须降低卷绕丝的线密度,使其变细,因此产量不呈线性增长。

2. 预取向丝的结构稳定性好

常规纺的 UDY 随放置时间的增加,纤维的性质发生很大的变化,而 POY 由于有一定的取向度,结构比较稳定。

3. 纺丝中抗外界干扰性强

随着纺丝速度的提高,纺丝张力增大,纺丝过程受外来的干扰相对减小,有利于提高成品纤维的均匀性,从而改进了纤维的力学性能和染色性能。

4. POY 适合用内拉伸法生产 DTY

由于 POY 的预取向度比较高,后拉伸倍数较小,因此可以省去投资多、占地大、用人多的拉伸加捻工序。可以将拉伸和变形在拉伸变形机上一步完成得到 DTY。由于减少了半成品丝的卷绕和退卷,不但降低了生产成本,而且提高了产品质量。因此,POY - DTY 技术是生产 PET 低弹丝的方向。

目前,PET 预取向丝、全拉伸丝、全取向丝的生产成为 PET 长丝生产的主流。

第七节　聚酯纤维的后加工

聚酯纤维的后加工是指对纺丝成型的初生纤维(卷绕丝)进行加工,以改善纤维结构,包括拉伸、热定型、加捻、变形加工和成品包装等工序。

聚酯纤维后加工的作用如下:

(1)将纤维进行补充拉伸,使纤维中大分子取向、规整排列,提高纤维强度,降低伸长率。

(2)将纤维进行热处理,使大分子在热作用下消除拉伸时产生的内应力,降低纤维的收缩率,提高纤维的结晶度。

(3)对纤维进行特殊加工,如将纤维卷曲或变形、加捻等,以提高纤维的摩擦因数、弹性、柔软性、蓬松性。

一、聚酯短纤维的后加工

(一)工艺流程

国内聚酯短纤维有普通型和高强低伸型两类,两者的后加工流程和设备有所差异,高强低伸型短纤维需进行紧张热定型,普通型短纤维则不需要。目前,高强低伸型短纤维后加工工艺流程较长,主要包括集束、拉伸、卷曲、热定型及切断、打包几个过程。具体如图 3-22 所示。

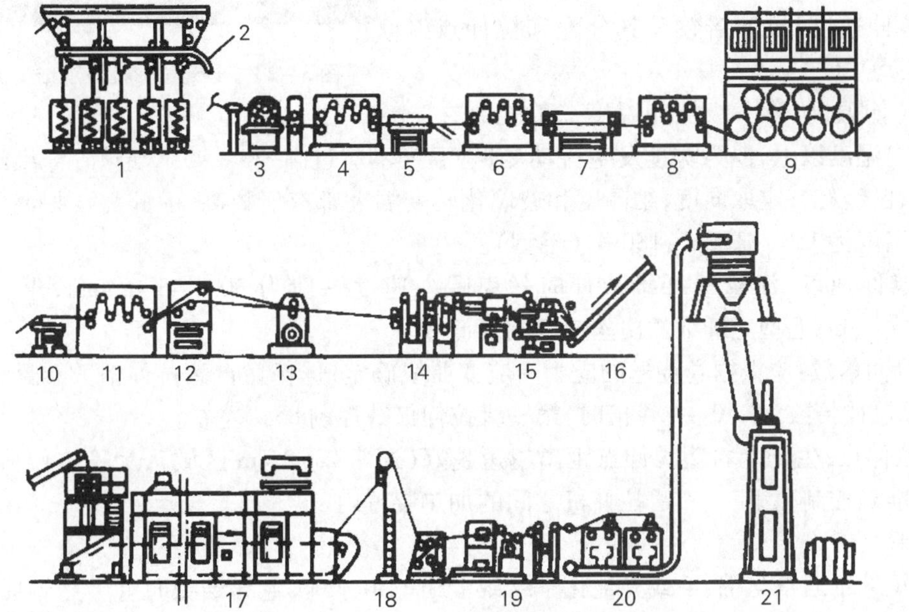

1—集束架; 2—导丝架; 3—八辊导丝机; 4—第一台牵伸机; 5—油(水)浴加热器;
6—第二台牵伸机; 7—热水或蒸汽加热器; 8—第三台牵伸机; 9—紧张热定型机;
10—油冷却槽; 11—第四台牵伸机; 12—叠丝机; 13—二辊牵引机; 14—张力机; 15—卷曲架;
16—皮带输送机; 17—松弛热定型机; 18—捕结器; 19—三辊牵引机; 20—切断机; 21—打包机

图 3-22　聚酯短纤维后加工流程图

(二)工艺设备及条件

1. 初生纤维的存放和集束

刚成型的初生纤维其预取向不稳定,需经过存放平衡,使内应力减小或消失,一般存放 8 h 以上,基本趋于稳定。存放稳定后的丝条需要进行集束。所谓集束,即把若干个盛丝筒的丝条合并,集中成工艺规定粗度的大股丝束,一般为 30 ×1(股) ~75 ×2(股) ktex(以成品纤维特数为准),以便进行后处理。

2. 拉伸设备

集束拉伸工艺常用的设备为三道七辊拉伸机,其外观如图 3-23 所示。一台牵(拉)伸机通常由五个或七个牵(拉)伸辊组成一组,依靠两台拉伸机的速度差来完成丝束的拉伸。而在拉伸辊上方或下方增加压辊可以防止丝束打滑,提高拉伸能力。同时,拉伸机之间的浸渍辊可以控制拉伸点,防止因拉伸潜热的作用使拉伸点前移,从而达到稳定拉伸的作用。

3. 拉伸工艺条件

图 3-23　七辊拉伸机外观结构图

目前，为保证丝束的加热均匀，短纤维的拉伸一般采用湿热拉伸工艺，因此在各道拉伸机之间常设置加热器。加热有热水喷淋、蒸气喷射、油浴和水浴加热等形式，目前更多倾向于油浴和水浴加热。

拉伸方式有一级拉伸和二级拉伸，通常采用间歇集束二级拉伸工艺。拉伸工艺条件包括拉伸温度、拉伸速度、拉伸倍数及其分配和拉伸点控制等。

(1)拉伸温度：第一级拉伸温度一般控制在玻璃化转变温度以上，但为防止发生流动变形，温度不应过高，70 ~ 90 ℃最好；纤维经过第一级拉伸后，已经有一定取向度，结晶度和玻璃化转变温度都有所提高，因此需要提高温度。第二级拉伸温度为 150(棉型) ~ 180 ℃(毛型)。

(2)拉伸速度：涤纶短纤维拉伸时丝束喂入速度一般为 30 ~ 45 m/min，出丝速度为 140 ~ 180 m/min；毛型短纤维的出丝速度则要低些。

(3)拉伸倍数：应根据卷绕丝的应力 - 应变曲线确定，选择在自然拉伸倍数和最大拉伸倍数之间，总拉伸倍数为 4.0 ~ 4.4 倍时，第一级拉伸倍数控制 85% 左右。

(4)拉伸点：生产上希望拉伸点距离越短越好(通常 2 ~ 3 cm 区域)，为稳定拉伸点，一般将拉伸点准确控制在第一、二道拉伸机之间的加热装置内。

4. 卷曲

聚酯短纤维通常与棉、毛或其他化学纤维混纺。由于棉、毛纤维纵向有天然转曲或卷曲，而聚酯纤维横截面近似圆形，表面光滑，因此纤维间抱合力差，不易与其他纤维抱合在一起，对纺织后加工不利，故必须进行卷曲加工。

合成纤维有机械卷曲和化学卷曲两种方法。目前大规模生产的聚酯短纤维，多数采用机械卷曲法，即用填塞箱式卷曲机。填塞箱式卷曲机由上卷曲轮、下卷曲轮、卷曲刀、卷曲箱和加压机构等组成。丝束经导辊被上、下卷曲轮夹住送入卷曲箱中，上卷曲轮采用压缩空气加压，并通过重锤来调节丝束在卷曲箱中所受的压力，丝束在卷曲箱中受挤压而卷曲。目前，一般聚酯短纤维的卷曲数要求棉型 5 ~ 7 个/cm，毛型 3 ~ 5 个/cm。

5. 热定型

热定型的目的是消除纤维内应力，提高纤维的尺寸稳定性，并且进一步改善其物理机械性能。热定型可使拉伸、卷曲效果固定，并使成品纤维符合使用要求。热定型可以在张力下进行，也可以在无张力下进行，前者称为紧张热定型(包括定张力热定型和定长热定型)，后者称为松弛热定型。

生产不同品种和不同规格的纤维，往往采用不同的热定型方式。影响热定型的主要工艺参数是定型温度、时间及张力。生产普通型聚酯纤维，一般在链板式或圆网式热定型机上以自由收缩状态进行，称为松弛热定型；生产高强低伸型纤维时，一般先采用热辊式定型设备，在一定张力下进行热定型，然后再进行松弛热定型。

6. 切断与打包

切断的目的是按照生产加工要求，将 PET 纤维切成所需要的长度，以便很好地与棉、羊毛及其他品种的化学短纤维进行混纺。

切断方式有两种：一种是经拉伸卷曲后的湿丝束先切断再干燥热定型；另一种是湿丝束先干燥热定型再切断。纤维规格不同，其切断长度也有差异。如棉型短纤维的切断长度为 38 mm；中长纤维的切断长度为 51 ~ 76 mm；毛型纤维的切断长度为 90 ~ 129 mm；用于粗梳毛纺的毛型短纤维的切断长度为 64 ~ 76 mm；用于精梳毛纺的毛型短纤维的切断长度为 89 ~ 114 mm。切断纤维需要控制长度偏差、超倍长纤维量以及黏结丝（或称并丝）量等几个指标。

打包是涤纶短纤维生产的最后一道工序，它是将短纤维按照一定规格和重量进行包装，以便运送出厂。成包后应标明规格、批号、等级、重量、时间和生产厂商等。

二、聚酯长丝的后加工

PET 长丝后加工工艺流程比短纤维简单，但长丝的规格繁多，其后加工流程也不尽相同。长丝后加工过程取决于原丝的生产方法和产品的最终用途。如 UDY 和 POY 原丝经拉伸加捻制得普通长丝；POY 原丝经变形加工得到变形丝。变形丝的种类有假捻变形丝、网络变形丝、空气变形丝及其他差别化长丝等。90% 以上的聚酯长丝变形加工使用假捻变形法，聚酯长丝的变形加工法具体如下所示：

- 变形丝加工方法
  - 弹力变形丝的加工
    - 转矩法
      - 加捻—热定型—解捻法
      - 假捻法（转子式或摩擦式）
    - 非转矩法
      - 填塞箱法
      - 擦过法
      - 赋型法
      - 复合纤维卷缩法
  - 非弹力变形丝的加工
    - 空气喷射法
    - 膨体丝加工法

（一）普通聚酯长丝的后加工

1. 拉伸加捻设备及工艺

普通聚酯长丝又称拉伸丝，由 UDY 加工而成，其拉伸、加捻是在同一台设备上完成的，以拉伸为主并给予少量的捻度，称为弱捻丝，在织造前再补充加捻。

普通聚酯长丝的后加工过程为：初生纤维的卷绕筒插放在筒子架上，呈交叉排列；丝条自筒子上引出后，通过导丝棒进入喂丝罗拉；在上拉伸盘上被预热，在喂入辊和第一导丝盘间进行第一段拉伸，在第一和第二拉伸盘间进行第二段拉伸；从第二拉伸盘引出的拉伸丝，进入卷绕系统上部中心处的导丝器和钢领上的钢丝圈后，被卷绕在旋转的筒管上。具体如图 3 – 24 所示。

2. 主要工艺参数

（1）拉伸比：聚酯长丝采用双区拉伸，两区的拉伸比分别约为 1.01 和 1.60，总拉伸比为 1.6 ~ 1.8。第一段拉伸主要是使丝条在后加工中具有一定的张力。总拉伸比视剩余拉伸倍数及成品纤维性能要求而定。总拉伸比与纺丝速度和丝条线密度相关，一般情况下，总拉伸比随着纺丝速度的提高而降低，随着丝条线密度的降低而降低。

(2)拉伸温度:拉伸温度指热盘温度,一般应控制在丝条的玻璃化转变温度以上10~20 ℃。在此范围内温度变化对纤维强度无明显影响,但随着温度升高,拉伸比增大,结晶度升高,拉伸应力下降,毛丝减少,染色不匀率增加。

在实际生产中,第一段拉伸温度在 Tg 以上,第二段拉伸温度通常在结晶速率最快的温度区间,即140~190 ℃,使拉伸取向和结晶相变两个过程同时顺利进行。

(3)拉伸速度:拉伸速度一般在800 m/min左右,过高的拉伸速度容易出现毛丝。

(4)定型温度:定型温度指热板或狭缝温度,一般控制在180 ℃左右。

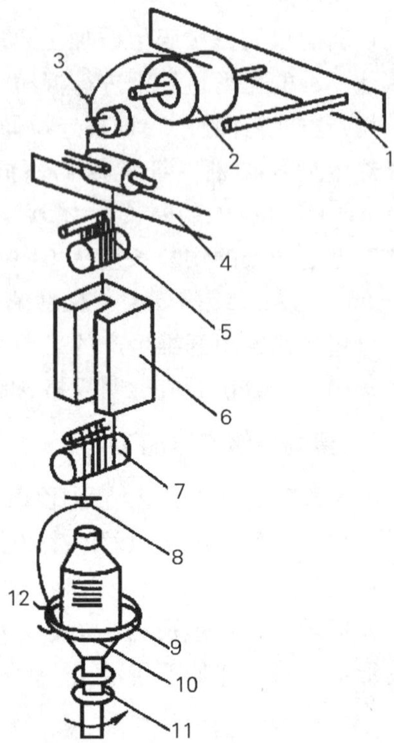

1—筒子架;2—卷绕丝;3,8—导丝器;4—喂入辊;5—上拉伸盘;6—加热器;7—下拉伸盘;9—钢领;10—筒管;11—锭子;12—钢丝圈

图3-24 普通聚酯长丝拉伸加捻机

(二)假捻变形丝的后加工

弹力丝是指以长丝为原料,利用纤维的热塑性,经过变形和热定型而制得的高度卷曲蓬松的新型纱。在长度方向,伸缩性相当于原长的数倍;在蓬松性方面较原丝提高数十倍,使长丝的外观和性能都有很大改变。

目前,弹力丝的加工方法主要有5种,分别是假捻变形法、填塞箱法、擦过法、赋型法和复合纤维卷缩法。在众多的加工方法中,以假捻变形法生产的弹力丝最多,其产量占PET弹力丝的90%以上。

采用假捻变形法加工的PET弹力丝,不仅具有优异的蓬松性、覆盖能力和某些短纤维的外观特性,而且改进了PET长丝的外观、蜡状手感等不足,又保留了PET纤维固有的高强度、挺括等优良性能,广泛适用于加工针织或机织物。

1. 假捻变形丝的原理

传统的假捻变形丝是以拉伸加捻丝为原丝,在弹力丝机上经定型、解捻而得,即拉伸加捻、热定型、解捻分开进行,操作工序多,速度慢。近年来人们逐渐发展了假捻连续工艺,将拉伸和假捻变形连续进行,简称为DTY法。

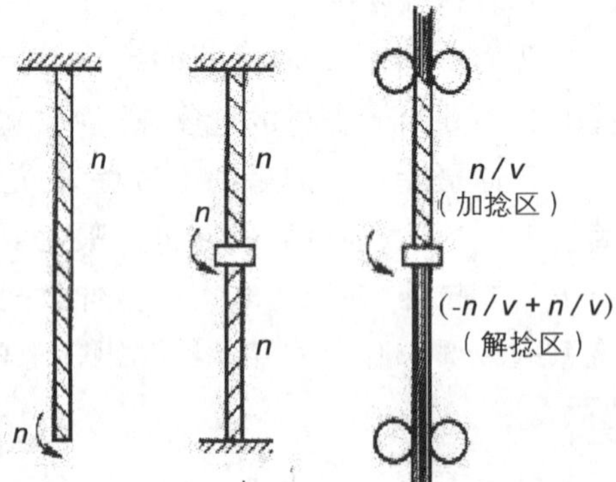

a—加捻模型;b—静假捻模型;c—动假捻模型

图3-25 假捻变形模型

假捻变形的原理如图3-25所示,将丝条的两端固定,以中间握持点回转,则从握持点分界,上、下两端丝条获得捻向相反而捻数相等的捻度,整根丝条上的捻度为零,动力学上称为假捻。丝条以一定的速度 v 输送时,则在握持点以前加捻,捻数为(n/v),在握持点以后以相反捻向($-n/v$)解捻,因此,在握持点以后的捻数为零,经过此过程后丝条仍保留螺旋卷曲,

故称为假捻变形法。

2. 假捻变形丝的工艺流程

以普通聚酯为原料加工 PET 低弹丝，一般采用装有两段加热器的假捻变形机，具体工艺流程如图 3-26 所示。在喂入辊和传送辊之间借助第一段热板加热进行拉伸，同时原丝在喂入辊和假捻器之间被加捻变形，而在假捻器和传送辊之间被解捻，再在局部松弛下进入第二加热器定型。第一加热器之后一般装有冷却板，使加捻热定型后的变形丝冷却至玻璃化转变温度以下，把加捻后的形变固定下来，再进行解捻，以保证解捻后的丝条呈卷曲状态。第二加热器的作用是使变形丝进一步热定型，使内应力松弛，同时消除非常弱的卷曲。

3. 假捻变形的工艺条件

假捻变形的工艺条件包括变形温度、定形温度、加热时间、冷却时间、假捻张力、假捻度和超喂率等。

(1) 变形温度：变形区为接触式加热，变形温度控制很重要，通常采用丝条熔点以下 30 ~ 50 ℃，即 190 ~ 230 ℃。若温度太高，会导致张力下降，收缩潜力大，使丝条成为僵丝，手感粗糙，强度和韧度受到影响；温度太低，则变形、卷曲不良，缺乏弹性。

(2) 定型温度：一般为非接触式空气加热，通常为 180 ~220 ℃。

(3) 加热时间：加热时间与丝束的线密度、丝速和加热温度等因素有关，通常时间控制为 0.4 ~0.6 s。若加热时间过短，变形不够充分，则丝条弹性差；但加热时间过长，则会造成僵丝、毛丝、断头，并使丝条发黄。

(4) 假捻张力：假捻器前后丝条的张力波动或张力控制不当，不仅会影响操作，还会影响 PET 弹力丝的质量，使丝条染色均匀性发生较大差异。假捻张力的大小与假捻器粗糙度、热板的弧度、超喂率等因素密切相关，需要具体调节。

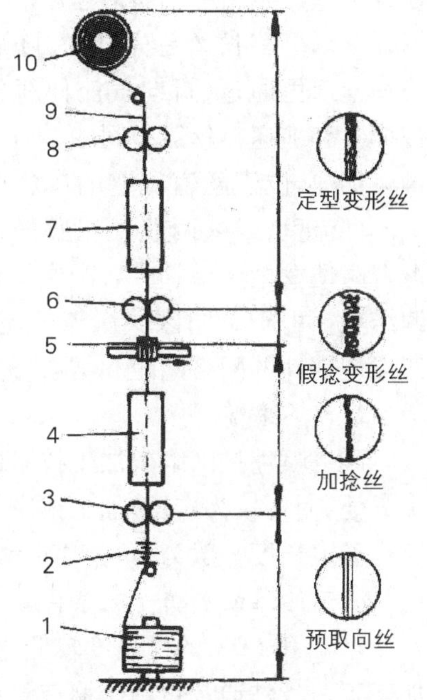

1—预取向丝(POY)；2—张力器 3—喂入辊；4—第一加热器；5—假捻转子；6—传送辊；7—第二加热器；8—卷绕辊；9—低弹丝；10 卷绕筒子

图 3-26 PET 低弹丝的假捻变形工艺流程及相应的纤维表观形态

(5) 假捻度：假捻度是指假捻器的转速和输出辊表面线速度之比，它是影响丝条卷曲效果的一个重要因素。假捻度直接影响丝条的卷曲效果，随着假捻度的增加，丝条的卷曲伸长率增大，而强度下降，假捻度的大小主要取决于变形丝的使用要求和原丝线密度，通常线密度越小，假捻度越高。假捻度可由以下经验公式近似计算：

$$T = \alpha \times \frac{97\,500}{\sqrt{T_t}} \tag{3-7}$$

式中：T 为假捻度，捻/m；α 为捻系数，$\alpha = 0.85 \sim 1.0$；T_t 为丝条线密度，tex。

(6) 超喂率：假捻时通常都采用超喂，即喂入速度快于卷绕速度，超喂率大于 0；若超喂率为 0，称为等喂；若超喂率小于 0，则称欠喂。通常在生产允许的范围内，超喂率一般保持在 10% ~20%。若超喂率太大，则丝条松弛，张力太小，容易偏离丝道中心进入死角；超喂率太小，则丝条太紧。

(三)网络丝的后加工

网络丝是指丝条在网络喷嘴中经喷射气流作用,单丝互相缠结而呈周期性网络点的长丝,其产品称为 NSY。网络丝的特点是:①可改进长丝的极光效应和蜡状感;②用途广泛,可免上浆,代替并捻和加捻,提高卷绕丝的加工性能,改善卷装或用于制造不同类型的混纺丝。③网络加工可在多道工序中进行,多用于 POY、FDY、DTY 的加工。

1. 网络的生成原理

聚酯长丝在网络器的丝道中通过时受到与丝条垂直的喷射气流横向撞击,产生与丝条平行的涡流,使各单丝产生两个马鞍形运动和高频率振动的波浪形往复。聚酯长丝首先开松,随后整根丝条从网络喷嘴丝道里通过,折向气流使每根单丝不同程度地被捆扎和加速。丝道中间的单丝得到气流所给予的最大加速,位于丝道侧壁的单丝则进入边缘较弱的气流回流里,当这两股气流所携带的单丝在丝道内汇合时便发生交络、缠结,产生沿丝条轴线方向上的缠结点。由于不同区域涡流的流体速度不同,从而形成周期性的网络间距和结点。网络器内气流的作用和流向如图 3-27 所示。

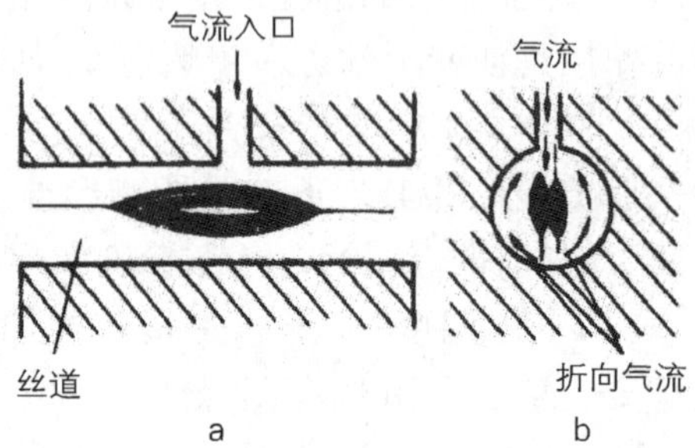

a—气流将各单丝吹松; b—折向气流使各单丝缠结

图 3-27 网络器内气流的作用和横流

2. 网络喷嘴

网络喷嘴是网络丝加工技术的关键,有开启式和封闭式两种,包括单孔和双孔。开启式生头方便,使用较为广泛,加工线密度范围大(100~400 dtex),尤其适用于高速网络加工。网络喷嘴丝道长度一般为 30~40 mm,气孔直径为 1.5~2.0 mm。

3. 网络丝的加工工艺条件

POY 和 FDY 的网络度较低,大多为 20 个/m 以下,DTY 的网络度为 60~100 个/m。网络加工工艺条件通常包括压缩空气压力、网络加工速度、丝条张力和超喂率,以及丝条进出网络器的角度、丝条的总线密度和异形度等。

(1)压缩空气压力:压缩空气压力对网络丝的影响甚大,它除了决定网络结点的牢固之外,还影响网络度(单位长度内的网络结个数)。当压缩空气压力在较低的范围内时,随压力的增加,网络丝的网络度迅速增加;当压缩空气压力在 0.3 MPa 以上时,网络度的增加逐渐缓慢,直至不再增加。

(2)网络加工速度:在丝条网络过程中,网络度随网络加工速度的提高而降低。这是由于丝条速度提高,而网络器中恒定气体紊流引起丝条振动的频率却不发生变化,单位时间内对丝条产生的网络度一定,从而使丝条单位长度上的网络点减少,网络度降低。

(3)丝条张力:在网络过程中,丝条的张力越高,在高频气流冲击下,丝条产生的弦振动越小,即丝条的开松和丝的旋转程度下降,从而使网络丝的网络度下降。但丝条张力过低,则会使丝条在网络器丝道中容易偏离中心位置,而处于丝道的气流死角区域,其丝条不易被吹开,致使丝条网络不均匀,大段丝条没有网络点,因此,张力必须控制得当。实验证明,低弹丝网络加工中,张力控制在 0.04~0.09 cN/dtex 为宜。

(4)超喂率:超喂率不仅影响丝条的网络度,还影响丝条张力。一般情况下,通过调节超喂率就可以得到合适的丝条张力。当超喂率增加时,丝条的张力降低,单位长度的丝条被网络的机会减少，网络度下降。

（四）空气变形丝的后加工

空气变形又称喷气变形，产品称为空气变形丝（ATY）。空气变形丝以 POY 或 FOY 为原丝，通过一个特殊的喷嘴，在空气喷射作用下单丝弯曲形成圈状结构，环圈和绒圈缠结在一起，形成具有高度蓬松性的环圈丝。

空气变形丝的特征：若将部分丝圈拉断，则变形表面可见圈圈和细纱尖，具有类似短纤纱的某些特征，因此称为仿短纤纱；空气变形丝采用不同的变形工艺可制出仿毛、仿纱、仿麻的效果。

1. 空气变形丝的生产原理

空气变形也称吹捻变形或喷气变形。喷气变形过程中有横向气流、轴向气流和旋转涡流，喷嘴加捻区类似许多加捻器，单丝在紊流作用下互相接触、转移和结合，这种过程可归结为交络和缠绕两种形式，从而使整根变形丝形成错综复杂的丝体，呈现环圈加交络的变形丝结构。

空气变形丝加工过程中丝的交缠和圈结过程一般分三步完成：

（1）原丝进入喷嘴被气流吹开，获得实现交缠可能；

（2）被吹开的各根单丝发生位移并产生横向弯曲，生成圈结；

（3）丝的长度缩短，强化缠结及网络，使已生成的圈结被固定下来。

2. 空气变形丝生产工艺

空气变形丝的工艺流程如图 3－28 所示。由单股或多股复丝从原丝筒子经喂入罗拉以相同（或不同）的速度喂入，通过调节导丝针与导丝管之间的间隙，产生高速偏流湍流场，丝条在高速偏流作用下，单根纤维被吹散并分离，实现交缠。在吹散的同时，各单根纤维发生横向变形，称为弓形，为形成丝圈创造了条件。丝条在超喂状态下进入喷嘴内部，在喷嘴通道中由于较大速度差的作用，沿丝条纵向单根纤维互相纠缠，形成丝圈结构。

在整个流程中还可设有短纤化装置，以将丝束上 20% ~30% 的丝圈割断，形成游离纤维末端，使变形丝具有短纤纱的独特风格。空气变形丝生产工艺参数包括：超喂率、热辊温度、拉伸比、定型温度、定型时间、加工速度、张力、空气压力和给湿量等。

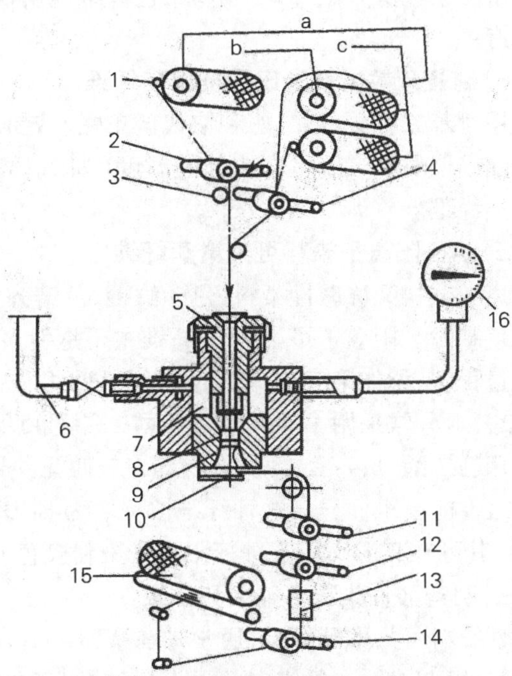

1—原丝；2，4—喂入罗拉；3—热锭；5—喷嘴导丝针；6—压缩空气入口；7—缓冲室；8—环隙；9—导丝管；10—挡体；11，12—冷牵伸罗拉；13—加热器；14—输出罗拉；15—卷装；16—压力表；a—多股花式变形纱；b—单股纱；c—双股平行纱

图 3－28　空气变形丝工艺流程图

第八节　聚酯纤维的改性和新型聚酯纤维

虽然 PET 纤维的性能优良，但是也有缺点，如染色性差，吸湿性低，易积聚静电荷，织物易起球等。20 世纪 80 年代以来，PET 纤维改性的研究工作获得重大进展，生产出具有良好舒适性和独特风格的差别化及功能化 PET 纤维。

PET 纤维的改性方法分为两大类：一是化学改性，包括共聚、表面处理等，用以改变原有聚酯大分子的化学结构，以达到改善纤维的性能，如染色性、吸湿性、防污性、高收缩性等目的，化学改性具有持久性的效果；二是物理改性，即在不改变原有聚酯大分子化学结构的情况下，通过改变纤维的形态结构以达到改善纤维性能的目的，包括复合纺丝、共混纺丝、改变纤维加工条件、改变纤维形态以及混纤、交织等方法，可制得易染色、阻燃、高吸湿、抗静电、导电等聚酯纤维。

PET 纤维改性的原则是在改进某种性能的同时，不显著降低其固有的优良性能。

一、易染色聚酯纤维

所谓纤维的“易染色”是指可用不同类型的染料染色，且在采用同种染料染色时染色条件温和，色谱齐全，色泽鲜艳、均匀且坚牢度好。由于 PET 纤维大分子链排列紧密，结晶度和取向度较高，极性较小，缺乏亲水性，因此染料不易浸入纤维。除采用分散染料载体染色、高温染色及热熔法染色等方法外，纺制易染色纤维是解决其染色困难的一个重要途径。目前可采用的方法有：

（一）制备分散染料常压可染聚酯纤维

采用对苯二甲酸、乙二醇和取代琥珀酸（或酐）共聚制得改性聚酯，也可与间苯二甲酸、脂肪族聚酯或聚醚共聚制得在较低的温度（如 70 ℃）下不用载体，而用分散性染料进行直接染色的聚酯纤维。

（二）制备阳离子染料可染聚酯纤维

阳离子染料又称碱性染料，色泽鲜艳，色谱齐全，可溶于水，可在碱性溶液中电离成带正电荷的有色基团。阳离子可染 PET 纤维主要是引入了磺酸基团，即在制取聚对苯二甲酸乙二酯的缩聚过程中，添加第三组分或再添加第四组分，然后进行共缩聚，再经熔融纺丝制得纤维。其中，第三组分常采用 1，3 间苯二甲酸二甲酯-5-磺酸盐或间苯二甲酸二甲酯磺酸盐，第四组分常采用己二酸、1，4-丁二酸、聚醚等，三、四元共聚物的熔点及特性黏数依第三组分的添加比例及纤维性能要求而异。这种纤维被称之为 ECDPET（easy cationic dyeable polyethylene terephthalate），其可在高温高压下进行阳离子染料染色。

（三）制备酸性染料可染聚酯纤维

酸性染料可染聚酯纤维，通常是在聚酯中引入含氮基团的共聚剂或共混剂，即采用共聚、共熔和后处理改性，在纤维内部引入含碱性叔氮原子的化合物，赋予 PET 纤维对酸性染料的亲和力。但需注意，在 PET 纤维上引入相当多的碱性氮（如 40 mmol/kg 纤维）作为酸性染料染色时，必须解决纤维的耐热性及制品的均匀性等问题。

二、抗静电、导电聚酯纤维

由于涤纶的疏水性，具有 $10^{14}\sim10^{15}$ Ω · cm 以上的体积比电阻，纤维相互间的摩擦因数较大,静摩擦因数 $\mu_s=0.44\sim0.57$,动摩擦因数 $\mu_d=0.33\sim0.45$,易在纤维上积聚静电荷,使纤维之间彼此排斥或被吸附在机械部件上,且易沾尘埃,造成加工困难。因此,需要研发具有抗静电性和导电性的聚酯纤维。

(一)抗静电聚酯纤维

在纺织加工中,通常将导电油剂涂敷在织物上,且在纤维表面聚合,也可将抗静电剂经共聚和共混方法制备抗静电 PET 纤维。

1. 加入抗静电添加剂

常用的可反应和可溶性抗静电添加剂是甘醇醚类、三羧酸酰胺类等。如将聚乙二醇($M=400$)、2,5-二羧基苯甲醚和己二胺在甲醇中回流制得白色粉末,将其与尼龙 66 盐进行缩聚得聚酰胺制品后,和 PET 在 280 ℃下混熔纺丝,可制得抗静电的改性聚酯纤维。

2. 抗静电共混 PET 纤维

将聚乙二醇($M=1\,000\sim2\,000$)和 C_{36}二聚羧酸进行酸催化反应得 pH 值为 8.8 的酯类产品,在 BHET 中加入质量分数 2% 的上述酯进行缩聚获得改性 PET。此外,还可以采用以 PET 为主的多元聚合物进行共混纺丝。如用 ECDPET,或用聚乙二醇及离子型表面活性剂与 PET 混合熔融纺丝制成的抗静电纤维。表面活性剂可使抗静电剂的分散粒子和 PET 基体两者的界面结合,形成保护层,这不仅可减慢抗静电剂的溶出速度,还会使电荷的移动速度提高,静电荷易于散逸,因此采用共混纺丝法可制得持久性的抗静电纤维。

(二)导电聚酯纤维

以少量的导电纤维和常规纤维进行混纤、混纺或交织,能有效地散逸电荷。导电纤维是用金属、半导体、炭黑等导电材料与 PET 共混制得的纤维,其体积比电阻通常在 $10^4\ \Omega\cdot cm$ 以下。一般织物中混用质量分数 0.5% ~1.5% 的导电纤维,即可保证充分消除静电的功能。

三、阻燃聚酯纤维

一般可采用加入磷 - 卤素化合物类阻燃剂,或使用 2,5 - 二氟代对苯二甲酸作为合成 PET 的聚合添加剂。也可在纺丝熔体中添加含磷化合物和卤 - 锑复合阻燃剂等物质,其阻燃效果虽不如前者,但工艺较简单,应用较为普遍。

利用含磷或卤素的烯类单体,在纤维或织物上进行表面聚合或接枝共聚,然后再用三聚氰氨树脂处理,可得到满意的阻燃效果。

纤维阻燃加工中使用的有效阻燃元素有:磷、氮、锑、溴、氯、硫等,而多数阻燃剂是以磷为中心元素的化合物。不同的阻燃剂的阻燃机理不同,一般认为磷化合物主要是固相阻燃,减少可燃气体的生成;卤素化合物主要是气相阻燃,阻碍分解气体的自由基燃烧反应。由于卤素阻燃剂燃烧会产生有毒气体,且是一种致癌物质,所以加快开发、使用非卤素阻燃剂的阻燃 PET 纤维和织物的问题已引起人们的高度重视。

四、仿真丝聚酯纤维

仿真丝聚酯纤维是在保持 PET 优良性能的前提下,采用物理和化学的方法,制造出接近于真丝的 PET 纤维。它不仅具有蚕丝般的手感、光泽柔和、悬垂性好等特点,还具有防缩抗皱、免烫易洗等真丝所不及的优点,而受到人们的欢迎。仿真丝聚酯纤维经碱减量处理后,可产生真丝般的光泽;阳离子染料可使其染色性、防尘性更接近于真丝;仿真丝聚酯纤维产品有异形丝、高复丝、超复丝、交络丝等。

五、仿毛型聚酯纤维

仿毛型聚酯纤维的性能,如刚柔性、蓬松性及滑爽性等仿毛综合手感,可通过选用适当的线密度、卷曲度、纤维截面形状及混纤比例来达到。仿毛型聚酯纤维一般线密度为3.33~13.33 dtex,与羊毛及天然动物毛相似。

原丝可采用短纤维、变形丝、混纤丝、花式丝、复合纤维,以及单纤维内的双层与多层变化,使织物向三维结构过渡,而具备羊毛织物的风格和性能。

六、仿麻型聚酯纤维

天然麻是一种截面为多角形的中空异形纤维,密度为1.5 g/cm^3,各种麻类的长度不一。早期的PET仿麻品种多采用特殊卷曲加工方法或异形纤维。仿麻织物具有挺括、凉爽、透气、手感似真麻的性能。现代仿麻聚酯纤维的生产工艺与仿毛纤维相似,采用从聚合到纺丝,以至制成服装的一系列综合改性加工。常用的方法有表面处理法、复合纺丝法、混纤丝和花式丝等。其中利用PET长丝经变形、合股网络制成超喂丝,形成粗节状的致密结构,能产生毛型感,制成的织物呈多层交络结构和自然不匀的粗节外观,更具麻纤维的特征。

七、聚酯复合纤维

复合纤维是由两种或两种以上组分纺制而成的纤维,每一根纤维中的两组分有明显的界面。PET复合纤维是将PET与其他种类的成纤高聚物熔体利用其组分、配比、黏度不同,分别通过各自的熔体管道,输送到由多块分配板组合而成的复合纺丝组件,在组件的适当部位汇合,从同一喷丝孔喷出成为一根纤维。

PET复合纤维有热熔式非织造布用纤维、裂离型超细纤维和海岛型超细纤维等多个品种。PET复合纤维纺丝工艺流程基本上与常规熔融纺丝流程相似。

(一)热黏合复合纤维

热黏合PET复合纤维主要用于非织造布生产,在纤维网中混入一定比例的热黏合复合纤维以代替化学黏合剂。选用两种不同熔点的聚合物纺制成皮芯型复合纤维,皮层的熔点比芯层低,在一定的温度下皮层熔融,而芯层不熔,这样纤网中的纤维之间便产生黏结点,使纤网加固形成非织造布。芯层为常规PET,皮层则采用改性共聚PET或聚烯烃等组分。如PET/共聚酯皮芯型复合纤维,其芯层是常规PET,熔点为260 ℃,皮层为改性共聚酯,熔点为110 ℃。

(二)复合裂离型和海岛型超细纤维

超细纤维一般指单丝线密度<0.3 dtex的纤维,如图3-29所示。

采用复合裂离法和海岛法制取超细纤维,有海岛型复合纤维、花卉型复合纤维、中空放射型复合纤维、橘瓣型复合纤维等,这些超细纤维以其独特的美学特性和服用卫生性而风靡国际市场。

1—海岛型复合纤维; 2—花卉型复合纤维;
3—中空放射型复合纤维; 4—橘瓣型复合纤维

图3-29 复合裂离法和海岛法制备超细纤维

1. 复合裂离法

将两种在化学结构上完全不同,彼此互不相容的聚合物,通过复合纺丝方法,使两种聚合物在截面上交替配置,制成复合纤维,然后用化学和机械的方法进行剥离,从而使一根复合纤维分裂成为几根独立的超细纤维。纤维的根数和单纤维的线密度取决于复合纤维中的配置数,纤维的截面则为异性截面,如放射型、橘瓣型等。此法加工的单丝线密度可达0.1 ~0.2 dtex。

裂离型复合纤维的两组分一般选用PET/聚酰胺、PET/聚丙烯和PET/聚乙烯等。

2. 海岛法

海岛法又称为溶出法,是将PET与另一种可溶性聚合物制成海岛型复合纤维,再用溶剂溶去可溶解组分(海)后制取的超细纤维。通常,海组分为苯乙烯,岛组分为PET,用三氯乙烯为溶剂将海组分溶去,得到0.05 ~0.1 dtex的超细纤维。

常用的海岛法有两种:一是复合纺丝法,将两种聚合物通过双螺杆复合纺丝机和特殊的喷丝头组件,进行熔融纺丝,制得超细长丝;二是共混纺丝法,将两种聚合物共混纺丝,一组分(岛组分)随机分布于另一组分(海组分)中,可制得超细短纤维。

复习指导

1. 掌握聚酯纤维的定义。
2. 熟悉对苯二甲酸乙二酯的三种制备方法,掌握相关的化学反应式。
3. 聚酯切片进行干燥的目的和要求是什么?
4. 聚酯纤维按照纺丝速度的高低分为哪些种类?
5. 了解聚酯纤维后加工的目的和工序。
6. 从网络上查阅三篇与新型聚酯纤维加工有关的文章。
7. 进行市场调查,了解聚酯纤维的产品以及在服装、装饰和产业方面的应用。

习题与思考

1. 翻译下列英文缩写

POY,UDY,FDY,DTY,DMT,BHET,TPA,PET,PBT,PTT,POY-DY,POY-DTY,ATY,FOY。

2. BHET有哪几种工业化生产方法,各有何特点?

3. 为什么PET有较高的熔点?为什么PET在高温下容易水解?

4. 聚酯切片为什么要进行干燥?聚酯切片干燥分哪几个阶段?不同阶段的干燥工艺及设备有哪些主要特点?

5. 涤纶拉伸丝的生产工艺路线有哪些?现以哪种路线为主,为什么?

6. 涤纶高速纺的纺速是多少?

7. 简述假捻变形原理。

8. 简述空气变形丝的风格特色、变形原理。

9. 简述网络加工的目的及机理。

10. 已知某厂生产涤纶长丝，计量泵规格为 24 mL/r，转速为 15 r/min。喷丝板规格为 Φ 0.3 mm×144 孔，纺丝速度为 3 500 m/min，熔体密度为 1.2 g/cm^3。求：(1) 纺丝泵供量 (g/min)；(2) 挤出速度 V_0(m/min)；(3) 卷绕丝线密度 (dtex)。

第四章　脂肪族聚酰胺纤维

第一节　概述

一、聚酰胺纤维的发展概况

聚酰胺(polyamide,PA)是指分子主链上含有酰胺键(—OC—NH—)的一类聚合物,俗称尼龙(nylon),我国称锦纶。聚酰胺纤维是世界上最早工业化的合成纤维品种,它具有优良的强度、耐磨性、弹性回复率、吸湿性,在服装、家纺和产业用纺织品领域举足轻重,应用广泛,是仅次于聚酯纤维的第二大合成纤维。

1937 年,美国杜邦公司 Carothers 研究室由己二酸和己二胺经缩聚反应制备了聚酰胺 66(PA66),开发出熔体纺丝技术。1939 年,建立了第一个 PA66 纤维工厂。在 PA66 开始商业化的同时,德国法本公司的 Schlack 于 1938 年发现在水存在下,己内酰胺可开环聚合生成高分子聚合物聚己内酰胺,并于同年申请专利。1939 年开发出聚酰胺 6(PA6)纤维,1941 年实现工业化。之后,英国、法国、意大利、西德、日本等各大企业也相继开发成功 PA6 及 PA66 纤维产品并建厂投产,从而进一步扩大了聚酰胺纤维的产能。由于聚酰胺纤维具有优良的物理性能和纺织性能,发展速度很快,20 世纪 70 年代以前一直居合成纤维产量首位,之后被涤纶超过而退居第二位。随着新纤维、新品种的开发和老品种的改性,预计今后聚酰胺纤维的绝对产量仍然会不断增长。

二、脂肪族聚酰胺的命名

聚酰胺纤维是指分子链上具有酰胺基的一类合成纤维。聚酰胺品种很多,主要是脂肪族聚酰胺纤维。脂肪族聚酰胺纤维根据使用单体种类的不同一般可以分为两大类:一类是由二元胺和二元酸缩聚而得,一般是根据二元胺和二元酸的碳原子数来命名,称为聚酰胺 mn,其中 m 为二元胺碳原子数,n 为二元酸碳原子数。如 PA610 是由己二胺[$NH_2(CH_2)_6NH_2$]和癸二酸[$HOOC(CH_2)_8COOH$]制得的。另一类是由 ω-氨基酸缩聚或由内酰胺单体开环聚合而得,其命名是根据其结构单元所含碳原子数目,得到不同的品种和名称。聚酰胺 n,其中 n 为重复单元结构的碳原子数。如 PA6 是单元结构含 6 个碳原子$\lbrack NH(CH_2)_5CO \rbrack$的高聚物。

对于共聚聚酰胺,是以上述方法命名的聚酰胺名称组合而成的。共聚聚酰胺中的主要成分名称在前,次成分在后,中间用斜线分开,按比例从大到小排列,括号内为组分比例。如 PA 66/6(60:40)就是质量分数为 60% 己二酰己二胺盐和 40% 己内酰胺的共缩聚产物。

聚酰胺纤维有许多品种,本章主要介绍工业化生产及应用较多的 PA6 和 PA66 两大品种,对于其他品种的聚酰胺纤维,在此不多讨论。

第二节 聚酰胺原料的合成

聚酰胺的制造方法很多,但工业上最重要的方法不外乎熔融缩聚法、开环聚合法和低温溶液聚合法三种,低温聚合法包括界面聚合和溶液聚合。根据原料单体以及聚合体的特性不同而采用不同的制备方法。PA66、PA9、PA11 及 MXD6 等由于聚合体有适当的熔点,分解温度比熔点高,因此可以采用熔融缩聚法制备;对于单体为环状化合物的己内酰胺等聚合体的制备,则需要适当的活化剂使之开环并进行聚合;对于熔点高、分解温度与熔点接近的一类聚酰胺,由于不宜采用熔融缩聚法,均采用界面或溶液聚合法。下面以聚酰胺应用最广的 PA6 和 PA66 为例,简述其聚合物的制备原理及工艺过程。

一、聚己内酰胺的制备

聚己内酰胺可以由 ω-氨基己酸缩聚制得,也可由己内酰胺开环聚合制得。但是,由于己内酰胺的制造方法和精制提纯均比 ω-氨基己酸简单,因此在大规模工业生产上都是采用己内酰胺作为原料。己内酰胺开环聚合制备聚己内酰胺的生产工艺可以采用三种不同的聚合方法:水解聚合、阴离子聚合(由于采用碱性催化剂,也称碱聚合)和固相聚合。目前水解聚合工艺占优势,纤维用聚己内酰胺的工业生产中尤其如此。

(一)己内酰胺的开环聚合

1. 己内酰胺开环聚合的条件

环状化合物能否转变成聚合物是由热力学函数决定的。环状化合物的自由能 F_1 大于聚合物的自由能 F_2,即满足$\Delta F=F_2-F_1<0$,聚合反应才可能进行。己内酰胺开环聚合生成聚己内酰胺时,仅仅是分子内的酰胺键变成了分子间的酰胺键。这就像其他没有新键产生的基团重排反应一样,反应进行的自由能ΔF 变化很小,所以己内酰胺开环聚合具有可逆平衡的性质,它不可能全部转变成高聚物,而总残留部分单体和低聚体。例如在 250 ℃时,聚己内酰胺的平衡体系中,单体、二聚体、三聚体的质量分数达 10% ~11% 之多。采用连续聚合法时,聚合物中低分子量物质的质量分数占 10.3%,其中己内酰胺占 75%,低聚物占 25%;采用间歇聚合法生产的聚己内酰胺中,低分子量物质的质量分数占 11.6%,其中己内酰胺占 42%,低聚物占 58%。

热力学上能够聚合的环状单体,还必须满足动力学的条件才能聚合。己内酰胺在热力学上是能够聚合的环状单体,但是相当纯的无水己内酰胺在密封的试管中被加热时,并不能发生聚合。必须要有适当的条件,才能使开环聚合反应顺利进行。己内酰胺转化成线型高聚物,除了必须有适当的温度条件外,还必须有活化剂(或称开环剂、催化剂)存在。工业上普遍采用添加少量的水做催化剂,使己内酰胺开环聚合,称为水解聚合。也可以用其他方法使己内酰胺转化成线型高聚物,例如借助于 NaOH 或其他碱性物质使之开环聚合,称为碱性催化聚合,但这种方法还没有在大规模纤维生产中应用。

2. 己内酰胺开环聚合的过程

一般认为,整个聚合反应过程中既存在链式聚合反应的特征,又存在逐步缩聚反应的特征,以水或酸为催化剂时,在聚合机理上属于逐步开环聚合反应。工业上己内酰胺水解开环是将单体和质量分数为5%～10%的水加热到250～270 ℃,经12～14 h,即可制得用于纺制纤维的聚己内酰胺。聚合中有三种平衡反应:

(1)己内酰胺水解开环成氨基酸:

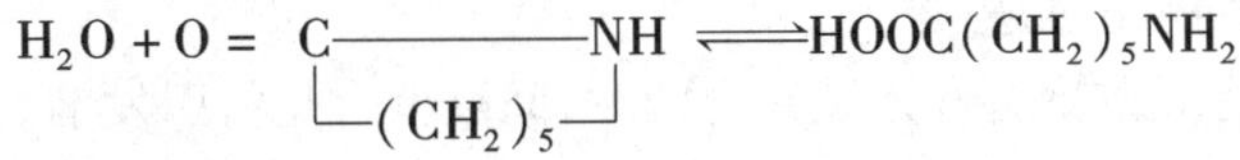

(2) 氨基酸本身逐步缩聚:

$$—COOH + H_2N— \rightleftharpoons —CONH— + H_2O$$

(3) 氨基上氮原子向己内酰胺亲电进攻,导致内酰胺的聚合:

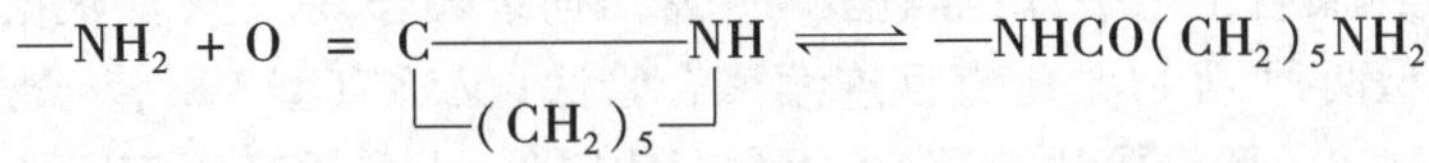

己内酰胺开环聚合(1)和(3)的速度比氨基酸自缩聚(2)的速度至少要大1个数量级,因此,上述反应机理中氨基酸自缩聚只占很小的比例,主要由开环聚合形成聚合物。

3. 己内酰胺开环聚合的机理和特点

己内酰胺水解开环聚合具有如下特点:①聚合物的聚合度随时间的延长而逐渐增大,故为逐步机理;②但它又与缩聚有所不同,单体之间并不发生反应,聚合体间也不发生反应;③没有小分子水析出,初期单体转化率不高,反应体系中从始至终都存在单体。这些特点都与典型的逐步聚合反应不同,而是逐步开环聚合所特有的。

机理上分析,可以考虑氨基酸以双离子[$^-OOC(CH_2)_5NH_3^+$]形式存在,先使己内酰胺质子化而后开环聚合,因为质子化单体对亲电进攻要活泼得多,无水时聚合速度较低;有水存在时聚合速度较高,随着时间的延长,聚合速度降低,最终的聚合度与平衡水浓度有关。为了提高聚合度,转化率达80%～90%时需将引发用的大部分水脱出。采用加单官能团羧酸的办法来控制聚合度。

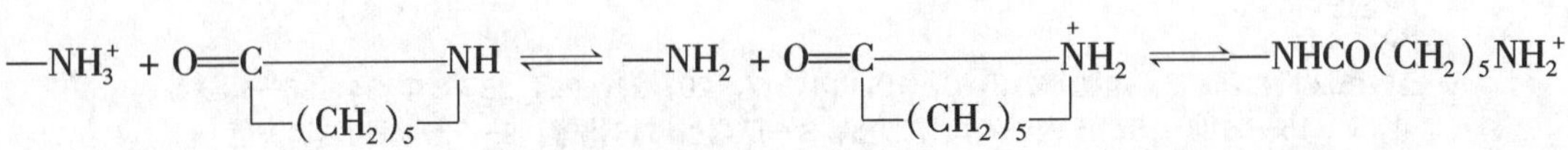

己内酰胺最终聚合产物含有总重量8%～9%的单体和3%左右的低聚物,纯PA6加热时也有单体产生。这是七元环单体在发生开环线型聚合和发生成环反应之间形成的平衡关系。可用热水浸取或真空蒸馏的办法除去聚己内酰胺中的平衡单体和低聚物,并在100～120 ℃和133.32 Pa压力下真空干燥,将水分降至0.1%以下。质量传递和水的去除是控制反应速率的主要因素。由于聚合过程具有可逆平衡性,而且链交换、缩聚和水解三个反应同时进行,故最终反应混合物不仅包含聚合物、单体和水,还含有不需要的线型和环状齐聚物形式的低分子物。

己内酰胺在碱性物质做催化剂时,例如金属钠或NaOH可以进行阴离子聚合,聚合速度很快,反应可以在几分钟内完成,甚至可以在低于聚己内酰胺熔点的温度以下进行,得到分子量极高(聚合度可达10万以上)的聚己内酰胺,因此被称为"快速聚合"。但这种聚合反应难以控制,聚合物的分子量很不稳定,在熔体纺丝时会发生很大的黏度变化。此法早期应用,一般引发后直接浇入模具内聚合,称为浇注聚酰胺。现已将此应用于合成纤维生产试验,进行连续纺丝,并取得了成功。

除水解聚合和碱性催化聚合外,聚己内酰胺也可以同聚酯一样采用固相聚合,以提高聚合度。

(二)聚己内酰胺的生产工艺

己内酰胺的聚合有间歇聚合和连续聚合两种,间歇聚合是将引发剂、分子量调节剂和己内酰胺一起加入聚合釜中,在一定的温度和压力下进行聚合。当分子量达到预定要求后,便将聚合物从釜底排出,并用水急冷,经铸带、切粒,即得到聚己内酰胺树脂。此法设备比较简单,更换品种及开停车较为方便,但各批聚合物的均匀性差,操作比较繁,因此只适应于小批量、多品种的生产,而大规模生产则以采用连续聚合法为宜。

在己内酰胺连续聚合工艺中,用得最多的是常压连续聚合,这一方法根据聚合管的外形不同,分为直型和U型两种,尤以常压直型连续聚合管法(又称直型VK管)最为广泛。但对高黏度聚合体(用于制造轮胎帘子线等)除了用常压法以外,也采用高压密闭聚合法和先常压后抽真空的二段聚合法。

近年来,我国从国外引进了一批PA6生产技术和设备,其特点是产量大,生产连续化,自动化程度高,产品质量稳定。现以德国KF公司的直型VK管为例,说明连续聚合生产流程(图4-1)。

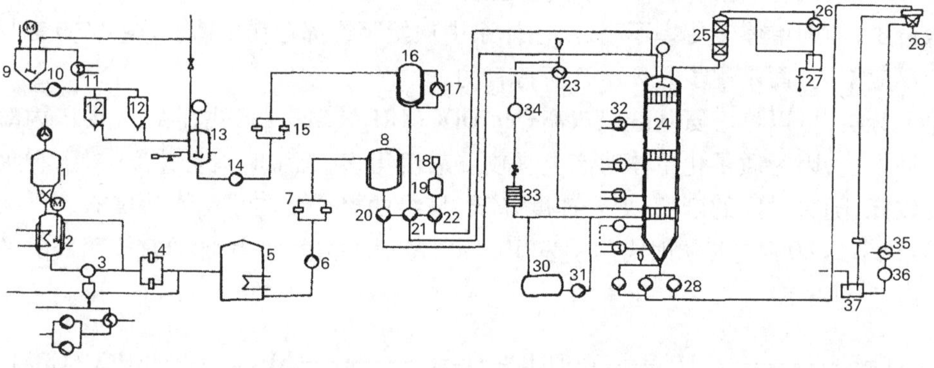

1—己内酰胺投料器;2—熔融锅;3,6,10,14,17,20,21,22,28,31,34,36—输送泵;
4,7,15—过滤;5—己内酰胺熔体贮槽;8—己内酰胺熔体罐;9—TiO_2添加剂调配器;
11,23,26,32 35—热交换器;12—中间罐;13—调制计量罐;16—高位贮槽;
18,19—无离子水加入槽;24—VK聚合管;25—分馏柱;27—冷凝水受槽;29—铸带切粒机;
30—联苯贮槽;37—水循环槽

图4-1 KF型连续聚合生产流程图

将己内酰胺投入熔融锅中,经熔化,由活塞泵抽出并过滤后到达混合罐,再由泵输送并经过滤送往己内酰胺熔体贮槽;聚合用的助剂(消光剂二氧化钛,开环剂无离子水,分子量稳定剂醋酸或己二酸,热稳定剂等)经调配、混合和过滤后,送入助剂贮槽;己内酰胺熔体、助剂、二氧化钛等各自通过计量泵,由各自的贮槽定量地送入聚合管(VK管)上部。在进入管之前,己内酰胺熔体先预热,然后与助剂和二氧化钛等在VK管上部均匀混合后,逐步向下流动,在管中经加热、开环聚合、平衡、降温等过程,制得聚己内酰胺。聚合物从聚合管底部由输送泵定量抽出,送往铸带、切粒;VK管顶部装有分馏柱和冷凝器,用以排出参与反应的水和回收带出的低分子物。

（三）聚己内酰胺切片的纺前处理

经聚合、铸带、切粒后的聚己内酰胺切片还需经萃取、干燥等处理，才能送至纺丝机进行熔体纺丝，此过程称为纺前处理。

1. 切片的萃取

（1）萃取目的：萃取是为了除去切片中大部分单体和低聚物，以降低低分子物含量。由于己内酰胺的聚合反应是一个可逆平衡反应，当反应达到平衡后，聚合物内还含有质量分数约10%的单体和低聚物，这些低分子物在熔融纺丝过程中会汽化蒸发，不仅使挤出成型时产生毛丝，而且恶化生产环境。同时，低聚物在初生纤维中形成薄弱环节，使纤维的机械强度降低。但少量的低分子物存在，对纤维质量影响不大，反而起增塑作用，有利于纤维拉伸。目前，未经脱单体的聚合体也可以不经铸带、切粒和脱除单体而直接送去纺制PA6短纤维，但纺制长丝和帘子线时，一般均需通过萃取除掉聚合物中大部分单体和低聚物。

（2）萃取工艺：切片萃取工艺有间歇式和连续式两种。间歇式萃取是把切片投入萃取锅中，控制一定的浴比、温度和时间，分批间歇进行。间歇式萃取的优点是批量小，周期短，便于更换品种；缺点是水和蒸气耗用量大，产量小，操作麻烦，易造成切片粉碎，且萃取水中单体含量低，回收困难。连续式萃取是使切片不断从萃取设备顶部向下运动，萃取水则从设备底部逆流自下而上运动，在水和切片的对流中，使切片中的可萃取物溶解于水中，整个过程连续不断地进行。一般大规模生产都采用连续萃取设备。

现以KF型设备为例，说明连续萃取的工艺流程，如图4-2所示。

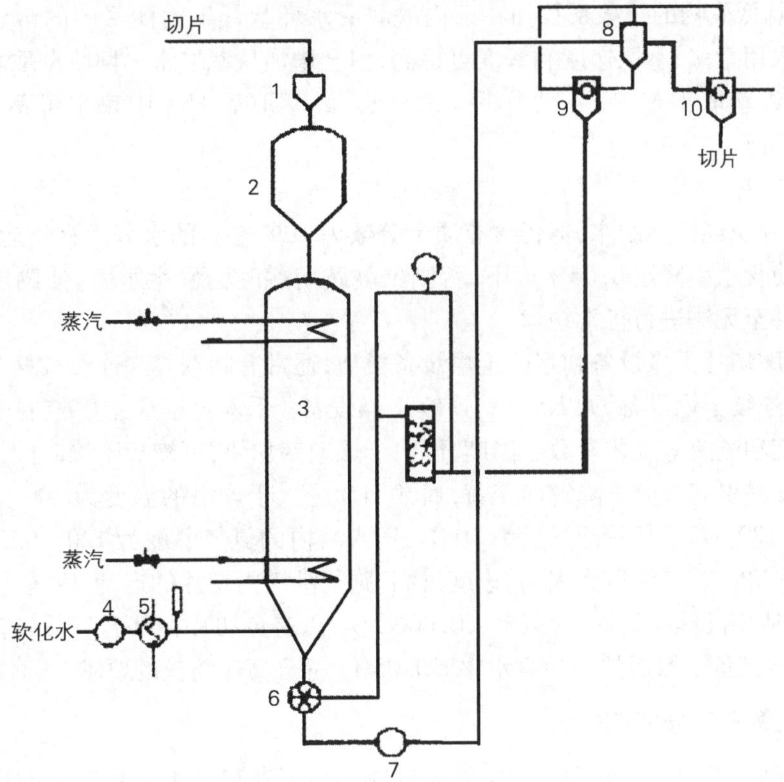

1—切片输送料斗；2—切片贮罐；3—连续萃取塔；4—水泵；5—加热器；6—切片出料阀；
7—切片输送泵；8—分离器；9—回水罐分离器；10—切片旋风分离器

图4-2　KF型连续萃取流程图

KF 型连续萃取塔为一圆柱形密闭不锈钢塔，底部呈圆锥形，总高 19 m，分数节，用法兰连接，塔直径 1.93 m（平均），在塔的下部和上部均有蒸气加热盘管。

PA6 切片通过输送料斗和切片贮罐，连续从顶部进入萃取塔。整个塔内均装有物料，切片从顶部不断向下运动，无离子水通过加热升温后，从底部进入萃取塔，并从塔底向上流动。在与切片逆流接触中，水可洗去切片中的低分子物，并由塔顶部溢流而出，至回收槽。经萃取的切片从塔底排出，通过一个特殊的闸阀后，用泵通过水压送往分离器。水被强制通过分离装置流入回水分离罐中，并可作为输送切片水而回用。萃取后的切片则用氮气保护流从分离器送至旋风分离器，蒸发和吹去部分表面水分后，进入连续干燥塔干燥。

该萃取塔有较高的萃取效率，仅需少量无离子水，浴比约为 1∶1，萃取后切片的低分子物质量分数≤0.5%，而萃取水中可萃取物含量则较高，通常约为 10%。由于塔下用热水将切片加热到一定温度，而塔上部物料又由加热盘管加热（约 115 ℃），故扩散系数较高，萃取时间较短；切片出口温度较高（100 ℃以上），在分离器中切片表面水分会部分自然蒸发。

萃取系统的水温、切片进出量、水流量等均为自动监测和控制。在萃取中，影响因素主要有切片尺寸、萃取水温度、水中的单体浓度和萃取浴比等。切片粒子越小，其比表面积越大，且切片内部与表面距离越短，有利于低分子物的扩散和溶解；萃取水温度越高，水和单体等低分子物的活动能力就越大，扩散系数也越高。在控制萃取工艺的诸多因素中，使萃取水温升至常压沸点以上是提高萃取效率的有效手段，在连续萃取工艺中，萃取水温度一般为 105 ~ 110 ℃；萃取水中的单体浓度对环状低聚物的扩散系数和溶解度影响也很大，萃取水的单体质量分数在 60% 时，环状低聚物的扩散系数和在己内酰胺 - 水环状低聚物体系中的溶解度最大；萃取浴比大，萃取水用量多，萃取速度和深度可提高，但会增加从萃取水中回收获取物的困难，也增加能耗。在连续萃取工艺中，浴比为 1∶1 ~ 3∶1。经萃取后切片中热水可萃取物含量小于 0.8%，甚至可降至 0.5% 以下。

2. 切片的干燥

萃取后切片虽经机械脱水，但仍含有质量分数为 10% 左右的水分。在纺丝前必须将湿切片进行干燥，使含水率降至 0.06% 以下，否则聚酰胺熔融时会发生水解，使黏度下降，纺丝的断头率增加，甚至无法进行正常纺丝。

聚己内酰胺切片干燥设备和聚酯干燥设备类似，通常有间歇式和连续式两类，在大规模生产中一般采用连续干燥设备，如 K. F. 型连续干燥设备。干燥过程应主要控制干燥温度，氮气的含湿量、纯度和流速等工艺参数。温度升高，干燥速率加快，可缩短干燥时间，但切片长时间受高温作用，容易引起大分子降解而变黄，通常切片进入干燥塔的温度为 100 ℃左右；塔内物料温度控制在 120 ℃，干切片冷却后为 50 ℃，送入塔内的氮气温度为 120 ~ 125 ℃；控制塔内气流压力为 20 kPa，若气流压力太大，速度过高，则扰乱塔内切片的运动，影响干燥的均匀性。

干燥系统使用高纯度氮气，含氧率 <0.000 3%，以避免切片在高温下被氧化、降解和色泽变黄。经 KF 型设备干燥后的切片含水率≤0.05%，符合高速纺丝的要求。

二、聚己二酰己二胺的制备

聚己二酰己二胺由己二酸和己二胺缩聚制得。为了获得分子量足够高的聚合体，要求在缩聚反应时己二胺和己二酸的摩尔数相等，因为任何一种组分过量都会使由酸或氨端基构成的链增长终止。由于这个原因，在工业生产聚己二酰己二胺时，先使己二酸和己二胺生成

PA66 盐(简称 66 盐),然后用这种盐作为中间体进行缩聚制取已二酰已二胺。通常采用熔融缩聚的方法生产聚已二酰已二胺。目前工业生产聚已二酰已二胺有间歇缩聚和连续缩聚两种方法。过去国内外大多采用间歇法,近年来大型工厂已倾向于连续聚合工艺。因其操作方便,生产率高,工艺先进,经济合理,是聚已二酰已二胺生产发展的方向。

(一)PA66 盐的制备

生产 PA66 盐的工艺路线可概括为水溶液法和溶剂结晶法两种。

1. *水溶液法制 PA66 盐*

以水为溶剂,等物质的量的已二胺和已二酸在水溶液中进行中和,制成质量分数为 50% PA66 盐水溶液。在真空状态下,将 50% 的 PA66 盐水溶液经蒸发、脱水、浓缩、结晶、干燥,即可制成固体 PA66 盐。水溶液法的优点是方便易行,安全可靠,工艺路线短,能耗省,成本低;缺点是对原料中间体质量要求高,远途运输费用高,通常制成固体盐再长途运输。

2. *溶剂结晶法制 PA66 盐*

以甲醇或乙醇为溶剂,经中和、结晶、离心分离及洗涤制得固体 PA66 盐。溶剂结晶法的特点是产品运输方便、质量好,但其对温度、湿度、光和氧敏感性强,在缩聚操作中需重新加水溶解。

(二)PA66 缩聚工艺

PA66 的制备一般采用连续式缩聚法。我国引进的五大器式已二胺已二酸连续缩聚装置,是在五个主要设备(蒸发器、预热器、反应器、闪蒸器、后缩聚器)中完成缩聚过程的,故称为"五大器"式连续缩聚。它具有设备较先进、自控程度较高、生产能力较大等特点,日产12 ~ 16 t。"五大器"式连续缩聚工艺流程如图 4-3 所示。

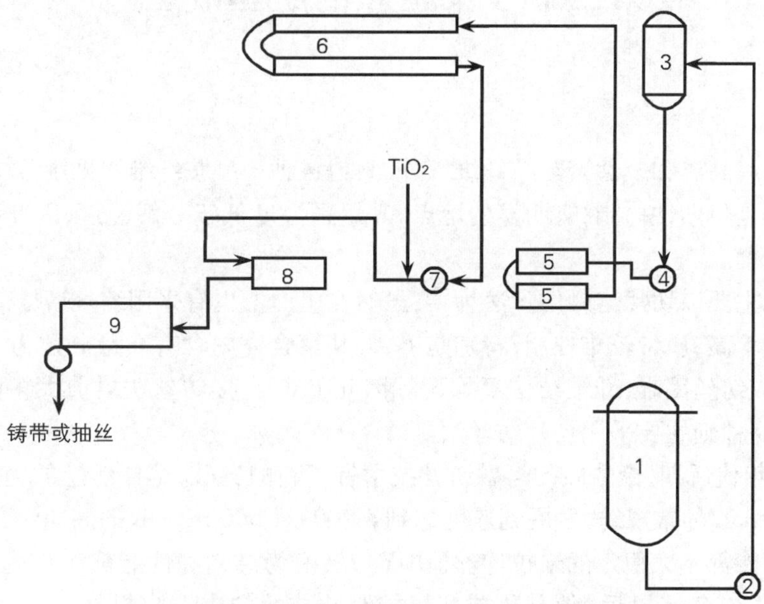

1—PA66盐水溶液储槽; 2—泵; 3—蒸发器; 4, 7—柱塞泵;
5—管式预热器; 6—反应器; 8—闪蒸器; 9—后缩聚器

图 4-3　新型连续法生产 PA66 树脂的合成流程图

首先在调配罐中把从 PA66 盐生产车间送来的 PA66 盐调配成质量分数为(50 ±0.1)%,pH 值为 7.85 ±0.1 的水溶液,以便溶液在管道中的输送并控制已二酸和已二胺的等摩尔比;

用槽车把 PA66 盐水溶液运来，倒入 PA66 盐水溶液储罐中，其容积巨大，有 250、500 和 1 000 m^3不等；在液面上充氮，防止 PA66 盐氧化变质，物料温度在 27 ℃左右；从储罐流出的 PA66 盐水溶液用泵打至蒸发器中，蒸发器为立式圆柱型设备，无搅拌，常压操作，内装有可通加热蒸汽的蛇形管；蒸发器的 PA66 盐水溶液被加热浓缩至质量分数为 65% 左右，物料出口温度为 108 ℃；提浓后的 PA66 盐水溶液经柱塞泵进入管式预热器，此时，物料预热至 210 ~ 220 ℃，压力升至 1.8 MPa，之后进入卧式 U 型管式反应器；用导生油加热，物料温度由进口时的 210 ~ 220 ℃增至 250 ℃，时间约为 2.5 h，反应程度为 85% 左右。

从 U 型管出来的物料黏度较大，用柱塞泵打入闪蒸器，在闪蒸器内注入消光剂二氧化钛；在闪蒸器中，物料由压力 1.8 MPa 迅速降至常压，水分大部分蒸发，闪蒸器内装有加热蛇管，提供足够的热量，使缩聚产生的小分子水排出并使物料保持熔融状态；由闪蒸器出来的聚合物温度约为 275 ℃，随即进入后缩聚器，完成最后的缩聚；物料在后缩聚器中的停留时间为大约为 40 min，温度为 280 ℃左右，螺旋推进器以 58 r/h 的转速进行搅拌；水的排除是通过后缩聚器中螺旋推进器的旋转，使聚合物在螺旋片上形成薄膜，从而使水分从薄膜表面蒸发，得到黏度为 70 ~ 120 Pa · s 的合格聚己二酰己二胺聚合物；缩聚好的熔体经齿轮泵加压打出，送至铸带或直接送至纺丝工序。

聚己二酰己二胺聚合体中低分子含量少，一般仅余聚合物质量的 0.1%，切片不需经萃取脱除单体，干燥至含水率在 0.08% 以下，即可进行熔融纺丝。

第三节　聚酰胺的纺丝成型

一、概述

除特殊型的耐高温和改性聚酰胺纤维以外，其他各种聚酰胺纤维均采用熔体纺丝法成型。由于一般聚酰胺是热塑性树脂，有明显的熔点，其熔融温度低于分解温度，因此可采用螺杆挤出机进行熔融纺丝。

聚酰胺纤维主要以切片熔融纺丝法为主，虽然在生产上也有采用缩聚后熔体直接纺丝的，但由于其技术要求高，质量较难控制，特别是 PA6，其聚合体内含有质量分数为 10% 左右的单体和低聚物，造成纺丝困难，纤维结构不均匀。因此 PA6 直接纺丝法目前大多限于生产短纤维，而对于长丝品种则主要采用切片纺丝法。

20 世纪 70 年代后期，聚酰胺的熔融纺丝技术有了新的突破，熔体纺丝的速度从原来仅为 1 000 ~ 1 500 m/min 的常规纺，发展到速度达到 4 200 ~ 4 500 m/min 的高速纺，所得的卷绕丝由原来结构和性能都不太稳定的未拉伸丝（UDY），转变为结构和性能都比较稳定的预取向丝（POY）。20 世纪 80 年代以后，随着科技和机械制造技术的进一步提高，在聚酰胺纤维生产中，机械卷绕速度达到 6 000 ~ 8 000 m/min 的超高速纺丝一步法制取全拉伸丝（FDY）、高取向丝（HOY）工艺已经实现工业化生产。

聚酰胺纤维熔体纺丝的原理及生产设备与聚酯纤维基本相同，只是由于聚合物的特性不同而造成工艺过程及控制有些差别。从国内外生产发展情况看，聚酰胺纤维的常规纺已逐步被高速纺所取代，因此本节着重介绍聚酰胺纤维高速纺丝的工艺及特点。

二、聚酰胺纤维高速纺丝的要求

(一)对切片含水和熔体纯度的要求

与常规纺相比,高速纺丝时,由于高速运行的丝条与空气间的摩擦力较大,因此,丝条在到达卷绕装置时张力比常规纺丝时大得多。这时,如果丝条中含有气泡或较大直径的机械杂质,在高张力下就容易因应力集中而产生单丝断裂,形成毛丝,影响卷绕丝的质量。因此高速纺丝对切片中的含水量和机械杂质含量要求更加严格。

一般要求高速纺丝时聚酰胺切片含水率必须小于 0.06%,熔体中不允许含有 6 μm 以上的杂质存在,切片中的水分可以通过切片干燥去除。对于 PA6 切片,由于聚合机理的特性(属开环聚合),切片中存在单体,所以纺前准备除干燥除水外,还需进行脱单体和低聚物。因为聚合物中含有单体和低聚物一方面会使纺丝产生毛丝,丝条经不起拉伸,纤维强度下降;另一方面单体和低聚物的存在对聚合物大分子也起到增塑作用,有利于丝条拉伸,所以聚己内酰胺切片纺短纤维时可以不脱单体,而长丝生产必须进行脱单体。单体脱除方法本章第二节已述,在此不再重复。对于 PA66 切片,其聚合机理属逐步缩聚,切片中不存在小分子单体,纺丝前只需控制切片含水,不需要脱单体。

在纺丝前,必须去除熔体中的机械杂质和凝胶粒子,一般采用熔体预过滤器去除。熔体预过滤器常安装在螺杆挤出机出口至纺丝箱体入口之间的熔体分配管路上,对直接纺则安装在增压泵与纺丝箱体之间,其形式多为列管式,过滤介质一般为拆装方便的多层金属网管或烧结金属元件。使用熔体预过滤器可使熔体内的杂质大大减少。PA6 聚合纺丝设备生产线中,如果对聚合原材料和生产工艺过程严加控制,切片的杂质极少时,可省去熔体预过滤器。

(二)对纺丝设备的要求

聚酰胺高速纺丝的卷绕速度比较高,要求每个纺丝头的挤出量比普通纺丝的挤出量大得多,因此需增加螺杆挤出量和提高纺丝熔体的均匀性。

当选定螺杆直径 D 及其长径比 L/D 后,可通过增加螺纹深度、适当减小计量段螺杆与套筒的间隙或提高螺杆转速等手段增加螺杆的挤出量。此外,可以使用带有混炼段或副螺纹的新型螺杆,以提高挤出机的产量和提高熔体的均匀性。如销钉型螺杆是在螺杆压缩段与计量段之间的螺槽中设置一定数量的销钉,可将未熔融的固相物料分离细化以增加固相与液相的接触面积,及时吸收熔体过多的热量而迅速熔化,加速固相颗粒的熔融速度。设置在计量段或螺杆头部的销钉有分流、剪切和混合的作用,通过销钉的激烈搅拌,细化和粉碎物料中的固态物质,促使其加速熔化。由于销钉与物料的剪切摩擦作用,有利于物料的熔化,同时打乱物料的流动状态,可减小温度与压力的波动,提高熔体黏度、温度的均匀性和稳定性。因此,可以通过提高螺杆转速的方式增加挤出量,新型螺杆与同类型普通螺杆相比可以提高 30% 的产量。

(三)对丝条冷却和上油方式的要求

由于高速纺丝的速度快,丝条在空气中冷却停留时间短,为了加强冷却效果,满足成型的需要,高速纺丝时应适当增加纺丝吹风窗的高度,有时也适当提高吹风速度。由于高速纺丝丝条的张力较大,故不会因风量的增大而引起丝条摆动影响其质量。

聚酰胺高速纺丝的上油方式与聚酯高速纺丝基本相同。其上油机构在纺丝窗下方的甬道入口处,采用喷油嘴上油。油剂经齿轮泵送至喷油嘴,可精确地控制送油量,以保证丝条含油均匀,并使各根单丝抱合在一起,减少丝条与空气的接触表面。这样丝条高速运转时,可减小丝条与空气的摩擦阻力和降低丝条上的张力,以保证高速卷绕的顺利进行。在喷油嘴与丝条接触部分,要求十分光滑,因此,喷油嘴的材质可以使用耐磨性好的二氧化钛陶瓷或三氧化二铝陶瓷。

在高速纺丝中,丝条与其导丝系统间存在高速摩擦,容易引起在喷油嘴的油膜破裂,所以对油剂性能的要求也比常规纺丝高。除了应满足常规纺对油剂的一般要求外,还必须具有油膜强度高、耐热性好、高平滑性和渗透性好等特点。

三、聚酰胺高速纺丝工艺与质量控制

(一)纺丝温度、速度和冷却成型条件

1. 纺丝温度

PA6 高速纺丝设备与聚酯基本相同,但由于聚合物特性的不同使两者在纺丝工艺和质量控制方面有差别。PA6 的熔点为 215 ℃,比聚酯低。这主要因为 PA6 中有小分子单体存在,单体起到增塑剂的作用,使熔体流变性增强,所以纺丝温度为 265 ~ 280 ℃。但温度也不能过低,过低会使熔体黏度上升,增加纺丝计量泵的负担,容易出现漏料现象,熔体胀大严重,甚至出现熔体破裂,生产的丝发白,无光泽,手感硬,后加工时断头率增加,难以拉伸;而纺丝温度过高时,聚合物容易发生热分解,使分子量下降,出现气泡丝并形成所谓"注头丝"。所以纺丝温度波动越小越好,一般不超过 ±1 ℃。

由于聚酰胺比聚酯更易被空气氧化而发黄,使聚合物分子量降低,黏度下降,可纺性变差。因此聚合物在挤出机熔体制备阶段,必须通氮气或二氧化碳与外界隔绝,防止熔体被空气中的氧气氧化。

2. 纺丝速度

由于聚酰胺纤维分子间的结合力大,容易结晶,吸水性强,所以纺丝速度比聚酯高,至少在 4 000 m/min 以上。当纺丝速度较低时(如 1 500 ~ 3 500 m/min),预取向丝会因吸湿量高而膨润变形,使卷装筒子成型不良。在纺速高于 4 000 m/min 时,预取向丝的取向度和结晶度提高,使其因吸湿而产生的各向异性膨胀显著减小,从而获得较好的筒子成型。聚酰胺高速纺的纺丝速度一般为 4 000 ~ 5 200 m/min。

3. 冷却成型

PA6 纺丝冷却成型条件与聚酯基本相同,风温为 20 ~ 30 ℃,风速为 0.3 ~ 0.5 m/s,相对湿度为 60% ~ 75%。这是因为虽然 PA6 纺丝温度较低,但其玻璃化转变温度也较低(50 ~ 75 ℃)。从熔体细流冷却至玻璃化转变温度,丝条的温度降低量与聚酯相近,因此散热量也大致相近。

(二)预取向丝的取向度与卷绕张力

大分子链在外力作用下,沿着作用方向(丝条的轴向)有规则排列的程度称为取向度,用双折射率 Δn 的大小来衡量取向度的大小(Δn 大表示取向度大)。当纺丝速度较低($v \leq$ 1 000 m/min)即常规纺丝时,丝条的取向度很小,且易回复,属未取向丝,需在后加工中继续拉伸以增加取向,提高纤维强度。在高速纺(聚酰胺 $v >$ 4 000 m/min)时丝条有较大的取向度,此时产生的取向度称为预取向度,以便与后加工拉伸取向区别。只有当纺丝速度高达 6 000 ~ 8 000 m/min 以上时才能达到完全取向作用,获得不再需要后拉伸的全取向丝。

PA6 预取向丝的取向度与纺丝速度和卷绕张力有关。在卷绕张力的作用下,丝条受到拉伸而发生分子取向或结晶取向,该阶段主要发生于纺丝头与上油装置之间。从喷丝头开始至上油装置可划分为如图 4 - 4 所述三个区域。

第一区:流动形变区。熔体离开喷丝板微孔的控制后,离喷丝板面5~10 mm内,由于熔体流速突变产生的弹性形变能和静压能的释放,会产生直径膨胀变大的现象,称为膨化现象。膨化区的存在对纺丝是不利的,会使丝条不均匀,也易黏附在喷丝板上,造成断头、毛丝。适当降低熔体的黏度(提高纺丝温度)和选用长径比大的喷丝孔,可以降低膨化程度。在流动形变区内虽已降温,但丝条的流动性能很好,故受拉力后很容易变细,所产生的大分子轴向有规则排列(称为大分子的取向)的程度较低,又因大分子的松弛作用,使取向度很小。

第二区:凝固形变区。在该区域内,熔体细流在卷绕机构的牵引和一定的冷却条件下,逐渐凝固成丝条。丝条在凝固形变区的变化最大,发生了直径、温度、黏度和大分子结构等变化。凝固形变区也是冷却固化的最重要区域。

(1)直径的变化:导丝盘或卷绕机构牵引速度 v(称为纺丝速度或卷绕速度)大大超过喷丝速度 v_0(即熔体在微孔中喷射的速度),可使丝条拉长变细。到凝固点之后,直径及速度就不再发生变化,如图4-5所示。

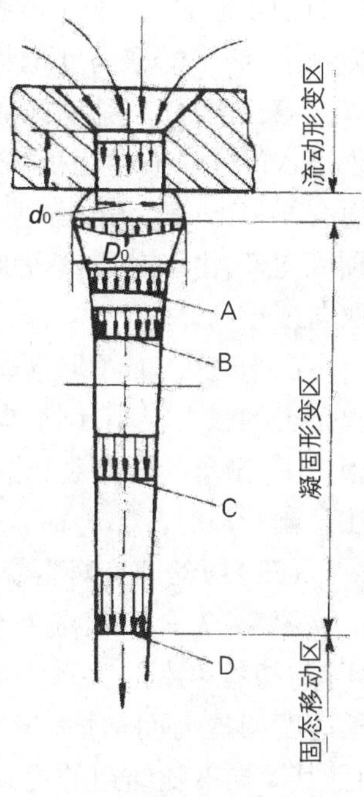

图4-4　冷却固化过程图

(2)熔体的温度和黏度变化:熔体细流受到周围空气的冷却作用,温度迅速下降,黏度很快上升,当黏度达到一定值时就失去流动性,成为固态,图4-6为丝条传热过程。

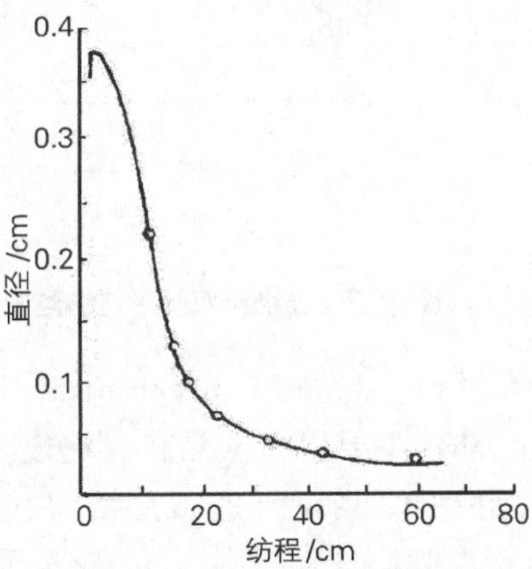

图4-5　熔体直径变化曲线

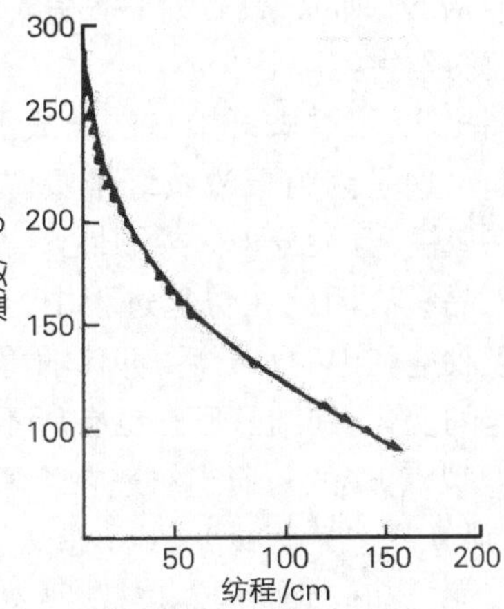

图4-6　丝条传热过程图

(3)丝条内部结构的变化:丝条内部主要结构变化是取向度和结晶度。由于结晶需要一定时间,并需在熔点以下玻璃化转变温度以上才能进行,而PA6纤维高速纺时,丝速很高,从熔融态到固态温度下降速度极快,在纺程上往往来不及结晶就已降至玻璃化转变温度以下,故丝条内部结构尚处于无定型的结构状态。通常PA6纤维在离喷丝板40~80 cm处固化结束,温度下降到玻璃化转变温度以下。

在第二区中,细流状聚合物处于高弹态,形变与分子取向同时发生。在此区,一方面由于聚合物熔体细流温度高于玻璃化转变温度,分子链仍有足够的活动能力;另一方面由于交联结构的初步形成，分子链和链段在适当的卷绕张力下会产生明显的取向。卷绕速度越高，卷绕张力越大，纤维的取向度也越大。因此熔体细流在靠近凝固点之前存在着最佳的取向条件。

第三区：固态移动区。从凝固点开始，丝条以相同的牵引速度移动，成型结束。为了使丝条进入导丝盘或卷绕机构时温度能下降至 50 ℃左右，一般尚需有一定的冷却距离。故丝室下面有 5 ~7 m 长的甬道，但当纺丝速度提高时，甬道所起的作用较小。在此区丝条已是凝固的预取向丝，由于分子链段的活动性较小，相对形变困难。在此条件下，恒定的张力已不能再使取向度提高。

由上述可知，预取向丝的取向度主要取决于在临近凝固点前单丝所受的张力。若作用在丝条上的张力很小，则取向度低，甚至造成解取向；若把已冷却但还未取向的丝条突然处于高张力下，则单丝会断裂，这是因为在未取向的丝条结构中，张力分布不均匀，这种情况经常发生在急剧冷却时。

（三）纺丝速度对卷绕丝结构和性能的影响

图 4－7 表示聚酰胺纤维的取向度（用 Δn 表征）与纺丝速度的关系。聚酰胺纤维的取向度随纺丝速度的提高而增加，当纺速在 1 400 m/min 以下时，其取向度随纺速的提高而急剧增大；当纺速达到 1 400 m/min 以上时，取向度的增大缓慢；当纺速到达 3 500 m/min 以上时，取向度又有较显著的增大。因为高速纺的目的是取得大而稳定的预取向度，以减小后拉伸倍数，所以聚酰胺纤维在 3 500 m/min 以下的高速纺丝无实际意义。

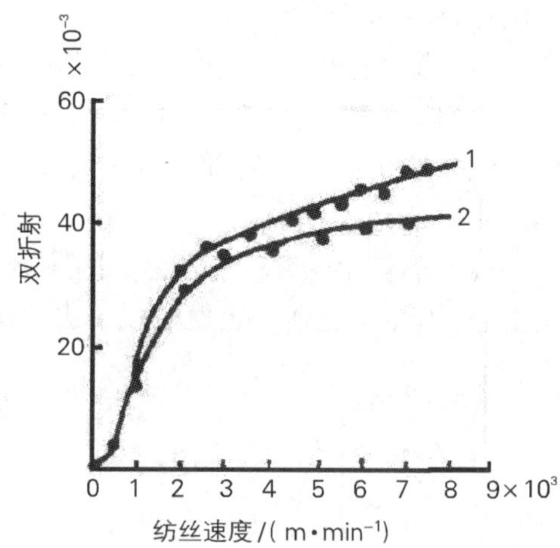

1—PA66；2—PA6

图 4－7　卷绕丝双折射与纺丝速度的关系

与聚酯相比，聚酰胺纤维在纺丝成型过程中容易产生结晶。这是因为聚酰胺纤维吸湿性较高，大分子间存在氢键，且大分子的柔顺性好，故链段易于运动而砌入晶核。因此在纺丝过程中，当丝条接触到油剂或吸收空气中的水分后，即伴随着产生结晶，且随着纺速的变化，其结晶形态也有所不同。如 PA6 纤维，当纺速 $<$3 000 m/min 时，主要生成 α 晶态及拟六方晶态；而当纺速在 4 000 m/min 以上时，主要生成 γ 晶态；当纺速高达 7 000 m/min 时，则 γ 晶态显著减少，α 晶态又重新增多，并且在丝条断面上呈双层结构，包含高取向的皮层（γ 晶态）和低取向的芯层（α 晶态）。这是由于在超高速纺丝条件下，丝条受急速冷却作用，使纺丝拉伸应力集中于丝条表层造成的结果。

生产实践证明，当纺丝速度超过 1 500 m/min 时，随着纺速的提高，由于纤维中晶核的迅速增加和丝条到达卷装的时间的缩短，水分来不及渗透到微晶胞的空隙中去，因此丝条绕到筒子上后，将继续吸收水分使晶核长大成晶粒，并使丝条伸长，而导致松筒塌边，不能进行后加工。随着卷绕速度的进一步提高（至 3 500 m/min 以上），大分子的取向度也明显提高，产生取向诱导结晶，丝条到达卷装时结晶度也随之增加，其后结晶效应明显减弱，因此卷绕后丝条的伸长也就大大减小。当纺速高达 4 000 m/min 以上时，丝条的伸长率相当于常规纺，因此在此速度下仍可卷绕。

为了实现卷绕工艺的最大稳定性，尤其是防止复丝中单丝线密度差异，生产聚酰胺预取向丝的纺速以 4 200 ~ 5 000 m/min 为宜。

四、聚酰胺高速纺丝拉伸一步法工艺

聚酰胺高速纺丝拉伸一步法工艺（即 FDY 工艺，生产全拉伸丝）是在 POY 工艺基础上发展起来的。由于它是在同一机台上完成高速纺丝、拉伸和热定型，因此这一工艺简称为 H4S (High Speed-Stretch-Set-Spinning) 技术。此工艺现已被国内外生产厂家广泛使用，具有广阔的发展前景。

（一）生产流程

图 4－8 为 PA6 生产流程示意图。其流程与聚酯 FDY 生产流程基本相同，不同的只是螺杆挤压机各区温度和各牵伸辊的速度。

具体过程是：来自切片料斗的聚己内酰胺切片进入螺杆挤出机后，在挤出机内熔融、压缩和均匀化，聚合物熔体经螺杆末端的混炼头流向熔体分配管，进入纺丝箱体；经计量泵、纺丝组件，由喷丝板压出而成为熔体细流，并在冷却室的恒温、恒湿空气中迅速凝固成为丝条；经喷油嘴上油后，丝条离开纺丝甬道，被牵引到第一导丝辊，以一定的速度将丝条从喷丝板拉下，得到预取向丝；丝条自第一导丝辊出来后被牵引到第二导丝辊（一般为热辊，起定型作用），并通过改变两导丝辊的速度比来调节所要求的拉伸比，然后经过第三导丝辊，以控制一定的卷绕张力和松弛时间，最后进入卷绕装置。在卷绕机的上方配有交络喷嘴，又称网络喷嘴。在喷嘴中通入蒸气或热空气，当丝条通过喷嘴时，由于热空气的作用使单丝之间交络、缠结，产生沿丝条轴方向上的缠结点，并同时起热定型作用。成品丝卷绕在筒管上，满卷的丝筒落下后经检验、分级和包装，便得到锦纶长丝 FDY 产品。

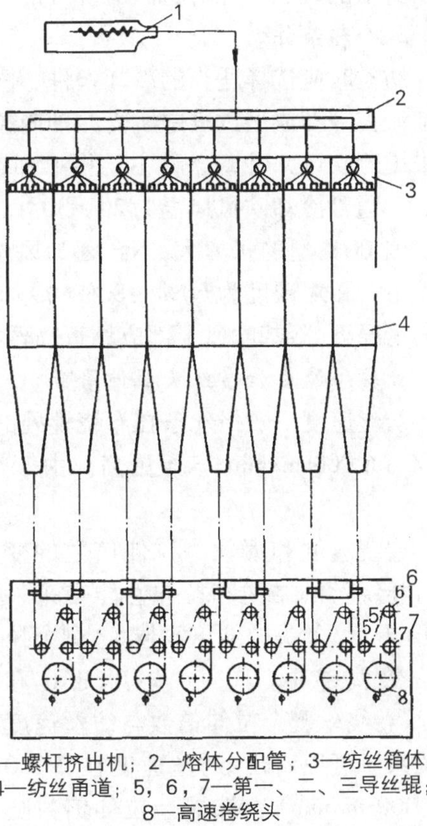

1—螺杆挤出机；2—熔体分配管；3—纺丝箱体；4—纺丝甬道；5，6，7—第一、二、三导丝辊；8—高速卷绕头

图 4－8　PA6 FDY 生产流程图

（二）全拉伸丝生产工艺及质量控制

聚酰胺 FDY 设备与聚酯类同，此处不再赘述。本节着重讨论纺丝过程中，各主要工艺参数对成品丝质量的影响。

1. 纺丝温度

聚酰胺熔体的纺丝温度主要取决于聚合物的熔点和熔体黏度。纺丝温度必须高于熔点而低于分解温度，PA6 和 PA66 的熔点分别为 215 ℃和 255 ℃，而两者的分解温度相差不大，大约为 300 ℃，因此聚酰胺 6 的纺丝温度可控制在 270 ~ 280 ℃，PA66 则控制在 280 ~ 290 ℃。聚酰胺 FDY 与聚酰胺 POY 纺丝温度相近，只是对纺丝温度的要求更为严格，纺丝时必须控制好温度波动。特别对于 PA66，其熔点与分解温度之间的范围较窄，因此纺丝时允许温度波动范围更小,一般控制在 ±1 ℃之内。

无论 PA6 还是 PA66,熔体的黏度均随分子量增大而增大,在分子量相同的情况下,熔体黏度随温度升高而减小。PA6 的熔体黏度还与低聚物含量及水含量有关,低聚物有增塑剂的作用,在温度相同时,低聚物含量高熔体黏度有所降低。因此在选择纺丝温度时应考虑这些因素。

纺丝温度选择是否恰当,直接影响到纤维的质量和纺丝过程的正常进行。纺丝温度过高,会使聚合物的热分解加剧,造成分子量降低和出现气泡丝,并因熔体黏度太低而出现毛细断裂,形成“注头”丝;当纺丝温度过低时,则使熔体黏度过高,增加泵输送的负担,往往出现漏料,而且使挤出物胀大现象趋于严重,甚至出现“熔体破裂”现象。还会出现硬头丝,使后拉伸时断头增加,甚至不能拉伸,对纤维的质量造成不良影响,因此生产上应严格控制好纺丝温度。

2. *冷却条件*

纺丝时应选择适当的冷却条件,并保证其稳定、均匀,避免受到外界条件的影响,从而使熔体细流在冷却成型过程中所受的轴向拉力保持稳定。对于一定的冷却吹风装置(FDY 机目前多采用侧吹风),冷却条件主要指冷却空气的温度、湿度、风量、风压、流动状态及丝室温度等参数。通常冷却吹风风温为 20 ~ 30 ℃,冷却风风速一般为 0.4 ~ 1.0 m/s,比普通纺风速要高,这是因 POY 丝的张力大,不会因为风量的增大而引起丝条的摆动,所以大的风速不会影响丝的质量。相对湿度为 60% ~80%,冷却吹风窗的高度可适当加大,在保证不使喷丝板温度降低的情况下,冷却吹风上部应靠近喷丝板,以保证纺丝的顺利进行。

3. *纺丝速度和喷丝头拉伸倍数*

纺丝速度一般指丝条在卷绕辊处的线速度,聚酰胺全拉伸丝的纺丝速度很高,目前已达到 4 000 ~6 000 m/min,甚至更高。由于熔体纺丝法的纺丝速度很高,因而喷丝头拉伸倍数也较大。

卷绕速度和喷丝头拉伸倍数的变化对卷绕丝的结构和拉伸性能带来一定影响。喷丝头拉伸倍数越大,剩余拉伸倍数就越小。图 4 - 9 为 PA6 和 PA66 卷绕丝剩余拉伸倍数与纺丝速度的关系。可以看出:纺丝速度在 2 000 ~3 000 m/min 之前,剩余拉伸倍数随纺丝速度的增加而迅速减小;当纺速高于 3 000 m/min 时,剩余拉伸倍数变化较为缓慢。这一规律可作为高速纺丝与常规纺丝的区,当纺丝速度超过此界限时,就能有效地减小后(剩余)拉伸倍数。FDY 机通过第一导丝辊的高速纺丝和第二导丝辊的补充拉伸,便可获得全拉伸丝。

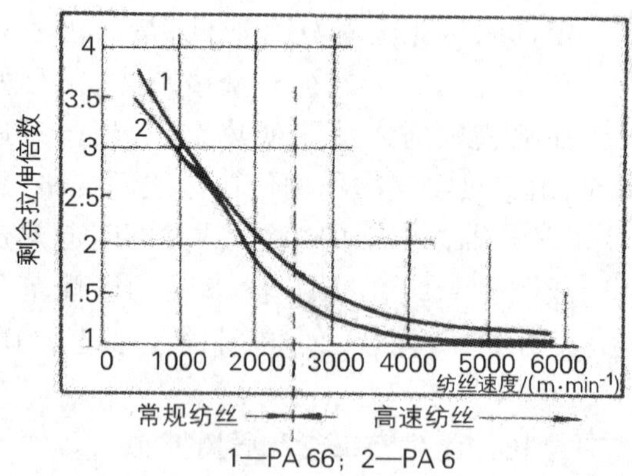

图 4-9　卷绕丝剩余拉伸倍数与纺丝速度的关系

要获得优良的 FDY 产品,设定好各导丝辊的速度很关键。一般第一导丝辊速度与 POY 卷绕线速度相近,为 4 000 ~4 500 m/min;第二导丝辊速度与第一导丝辊速度比起到二次拉伸作用,所以第二导丝辊速度一般为 5 000 ~5 500 m/min;第三导丝辊速度可以比第二辊速度略低,对丝条起到松弛内应力作用,也可以高于第二导丝辊速度,起进一步拉伸作用。因此聚酰胺 FDY 生产过程中要严格控制各导丝辊速度及导丝辊间速比。

4. 上油

高速纺丝上油比常规纺丝上油更为重要，它直接影响纺丝拉伸卷绕成型工艺的正常进行和丝条的质量，特别是丝条与机件的高速接触摩擦，更容易产生静电，引起毛丝和断头，因此要施加性能良好的纺丝油剂。

常规纺丝采用油盘上油，但对于高速纺丝，油盘上油不但均匀性差，而且油滴会飞离油盘污染环境，因此 FDY 工艺中常采用上油量比较均匀、计量精确的油剂齿轮泵和喷油嘴上油的方式。由于 FDY 在纺丝过程中有两次拉伸（喷头拉伸、导丝辊间的拉伸），拉伸过程中由于受热油剂挥发，丝的抱合性变差，易产生毛丝和断头。所以为了避免纺丝过程中因拉伸产生毛丝和断头而影响正常生产，同时也为了保证 FDY 产品含油均匀和含油量适当以利于后道工序的加工。FDY 在生产上常采用二次上油，第一道上油位置与 POY 相似，在冷却吹风窗底部，第二道上油则在第二导丝辊后卷绕前。

高速纺丝所用的油剂型号种类繁多，但基本上都是由润滑剂、抗静电剂和乳化剂等三种成分组成。丝条的含油量根据织造方法而定，一般用于机织物的丝条含油量（质量分数）为 0.4% ~0.6%，用于针织物的则可高达 2% ~3%。油剂含量既不能过少也不能过多，过少时，丝条表面不能均匀地形成油膜，摩擦阻力增大，集束性差，易产生毛丝；而含量过多，则会使丝条在后加工过程中造成油剂下滴及污染加剧。

5. 拉伸倍数

FDY 工艺是将经第一导辊的 POY 连续绕经高速运行的辊筒来实行拉伸的，拉伸作用发生在两个转速不同的辊筒之间，后一个速度大于前一个，两个辊筒的表面线速度比即为拉伸倍数。纺制聚酰胺 FDY 时，第一导辊的速度可达 POY 的生产水平（4 000 ~4 500 m/min），而拉伸的卷绕辊筒速度则高达 5 500 ~6 000 m/min。对于不同的聚合物，拉伸辊筒的组数、温度及排列方式也有所差异。对聚酯来说，由于其玻璃化转变温度相对较高，两组辊筒均要加热，第一辊控制为 70 ~90 ℃，以使丝条预热，第二辊则为 180 ℃左右。而聚酰胺的玻璃化转变温度比较低，模量也稍低，所需的拉伸应力相应较小，故可采用冷拉伸形式，但根据设备型号和生产品种的不同，采用第一辊不加热或微热而第二辊加热的形式，以实现对纤维的热定型。

聚酰胺纤维的强度随着拉伸倍数的增加而提高，断裂伸长率则相应降低，但拉伸倍数如果超过临界值，则纤维内的大分子因承受不了强大的拉力而发生滑移和断裂，使取向度和强力下降，因此拉伸倍数要考虑成型丝条的性质。对于已具有一定取向度的 POY，其剩余拉伸比较小，所以聚酰胺 FDY 工艺的拉伸倍数一般只有 1.2 ~1.3 倍。

6. 交络作用

FDY 过程的设计是以一步法生产直接用于纺织加工的全拉伸丝为目的，丝条在高速纺丝、卷绕过程中无法加捻，故 FDY 设备常在第二拉伸辊下部对应于每根丝束设置网络喷嘴，以保证每根丝束有每米约 20 个交络结点，以增加丝的抱合性，改善成品丝的光泽。除了赋予网络以外，喷嘴的另一个作用是热定型，为此在喷嘴中通入蒸气或热空气，以消除聚酰胺纤维经冷拉伸后存在的后收缩现象。

丝束经网络后便进入高速卷绕头，卷绕成为 FDY 成品丝。原则上卷绕头的速度必须稍低于第二拉伸辊的速度，这样可以保证拉伸后的丝条得到一定程度的低张力收缩，以获得满意的成品质量和卷装。聚酰胺 FDY 的卷绕速度一般为 5 000 m/min 左右。

五、聚酰胺消光和纺前着色

为了降低纤维的透明度，增加白度，消除织物上的蜡状光泽，在聚酰胺民用纤维生产中，一般都需要进行消光处理。消光处理的方法是将微细的锐钛矿型二氧化钛粉末分散在纤维中。制取半消光纤维时,二氧化钛的质量分数为0.3%左右;制取全消光纤维时,二氧化钛的质量分数为1%~2%。由于PA6的原料已内酰胺的溶液极性较小,二氧化钛容易分散而形成稳定的悬浮体,因此可以在聚合反应之前加入。而生产PA66的原料PA66盐是极性化合物,容易使二氧化钛凝聚,所以在缩聚的后期加入二氧化钛。聚酰胺的光老化稳定性不好,二氧化钛的加入使纤维的光老化速度加快。为抑制纤维的光老化,可在聚合物中添加防老化剂——锰盐或铜盐。

纺前着色是在纺丝前或纺丝时将颜料加入聚合物中。纺前着色的优点是着色牢度高,着色过程简单,且避免了染色废液对环境的污染;缺点是色泽品种受到限制,更换品种时较麻烦。纺前着色可采用纺丝时加入颜料的方法。间接纺时,颜料和聚合物切片同时送入螺杆挤压机中;直接纺时,可在聚合物熔体管路上设置颜料注入和混合装置。聚酰胺纤维的染色性好,可在常温常压下染色,所以较少采用纺前着色。

第四节　聚酰胺纤维的后加工

聚酰胺纤维的后加工根据产品的用途和品种不同,其工艺和设备也不同。本节将介绍聚酰胺长丝、弹力丝、帘子线、膨体长丝(BCF)以及短纤维的后加工工艺及设备。

一、POY存放(平衡)

与聚酯相同,无论是普通纺丝生产的UDY,还是高速纺丝生产的POY,聚酰胺纤维在进行后加工以前,都必须在恒温恒湿条件下存放一定时间。因为成型的聚酰胺初生纤维,其纤维内部和表层含油、含水及其预取向度是不均匀的,故需存放平衡一段时间,使内应力减小或消除。此外,也可使前纺卷绕时所加油剂得以扩散均匀,从而改善纤维的拉伸性能,存放时间一般大于8 h。

二、聚酰胺长丝的后加工

普通长丝又称拉伸加捻丝(DT丝),它是由常规纺的卷绕丝(UDY)或高速纺的预取向丝(POY)在拉伸加捻机上经拉伸和加捻(或无捻)制取的具有高强度、低伸长的长丝,以适应纺织加工的需要。由高速纺丝拉伸一步法制得的FDY也属普通长丝。

聚酰胺长丝的生产多为POY—DT工艺,即以高速纺的POY为原料,在同一机台(拉伸加捻机又称DT机)上一步完成拉伸加捻作用。

(一)聚酰胺长丝后加工工艺流程

POY-DT工艺流程如图4-10所示。从图4-10可看出,卷绕丝从筒子架引出,经导丝钩、喂入罗拉到达拉伸盘,在喂入罗拉和拉伸盘之间进行冷(或热)拉伸。从拉伸盘引出的拉伸丝,再经导丝钩和上下移动着的钢领板,随锭子的旋转被卷绕在筒管上,并获得一定的捻度,成为拉伸加捻丝。

(二)聚酰胺长丝后加工工艺控制

聚酰胺长丝的拉伸和加捻与聚酯相同,是由一束复丝在同一台机器上完成的。其工艺以拉伸为主,仅给予少量的捻度,这样的丝称为弱捻丝,相对于复捻丝来讲,通常又称为无捻无定型丝。

1. 拉伸加捻的目的

(1) 拉伸:在一定条件(如温度、拉伸介质等)下沿纤维轴线方向施予外力,使纤维中原来卷曲、无序排列状态的大分子链较为伸直,并沿纤维轴向取向,可使纤维变细,而纤维中大分子间的力则能充分地发挥,从而降低纤维的延伸度,提高其强度和纺织性能,同时又把纤维拉细到成品的线密度。

(2) 加捻:加捻可使复丝中各根纤维之间互相抱合,减少在纺织加工中发生紊乱现象,并提高纤维束的整体断裂强度。加捻后对纤维还有一定的消光作用,使纤维光泽柔和,制成的织物有厚实感,不易折皱。

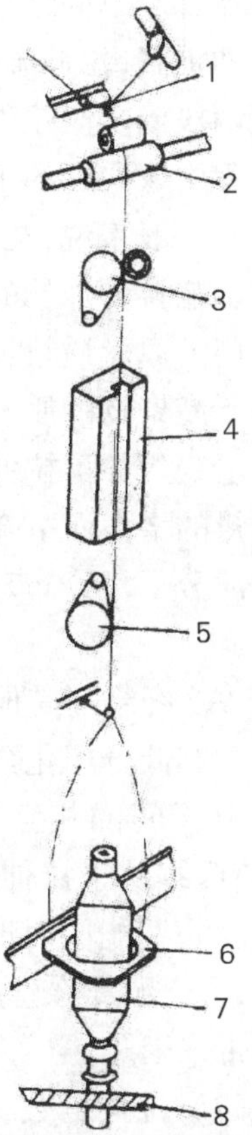

1—导丝钩；2—喂入罗拉；3—热拉伸盘；4—加热器；5—冷拉伸盘；6—钢领板；7—双锥形卷装；8—龙带

图 4－10　牵伸加捻机流程图

2. 拉伸加捻工艺

在聚酰胺长丝后加工过程中,拉伸是一个关键工序。拉伸工艺路线及参数的选择原则上应考虑两个方面的问题:一是根据不同的使用要求,确定工艺路线和参数,使纤维具有不同的物理机械性能和纺织性能,如强度、延伸度、弹性、沸水收缩率、染色性等;二是必须从实际操作的实施和控制的可靠性、经济指标等来决定,同时要尽量减少纤维在拉伸过程中的断头率,否则将严重影响纤维的质量与产量,妨碍后加工过程的正常进行。

如果纤维的拉伸应力已接近断裂强度,那么在拉伸时很容易被拉断。因此在拉伸过程中,希望尽可能降低拉伸应力,以减小拉伸断头率和提高拉伸倍数。由聚酰胺纤维的拉伸特性(图 4－11)可知,获得一定的拉伸倍数所需的拉伸应力随温度升高而减小,即随着温度的升高,可以用较小的外力获得较高的拉伸倍数。此外,进行热拉伸可以消除纤维在加工过程中由于机械作用所产生的内力;同时,提高温度也有利于取向和结晶的正常发展。但是如果温度太高,解取向增大,取向度反而降低。因此,在提高拉伸倍数、减小拉伸断头率方面,热拉伸比室温拉伸优越。

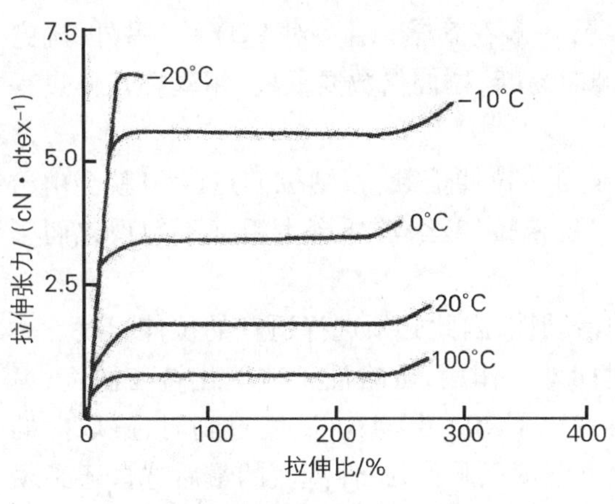

图 4－11　聚酰胺纤维在获得一定拉伸比时拉抻张力与温度的关系

在热拉伸工艺中,可以用几种方式使纤维加热。一种是使丝条直接与热板接触,这种方法简单,在长丝的拉伸加捻中使用广泛,但很容易造成传热不均匀。另一种采用介质加热的方法,使纤维通过液体或蒸气浴,拉伸所采用的液体介质主要是热水和热油剂浴,这种方式在短纤维的拉伸中使用较广泛。

前已述及,刚成型的 PA6 纤维是部分结晶的,其中有无定型部分,有规整度不同的结晶部分,因此在拉伸过程中有链段的取向,有整个分子链的取向,还有晶粒的取向。所以,最好能针对不同结构单元分别采取不同的拉伸温度，而且随着纤维在拉伸过程中取向度和结晶度的提高，拉伸温度也要提高。同时，可以根据拉伸曲线上的不同阶段，分别以不同的温度进行两段或多段拉伸。由实验可知，不同阶段所需要的拉伸张力是不同的，而且随着纤维在拉伸过程中取向度的不断提高，以及结晶的形成和结晶度的提高，不同拉伸阶段对温度的要求也不同。一般来说，在后段要求温度高一些，拉伸张力也会相应提高。

影响拉伸加捻的主要因素有：

(1) 原丝质量：用于生产聚酰胺长丝的原丝可以是未取向的卷绕丝或预取向丝，其质量取决定于高聚物的质量和纺丝成型条件。

卷绕丝的可拉伸性起初随分子量的增大而增加，并在一定分子量时达到最大值，之后又随分子量的增大而下降。一般来说，拉伸丝的强度也随分子量的增大而增加，而且延伸度也有所增加。分子量分布对拉伸性能的影响，一般认为分子量分布均匀的纤维，其拉伸性能较为稳定。

PA6 纤维与其他合成纤维不同的是，聚合物中含有低分子化合物，低分子物的存在降低了大分子间的相互作用力，起着增塑剂的作用，使纤维易于拉伸（图 4－12），但纤维的断裂强度并不能同时改善。而且低分子物含量过高，易于游离在丝的表面，沾污拉伸机械，给拉伸带来困难。

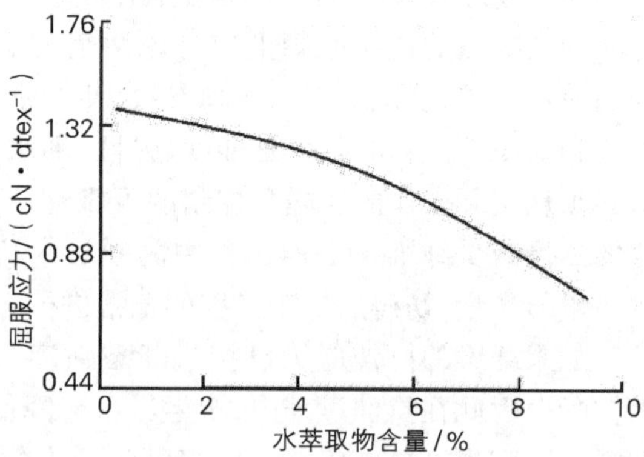

图 4－12　PA6 卷绕丝的屈服应力与水萃取物含量的关系

(2) 拉伸倍数：正确地确定拉伸倍数，是保证拉伸丝的质量和拉伸过程能否顺利进行的关键。随着拉伸倍数的增加，纤维的取向度和结晶度都会进一步提高，从而使纤维的强度增大，延伸度下降，沸水收缩率增加。

拉伸倍数的选择取决于原丝的性质和对成品的质量要求，民用丝要求有一定延伸度、柔软，而且有弹性，染色性好，因此拉伸倍数选择较低，UDY 拉伸一般为 3.5～4.0 倍即可；若采用 POY，因已具有一定的取向度，故拉伸倍数应适当降低，一般为 1.2～1.3 倍；高强力丝及帘子线要求强度高，延伸度低，因此拉伸倍数要求高些，一般在 5 倍以上（对 UDY）。另外，确定拉伸倍数，还要考虑线密度及打滑的影响，细丝拉伸时易断，拉伸倍数要低些，粗丝在拉伸过程中容易打滑，拉伸倍数选择要高些。

选择的拉伸倍数必须小于断裂拉伸倍数而大于自然拉伸倍数，否则拉伸点（区）就会由给丝辊移向拉伸辊，而在另一段上产生新的拉伸点，出现未拉伸丝，丝条产生粗细不匀现象而影响丝的质量。

(3) 拉伸温度：拉伸时必须使分子链有一定的活动性，因此必须选择适宜的拉伸温度。一般拉伸温度要求高于玻璃化转变温度，如果考虑附加外力作用，可略低于玻璃化转变温度；另外拉伸温度又必须低于软化温度，此温度一般在熔点以下 20～40 ℃。温度过高时，解取向的速度很大，因此不能得到稳定的取向。以上只是上下温度极限值，拉伸温度的最后选择还必须根据纤维的拉伸曲线、生产方法及产品的要求而定。

PA6 纤维的玻璃化转变温度为 35～50 ℃，熔融温度为 215～220 ℃。对于民用单、复丝，一般可在室温下进行拉伸；帘子线等高强力聚酰胺 6 长丝，因采用较高倍数的拉伸，为了降低拉伸时所需张力，并使拉伸均匀，需采用热拉伸。而对于强力丝或短纤维，PA66 纤维的玻璃化转变温度为 40～60 ℃，熔融温度约为 265 ℃，生产普通丝时拉伸温度一般可选择室温。

在实际生产中，拉伸是连续进行的，拉伸速度高，拉伸热效应大，拉伸过程中拉伸温度与拉伸应力的关系曲线见图 4－13。由图中看出，开始时温度上升，拉伸应力显著增加；但超过一定温度后，温度升高，拉伸应力降低。PA6 长丝最大拉伸应力在 50 ℃时出现。

纤维在拉伸区的实际温度取决于两个相反的过程：一方面，纤维拉伸区的温度随加热罗拉温度的上升而上升；另一方面，被拉伸丝条的温度升高，拉伸热效应减小，使拉伸区温度降低。

一般来说，在相同拉伸倍数下，提高拉伸温度，拉伸丝的强度稍有增大，但适当提高温度可增大最佳拉伸倍数，并降低拉伸应力，从而减小断头率。因此，热拉伸对提高纤维的物理机械性能是有利的。例如，PA6 在不同拉伸温度之下，所能达到的最大拉伸比和强度如图 4－14 所示。

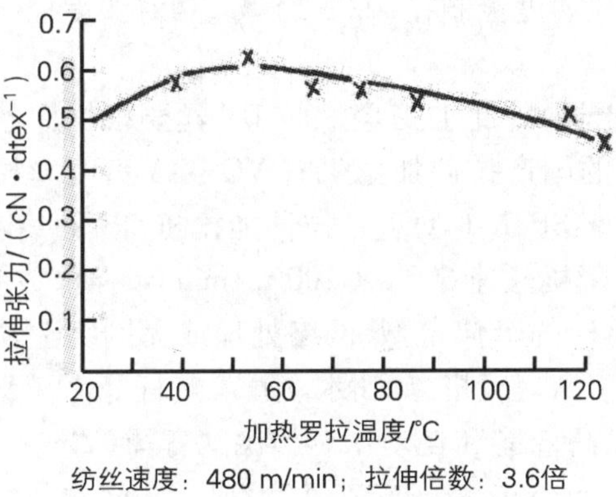

图 4－13　聚酰胺长丝拉伸应力与加热罗拉温度的关系

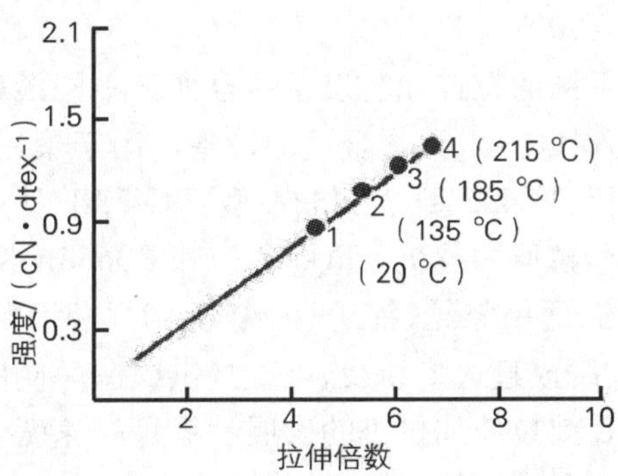

图 4－14　PA6 在不同拉伸温度下对应的最大拉伸倍数和强度

（4）拉伸速度：在拉伸过程中，当拉伸倍数和拉伸温度一定时，提高拉伸速度，拉伸张力也相应增加。由于松弛过程的温度时间依赖性，拉伸速度对拉伸应力的影响与拉伸温度对拉伸应力的影响相反，即拉伸应力随拉伸速度的提高而增加；但另一方面拉伸热效应也会随拉伸速度的提高而增加，而使拉伸应力降低。前者是主要因素时，拉伸速度提高而拉伸张力随之提高；后者是主要因素时，拉伸速度提高则拉伸应力减小。因此随着拉伸速度的提高，拉伸张力也出现一极大值，即开始增大，随后又下降。但在实际拉伸条件下，速度变化的范围较小，如在 200～700 m/min 的范围内，拉伸张力只出现单调的变化，随着拉伸速度增大，聚酰胺丝的拉伸张力增大，如图 4－15 所示。

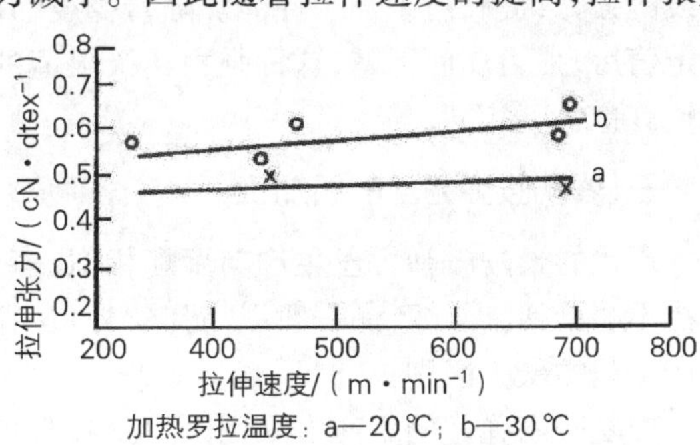

图 4－15　拉伸张力与拉伸速度的关系

另外，拉伸速度的选择与拉伸温度有关。拉伸温度高，分子链活动能力大，松弛时间短，拉伸速度也可相应提高；反之，拉伸温度低,分子链活动能力小,松弛时间长,拉伸速度也需要适当降低。否则拉伸速度过快易产生应力集中,纤维被拉断,出现毛丝、断头。

生产实践证明,在一定拉伸速度范围内,纤维的强力随拉伸速度的提高而稍有增加,但当拉伸速度达到某一值后,再继续提高拉伸速度,纤维的强力反而有所下降。拉伸后纤维的沸水收缩率主要取决于纤维的剩余应力,若拉伸速度提高时,拉伸应力大,纤维的沸水收缩率就大;反之,则沸水收缩率减小。由图4-16看出,聚酰胺长丝的沸水收缩随拉伸速度的提高而增加。

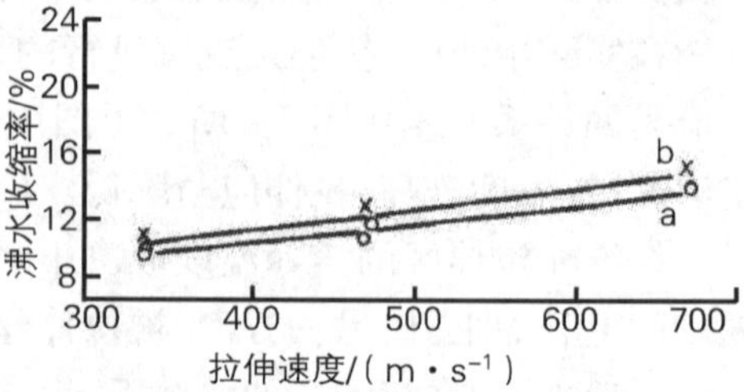

拉伸倍数:3.6倍 罗拉温度:a—20 ℃;b—80 ℃

图4-16 聚酰胺长丝沸水收缩率与拉伸速度的关系

以上是影响拉伸加捻的主要因素。另外,拉伸车间的温湿度也是影响拉伸过程能否顺利进行的工艺条件之一。拉伸加捻车间要求恒温恒湿,一般温度控制在(22±1)℃,相对湿度控制在60%~70%。

不同的拉伸加捻设备适合加工不同线密度的原丝,因此加工聚酰胺DT丝要根据原丝和成品丝线密度,选择合适的设备。用于聚酰胺纤维的国产拉伸加捻机有VC443A型复丝拉伸加捻机,VC432型、VC432A型、VC432B型、KV505型、SFZN-1型重旦拉伸加捻机,以及VC451型单丝拉伸加捻机。PQ668型和PQ668A型复丝平牵机丝速600~1 200 m/min,牵伸倍数1~1.5倍,适用涤纶、锦纶、丙纶等UDY、MOY、POY复丝的牵伸定型、网络处理或无网络上油处理,卷绕成直边型卷装,可直接供织造厂使用,适用于高速织机,如喷水、喷气、剑杆等。

目前拉伸加捻机的发展趋势是高速度、大卷装、高效能和自动化。如德国青泽(Zinser)公司的519型拉伸加捻机,其拉伸速度可提高到2 500 m/min,锭子转速达2 000 r/min,卷装净重达4 kg,并具有自动装载筒子架机构和自动落纱的拔筒插管机。

3. *后加捻工艺*

经过拉伸加捻后的纤维,尽管已经获得一定的捻度(5~20捻/m),但因捻度太小,所以仍称为无捻丝。聚酰胺长丝除以无捻丝(拉伸丝)形式出厂外,有时还要根据品种和纺织后加工的要求,特别是针织物用丝,在层式加捻机或倍捻机上,对拉伸丝进行后加捻,亦有采用环锭式后加捻。

后加捻的目的是增加长丝的捻度,一般要求100~400捻/m,使纤维抱合得更好,以增加纱线的强力,提高纺织加工性能。随着捻度的增加,丝条强力也逐渐增加,但是当捻度增加到一定值后,强力反而下降,这种强力达极限值的捻度称为临界捻度。不同线密度的丝条,其临界捻度也各不相同。

三、聚酰胺弹力丝的后加工

现代的聚酰胺弹力丝生产与聚酯相似,多采用假捻变形法。由于聚酰胺纤维的模量较低,织物不够挺括,因此产品一般以高弹丝为主。高弹丝的生产仅使用一个加热器,这是与低弹丝生产工艺的最大区别。

聚酰胺高弹丝的生产多采用摩擦式拉伸变形工艺,而聚酰胺膨体长丝则以SDTY法即纺丝、拉伸和喷气变形加工一步法为主。

(一)假捻法高弹丝生产工艺流程

用摩擦式拉伸变形法生产聚酰胺高弹丝,其工艺流程如图4-17所示:

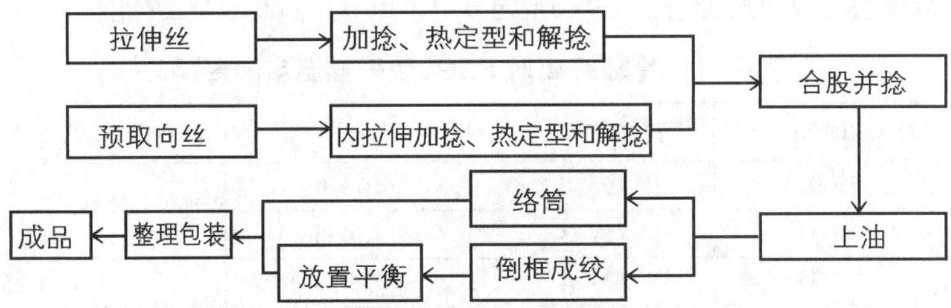

图4-17　假捻法高弹丝生产工艺流程图

原丝连续通过张力器,以伸直状态进入喂入辊,再通过加热器,使假捻器至喂入辊之间已加捻或内拉伸加捻的丝条经受热定型。具有很高捻度的丝条进入假捻器与输出辊之间的解捻区,因丝条在高捻度下定型,故解捻后丝成为螺旋状的集合体,具有高弹性。经热定型再解捻的丝,会发生与解捻方向相反的转矩,其转矩在针织加工时,由于丝松弛而缠结,这会影响针织加工的正常进行。因而对于针织用变形丝,需将捻向不同的两束丝合捻,以抵消其转矩,而用于机织加工的高弹丝,则不需合股并捻。为了增加丝条的抱合力和手感,也可考虑合股后再加捻。用于针织的合捻丝,经后加捻则可使转矩稳定,消除紧点和未解捻等弊病,且其外观漂亮。并捻后的后加捻对于增加丝条的抱合力是不可缺少的,但为了保持蓬松性,后加捻数最好少一些,后加捻数视线密度而定。

现代假捻变形的合股工序在同一机台上完成。在一个部件上同时安装捻向相反的两个加捻器,可同时得到两束捻向相反的变形丝,经过输出辊合股后卷绕于筒管上,这既减少了工序,又提高了生产率,可得到优质的合股变形丝。将合股并捻的变形丝直接络筒或成绞,以便于染色,成绞后的合股丝呈自由状态置于恒定温湿度条件下平衡24 h,使松弛回缩和弹性稳定。对筒装变形丝的存放时间应尽量减短,以减少不必要的弹性损失。

(二)聚酰胺高弹丝内拉伸变形工艺

聚酰胺高弹丝的生产与聚酯弹力丝一样,均可采用拉伸变形联合机,即DTY机。拉伸变形工艺参数的选择原则与聚酯弹力丝相近,首先应考虑假捻张力比。为了使加工性能和变形丝性质良好,加捻和解捻张力尽可能接近一致,或其比值稍高于1。假捻张力主要受拉伸比和D/Y值两个因素影响,从图4-18的D/Y值与假捻张力的关系可看出假捻张力的适宜范围。

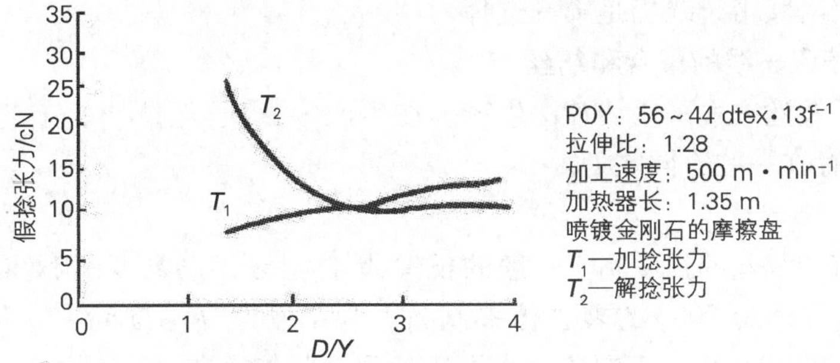

图4-18　D/Y值与假捻张力的关系

为了提高变形丝质量，增加变形丝的稳定性，防止气圈的形成，对于高速拉伸假捻变形多采用空气冷却板或水冷却板进行强制冷却。PA66冷却距离对变形丝温度有较大影响，从板冷却和空气冷却的温度差ΔT看出（表4－1），约0.75 m的冷却距离最佳。

表4－1 冷却距离对PA66变形丝温度的影响

冷却距离/m	冷却时间/s	T（空气）/℃	T（板）/℃	$\Delta T = T$（空气）$- T$/（板）/℃
0.00	0.00	193.0	193.0	0.0
0.25	0.037	152.3	134.5	17.8
0.50	0.075	121.4	96.4	25.0
1.00	0.150	80.3	55.3	25.0
1.50	0.225	56.8	37.9	18.9
2.00	0.300	43.2	30.4	12.8

生产聚酰胺高弹丝的典型工艺条件见表4－2。

表4－2 生产聚酰胺高弹丝的典型工艺条件

工艺参数	PA66	PA6
POY原丝规格	44 dtex/10f	92 dtex/24f
加工速度/（$m \cdot min^{-1}$）	700	700
假捻形式	摩擦式1/5/1	摩擦式1/6/1
D/Y值	1.8～1.9	1.6～1.8
拉伸比	1.352	1.252
假捻张力（T_2/T_1）	12/10	29/27
加热器温度/℃	195	180
加热时间/s	0.2	0.2
冷却时间/s	0.1	0.1
卷绕超喂率/%	5.0	4.3

四、聚酰胺帘子线的后加工

帘子线是产业用纺织材料的重要品种之一，是橡胶制品的骨架材料，广泛用于轮胎、胶管、运输带、传动带等领域。帘子线的第一代产品是棉帘子线，到了20世纪50～60年代，为黏胶帘子线所代替。由于聚酰胺帘子线具有断裂强度高、抗冲击负荷性能优异、耐疲劳强度高以及与橡胶的附着力好等优良性能，因此生产发展很快，已逐步取代了黏胶帘子线。近年来，由于轮胎加工技术的改进及美国与西欧一些国家公路路面质量的提高，涤纶及钢丝的子午轮胎帘子布已成第四代产品；但对于路面质量较差的国家和地区，特别是第三世界国家，强度高、韧性和回弹性好的聚酰胺帘子线仍是第一选择。

（一）聚酰胺帘子线的聚合和纺丝

聚酰胺帘子线丝一般采用切片法生产。在生产中，聚合至拉伸的工艺与普通长丝基本相同，但某些工序存在一些不同之处。

1.聚合

由于要求帘子线丝的强度高于一般的长丝，因此必须用高黏度（相对黏度3.2～3.5）或高分子量（分子量大于20 000）的聚合体来制备。为了制取高黏度的聚合体，PA6目前采用加压—常压（或真空）或加压—真空闪蒸—常压后聚合的聚合工艺。采用直接纺丝法生产PA66帘子线丝时，通常采用加压预缩聚—真空闪蒸—后缩聚工艺；用切片纺丝法生产时，也可用固相缩聚以提高切片的黏度。

2. 纺丝成型

目前国外在帘子线纺丝技术上最突出的特点是采用高压纺丝法，压力为 29.4 ~ 49.0 MPa。这样，高黏度的聚合物可在较低温度下纺丝，有利于产品质量的提高。最近高压纺丝的压力已达 196 MPa。实现高压纺丝一般采用两种方式：加大喷丝头组件内过滤层的阻力；选用喷丝孔长径比大的喷丝板，同时配以相应的高压纺丝泵。

适当控制纺丝冷却成型条件也是提高帘子线质量的关键之一。纺制帘子线时，由于聚合物熔体黏度较高，通常在喷丝板下加装徐冷装置，以延缓丝条冷却，使丝条的结构均匀，从而获得具有良好拉伸性能的卷绕丝，最终使产品强度提高。徐冷装置下部多采用侧吹风。

为了提高帘子线的耐热性，常在纺丝前，在干燥好的切片中加入防老剂等添加剂（有时也可在聚合时加入），与此同时还加入润滑剂（如硬脂酸镁）以减少螺杆的磨损，并使切片在螺杆中输送通畅，有利于防止环结。对于 PA6 帘子线，由于纺丝后不再进行洗涤单体的工序，因此要求纺丝前聚合物的单体含量为 0.5% ~1.0%。

3. 卷绕设备

目前多数采用纺丝-拉伸联合机，其卷绕速度在 1 500 m/min 以上，少数厂家采用高速纺丝法。

4. 拉伸

拉伸机有向多区拉伸和大卷装发展的趋势。重特拉伸机一般为双区热拉伸机，国产重特拉伸加捻机有 VC431 和 SFZN-1 等型号，国外目前已有三段拉伸的重特拉伸加捻机出现。另外，帘子线生产用的油剂一般要求能够耐热 180 ℃左右，否则，在拉伸机上进行热拉伸时，油剂遇到高温容易挥发，造成空气及设备的污染，有时还会影响丝的加工性能。

（二）复捻和合股

经拉伸加捻后的大线密度丝条捻度比较低，尚不符合帘子线的规格要求。为了进一步提高帘子线的强力，还需要进行复捻（有称之为初捻）和合股（也有称之为复捻）。环锭加捻机是专门用来加捻和合股较粗的合股线的设备，根据工艺需要分为前环锭加捻机和后环锭加捻机两种。前环锭加捻机可以单独作复捻用，后环锭加捻机一般只作再合股和加捻用。在复捻合股时，复捻的捻向和原丝相同，合股的捻向和复捻相反，得到的成品其捻向称为“ZS”捻。在双捻（即前环锭加捻和后环锭加捻）时，各次捻合的方向往往是和上一次捻向相反，即先为 S 捻，而后环锭加捻则为 Z 捻，其成品捻向称为“ZSZ”捻。

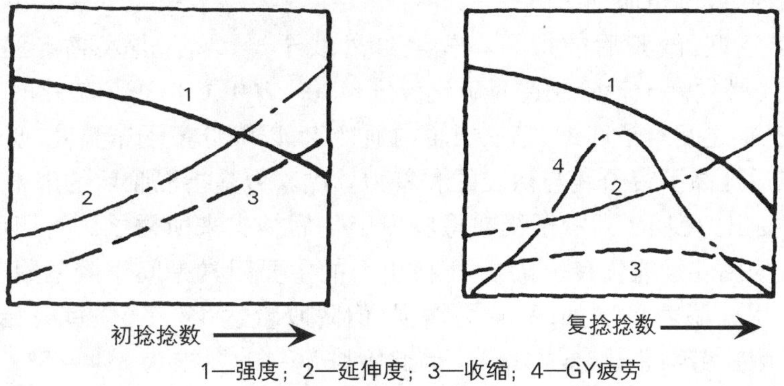

1—强度；2—延伸度；3—收缩；4—GY疲劳

图 4-19　初、复捻捻数对帘子线各项物理性能的影响

由图 4－19 可以看出初、复捻捻数对帘子线性能的影响：一般捻度增加捻缩增加，帘子线的延伸度也随之增加，抗张强度随复捻捻数增加而下降，初捻捻数对抗拉强度的影响无复捻数显著。一般认为在选择适合的疲劳强度方面，捻度系数（$a=t\sqrt{T/1\ 000}$，其中 t 为捻数，以捻/m 表示，T 为组成帘子线的纱线线密度，tex）应大于 160，最好为 175 ~ 235 tex。

（三）帘子布的织造和浸胶

1. 帘子布的织造

为了便于浸胶和轮胎加工，保证帘子线在轮胎中合理排列，需要将帘子线织成帘子布。帘子布用聚酰胺帘线作经纱，纬纱可用 19.1 ~ 29.5 tex 的棉纱或丙纶。纬纱仅起固定经纱位置的作用，在轮胎加工过程中，纬纱断裂而失去其作用。为了适应帘子布的浸胶热伸张与定型处理，以及轮胎工业的要求，帘子布的幅宽为 1.4 ~ 1.6 m，长度短者数百米，长者数千米。

根据轮胎工业的要求，需要织成三种规格的布（称为 1#布、2#布、3#布），分别用于轮胎的内层、外层与缓冲层，一般 1#布占 70%，2#布占 20%，3#布占 10% 左右。

在织造帘子布时，要求帘线松紧均匀，否则帘布的不平整将影响轮胎的紧密性，甚至因浸胶时张力使紧张的帘线断裂。目前国内适合于生产聚酰胺帘子布的设备有 G24Z 型帘子布机。

2. 帘子布的浸胶热拉伸

帘子布浸胶热拉伸的目的是为了改善聚酰胺帘线对橡胶的黏着力及进一步改善帘子布的质量。浸胶工艺一般采用热拉伸—热定型—浸胶工艺，或浸胶—干燥—拉伸定型工艺，或二次浸胶工艺。

帘子布的浸胶过程主要由三个部分组成：

（1）帘子布的拉伸：帘子布的热拉伸是在热拉伸箱和第一、第二两组拉伸辊之间进行的。热拉伸箱内用温度为 190 ℃左右的热空气循环加热，帘子布在箱内既有热拉伸又有热定型作用。第二组拉伸辊内需通冷水，使帘子布迅速降温，不致影响后道浸胶液的温度而使胶液变质。

（2）浸胶：帘子布的浸胶液一般用间苯二酚、甲醛、乳胶的混合液（又称间甲胶或 RFZ），浸胶时间约 5 s。浸胶后用重型挤压辊挤去多余的胶液，再通过真空抽取装置，吸去帘子线间隙中的胶液，使附胶量控制在 4% ~6%。

间甲胶的配制一般分为两步，先配制成间甲液，再用熟成（预缩聚）的间甲液配制成间甲胶。间苯二酚与甲醛的物质的量为 1∶1.5 ~ 1∶4 时黏着强力好，从文献资料来看，该比值大多定为 1∶2。根据生产实践，间甲液配制成间甲胶前经室温下熟成 4 ~ 8 h 为好，间甲胶的熟成时间为 12 ~ 20 h，要求 72 h 内使用完。胶乳的作用是使间甲树脂赋予被覆橡胶亲和性，所以当黏着的橡胶改变时，胶乳也应随之改变。

（3）干燥热定型：浸胶后的帘子布先经红外线干燥，然后进入热定型箱，定型温度为 190 ℃。定型温度必须高于轮胎制造时硫化温度（140 ~ 160 ℃），否则硫化时会发生收缩。帘子布在第二、第三辊之间给予回缩，第三组辊内通冷水，以降低帘子布温度，便于卷取。

帘子布浸胶后提高了帘子线与橡胶的黏着力。黏着力是指浸胶后的帘子布与橡胶的黏着能力，通常以 H 抽出力表示（即帘子线在橡胶内硫化后抽出来所需之力）。H 抽出力大，则表示帘子布与橡胶的黏着性能优良。影响 H 抽出力的主要因素是间甲胶的附着状态和浸胶后热处理条件。间甲胶附着量增加，黏着力增强，但附胶量达 4% ~6% 就开始饱和，附胶量过多，帘子布变硬，耐疲劳性恶化，成本增高，因此附胶量一般要求为 3% ~5%。同一附胶量时若浸入帘子布内的附胶量较多，则表面量减少，也会使黏着恶化。影响附胶量的因素是预浸水

（或胶）的方式、浸胶时间、浸胶张力、浸胶后的挤压、浸胶与热处理的先后、纤维的油剂及纤维的种类、间甲胶的种类、黏度等。

浸胶后的热处理过程，使间甲树脂逐步硬化形成良好强度的黏着剂皮膜，并达到与纤维黏合，热处理过度或不足都会使黏着力下降。时间、张力、温度是热处理过程中的三个主要控制因素，并相互有影响。热处理温度和时间视加热炉的热效率不同而变化，另外也受热拉伸、热定型区的拉伸、松弛情况而变。帘子布的热处理条件见表4－3。

表4－3　帘子布的热处理条件

区域	张力/kN	温度/℃	时间/s	拉伸率/%
干燥	9.8～24.5	100～140	50～120	0～2
热拉伸	34.3～78.4	190～210	20～40	4～12
热定型	24.5～58.8	190～210	20～40	0～2

五、聚酰胺膨体长丝的后加工

聚酰胺膨体长丝（PA-BCF）是采用SDTY法，即纺丝、拉伸和喷气变形加工一步法进行连续生产的。该法具有投资低，废丝少，设备保养容易，操作人员少，生产成本低等优点。PA-BCF具有三维卷曲、手感柔软、覆盖性能好、不掉毛、不起球、耐磨、清扫方便等特点，是生产簇绒地毯的理想材料。

（一）BCF加工工艺流程

用纺丝、拉伸和变形一步法生产BCF，不仅可生产BCF地毯长丝，而且还可以生产BCF短纤维。BCF生产的工艺流程如下：

（1）BCF地毯长丝生产的工艺流程：纺丝—热拉伸—热喷气变形—空气冷却—卷绕—变形地毯长丝筒子。

（2）BCF短纤维生产的工艺流程：纺丝—热拉伸—热喷气变形—空气冷却—切断—纤维输送—成包的BCF短纤维。

图4－20为生产BCF地毯丝的典型联合机示意图。纺出的丝束经过喂入辊引向热拉伸辊拉伸3.5～5倍，然后进入喷气变形箱。向箱内吹入过热蒸气或热空气，在热和湍流介质的作用下纤维发生变形，形成卷缩和蓬松的变形丝。由喷气变形箱排出的丝束落在回转的筛鼓上，在回转中卷缩的丝束被强制冷却定型。BCF经过空气喷嘴形成网络丝，最后经张力和卷绕速度调节器进行卷绕。当丝束一旦断头时，切丝器自动启动，切断丝束，把丝吸入废丝室。

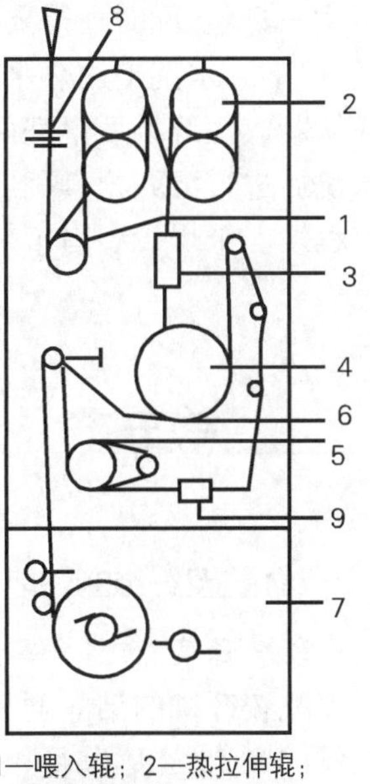

1—喂入辊；2—热拉伸辊；
3—喷气变形箱；4—筛鼓；
5—较低速度输送辊；
6—张力和卷绕速度调节器；
7—卷绕装置；8—切丝器；
9—空气喷嘴

图4－20　BCF地毯丝生产的典型联合机

（二）BCF加工工艺条件

BCF产品有聚酰胺和聚丙烯两大类。作为地毯制品最重要的特性是覆盖性、蓬松性、回弹性、柔滑的手感和光润的外观等。为了达到上述要求，一般采用PA-BCF制作簇绒地毯。地毯用PA-BCF的单丝线密度为17～22 dtex，丝束根数为50～150根，总线密度为556～4 444 dtex。

PA-BCF生产工艺条件如下：

1. 拉伸工艺条件

(1)温度：喂入辊温度为60～120 ℃；拉伸辊温度为100～190 ℃。

(2)速度：喂入速度为300～1 000 m/min；拉伸速度为1 000～3 500 m/min；拉伸倍数为3.5～5倍。

2. 变形工艺条件

(1)温度：过热蒸气为130～230 ℃；热空气为150～250 ℃。

(2)空气喷射压力：196.1～490.3 kPa 。

(3)卷绕速度：600～3 000 m/min。

(4)超喂率：15%～30%。

3. 冷却工艺条件

冷却空气温度为25 ℃。

SDTY法用于生产大线密度丝最为适宜。对于小线密度丝，喷气变形发展的倾向是多束丝一起变形。

六、聚酰胺短纤维的后加工

聚酰胺短纤维的生产过程，在原料熔融和聚合等方面和长丝生产工艺基本相同，但在纺丝方法上一般是采用熔体直接纺丝法。短纤维的纺丝生产设备向多孔高产发展，如喷丝板孔数可高达1 000～2 000孔，卷绕一般都采用棉条筒大卷装。聚酰胺短纤维纺丝后需要进行后加工，其后加工过程与聚酯纤维相似。除加工工艺条件有一定差别外，聚己内酰胺纤维的后加工还需要去除纤维中残留的单体和低聚物。

聚己内酰胺短纤维的后加工过程为：集束—拉伸—洗涤—上油—卷曲—切断—开毛—干燥定型—打包，同时还需要上油、压干、开松、干燥等辅助过程。通过水洗使单体含量降低到1.5%以下。水洗采用热水洗，故同时也起到一定的热定型作用。水洗的方法一般有长丝束洗涤或切断成短纤维后淋洗两种，可分别在水洗槽和淋洗机上进行。开松过程需进行两次，一次是水洗后进行湿开松，以利于干燥过程的进行；另一次是在干燥后进行干开松，以增加纤维的开松程度。干燥设备有帘带式干燥机和网式圆筒干燥机等类型。

第五节　聚酰胺纤维的性能、用途及其新产品

一、聚酰胺纤维的性能

1. 断裂强度

聚酰胺纤维的结晶度、取向度以及分子间作用力大，所以强度也比较高，一般纺织用聚酰胺长丝的断裂强度为4.4～5.7 cN/dtex，作为工业用的聚酰胺强力丝的断裂强度达6.2～8.4 cN/dex，甚至更高。聚酰胺纤维的吸湿率较低，其湿态强度为干态的85%～90%。

2. 断裂伸长

聚酰胺纤维的断裂伸长因品种而异，强力丝的断裂伸长要低一些，为20%～30%，普通长丝为25%～40%。PA6短纤维要高一些，为40%～50%。通常湿态时的断裂伸长较干态高3%～5%。

3. 初始模量

聚酰胺纤维的初始模量比其他大多数纤维都低,因此聚酰胺纤维在使用过程中容易变形。在同样的条件下,PA66 纤维的初始模量较 PA6 稍高一些,接近于羊毛和聚丙烯腈纤维。

4. 回弹性

聚酰胺纤维的回弹性极好,例如 PA6 长丝在伸长 10% 的情况下,回弹率为 99%;在同样伸长的情况下,聚酯长丝的回弹率为 67%,而黏胶长丝的回弹率仅为 32%。

5. 耐多次变形性或耐疲劳性

由于聚酰胺纤维的弹性好,因此它的打结强度和耐多次变形性很好。普通聚酰胺长丝的打结强度为断裂强度的 80% ~90%,较其他纤维高。聚酰胺纤维的耐多次变形性接近于涤纶,而高于其他所有化学纤维和天然纤维,因此聚酰胺纤维是制作轮胎帘子线较好的纤维材料之一。例如,在同样实验条件下,聚酰胺纤维的耐多次变形性比棉纤维高 7 ~8 倍,比黏胶纤维高几十倍。

6. 耐磨性

聚酰胺纤维是所有纺织纤维中耐磨性最好的纤维。它的耐磨性为棉的 10 倍,羊毛的 20 倍,黏胶纤维的 50 倍。以上是单根纤维测定的结果,不能推广到织物。在不同的使用条件下,纤维耐磨性的次序也有不同,而不是恒定的。

7. 吸湿性

聚酰胺纤维的吸湿性比天然纤维和人造纤维都低,但在合成纤维中,除维纶外,它的吸湿性是最高的。PA6 纤维中由于单体和低分子物的存在,吸湿性略高于 PA66 纤维。

8. 密度

聚酰胺纤维的密度较小,在所有纤维中,其密度仅高于聚丙烯和聚乙烯纤维。

9. 染色性

聚酰胺纤维的染色性虽然不及天然纤维和人造纤维,但在合成纤维中是较容易染色的。一般可用酸性染料、分散染料及其他染料染色。

10. 光学性质

聚酰胺纤维具有光学各向异性,有双折射现象。双折射数值随拉伸比变化很大,充分拉伸后,PA66 纤维的纵向折射率约为 1.582,横向折射率约为 1.519;PA6 纤维的纵向折射率约为 1.580,横向折射率约为 1.530。聚酰胺纤维的表面光泽度较高,通常在纺丝前需添加消光剂二氧化钛进行消光。

11. 耐光性

聚酰胺纤维的耐光性较差,在长时间的日光和紫外光照射下,强度下降,颜色变黄,通常在纤维中加入耐光剂,以改善其耐光性能。

12. 耐热性

聚酰胺纤维的耐热性能不够好,在 150 ℃下经历 5 h 即变黄,强度和延伸度显著下降,收缩率增加。但在熔纺合成纤维中,其耐热性较聚烯烃纤维好得多,仅次于涤纶。通常,PA66 纤维的耐热性较 PA6 纤维好,它们的安全使用温度分别为 130 ℃和 93 ℃。近年来,在 PA66 和 PA6 聚合时加入热稳定剂,可改善耐光性能。聚酰胺纤维具有良好的耐低温性能,即使在 -70 ℃下,其回弹性的变化也不大。

13. 电性能

聚酰胺纤维的直流电导率很低，在加工过程中容易因摩擦而产生静电。但其电导率随吸湿率增加而增加，并随湿度增加而按指数函数规律增加。例如，当大气的相对湿度从 0 变化到 100% 时，聚酰胺纤维的电导率可增加 10^6 倍。因此，在纤维加工中进行给湿处理，可减少静电反应。

14. 耐微生物作用

聚酰胺纤维耐微生物作用的能力较好，在淤泥或碱中，耐微生物作用仅次于聚氯乙烯纤维，但有油剂或上浆剂的聚酰胺纤维，耐微生物作用的能力降低。

15. 化学性能

聚酰胺纤维耐碱性、耐还原性作用的能力很好，但耐酸性和耐氧化剂作用的性能较差。

二、聚酰胺纤维的用途

由于聚酰胺纤维具有一系列优良性能，因此被广泛应用于人们生活和社会经济各个方面，其主要用途可分为三大领域，即服装用、产业用和装饰地毯用。

聚酰胺纤维长丝可以纯织，也可与其他纤维交织，或经加弹、蓬松等加工过程后作机织物、针织物和纬编织物等的原料。总线密度在 200 dtex 以下的小线密度长丝多用于女性内衣、紧身衣、长筒袜和连裤袜。在聚酰胺衣料中，除了锦丝绸、绸丝被面等多采用纯聚酰胺长丝外，市场销售的锦纶花达呢、锦纶凡立丁等大部分是聚酰胺短纤维与黏胶、羊毛、棉的混纺织物。聚酰胺纤维在运动衣、游泳衣、健美服、袜类等方面占有稳定的市场。

产业用聚酰胺纤维涉及工农业、交通运输业、渔业等领域。聚酰胺帘子布轮胎在汽车制造行业中占有重要地位。聚酰胺纤维由于耐磨、柔软、质轻，用来制作渔网、绳索和安全网等，在捕鱼、海洋拖拉作业、轮船停泊缆绳、建筑物及桥梁安全保护设施中也深受欢迎。

聚酰胺涂层织物是以聚酰胺织物为基布，根据用途不同涂覆合成橡胶或聚氨基甲酸酯等各种涂料，可用来做铁路货车、机器的覆盖布，挠性容器、活动车库和帐篷等。

随着 PA-BCF 生产的迅速发展，大面积全覆盖式地毯均以聚酰胺纤维为主。

三、聚酰胺纤维的改性

聚酰胺纤维有很多优良性能，但也存在着一些缺点，如模量低，耐光性差、抗静电性差、染色性以及吸湿性较差等，需要加以改性。化学改性的方法有共聚、接枝等，以改善纤维的吸湿性、耐光性、耐热性、染色性和抗静电性；物理改性的方法有改变喷丝孔的形状和结构，改变纺丝成型条件和后加工技术等，以改善纤维的蓬松性、伸缩性、手感、光泽等性能，如纺制复合纤维、异形纤维、混纤丝或特殊热处理的聚酰胺丝，可获得各种聚酰胺差别化纤维。

（一）异形截面纤维

异形截面纤维可以改善纤维的手感、弹性和蓬松性，并赋予织物以特殊光泽。聚酰胺异形纤维的截面形状主要有三角形、四角形、三叶形、多叶形、藕形和中空形等。中空纤维由于内部存在着气体，还可以改善其保暖性。

（二）混纤丝

一般采用异形缩混纤和不同截面、不同线密度的混纤技术。高收缩率和低收缩率纤维的混纤组合，使纱线成为皮芯复合结构；不同截面和线密度的组合，则可利用纤维间弯曲模量的差异，以避免单纤维间的紧密充填而产生柔和蓬松的手感，并赋予织物以丰满性和悬垂性。

(三)抗静电、导电纤维

为了克服聚酰胺纤维易带静电的缺点,可使用亲水性化合物作为抗静电剂与聚酰胺进行共聚或共混,以获得抗静电纤维。抗静电剂一般是离子型、非离子型和两性型的表面活性剂。纤维的抗静电性是靠吸湿使静电荷泄漏而获得的。如日本动利公司开发的 Nylon L 就是在聚己内酰胺的大分子中引进聚氧乙烯(PEO)组分,生成 PA6-PEO 共聚物,其比电阻率约为 $10^8\ \Omega \cdot cm$,具有良好的抗静电性能。导电纤维是基于自由电子传递电荷,因此其抗静电性能不受环境湿度的影响。用于导电纤维的导电成分一般有金属、金属化合物、碳素等。

(四)高吸湿纤维

对服用聚酰胺纤维进行吸湿改性是为了提高穿着的舒适性,使它容易吸湿透气。其改性方法可用聚氧乙烯衍生物与内酰胺共聚,经熔融纺丝后,再用环氧乙烷、氢氧化钾、马来酸共聚物对纤维进行后处理制得。此外还可将聚酰胺纤维先润胀,再用金属盐溶液浸渍和稀碱溶液后处理等方法,以获得高吸湿聚酰胺纤维。

据报道,意大利阿尼亚纤维(Ania Fibre)公司开发的"Fibre-S"是一种改性高吸湿聚酰胺纤维,即在聚己内酰胺中添加 20% 的聚(4,7-二氧环葵烷己二酰二胺),通过共混纺丝而制得,其强度和吸湿性有很大改善,这种纤维的吸湿性与棉相似,且具有柔和的优质手感。

(五)耐光耐热纤维

聚酰胺纤维在光或热的作用下形成游离基,产生连锁反应而使纤维降解。特别是当聚酰胺纤维中含有消光剂二氧化钛时,在日光的照耀下,与之共存的水和氧生成的过氧化氢会使二氧化钛分解而引起聚酰胺性能恶化。为了提高其耐光性、耐热性,目前已研究了各种类型的防老剂,酚、胺类的有机稳定剂,铜、锰盐等的无机稳定剂。采用锰盐无机稳定剂对于提高聚酰胺纤维的耐光性更为有效。

(六)抗菌防臭纤维

抗菌防臭纤维又称抗微生物纤维,其制造方法有两种:一是在聚酰胺纺丝成型过程中添加抗菌药物,另一种是对纺丝成型后的纤维进行后整理。两者相比,前者的抗菌耐久性好,但由于添加剂是在纺丝前加入,与聚酰胺一起经受整个纺丝成型、后加工过程,故对抗菌剂的稳定性要求高,否则其抗菌效果有较大减弱;后者的工艺过程简单,容易应用于生产,但应注意选择水溶性较小的抗菌药物,以提高使用过程中的耐洗涤性。用于聚酰胺的抗菌剂一般为有机锡化合物和有机汞化合物。此外,2-溴肉桂醛和[2-(3,5-二甲基吡唑)]-6 羧基-4-苯基吡啶是众所周知的抗菌剂,其被 PA66 吸附后,具有抗菌效果,可抑制白癣菌的增长。

抗菌防臭聚酰胺纤维不仅是做袜子的理想材料,而且还用于鞋垫、运动鞋以及运动衫、贴身内衣等。

(七)阻燃聚酰胺纤维

聚酰胺和聚酯一样可以通过物理(与阻燃剂共混或喷涂等)和化学(共聚或接枝共聚等)的方法生产阻燃聚酰胺纤维,用于床上用品和装饰面料,也可用作絮垫料的湿法成网织物、枕头和其他床上用品自熄灭性面料以及低中档絮垫料。此外,还可以用作消防人员外套、工业工作服、过滤布、军用品和汽车构件材料等。

(八)改善"平点"效应的聚酰胺帘子线

聚酰胺纤维的模量较低,且纤维的含水率对玻璃化转变温度影响较大,因此在使用过程中容易变形，作为轮胎帘子线，易产生“平点”效应。为了克服这一缺点，可采用共混纺丝技术，即在聚酰胺中加入模量较高而对水不敏感的组分，制备共混纤维，以提高纤维的抗变形和抗湿热降解的能力。如美国杜邦公司的 N-44G 和美国联信（Allied）公司的 EF-121（AC-0001）改性聚酰胺纤维，前者为 PA66/聚间苯二甲酰己二胺共混纤维，后者为 PA6/聚对苯二甲酰己二酯共混纤维，这两种产品均能显著改善聚酰胺帘子布轮胎的“平点”效应。

复习指导

1. 掌握聚酰胺纤维的类别，PA6 聚合方法及生产工艺流程。
2. 掌握聚酰胺纤维的结构与性质。
3. 掌握聚酰胺纤维高速纺丝工艺及特点，纺丝速度对卷绕丝结构与性能的影响。
4. 掌握 POY-DTY 工艺及拉伸假捻变形生产工艺与流程。
5. 了解锦纶帘子线生产工艺与流程。
6. 了解 BCF 生产方法及用途。
7. 了解聚酰胺纤维的性能、用途及新产品特性。

习题与思考

1. 何谓聚酰胺纤维？生产 PA6 和 PA66 的单体分别是什么？写出其相应的结构式。
2. 试述水在 PA6 聚合中的作用。
3. 简述己内酰胺开环聚合机理，并写出聚合反应方程。
4. 聚己内酰胺进行切片纺丝时，为什么要进行切片萃取？
5. 在制备聚己二酰己二胺聚合物时为什么要先将己二酸和己二胺制成 PA66 盐后再进行缩聚？
6. 何为细颈拉伸机理？
7. 聚酰胺纤维后加工过程中影响拉伸加捻的主要因素有哪些？
8. 聚酰胺纤维 POY 纺丝为什么纺速要达到 4 000 m/min 以上？
9. 简要说明聚酰胺帘子线生产与普通长丝加工有何区别。
10. 试比较聚酯与聚酰胺纤维的性能和用途有何差异。
11. 聚酰胺纤维的改性品种有哪些？

第五章　聚丙烯纤维

第一节　概述

一、聚丙烯纤维的发展概况

聚丙烯(polypropylend,PP)纤维是以丙烯聚合得到的等规聚丙烯为原料,纺制而成的合成纤维,在我国的商品名为丙纶。

早期,丙烯聚合只能得到低聚合度的支化产物,属于非结晶性化合物,无实用价值。1954年,Ziegler 和 Natta 发明了 Ziergler-Natta 催化剂并制成结晶性聚丙烯,具有较高的立构规整性,称为全同立构聚丙烯或等规聚丙烯。这一研究成果在聚合领域中开拓了新的方向,为聚丙烯大规模的工业化生产以及在塑料制品纤维生产等方面的广泛应用奠定了基础。1957 年,意大利的蒙特卡蒂尼(Montecatini)公司首先实现了聚丙烯的工业化生产;1958—1960 年,该公司又将聚丙烯用于纤维生产,开发了商品名为 Meraklon 的聚丙烯纤维,之后美国和加拿大也相继开始生产;1964 年后,又开发了捆扎用的聚丙烯膜裂纤维,并由薄膜原纤化制成纺织用纤维及地毯用纱等产品。20 世纪 70 年代,短程纺工艺与设备改进了聚丙烯纤维生产工艺。同期,膨体连续长丝开始用于地毯行业。目前,全球 90% 的地毯底布和 25% 的地毯面纱由聚丙烯纤维制得。

近 10 年产业用聚丙烯纤维生产不断发展,丙纶非织造布大量用于路基、地膜、包装袋等。

二、等规聚丙烯的结构与性质

(一)分子结构和结晶

聚丙烯是由以碳原子为主链的大分子所组成的,根据其甲基在空间排列位置的不同,存在三种立体结构形式(图 5-1)。聚丙烯分子的主链是由在同一平面上的碳原子曲折链所组成的,侧甲基可在平面上下不同的空间排列。

等规聚丙烯是一种相同构型的有规则的重复单元,侧基($—CH_3$)在主链平面的同一侧,各链节都沿着分子链有相同立体位置,具有 ddd 或 111 型不对称中心,这种有规则的结构很容易结晶。间规聚丙烯是一种相反的构型单元交替有规则地排列,侧基($—CH_3$)在主链平面上下有次序地交替布置,具有 dldl 相反交替的主体位置不对称中心, 这也是一种有规则的立体结构,容易结晶。无规聚丙烯是不规则结构,侧基($—CH_3$)完全无秩序地立体配置,如 ddldll 型,所以结晶困难,是一种无定型的聚合物。

成纤聚丙稀通常是等规聚合物,具有高度结晶性。但在聚合时往往产生少量无规聚合物,经己烷或丁烷萃取,可获得一种橡胶状的聚合物,是等规和无规聚合物分子相互交错地连接起来的立体嵌段结构。等规聚丙烯的结晶是一种有规则的螺旋状链，这种三维的结晶不仅是单个链的规则结构，而且在链轴的直角方向也具有规则的链堆砌。否则，聚丙稀材料在取向和冷却成型时，仅是一种低密度的近晶或准晶结构，具有较高的透明度。图 5－2 为聚丙烯的螺旋结构。

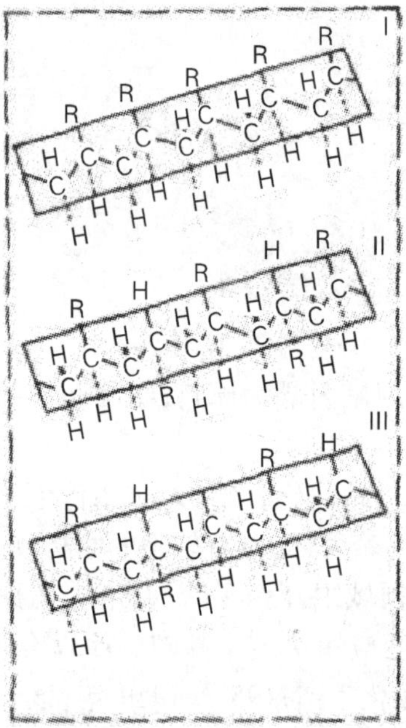

I—等规聚丙烯，R基团均在平面某一侧
II—间规聚丙烯，R基团交替地在平面的上、下侧
III—无规聚丙烯，R基团无序地在平面的上方或下方任意出现

图 5－1　聚丙烯分子锯齿状曲折链模型图

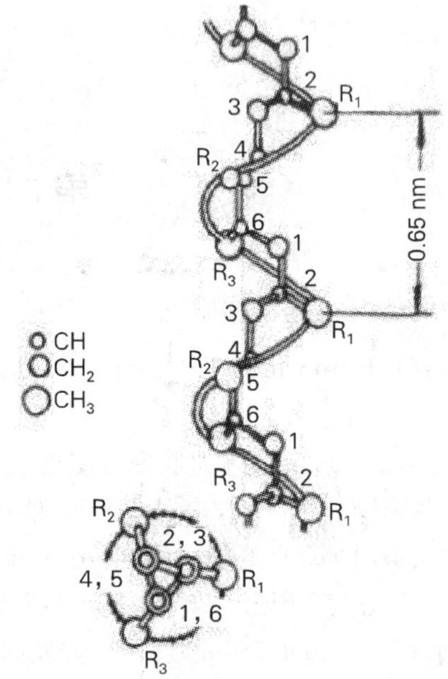

图 5－2　聚丙烯的螺旋结构

由图 5－2 可看到，甲基按螺旋状沿碳原子主链有规则地排列，其等同周期为 0.65 nm，在平面上甲基的等同周期为 0.235 nm。它们之间不是整数倍关系，因此设想甲基是按一定角度排列的螺旋结构，在螺旋结构中有右旋和左旋、侧基向上和侧基向下四种。其中 C—C 单键的距离为 0.154 nm，键角为 114°，侧链键角为 110°。

等规聚丙烯结晶有 α、β、γ、δ 和拟六方变体五种，其中与成型加工有关的主要有 α、β 和拟六方变体。α 变体为普通的单斜晶系晶体，在 138 ℃左右产生，结构致密，熔点为 180 ℃，密度为 0.936 g/cm^3。β 变体属六方晶系结构，在 128 ℃以下产生，其稳定性较单斜晶系差，在一定温度下处理会转变变体，密度为 0.939 g/cm^3。拟六方变体是一种准晶或近晶结构的碟状液晶，将等规聚丙烯材料熔融后骤冷至 70 ℃以下，或在 70 ℃以下进行冷拉伸，即形成这种拟六方结晶，密度为 0.88 g/cm^3。拟六方结晶最不稳定，在 70 ℃以上即能发生晶变，其活化能为 64.8～68.9 kJ/mol，这种拟六方结晶利于进行后拉伸。将渐冷等温结晶的薄膜试样用偏振光显微镜观察，可见到球晶结构，表 5－1 为等规聚丙烯的几种球晶特征。

表 5－1　等规聚丙烯的球晶特征

球晶	晶系	特征	双折射	结晶温度/℃
I	单斜晶	正双折射	0.003 ±0.001	<134
II	单斜晶	负双折射	0.002 ±0.005	>138
I + II	单斜晶	正负双折射混合	—	约 138
III	六方晶	负双折射	－0.007 ±0.001	<128 与 I 混合出现
IV	六方晶	与 III 相似的鳞片状	负	128 ~ 132

球晶的数目、大小和种类对二次加工性质均有很大影响。屈服应力与单位体积中的球晶数的平方根成正比，在相同结晶度时，球晶越小，屈服应力与硬度越大，且由于成型及热处理条件不同，其弯曲刚性和动态黏弹性有所不同。球晶中，I、II 及混合型易变形屈服，延伸度较大，而Ⅲ、IV 型则变形小。

聚丙烯的结晶速度随结晶温度而变化，温度过高，不易形成晶核，结晶缓慢；温度过低，由于分子链扩散困难，结晶也难于进行，通常在 125 ~ 135 ℃时结晶速度较快。聚丙烯的等规度高，结晶速度也高，在其他条件相同时，高分子量的聚丙烯较低分子量的聚丙烯结晶缓慢。添加少量有机金属盐，如苯甲酸铝等成核剂，可使结晶速度提高。聚丙烯初生纤维的结晶度为 33% ~40%，经后拉伸，结晶度上升至 37% ~48%，再经热处理，结晶度可达到 65% ~75%。表 5－2 列举了各种聚丙烯样品的结晶度。

表 5－2　各种聚丙烯样品的结晶度估算(28 ℃)

试样	密度/($g \cdot m^{-3}$)	比体积/($cm \cdot g^{-1}$)	结晶度/%	各种红外线波长时测定的结晶度/%		
				10.03 μm	11.90 μm	12.37 μm
100% 结晶	0.936	0.070	—	—	—	—
等规聚丙烯，原试样	0.910	1.100	64	5.7	—	—
热处理缓冷	0.908	1.104	60	58.0	49.0	75.0
热处理骤冷	0.899	1.111	—	—	—	—
100% 无定型	0.867	1.153	—	—	—	—
无规聚丙烯，原试样	0.867	1.158	14	0.0	—	4.0
热处理缓冷	1.868	1.157	15	4.0	—	3.0
100% 无规	0.856	1.172	—	—	—	—

(二) 等规聚丙烯的性质

1. 等规度

聚丙烯除了有较高的相对分子质量外，还必须具有很高的规整度。等规聚丙烯的等规度一般大于 0.95，因此具有很强的结晶能力，同时会大大改善产品的力学性能。通常所说的等规度也称全同指数，是指“沸腾庚烷不溶物”或“沸腾十氢萘不溶物”，即等规物和间规物占总体积的百分数。

2. 相对分子量及其分布

聚丙烯分子量及其分布对聚丙烯的熔融流动性质和纺丝、拉伸后纤维的力学性能有很大影响。聚丙烯的相对分子质量可用特性黏数[η]表征。纤维级聚丙烯的平均分子量为 18 万 ~ 30 万，比聚酯和聚酰胺的相对分子质量(2 万左右)高得多。这是由于聚酰胺具有氢键，聚酯有偶极键,大分子间的作用力较大,而聚丙烯大分子间的作用力较弱,为使产品获得良好的力学性能,聚丙烯的相对分子质量必须较高。

等规聚丙烯的相对分子质量分布较宽,一般相对分子质量的多分散性系数为4~7,而聚酯和聚酰胺只有1.5~2。用于纺丝的聚丙烯树脂,相对分子质量分布越窄越好,一般纺制短纤维的多分散系数为6左右,纺制长丝时为3左右。

工业生产中也可用熔融流动指数(*MI*)表征聚丙烯的相对分子质量。

3. 热性质

等规聚丙烯的玻璃化转变温度根据测试方法有不同的值,其范围为-30~25 ℃。聚丙烯的熔点为164~176 ℃,较聚乙烯高35~55 ℃,比聚酰胺等要低。等规度越高,熔点也越高,聚丙烯的热分解温度为350~380 ℃。

聚丙烯具有较高的热焓(915 J/g)和较低的热扩散系数(10^{-3} cm^2/s),因此其熔体的冷却固化速率较低,加工时应注意成型条件的选择。

聚丙烯的导热系数是所有纤维中最低的,为(8.79~17.58)×10^{-2} W/(m·K)。用作保温材料比羊毛还好。聚丙烯在无氧时有相当好的热稳定性,但在有氧时,它的耐热性却很差。一般通过加入抗氧剂及紫外线稳定剂防止降解。

4. 流动性能

图5-3为聚丙烯和几种常见熔纺高聚物的流动曲线,可以看出等规聚丙烯和高密度聚乙烯相似,较为明显地显示出切力变稀现象,而聚对苯二甲酸乙二酯和PA66则在较低的切变应力(10^4~10^5 Pa以下)下显示牛顿流动行为。这不仅是分子结构的不同,而且由于应力用于挤出纺丝或模塑加工的聚丙烯平均分子量高达18万~30万,比成纤聚酯或聚酰胺分子量(2万左右)高得多。随着剪切速率的增大,分子链之间的缠结点解除的程度越大,因此较早地出现切力变稀现象。

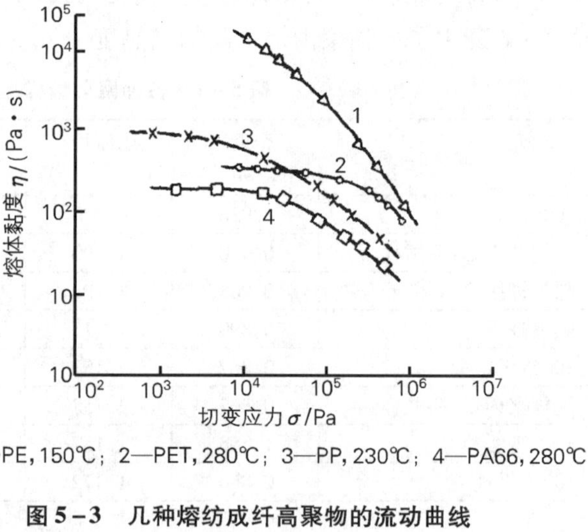

1—HDPE,150℃; 2—PET,280℃; 3—PP,230℃; 4—PA66,280℃

图5-3 几种熔纺成纤高聚物的流动曲线

聚丙烯的分子量越大,分子量分布越宽,熔体温度越低,其偏离牛顿流动的程度越显著,严重时还会产生熔体破裂。聚丙烯出现熔体破裂的临界切变应力为(3~5)×10^5 Pa,它与临界切变速率相关,是挤出温度、分子量和分子量分布的函数,随温度升高和分子量及多分散性的降低而增大。PA66或聚酯的临界切变应力值则较高(较聚丙烯约高5倍),实际上这个数值已经超出通常所采用的加工条件。而聚丙烯的熔体破裂则是十分容易发生的,尤其是当选用孔径较小的喷丝板,或采用较低温度和较高挤出速率时应特别注意。表5-3为聚丙烯分子量及其分布对聚丙烯流变性质的影响。

从表5-3可以看出,聚丙烯的相对分子质量越高,越容易出现假塑性流动行为,越易产生熔体破裂。升高温度可使熔体的零切黏度降低,降低幅度取决于高聚物的相对分子质量和加工时的剪切速率或应力。较低相对分子质量聚合物的黏度对温度变化的敏感性小于较高相对分子质量聚合物，高剪切速率下黏度对温度的敏感性更强。

表 5-3　聚丙烯分子量及其分布对其流变性质的影响

特性黏数[η]/(dL·g^{-1})	多分散系数 $\overline{M_W}/\overline{M}$	熔体流动指数(230 ℃)/(g·min^{-1})	临界切变速率/s^{-1}	临界切变应力/Pa	黏性活化能/(J·mol^{-1})
1.48	4.6	9.58	7600	4.2×10^{-5}	41.45×10^{-3}
1.95	5.3	2.32	1200	1.5×10^{-5}	43.38×10^{-3}
1.33	4.3	0.84	1100	4.0×10^{-5}	48.57×10^{-3}
3.28	5.3	0.18	100	3.1×10^{-5}	74.53×10^{-3}

在变应力的情况下，熔体在压缩和形变时显现弹性性质，当流经喷丝头细孔而挤出时，具有倾向于回复其初始形状的能力。聚丙烯的弹性行为十分显著，熔体在毛细孔中流动时产生的法向应力差使取向的分子在出口处产生一种胀大的倾向。由于熔体在毛细孔中停留的时间十分短暂，形变来不及发生松弛，有一部分形变能量被贮存为弹性能，因而在出口处产生出口胀大效应。这种胀大效应依赖于细孔的尺寸，尤其是细孔的 L/D 值，随着 L/D 值的增加以及毛细孔中平均剪切速率梯度的降低而降低。且温度的降低，使松弛效应减慢和黏性阻尼增加，致使挤出胀大效应变得显著。胀大效应对纺速及喷出细流的稳定性及卷绕丝的结构有重要影响，因此应合理选择纺丝成型条件，以避免胀大效应过大。

聚丙烯在拉伸流动过程中也和切变流动过程一样，具有拉伸黏性行为。尤其在纺丝过程中，熔体出喷丝孔后并不与剪切黏度相关，而与拉伸黏度密切相关。若知道纺丝线上的温度分布情况，就能近似地估算出细流沿纺程的黏度分布情况。

5. 耐老性

聚丙烯的特点之一是易老化，使纤维失去光泽、褪色、强伸度下降，这是热、光及大气综合影响的结果。由于聚丙烯的叔碳原子对氧十分敏感，在热和紫外线的作用下易发生热氧化降解和光氧化降解。聚丙烯的使用离不开大气、光和热，所以提高聚丙烯的光、热稳定性十分重要，为此需要在聚丙烯中添加抗氧剂、抗紫外线稳定剂等。

6. 耐化学性及抗生物性

由于等规聚丙烯是碳氢化合物，因此有突出的耐化学药品性。室温下聚丙烯在无机酸、碱和盐的水溶液以及油类中具有很好的稳定性，但是抗氧化试剂（如过氧化氢、浓硫酸等）会侵蚀聚丙烯。在大多数烷烃、芳烃、卤代烃中，升高温度会使等规聚丙烯溶胀和溶解。聚丙烯还具有极好的耐酶性和抑菌性，不被虫蛀。

三、成纤聚丙烯的质量要求

聚丙烯树脂质量对纤维性能影响很大。高分子量的聚丙烯需要较高的挤出温度，且在熔融和纺丝过程中分子量降低较快。用分子量分布较窄的树脂经纺丝和拉伸后，所得纤维的模量较高。通常成纤用聚丙烯树脂的分子量应能在较低纺丝温度下有合适的熔体黏度。一般纺单丝用原料树脂的[η]为 2 dL/g，纺复丝用原料树脂的[η]为 1.5 dL/g 左右。

聚丙烯大分子链上不含有极性基团，其吸水性极差，且水分对聚丙烯热氧化降解影响不大，所以对切片含水率要求并不太严格。切片含水率一般应小于 0.1%，含水过高时，会由于熔体中存在大量气泡而无法纺丝。国内纤维级聚丙烯黏均分子量($\overline{M_\eta}$)为 18 万～20 万，表征分子量分布的多分散性系数 $\overline{M_W}/\overline{M_N}\leqslant6$。聚丙烯要求等规度为 95% 以上，若低于 90% 时纺丝困难。熔点约稳定在164～172 ℃。灰分会影响喷丝头组件使用周期，且对纺丝正常操作影响极大。灰分应小于0.05%，铁、钛的质量分数应小于0.002%。

四、聚丙烯纤维的性能和用途

（一）聚丙烯纤维的性能

1. 质轻

聚丙烯纤维的密度为0.90～0.92 g/cm^3，在所有化学纤维中是最轻的，比锦纶轻20%，比涤纶轻30%，比黏胶纤维轻40%，因此很适合做冬季服装的絮填料或滑雪服、登山服等的面料。

2. 强度高、弹性好、耐磨、耐腐蚀

聚丙烯纤维强度高（干态、湿态下相同），是制造渔网、缆绳的理想材料；耐磨性和回弹性好，强度与涤纶和锦纶相似，回弹率可与锦纶、羊毛相媲美，比涤纶、黏胶纤维大得多；丙纶的尺寸稳定性差，易起球和变形；抗微生物，不蛀；耐化学药品性优于一般纤维。

3. 具有电绝缘性和保暖性

聚丙烯纤维的电阻率很高（7×10^{19} Ω · cm），导热系数小，与其他化学纤维相比，丙纶的电绝缘性和保暖性最好，但加工时易产生静电。

4. 耐热及耐老化性能差

聚丙烯纤维的熔点低（165～173 ℃），对光和热的稳定性差，所以，丙纶的耐热性、耐老化性差，不耐熨烫。但可以通过在纺丝时加入防老化剂来提高其抗老化性能。

5. 吸湿性及染色性差

聚丙烯纤维的吸湿性和染色性在化学纤维中是最差的，几乎不吸湿，其回潮率小于0.03%。细旦丙纶具有较强的芯吸作用，水气可以通过纤维中的毛细管来排除。制成服装后，服装的舒适性较好，尤其是超细丙纶纤维，由于表面积增大，能更快地传递汗水，使皮肤保持舒适感。由于纤维不吸湿且缩水率小，丙纶织物具有易洗快干的特点。

丙纶的染色性较差，颜色淡，染色牢度差，普通染料均不能使其染色，有色丙纶多数是采用纺前着色生产的。可采用原液着色、纤维改性，在熔融纺丝前掺混染料络合剂。

（二）聚丙烯纤维的用途

1. 产业用途

聚丙烯纤维具有强度高、韧性好、耐化学品性和抗微生物性好及价格低等优点，因此广泛用于绳索、渔网、安全带、箱包带、安全网、缝纫线、电缆包皮、土工布、过滤布、造纸用毡和纸的增强材料等产业领域。

2. 装饰用途

聚丙烯纤维密度小（仅为聚酯纤维的65%）、重量轻、覆盖力强、耐磨性好、抗微生物、抗虫蛀、易清洗，特别适于制造装饰织物。用聚丙烯纤维制成的地毯、沙发布和贴墙布等装饰织物及絮棉等，不仅价格低廉，而且具有抗沾污、抗虫蛀、易洗涤、回弹性好等优点。

3. 服装用途

聚丙烯纤维可制成长毛绒产品，如鞋衬、大衣衬、儿童大衣等。用其制作的服装比纯棉服装轻，保暖性胜似羊毛，是制作运动服、登山服、军用防寒服的材料。如，adidas运动服便是由超细特聚丙烯纤维与棉织造的双面织物制造的。美国以细特聚丙烯长丝作原料，加工的军用防寒起绒针织内衣，被美国国防部选定为标准军需装备。

4. 其他用途

聚丙烯烟用丝束可作为香烟过滤嘴填料，聚丙烯纤维制成的编织袋广泛地替代了黄麻编织成的麻袋，聚丙烯非织造布在包装领域的使用最多，用沥青或焦油作涂层的聚丙烯纤维织物可作池塘的衬底，其他涂层的织物可作保持性盖布和临时遮雨布等。聚丙烯纤维还可用于人造草坪等。

第二节　等规聚丙烯的合成

聚丙烯纤维的原料——等规聚丙烯是以丙烯为原料，用配位阴离子型催化剂进行聚合反应制得。在生产上可以采用不同的聚合催化体系和制造工艺。有使用惰性烷烃作为反应介质的聚合方法，还有用少量介质或完全不用反应介质的本体聚合方法和气相聚合法。各种聚丙烯聚合工艺路线对比如表5-4所示。

表5-4　聚丙烯聚合工艺路线对比

聚合方式		工艺技术	催化体系	技术归属商	产品特点	
预聚合	均聚反应器				MFI	PI
小环管反应器	双环管反应器	Spheripol	二醚作为给电子体的第五代新型Z-N催化体系	Basell（巴塞尔公司）	宽	宽
小环管反应器	单串联环管反应器+气相流化床反应器	Bosrtar	Ti/Zr为主体，是一种特殊的Z-N催化剂BCI系列	Borealis（北方贝属公司）	宽	宽
无	气相流化床反应器	Unipol	SHACTM系列	DOW（陶氏化学公司）	较窄	较窄
无	立式气相搅拌釜	Novolen	邻苯二甲酸酯作为给电子体的第四代Z-N催化剂PTK系列	BASF（巴斯夫公司）	较窄	较窄
无	卧式气相搅拌釜	Innovene	邻苯二甲酸酯作为给电子体的第四代Z-N催化剂CD系列	BP（英国石油公司）	较窄	较窄
无	本体搅拌釜+气相流化床反应器	Hypol	邻苯二甲酸酯作为给电子体的第四代Z-N催化剂	三井化学公司	—	—

注：Z-N催化剂为齐格勒纳塔催化剂。

随着茂金属催化剂工业的发展，由茂金属催化剂制备的、具有高等规结构的聚丙烯也是近年来研究的热点。茂金属催化剂是环戊二烯过渡金属化合物类的简称，对乙烯和丙烯聚合都有相当高的活性。近年来茂金属催化剂迅速发展的原因是因为其具有高活性、单一活性中心，可获得相对分子量分布窄、共聚物组成均一的产物，且立构规整性高。

由于茂金属催化剂的性质和特点不同于传统的Z-N催化剂，因此茂金属催化的等规聚丙烯在结构和性质上有一定的特殊性。表5-5为不同催化体系的对比。

表 5-5　不同催化体系的对比

项目	传统 Z-N 催化剂	高效 Z-N 催化剂	茂金属催化剂
催化主体	$TiCl_3$ 催化剂	$TiCl_3$ 负载在 $MgCl_2$ 微晶上	茂金属催化剂
助催化剂	AlR_3，AlR_2Cl	AlR_3（$AlEt_3$，$AlBr_3$）	甲基铝氧烷 MAO 或硼化物
反应特点	非均相，聚合在 $TiCl_3$ 结晶表面 Ti 活性中心进行	非均相，聚合在 $MgCl_2$ 表面 Ti 活性中心进行	未载体化为均相，载体化为非均相，聚合在茂金属催化及活性中心进行
活性中心	多活性中心	多活性中心	单活性中心
聚合物特征	产品等规度达 90% 以上，产品含少量无规 PP，相对分子质量大，需氢调，相对分子质量分布宽	产品等规度达 98% 以上，产品含少量无规 PP，相对分子质量大，需氢调，相对分子质量分布中宽	产品等规度达 98% 以上，产品没有无规 PP，相对分子质量小，相对分子质量分布窄，有立构和区位缺陷，熔点较低
成本	较低	较低	较高

等规聚丙烯的聚合产物为粉末状，在纺丝前需对其进行挤压造粒。挤压造粒时，需加入抗氧剂、光稳定剂、防静电剂、酸中和剂、滑爽剂等。常用的抗氧剂是受阻酚类，如抗氧剂 264、抗氧剂 1010 等。光稳定剂包括紫外线吸收剂（如水杨酸酯、苯甲酸酯）、猝灭剂（如硫代双酚）和自由基捕获剂（受阻胺），酸中和剂主要是硬脂酸钙。

第三节　聚丙烯纤维的成型加工

等规聚丙烯是一种典型的热塑性高聚物，可熔融加工成为各种用途的制品。工业生产聚丙烯纤维的纺丝方法一般有两种，一种是熔体纺丝法，一种是膜裂纺丝法。

一、熔体纺丝

和聚酯纤维、聚酰胺纤维一样，聚丙烯可以用熔体纺丝法制得长丝和短纤维。由于成纤聚丙烯具有较高的分子量和较高的熔体黏度，熔体的流动性差，故需采用高于聚丙烯熔点 100 ℃左右或更高的挤出温度（熔体温度），才能使其熔体具有必要的流动性并顺利进行纺丝。

纺制长丝时，卷绕丝收集在筒管上，经热板或热辊后拉伸 4～8 倍。生产高强度纤维时，可选用高拉伸比，拉伸温度为 90～130 ℃以提高纤维的取向度。在拉伸之后立即进行热定型，即在同一台机器上用热板或热辊将纤维再一次加热至要求的温度，使纤维收缩至预定的长度。

纺制短纤维的喷丝板采用 500 孔或更多的孔数，初生纤维集束成几十万至几百万分特的丝束，在蒸气箱中于 100～130 ℃下拉伸，拉伸倍数较长丝低，通常仅为 3～4 倍。拉伸后的丝束进行卷曲，再进行松弛热处理，最后经切断成为棉型或毛型短纤维。

（一）纺丝

聚丙烯纤维的纺丝设备和聚酯、聚酰胺纤维相似，但也有其特点。通常使用单螺杆挤出机，螺杆为单头螺纹、等螺距。螺杆仍分为三段，即加料段、压缩段和计量段。压缩段不需要很长，但必须是很有效的，为改进流体的流动，最小的压缩比为 2.8。计量段必须确保恒定的流动和熔体压力，但不需要太长且应尽可能短些，以免聚合物熔体在设备中停留时间过长，这是与聚酯或聚酰胺纺丝机用螺杆的不同之处。挤出机螺杆的长径比 L/D 为 20～26。

虽然等规聚丙烯是结晶的，但仍像其他热塑性高聚物那样容易挤出成型。改变纺丝条件可获得一定取向度和结晶度的纤维。

下面着重讨论纺丝过程中，各主要工艺参数对纤维成型过程及纤维结构与性能的影响。

1. 纺丝温度

纺丝温度直接影响聚丙烯的流变性能、降解程度和初生纤维的预取向度，因此纺丝温度是纺丝过程的主要工艺参数。

聚丙烯纺丝时，螺杆各区的温度控制也与涤纶或锦纶纺丝时一样，一、二区为预热和部分熔融区，三、四区为主要加热熔融区，五区为均化和计量区。若欲提高熔体黏度，可将一、二区温度降低；而欲降低熔体黏度时，则将一、二区温度提高。由于聚丙烯的热氧化降解活化能远小于热降解活化能，而在一、二区因切片或熔体间存在较多的空气，故升高一、二区温度易导致热氧化降解。

由于聚丙烯具有较高的相对分子质量和熔体黏度，若在较低温度下纺丝，势必引起取向和结晶同时发生，并形成高度有序的单斜晶体结构；若在较高的温度下纺丝，由于在结晶发生前具有较大的流动性，初生纤维的预取向度低，且形成不稳定的碟状液晶结构，可以采用较高的后拉伸倍数，从而获得高强力纤维。

2. 冷却成型条件

成型过程中冷却速度对聚丙烯纤维质量有很大影响。若冷却较快，纺丝得到的初生纤维结构是不稳定的碟状液晶结构；如缓慢冷却，则得到的初生纤维是稳定的单斜晶体结构。随着成型条件不同，初生纤维内的晶区大小也不同。当丝室温度较低时，成核速度增大，由于晶核数目增加，晶区尺寸减小。

在成型过程中，增大吹风量、降低丝室温度或在纺鬃丝时用冷却浴使熔体细流骤冷，初生纤维的密度就有所下降。当吹风温度为 30 ℃时，在距喷丝板 48 cm 处几乎完全凝固。吹风温度愈高，则凝固距离愈大。

在实际生产中，丝室温度以偏低较好。采用侧吹风时丝室温度可为 35～40 ℃，环形吹风时可取 30～40 ℃，送风温度为 25 ℃，风速为 0.3～0.4 m/s。

3. 喷丝头拉伸

喷丝头拉伸不仅使纤维变细，而且对纤维的后拉伸及纤维结构有很大影响。若喷丝头拉伸过大，导致初生纤维产生稳定的单斜晶体结构，从而使后拉伸不易进行。聚丙烯纺丝时，喷丝头拉伸倍数一般以 60 倍左右为宜，这样得到的卷绕丝具有较少稳定结构，后拉伸较易进行。表 5－6 显示初生纤维性质与喷丝头拉伸的关系。

表 5－6　初生纤维性质和喷丝头拉伸的关系

喷丝头拉伸/倍	线密度/tex	屈服应力/($cN \cdot dtex^{-1}$)	强度/($cN \cdot dtex^{-1}$)	伸度/%	双折射
12.7	188.32	0.40	0.54	1140	715×10^3
27	70.07	0.46	0.64	977	12.5×10^3
54	34.10	0.49	0.86	980	13.5×10^3
116	16.61	0.55	1.11	791	15.5×10^3
233	9.24	0.58	1.27	680	16.5×10^3
373	5.50	0.64	1.39	580	17.5×10^3

4. 挤出胀大比

聚丙烯纺丝时，由于其熔体黏度较大，且非牛顿性强，故挤出胀大比 B_0 要比聚酯大。当 B_0 增大时，熔体细流的拉伸性能逐渐变坏，且往往随之产生熔体破裂，使初生纤维表面发生破坏，有时呈锯齿形和波纹形，甚至生成螺旋丝。如纺丝速度过高或纺丝温度偏低，至超过临界切变应力时，就出现熔体破裂，影响产品质量，或使卷绕不能正常进行。表 5－7 显示聚丙烯特性黏数和熔体温度对挤出胀大比的影响。可见，随着熔体温度的降低或聚丙烯分子量的增大，挤出胀大比增大。

适当提高纺丝温度，控制适宜的分子量，且使喷丝孔适当大一些(0.4 mm)，以及增大喷丝孔长径比(L/D_0 值大于 2)，可以减小细流的膨化和防止发生熔体破裂。

表 5－7　聚丙烯特性黏数和熔体温度对挤出胀大比的影响

温度/℃	B_0	
	$[\eta]=1.27$ dL/g	$[\eta]=1.90$ dL/g
190	2.8	4.2
230	1.5	2.8
280	1.3	2.1

由于丙纶纺丝时挤出胀大比 B_0 较涤纶和锦纶纺丝时大，同时黏度也较大，所以可纺性比较差，纺丝温度需比其熔点高出很多才能使熔体流动。生产上有时需要采用 *MI* 较低而分子量较高的丙纶切片，其纺丝温度高达 280 ℃，否则因胀大比大造成大量断头而不可纺。因此，往往在丙纶切片中加入分子量调节剂、增塑剂、稳定剂等来改善丙纶的可纺性和纤维的性能。

(二)拉伸和热定型

熔纺制得的聚丙烯初生纤维结晶度为 33%～40%，其双折射为(1～6)$\times10^3$。具有不稳定的碟状液晶结构时，拉伸会使结晶度增加，且结晶度随拉伸温度提高而增大，而拉伸比增加时，则结晶度下降，如图 5－4 所示。

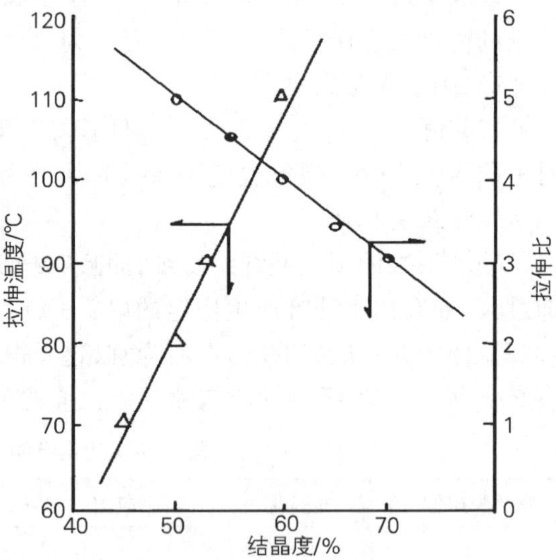

图 5－4　纤维结晶度与拉伸温度、拉伸比的关系

聚丙烯纤维的后拉伸温度以 120～130 ℃为宜，当分子量为(1～3)$\times10^5$ 时，在此温度下拉伸性能好，结晶速度也最高。拉伸时所需的张力随温度而变化，冷拉伸过程中的张力要比热盘拉伸高一些，且冷拉伸比热拉伸有更大的颈缩倾向。聚丙烯纤维的拉伸速度一般偏低些为好，这是由于过高的拉伸速度会使拉伸应力大大提高，纤维的空洞率增加，因而增加拉伸断头率。卷绕丝放置时间延长，纤维的结晶度有所增加，尤其在开始的数小时内变化显著，在 24 h 后变化就趋于平缓。

国内丙纶短纤维拉伸，一般第一段拉伸温度为 60～65 ℃，拉伸倍数为 3.9～4.4 倍；第二段拉伸温度为 135～145 ℃，拉伸倍数为 1.1～1.2 倍；总拉伸倍数棉型为 4.6～4.8 倍，毛型为 5.0～5.5 倍。

聚丙烯纤维的松弛热定型能改善纤维的尺寸稳定性，改善纤维的卷曲度和加捻的稳定性，并使纤维的结晶度由51%提高到61%左右。实践表明，聚丙烯纤维的热定型温度以120～130 ℃为宜，热定型温度升高，纤维结晶度增大。如，由高分子量聚丙烯制得的长丝具有很好的尺寸稳定性，拉伸取向后沸水收缩率为10%左右，经热定型后可降低至3%以下。

二、膜裂纺丝工艺

丙纶作为衣着用纤维时，有染色困难、耐气候老化性差、吸湿性低等缺点，显然不如聚酯、聚酰胺纤维；作为廉价纤维，熔体纺丝成本较高。为进一步降低成本和适合做编织袋等，开发了膜裂纺丝法。膜裂法具有工序简单、消耗定额低、产量高等特点，且对原料要求不高。

膜裂纺丝法生产的纤维简称膜裂纤维，分为割裂（切割）纤维和撕裂纤维两种。20世纪60年代，由于等规聚丙稀的工业化生产，为由薄膜制取纤维的工业化开辟了广阔的前景。1964年生产了捆扎用的聚丙稀膜裂纤维制品，并由薄膜原纤化制得了纺织用纤维及地毯用纱等。

（一）割裂纤维

割裂纤维（扁条或扁丝）是将聚合体挤出或吹塑得到的聚丙稀薄膜，通过具有一定间歇的刀具架，切割得到2.5～6 mm宽和20～50 μm厚的单轴拉伸的扁丝，线密度为110 tex左右。虽然这种割裂扁丝可以制得比55 tex更细的纤维，但由于这种长丝的截面形状，使用它编织或针织的产品相当粗糙，柔性和覆盖性也较差，因此限制了它的应用范围。该纤维主要用于代替过去用黄麻制作的包装袋，且具有聚丙稀所特有的耐腐烂和轻便等优点。表5－8为聚丙稀切割扁丝与植物纤维主要性质的比较。国外生产这类产品主要用作地毯底布、编织袋、工业织物以及绳索等。

表5－8　聚丙稀切割扁丝与植物纤维的性质比较

主要性质	聚丙稀切割扁丝	植物纤维
宽/mm	1.5～4.0	1.5～5.0
厚/μm	20～100	30～50
线密度/dtex	$(0.4～25.0)\times10^{-3}$	$(5.0～10.0)\times10^{-3}$
抗张强度/($cN\cdot dtex^{-1}$)	2.43～4.90	3.92
断裂伸长率/%	10～30	5
弹性模量/($cN\cdot dtex^{-1}$)	39.2～68.6	83.3
打结强度（抗张强度）/($cN\cdot dtex^{-1}$)	60～80	35～40
抗膜裂性/($g\cdot \mu m^{-1}$)	8～18	6～18
原纤化直径/mm	1～4	1.2～2.0
密度/($g\cdot cm^{-3}$)	0.90	1.50
回潮率/%	0.01	8.50

扁丝生产的基本工艺流程有三步：

（1）切割薄膜，然后将切膜条在加热箱中拉伸成扁丝。切割工序，国外主要采用同轴刀片切割法，割刀为厚约0.25 mm的不锈钢单面刀片，刀片间用酚醛片隔开。根据扁丝宽度要求，可组成多种间距规格的刀架。切割器应安装在使薄膜处于张力状态的位置，以确保扁条精确地被切割。

（2）在热辊上拉伸薄膜，将其切割成合乎要求的扁丝。割裂纤维的拉伸有窄条拉伸法和辊筒拉伸法。辊筒拉伸法可在薄膜未经切割的状态下进行拉伸，而在薄膜边缘附近不发生收缩，有利于生产厚包装带。在全部幅宽上进行拉伸的薄膜，其机械性能比拉伸扁条稍低，而热收缩率不能降得更低，因而不适宜用来生产如地毯底布这类要求承受较高温度的制品。这种辊筒拉伸薄膜特别适用于生产编织用经线和经编织物，不需要绕丝设备和整经技术，而将成卷薄膜放到织机上使用。

拉伸扁条加热方式普遍采用热空气循环加热烘箱。通过几个短的烘箱串联成一个长的组合式烘箱，在每个烘箱中空气是对称循环的。其优点是能防止空气吸入或吹出，空气循环路程较短，温度较均匀，并能采用较小的风机取得较大的循环速度，且能达到预定的温度梯度，同时维修方便，可随时更换备用烘箱，缩短停机时间。

与热空气循环烘箱法不同，国外割裂扁条生产中也常采用辊筒短区拉伸法。一种是单间隙拉伸，薄膜是在仅有几毫米宽的间隙中拉伸，可用来生产编织带、经编薄膜带和包装用扁条；另一种是多间隙拉伸，薄膜在两个主动辊之间及几个被动辊间隙中拉伸。要使拉伸间隙尽量地小，以保证薄膜在整个宽度上均匀定向，且膜边不增厚。

拉伸装置由五对辊筒及双侧拱形电热板组成，这有利于上下两层薄膜同时拉伸，且由于每对辊的上胶辊可上下移动，由空气压力对下镀铬辊加压，防止薄膜打滑。拉伸张力由调整电压自动控制。

(3) 对所得扁丝进行热定型后卷绕成型。热定型可采用与拉伸相同的加热设备，这对要求收缩率较低的产品十分重要，定型温度应比拉伸温度高 5 ~ 10 ℃，但也有定型与拉伸采用不同加热形式的。一般要求预收缩率为5% ~8%，这样可使扁丝的沸水收缩率降至 3% 以下，自然回缩率降至 0.2% 左右。

为适应高速纺丝要求，卷绕装置也必须是高速运转的。这就要求卷绕部分具有自动换筒装置和扁丝空气抽吸装置，这样才能保证连续高速操作。国外大多采用卧锭式卷绕装置，由单锭马达传动，每个卷轴上可卷装两个丝卷。

(二)撕裂纤维

撕裂纤维或称原纤化纤维，是将挤出或吹塑得到的薄膜，经单轴拉伸，使聚合物大分子沿拉伸方向取向，从而使轴向强度有很大提高，与此同时，垂直于拉伸方向(横向)的强度则下降很多；然后对薄膜施以外力，即通过针辊或齿辊等破纤装置，将薄膜开纤，再经物理、化学或机械作用，使开纤薄膜进一步离散成纤维网状物或连续长丝。另外，还有一种方法是在薄膜拉伸前，先在其表面压纹，或先挤出一种异形薄膜，然后经后拉伸和机械处理得到类似复丝一样的纤维，这可看成是介于割裂纤维和撕裂纤维之间的一种成纤方法。

撕裂纤维生产的关键是薄膜的原纤化，通常有无规则机械原纤化、可调节机械原纤化以及化学机械原纤化三种方法。

1. 无规则机械原纤化

薄膜经机械原纤化可得到一种网格大小不定的网状结构，或得到长度和宽度都不规则的单纤维。这种方法是将聚合物薄膜扁条在施加一定压力的两块橡胶板之间进行拉伸，并使它在垂直于扁条拉伸方向作横向相对滑动，使这些扁条被搓裂成许多线条，再将这些线条通过一个旋转的圆筒形刷子的作用，使其进一步裂纤，并彼此平行排列。

同样，将一根经拉伸取向的薄膜扁条，加捻到 1 000 捻/m，也可裂纤成粗纤维，用来制造绳子和捆扎线。在这种情况下，薄膜能自发地发生原纤化作用，且选择的拉伸条件要使扁条横向强度最低，以利于合股扁条的生产。但上述方法得到的原纤化膜裂纤维，在结构上是不均匀的，也未见其作为真正的纺织纤维来应用。

2. 可调节机械原纤化

这是将薄膜用机械方法进行原纤化，形成具有均匀网格的网状结构，或者形成具有均匀尺寸的纤维。近年来，工业生产的膜裂纤维大部分采用可调节机械原纤化方法。

3. 化学机械原纤化

在原有聚合物中加入一些助剂，以促进取向薄膜的原纤化，或者将取向薄膜进行化学处理，以加强其原纤化作用。这种方法大多依赖于用某种方法在薄膜中引入间断点。薄膜经取向后，这些间断点起着弱点或应力集中点的作用，从而使得机械原纤化变得容易进行。在薄膜中引入的间断点，可以是真空泡或气泡、可溶性盐、不相容的聚合物以及膨胀剂等。在薄膜中引入空穴的最有效方法，是用任何一种普通的方法挤出一泡沫薄膜，当泡沫薄膜取向时，薄膜中的气泡被拉长，每一个气泡都形成了一个裂纤核心。

不论用哪种方法引入间断点，都需要进行进一步的机械处理，以扩展裂纤作用，并形成一种真正纤维状的产品。这种方法特别适用于用机械方法难以裂纤或不能裂纤的薄膜，且由泡沫薄膜可得到很细的纤维。虽然化学机械原纤化方法所得到的膜裂纤维也是典型的、无规则的，但由于这种裂纤过程比较缓和，故纤维的均匀性较好。

三、聚丙烯纤维短程纺丝

短程纺丝是较常规纺丝的工艺流程短，纺丝工序与拉伸工序直接相连，喷丝头孔数增加，纺丝速度降低的一种新工艺路线。短程纺设备可采用色母粒同常规切片共混生产有色纤维。挤出机与箱体和管道都大为缩短，这既可缩小层高，又可减小输送熔体的阻力。所有的传动都采用微机控制以达到全自动，使产量与质量达到设计要求。近年短程纺有很大的发展，机器高度由三层压缩到一层，长度由 100 m 缩短到近 50 m，从切片输入到纤维打包全部连续化。如德国自动化设备公司生产的丙纶短纤维设备，其产量为 450 ~ 2 400 kg/h，线密度为 1.5 ~ 200 dtex，据称该设备以生产丙纶为主，也可用于涤纶、锦纶生产。

（一）工艺流程

短程纺虽然各家设备不同，但工艺流程基本相似：

切片喂入→添加剂注入→切片共混→螺杆挤出→熔体过滤→熔体分配→纺丝→环形内冷却→上油卷取→拉伸→张力调节→卷曲→热定型→张力消除→切断→打包。

（二）技术与设备特点

短程纺与普通纺比较，其特点为多孔低速，采用环形喷丝板，应用内冷却成型，产量高、流程短。技术为应用流变学原理设计，使环形开孔喷丝板的熔体分配合理，从而使纺出丝的线密度均匀。

短程纺丝系统与传统布局不同，如螺杆挤出机与纺丝卷绕机在同一平面（图 5－5）。熔体由螺杆挤出机后，送入位于高处的箱体与喷丝头，每个环形喷丝板用圆形箱体保温。环形喷丝板外圆直径为 500 mm，由两个熔体分配管送入，每管供应喷丝板所需熔体的一半，出喷丝板后形成半圆，远看似不透明的薄膜。经一对牵伸辊拉伸，其速度为 100 m/min，并可变速。成型质量与内圆环吹风的风压、风温有关，在生产过程中此丝束“环”的内外风压差是可调的。生产不同线密度的丝束“环”的密度不同，吹风穿透的风压也不同，这是冷却成型的关键。调整好风温、风速、风压才能保证丝束的质量。丝束的总线密度要满足后续工序卷曲的需要,即每厘米宽的丝束控制总线密度为 33 000 ~ 99 000 dtex。环形喷丝板比矩形喷丝板优点更多,它无熔体死角,各处压力均匀,受热也均匀。

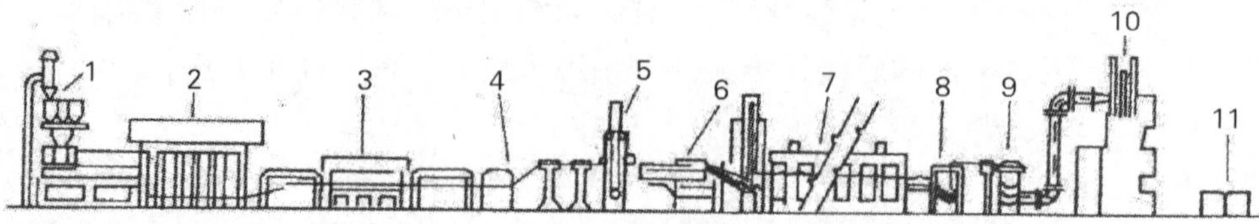

1—三色母粒与切片混入料斗; 2—纺丝机; 3—五辊牵伸机; 4—导丝机; 5—张力调整架; 6—卷曲机; 7—烘干定型机; 8—J型箱; 9—切断机; 10—打包机; 11—成品

图 5-5　聚丙烯纤维短程纺流程图

四、聚丙烯膨体长丝的生产

膨体长丝所用设备是将几道工序联系在一起,并组装在一台主机上。这样可大幅度缩小占地面积,使各工序的功能在一台机器上完成。这是近几年来 BCF 发展的趋势。BCF 生产流程为:切片输送→螺杆挤出→纺丝→拉伸→变形→卷绕。此工艺为连续一步法制取弹力丝(图 5-6)。

丙纶 BCF 是将丙纶未拉伸丝经拉伸、变形或再经网络加工成 BCF 长丝。该丝是三维卷曲的长丝,具有蓬松性、弹性,并有很好的手感,给人以丰满柔和的感觉。该长丝可根据不同用途制成一定线密度,如:1 500 ~ 3 500 dtex 用于地毯,1 100 ~ 2 600 dtex 用于家具布,550 ~ 770 dtex 用于装饰布。

BCF 长丝生产的传统工艺是不连续的,前后工序的衔接需大量筒子进行往返运输和倒筒。该工艺不仅占地面积大,噪声大,断头损耗也大,而且费工时、费动力,因而成本较高。如今采用高技术 BCF,对上述缺点进行革新,不仅使各工序连续,而且在一台机组上将各工序完成,并采用微机控制,提高了自动化程度,降低了噪声,且能提高成品质量。

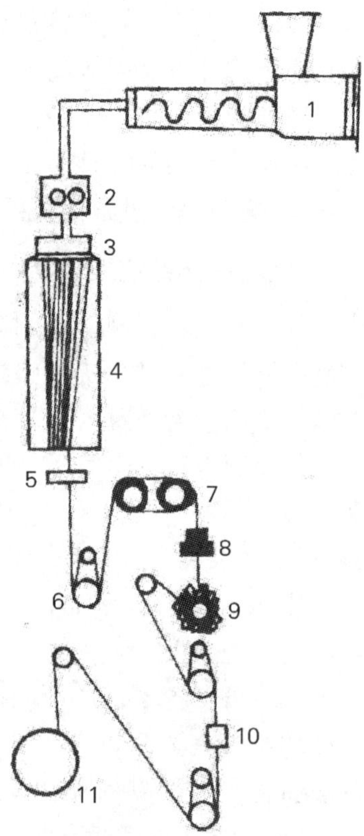

1—螺杆挤出机; 2—计量泵; 3—纺丝组件; 4—纺丝仓; 5—上油盘; 6—第一牵伸辊; 7—第二牵伸辊; 8—空气变形箱; 9—冷却鼓; 10—网络器; 11—高速卷绕机

图 5-6　膨体长丝生产流程图

各种类型 BCF 设备的主要流程是相同的,但各单元间的组合方式各有特点。这些特点从宏观来看,可分为两大类型:其一为串联式,占地面积小,因此采用高层建筑。方法是将挤出纺丝机同拉伸、变形、卷绕各单元以上下方式串联而组合。从工艺合理性上分析,此法生头操作方便,配色管路比较简单,便于维修,意大利 Filteco 公司的设备就属于串联型。其二为并联式,其特点是占地面积大,采用单层建筑。方法是将挤出纺丝机同拉伸、变形、卷绕各单元在同一平面并联组合。从工艺上分析,此法生头太长,操作不方便,配色管路比较复杂,维修也不方便,如德国 Barmag 公司的设备就属于并联式。考虑丙纶染色困难,用于丙纶的 BCF 机构大多配有纺前染色机构,即采用定量小螺杆或蝶阀式加料器。为了使产品具有多种颜色，采用三原色可调比例的色母粒进料，使花色品种增多。因此，大多配有三台螺杆挤出机为一个机组，既可以生产单色丝，也可以生产复色丝。

为了使颜色混合均匀，大部分公司都配套装置定量共混系统。目前分两种：一是颗粒混合式。在切片进入螺杆挤出机之前，将色母粒注入进料口（有小螺杆式与蝶阀式），可以应用切片也可用小颗粒或粉状，按重量计或按体积计。各种型号的可调范围不同，调节比为1∶10～1∶12。这种共混方式不仅用于色母粒，也可用于各种共混改性添加剂。二是熔体混合式。采用注入螺杆在大螺杆一区或二区注入色母粒。色母粒预先按比例混合三色，或一色共混，再经静态混合器提高其均匀性。有的再加装过滤器，以提高纺丝质量和延长喷丝板更换周期；有的直接将色母粒在小螺杆中熔融，再注入大螺杆中相混。

第四节　聚丙烯纤维的新品种

聚丙烯纤维具有许多优良的性能，但也有蜡感强、手感偏硬、难染色、易积聚静电等缺点。因此对其进行改性，开发新品种已成为聚丙烯纤维发展的主要方向。

1. 可染聚丙烯纤维

聚丙烯纤维分子中无亲染料基团，分子聚集结构紧密，常规聚丙烯纤维一般难染。目前市售聚丙烯纤维大都是通过纺前着色而获得颜色，但色谱不全，不能印花，限制了织物品种的多样化。因此，如何将通常的染色技术应用于聚丙烯纤维，已成为人们关注的问题。目前，已开发出多种可染聚丙烯纤维技术，这些技术大体可分为两类：一是通过接枝共聚将含有亲染料基团的聚合物或单体接枝到聚丙烯分子链上，使之具有可染性；二是通过共混纺丝破坏和降低聚丙烯大分子间的紧密聚集结构，使含有亲染料基团的聚合物混到聚丙烯纤维内，使纤维内形成一些具有高界面能的亚微观不连续点，使染料能够顺利渗透到纤维中去并与亲染料基团结合。

2. 工业用丙纶长丝及高强聚丙烯纤维

工业用丙纶长丝及高强丙纶是指用于服装以外的所有聚丙烯长丝，其生产工艺和用途与服装用纤维有明显区别。通过选用高分子、高等规度的聚丙烯原料，从提高大分子链伸展程度和结晶度着手，合理控制纺丝、拉伸、热处理工艺过程，可获得工业用丙纶长丝或高强聚丙烯纤维。其线密度、模量、强力要求高，断裂伸长率和伸缩率的要求一般都较低。

3. 细特及超细特聚丙烯纤维

普通聚丙烯纤维手感较硬，有蜡状感，因此主要用于地毯、非织造布、装饰布和产业用布等方面，服装用数量很小。随着新型催化剂和可控流变性能树脂制造技术的发展，细特、超细特聚丙烯纤维得到迅速发展，也为其服装领域的应用打下了基础。

用细特聚丙烯长丝作为服装用材料具有密度小、静电小、保暖、手感好以及有特殊光泽、酷似真丝等特点，并且有芯吸效应及疏水、导湿性，是制作内衣及运动服的理想材料。

4. 阻燃聚丙烯纤维

由聚丙烯纤维制成的织物易燃烧，并伴有燃烧熔滴现象，这一点限制了它的使用范围。聚丙烯纤维的阻燃改性主要是通过添加改性和阻燃后整理的方法制备。

聚丙烯主要通过利用卤素阻燃剂和三氧化二锑等协效剂共同作用来获得阻燃效果。通常，首先在聚丙烯切片中添加高浓度的阻燃剂及其他助剂，经过共混制造阻燃母粒；然后与常规聚丙烯切片纤维熔融纺丝成型，制备具有阻燃性的聚丙烯纤维。磷-溴协效阻燃体系用于聚丙烯纤维的阻燃具有良好的阻燃效果，环境污染小，而磷-氮协效阻燃体系用于聚丙烯纤维具有更好的阻燃效果，但是在聚丙烯纤维中的应用条件相对较高。

5. 远红外聚丙烯纤维

远红外聚丙烯纤维是一种具有优良保健理疗功能、热效应功能和排湿透气、抑菌功能的新型纺织材料。它含有特殊的陶瓷成分，这种成分能吸收人体释放出来的辐射热，并在吸收自然界光和热后发射回人体最需要的 4 ~ 14 μm 波长的远红外线。这种远红外线具有辐射、渗透和共振吸收特征，易被人体皮肤吸收，活化组织细胞，促进新陈代谢，让人体达到保湿及促进血液循环的保健作用。

复习指导

1. 掌握聚丙烯的制备、结构与性质。
2. 掌握成纤聚丙烯的质量要求。
3. 掌握熔体纺丝的制备方法，了解聚丙烯生产工艺特点和主要控制参数。
4. 掌握聚丙烯纤维长丝、短纤及膨体纱的成型工艺。
5. 了解聚丙烯纤维的性能和用途。
6. 了解聚丙烯新产品的特点及改性机理。

习题与思考

1. 简述成纤聚丙烯树脂的质量要求。
2. 丙纶纺丝为何免干燥？
3. 简述等规聚丙烯的生产方法。
4. 试分析聚丙烯和聚酯纤维纺丝设备的异同点。
5. 简述聚丙烯长丝生产的主要工艺参数。
6. 什么是膜裂纤维，膜裂纤维的生产方法有哪些？
7. 什么是短程纺，短程纺的生产方法有哪些？
8. 什么是膨体变形丝，膨体变形丝的生产工艺有何特点？产品有哪些用途？
9. 总结聚丙烯的性能特点，并分析对其进行亲水改性的机理。
10. 请查阅相关文献，总结聚丙烯纤维改性的种类及方法。
11. 请写出聚丙烯纤维的主要应用领域。

第六章　聚丙烯腈纤维

第一节　概述

聚丙烯腈纤维(polyacrylic fibre，PAN)，是由丙烯腈(AN)结构单元含量大于85%的共聚物，经纺丝和后加工而成的纤维。改性聚丙烯腈纤维是由AN结构单元含量占35%～85%的共聚物纺制而成的纤维。

我国商品名为腈纶，美国商品名有奥纶、阿克利纶、克丽斯纶、泽弗纶等，英国有考特尔，日本有开司米纶、依克丝兰、贝丝纶等商品名称。腈纶的性能与羊毛极为相似，有"合成羊毛"之称。腈纶是三大合成纤维之一。特别是近十年来，通过化学和物理改性制成了多种改性聚丙烯腈纤维，商品名目繁多。

一、聚丙烯腈纤维的发展概况

1894年，法国化学家姆劳(C. Mouraeu)发明了聚丙烯腈，但由于没有寻找到合适的溶剂，未能将聚丙烯腈制成纤维。

1934年，德国化学家莱茵(H. Rain)发明了硫氰酸钠(NaSCN)和氯化锌($ZnCl_2$)等无机溶剂，进行了湿纺聚丙烯腈纤维的试验。1942年，莱茵与美国化学家霍乌兹(R. C. Houtz)几乎同时发现了二甲基甲酰胺溶剂，试验成功了干纺聚丙烯腈纤维。1950年，美国杜邦公司首先进行工业生产，当时命名为奥纶(Orlon)。之后又发现了多种溶剂，形成了多种生产工艺。1954年，德国拜耳公司用丙烯酸甲酯与丙烯腈的共聚物制得纤维，改进了纤维性能，提高了实用性，促进了聚丙烯腈纤维的发展。

我国聚丙烯腈纤维的研究和生产已有近60年历史。1958年开始研究，1969年引进了英国考陶尔德(Courtauld Ltd.)公司的NaSCN一步法湿纺腈纶成套设备，开始了工业化生产，并将产品正式定名为"腈纶"。到20世纪末，已形成二甲基甲酰胺(DMF)干法、NaSCN湿法和二甲基乙酰胺(DMAC)湿法等多种工艺路线并举的腈纶工业体系。目前我国腈纶的产能已达到世界总产能的1/3，成为世界腈纶的主要生产基地。腈纶的性能与羊毛极为相似，有"合成羊毛"之称，而价格仅为羊毛的1/50，因此，虽然国内腈纶产量逐年增加，但需求量增加更快，仍供不应求。

二、聚丙烯腈纤维的发展趋势

聚丙烯腈纤维的研发趋势可以归纳为三方面：一是新型纺丝法的研究，如采用增塑剂法，以期通过降低聚丙烯腈大分子间的相互作用从而降低聚合物的熔点，采用熔融纺丝或提高干喷湿纺工艺中纺丝浆液的浓度，达到提高成纤后原丝力学性能的目的；二是研究聚丙烯腈纤维的新品种，例如阻燃性聚丙烯腈纤维，高收缩性聚丙烯腈纤维，聚丙烯腈纤维纺丝过程中的在线着色技术，抗静电聚丙烯腈纤维，高吸水率聚丙烯腈纤维，细旦丝纤维，复合聚丙烯腈纤维，抗菌防臭聚丙烯腈纤维，远红外聚丙烯腈纤维，高强高模聚丙烯腈纤维等；三是研究生产碳纤维的聚丙烯腈基纤维。

我国有 NaSCN、DMF、DMAC、二甲基亚砜（DMSO）以及硝酸（HNO_3）5 种溶剂路线，其中 NaSCN 占 40.8%，DMAC 占 30.9%，DMF 占 28.3%。NaSCN 湿纺二步法是未来腈纶发展的主流技术。我国腈纶差别化率仅 20%，低于全球平均差别化率 40% ~50%，因此进一步开发腈纶差别化纤维，提高产品的技术附加值，是我国腈纶发展的必由之路。腈纶长丝是碳纤维的原料之一，我国急需加强碳纤维专用料的研发，提高自主创新能力，掌握核心技术。

三、聚丙烯腈纤维的主要性能和用途

聚丙烯腈纤维的性能极似羊毛，蓬松卷曲而柔软，弹性较好，伸长 20% 时回弹率仍可保持 65%，保暖性比羊毛高 15%，有“合成羊毛”之称。强度一般为 22.1 ~48.5 cN/tex，比羊毛高 1 ~2.5 倍。密度一般为 1.16 ~1.18 g/cm^3，标准回潮率为 1.0% ~2.5%。腈纶纤维的特点是保暖性好和耐日晒，露天暴晒一年，强度仅下降 20%，在六大纶中居第一位，可做成窗帘、幕布、篷布、炮衣等。由于氰基（—CN）具有吸收紫外线并转化为热能的作用，因此腈纶耐晒并且保暖性好；腈纶具有色彩鲜艳、毛感强、防霉防蛀等优点，但也有易起球、静电高的缺点，改性腈纶可从不同程度上弥补这些不足。腈纶可纯纺或与天然纤维混纺，如与羊毛混纺成毛线，或织成毛毯、地毯等，还可与棉、人造纤维、其他合成纤维混纺，织成各种衣料和室内用品。腈纶非常适合加工成膨体纱，主要用于毛毯、人造毛皮和玩具绒等领域。

聚丙烯腈纤维不仅是服用和装饰用纤维，而且是不可或缺的产业用纤维，是制造优质碳纤维的首选基纤维。

第二节　主单体丙烯腈的制备

一、聚丙烯腈纤维的生产流程

聚丙烯腈纤维生产的主流程包括：主单体或第一单体丙烯腈的合成，丙烯腈的聚合或共聚，纺丝及后处理等主要工段。丙烯腈的结构式为：CH_2═CH—CN，丙烯腈的制备方法主要有丙烯氨氧化法、丙烷氨氧化法、环氧乙烷氢氰酸法和乙炔氢氰酸法等，实际生产中多采用丙烯氨氧化法。由丙烯腈生产的聚丙烯腈纤维还需加入其他共聚单体。以一步法（均相溶液聚合）为例，加入第二单体为丙烯酸甲酯，第三单体为衣康酸，溶剂为 NaSCN 水溶液。经溶液湿法纺丝制得初生纤维（冻胶丝），再经后加工（也称后处理），即拉伸、水洗、干燥致密化、卷曲、热定型、上油、切断和打包等一系列工序，最终得到短纤或毛条（牵切纤维）等成品纤维。聚丙烯腈短纤维和毛条生产工艺流程见图 6 -1。

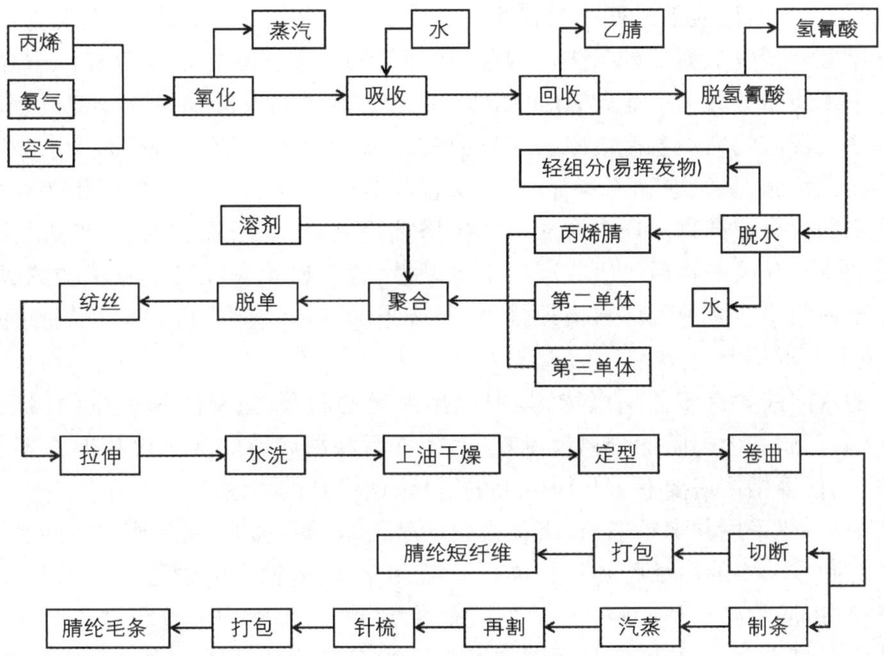

图 6-1　聚丙烯腈短纤维生产工艺流程图

二、丙烯氨氧化法

(一)化学反应

丙烯氨氧化法，是丙烯在一种混合金属氧化物催化剂的作用下与氨气和氧气(或空气)反应合成丙烯腈，其主反应为：

$$CH_2{=}CH{-}CH_3 + NH_3 + \frac{3}{2}O_2 \longrightarrow CH_2{=}CH{-}CN + 3H_2O$$

丙烯、氨、氧在一定条件下发生反应，除生成丙烯腈外，有多种副产物生成，氢氰酸生成量约占丙烯腈质量的 1/6，乙腈的生成量约占丙烯腈质量的 1/7，副反应主要有：

$$CH_2{=}CHCH_3 + 3NH_3 + 3O_2 \longrightarrow 3HCN + 6H_2O$$

$$CH_2{=}CHCH_3 + \frac{3}{2}NH_3 + \frac{3}{2}O_2 \longrightarrow CH_3{-}CN + 3H_2O$$

(二)工艺流程

原料丙烯和氨经蒸发器蒸发后进行混合，从流化床底部经气体分布板进入反应器，空气经过滤后由空压机送入反应器。在催化剂作用下，三者在流化床反应器中进行氨氧化反应。氨氧化反应放出大量的热，为了保持床层温度稳定，反应器中设置了一定数量的 U 型冷却管。反应尾气经过旋风分离器，捕集生成气夹带的催化剂颗粒，然后进入尾气冷却器用水冷却，再进入急冷塔。

反应后的气体进入急冷塔，通过高密度喷淋的循环水后冷却降温。反应器流出物料中尚有少量未反应的氨，这些氨必须除去。因为在氨存在下，碱性介质中会发生一些不希望发生的反应，如氢氰酸的聚合、丙烯醛的聚合、氢氰酸与丙烯醛加成为氰醇、氢氰酸与丙烯腈加成为丁二腈，以及氨与丙烯腈反应生成氨基丙腈等。生成的聚合物会堵塞管道，而各种加成反应会导致产物丙烯腈和副产物氢氰酸的损失。因此，冷却的同时需向塔中加入硫酸以中和未反应的氨。工业上采用质量分数为1.5%左右的硫酸，中和过程也是反应物料的冷却过程，故急冷塔也叫氨中和塔。反应物料经急冷塔除去未反应的氨并冷至40 ℃左右后，进入水吸收塔，利用合成气体中的丙烯腈、氢氰酸和乙腈等产物，根据与其他气体在水中溶解度相差很大的原理，用水作吸收剂回收合成产物。通常合成气体由塔釜进入，水由塔顶加入，二者进行逆流接触，以提高吸收效率。吸收产物后的吸收液应不呈碱性，含有氰化物和其他有机物的吸收液由吸收塔釜泵送至回收塔。其他气体自塔顶排出，所排出的气体中要求丙烯腈和氢氰酸的体积分数均小于$2\times10^{-3}\%$。

丙烯腈的水溶液含有多种副产物，其中包括少量的乙腈、氢氰酸和微量丙烯醛、丙腈等。在众多杂质中，乙腈和丙烯腈的分离最困难，因为乙腈和丙烯腈的沸点仅相差4 ℃，若采用一般的精馏法，据估算精馏塔要有150块以上的塔板，这样高的塔设备不宜用于工业生产。目前在工业生产中，一般采用共沸精馏，在塔顶得丙烯腈与水的共沸物，塔底则为乙腈和大量的水。利用回收塔对吸收液中的丙烯腈和乙腈进行分离，由回收塔抽出的含乙腈和水蒸气的混合物送至乙腈塔釜，以回收副产品乙腈；含有丙烯腈、氢氰酸、水等物质的物料进入脱氰塔中，轻组分氢氰酸从塔顶蒸出，塔釜纯度较高的丙烯腈料液由泵送到成品塔。由成品塔顶蒸出的蒸气经冷凝后进入塔顶作回流，由成品塔釜抽出的含有重组分的丙烯腈料液送入急冷塔中回收丙烯腈，由成品塔侧线液相抽出的成品丙烯腈经冷却后送往成品罐。

（三）工艺条件

1. 原料配比

合理的原料配比是保证丙烯腈合成反应稳定、副反应少、消耗定额低，以及操作安全的重要因素，因此，严格控制投入反应器的各物料流量是很重要的。

丙烯与氨的配比称为氨比。理论氨比为1∶1，在实际投料中发现，氨的用量小于理论值时，有较多的副产物丙烯醛生成。但用量过多也不经济，既增加了氨的消耗量，又增加了硫酸的消耗量，因为过量的氨要用硫酸中和，又加重了氨中和塔的负担。因此，氨比以1∶1.1～1∶1.2为宜。

丙烯与空气的配比称为氧比。丙烯氨氧化所需的氧气是由空气带入的。理论氧比为1∶1.5，目前工业上实际采用的氧比为1∶2～1∶3，大于理论值的氧比，目的是为了保护催化剂，不致因催化剂缺氧而失活。反应时若在短时间内因缺氧造成催化剂活性下降，可在540 ℃温度下通入空气使其再生，恢复活性。但若催化剂长期在缺氧条件下操作，虽经再生，活性也不可能全部恢复。因此，生产中应保持反应后气体中有2%（体积分数）的含氧量。但空气过多也会带来一些问题，如使丙烯浓度下降，影响反应速度，从而降低了反应器的生产能力。

丙烯与水蒸气的配比称为水比。丙烯氨氧化的主反应并不需要水蒸气参加。但根据该反应的特点，在原料中加入一定量水蒸气有多种好处，如可促使产物从催化剂表面解析出来，从而避免丙烯腈的深度氧化；若不加入水蒸气，原料混合气中丙烯与空气的比例正好处于爆炸范围内，加入水蒸气对保证生产安全有利；水蒸气的热容较大，又是一种很好的稀释剂，加入水蒸气可以带走大量的反应生成热，使反应温度易于控制；加入水蒸气对催化剂表面的积炭有清除作用；但是水蒸气的加入会降低设备的生产能力，增加动力消耗；当催化剂活性较高时，也可不加水蒸气。因此，丙烯腈生产工艺条件优化的发展趋势是改进催化剂性能，以便少加或不加水蒸气。从目前工业生产情况来看，当水比为1∶3时，综合效果较好。

2. 反应温度

温度是影响丙烯氨氧化的一个重要因素。温度的变化对丙烯的转化率、丙烯腈的收率、副产物氢氰酸和乙腈的收率以及催化剂的空时收率都有影响。当温度低于350 ℃时，几乎不生成丙烯腈，要获得丙烯腈的高收率，必须控制较高的反应温度。当温度在457 ℃以上反应时，丙烯易于与氧作用生成大量CO_2，放热较多，反应温度不易控制；此外，过高的温度也会使催化剂的稳定性降低。当反应温度升高时，丙烯转化率、丙烯腈收率都明显地增加，而副产物乙腈和氢氰酸收率则有所增加。随着温度的升高，丙烯腈收率和乙腈收率都会出现一个最大值。丙烯腈收率的最大值所对应的温度约为460 ℃，乙腈收率最大值所对应的温度大约为417 ℃，生产中通常在460 ℃左右进行操作。

3. 反应时间

丙烯氨氧化反应是气-固相催化反应，反应是在催化剂表面进行的。因此，原料和催化剂必须有一定的接触时间，使原料能尽量转化成目的产物。一般说来，适当增加接触时间，可以提高丙烯转化率和丙烯腈收率，而副产物乙腈、氢氰酸和丙烯醛的收率变化不大，这对生产是有利的。但是，增加接触时间是有限度的，过长的接触时间会使丙烯腈深度氧化的机会增大，反而使丙烯腈收率下降；同时，过长的接触时间还会降低设备的生产能力，而且由于尾气中氧含量降低而造成催化剂活性下降，故接触时间一般为5～10 s。

4. 反应压力

丙烯氨氧化生产丙烯腈是体积缩小的反应，提高压力可增大反应的平衡转化率。同时，提高压力也可增加气体的相对密度，相应地增加设备的生产能力，但加压反应的效果不如常压理想。这可能是由于加压对副反应更有利，反而降低了丙烯腈的收率。因此，一般采用常压操作，也有为克服管道阻力适当加压的操作。

三、丙烷氨氧化法

丙烷氨氧化法是指丙烷在催化剂的作用下与氨和氧气（或空气）反应合成丙烯腈。丙烷氨氧化法的工艺与丙烯氨氧化法基本相同，仅吸收部分用磷酸氢二氨代替了稀硫酸。丙烷、氨和空气经预热、计量后进入反应器。反应器温度为440～450 ℃，压力稍高于常压。反应器浓相段U型冷却管内通入高压软水，用以控制反应温度。反应器内的催化剂经三级旋风分离器捕集后仍回反应段参加反应。反应后的气体从反应器的顶部出来，在反应器冷却器进行热量交换后，冷却至200 ℃左右后进入回收和分离工序。

第三节 聚丙烯腈的制备

一、聚丙烯腈的结构

聚丙烯腈的化学结构式（共聚组分未标明）如下所示：

$$\left[\mathrm{CH_2}-\underset{\substack{|\\ \mathrm{CN}}}{\mathrm{CH}}\right]_n$$

均聚的聚丙烯腈纤维大分子结构很独特，侧基氰基极性很强，分子内相邻两个氰基互相排斥，使大分子呈螺旋形棒状构象；大分子柔性很小，大分子间氰基因极性方向相反而互相吸引，使分子敛集非常紧密，导致纤维刚性大和吸收性差，服用性能差；均聚的聚丙烯腈纤维柔弹性和染色性也很差，因此，通过加入第二和第三单体进行共聚合，目的是改善性能，第二单体改善弹性和手感，第三单体改善染色性，服用腈纶都是丙烯腈共聚物经纺丝和后处理而制成的。

氰基在酸、碱的催化作用下会发生水解，先生成酰胺基，进一步水解生成羧基。水解使聚丙烯腈转变为可溶性的聚丙烯酸而溶解，造成纤维失重，强力降低，甚至完全溶解，因此聚丙烯腈纤维的耐酸碱性不强。

二、主单体及其他基本原料

聚丙烯腈是由主单体丙烯腈、第二单体（丙烯酸甲酯或甲基丙烯酸甲酯等）和第三单体（丙烯磺酸钠等）经自由基共聚合反应而生成的无规的 ABC 共聚物。

（一）单体

1. 主单体

丙烯腈（AN），闪点 25 ℃，自燃点 48 ℃，爆炸极限（$V\%$）为 3.0% ~17%，属于中闪点易燃液体，其蒸气与空气形成爆炸性混合物，遇明火、高热可引起燃烧爆炸，与氧化剂接触也能发生强烈反应。由于其蒸气比空气重，能在较低处扩散至相当远的地方，遇火源则引起回燃。丙烯腈遇高热可能发生聚合反应并大量放热，引起容器破裂和爆炸事故。丙烯腈属于高毒类物质，我国规定其最高允许浓度为 1.9 mg/m^3，丙烯腈中毒可抑制呼吸，引起头痛、恶心、眩晕、腹泻、呼吸困难等，严重者可产生痉挛、意识丧失甚至死亡。

2. 第二单体

常用的第二单体有丙烯酸甲酯（MA）、甲基丙烯酸甲酯（MMA）和醋酸乙烯酯（VAc）等，第二单体的作用是改善纤维的柔弹性和渗透性。

3. 第三单体

常用的第三单体有衣康酸（ITA）、丙烯磺酸钠（AS）或者甲基丙烯磺酸钠（MAS）等，第三单体的作用是改善纤维的染色性。

（二）其他原料

1. 引发剂

常用引发剂为偶氮二异丁腈（AIBN）。偶氮二异丁腈为白色晶体，属于易燃固体，遇明火、高热或与氧化剂混合经摩擦、撞击有引起燃烧爆炸的危险。受热时性质不稳定，103 ℃以上剧烈分解，甚至爆炸。禁忌受热或与强氧化剂接触。应存于阴凉通风的室内，防止阳光直射，室温不超过 28 ℃。储存期不可过长，规定不超 3 个月。偶氮二异丁腈属于高毒类物质，LD50 为 2 mg/m^3（大鼠经口）。大量接触偶氮二异丁腈可引起头痛、易疲劳、流涎和呼吸困难，亦可见到抽搐和昏迷。

2. 分子量调节剂

异丙醇（IPA）做分子量调节剂，也称链转移剂。异丙醇叔碳原子上的氢很活泼，易与大分子链发生链转移反应，链转移反应会使聚合物平均分子量下降，所以添加异丙醇可达到控制分子量的目的。

3. 浅色剂

加入氧化硫脲（TUD）或氯化亚锡（$SnCl_2$）会提高纤维的白度。

4. 溶剂

聚合所用溶剂有无机和有机两种。二甲基甲酰胺、二甲基亚砜、二甲基乙酰胺和碳酸乙烯酯等属有机溶剂，硫氰酸钠、氯化锌和硝酸等属无机溶剂。

三、丙烯腈的聚合工艺

聚丙烯腈是由一种或三种单体经自由基聚合或自由基共聚合反应而成的。因为自由基聚合速度快，放热量大，采用溶液聚合，冷凝回流可及时将聚合热引出聚合釜外，便于控制生产，防止爆聚；又因为聚丙烯腈的熔点高于分解点，不能采用熔融纺丝，必须采用溶液纺丝，所以聚合一般都采用溶液聚合工艺。

（一）丙烯腈聚合原理

丙烯腈聚合是典型的自由基聚合反应，由链引发、链增长、链终止还伴随有链转移等基元反应组成。聚合分为诱导期、初期、中期和后期四个阶段。

诱导期初级自由基为阻聚杂质所终止，无聚合物形成，聚合速率为零。诱导期过后，单体开始正常聚合，转化率为10%～20%的阶段称作初期；聚合中期链增长反应很快，链增长速率常数（K_p）很大。随着聚合的进行，体系黏度增大，长链自由基扩散困难，终止速率常数（K_t）减小。根据自由基聚合动力学研究，总聚合速率（V_p）与 K_p 成正比，与 K_t 成反比，所以聚合速率迅速增大，出现自动加速现象。聚合反应会大量放热，反应体系温度随反应时间快速升高，必须经冷却回流及时控制温度，否则会引起爆炸。聚合后期，体系的黏度进一步增大，开始阻碍单体的扩散，K_p 变小，链增长的速率和链终止的速率相等，分子量的增长减缓，反应趋于平稳，温度基本不变。

此时，聚合基本完成，体系内的单体浓度已经很低，体系的温度不再变化，如果延长聚合时间会增大转化率，但不会提高聚合物的分子量。总之，丙烯腈聚合反应是放热的不可逆反应，单体一旦被引发就会立即长成大分子，不会停留在中间阶段，反应系统中只会分离出单体和聚合物，而不存在中间产物。

在聚合时的不同阶段，搅拌速度是不一样的，加快搅拌速度，转化率和平均分子量减小，这是因为搅拌速度加快时，颗粒碰撞概率增大，增加了长链自由基的扩散机会，链终止常数 K_t 增大，结果使平均聚合度减小，平均分子量减小。

（二）丙烯腈聚合工艺路线

丙烯腈可以采用不同的聚合工艺路线来进行聚合，如用乳液聚合、悬浮聚合、溶液聚合、沉淀聚合、离子（引发）聚合、本体聚合等，目前在腈纶生产中只采用溶液聚合及水相悬浮聚合两类，已用于工业化生产的共有12种工艺路线。

由溶液聚合单体经聚合直接形成聚合物溶液，只要经脱除单体、过滤去杂质及脱泡后即可供纺丝，这种工艺路线称为一步法。水相悬浮聚合是将单体经氧化-还原引发剂引发聚合后，所得聚合物不溶于水，不断从水相中析出，再经回收单体、脱水、干燥后可制得聚丙烯腈共聚物，再将共聚物溶于合适的溶剂制成纺丝溶液，这种工艺被称为二步法。

选用既能溶解单体也能溶解聚合物的二甲基甲酰胺、二甲基亚砜、硫氰酸钠等溶剂进行均相溶液聚合，所得聚合液直接用于纺丝，形成聚合和纺丝的连续性生产，即一步法生产工艺是优先选择的工艺路线。

采用二甲基甲酰胺或二甲基亚砜有机溶剂，对聚合物的溶解能力强，聚合溶液的浓度较高，有利于提高纺丝速度，溶剂回收也较简便，所得纤维性能较好，且对设备的材质要求较低。缺点是聚合速度慢，聚合时间一般在 10 h 以上；采用硫氰酸钠等无机溶剂，聚合时间仅需 2 h，所得纤维白度较好。缺点是溶剂具有腐蚀性，对设备的材质要求高，设备投资高。下面主要介绍二甲基亚砜法和硫氰酸钠法均相溶液聚合。

（三）一步法聚合与原液制备工艺流程

1. 二甲基亚砜一步法

二甲基亚砜一步法聚合与原液制备工艺流程如图 6－2 所示。

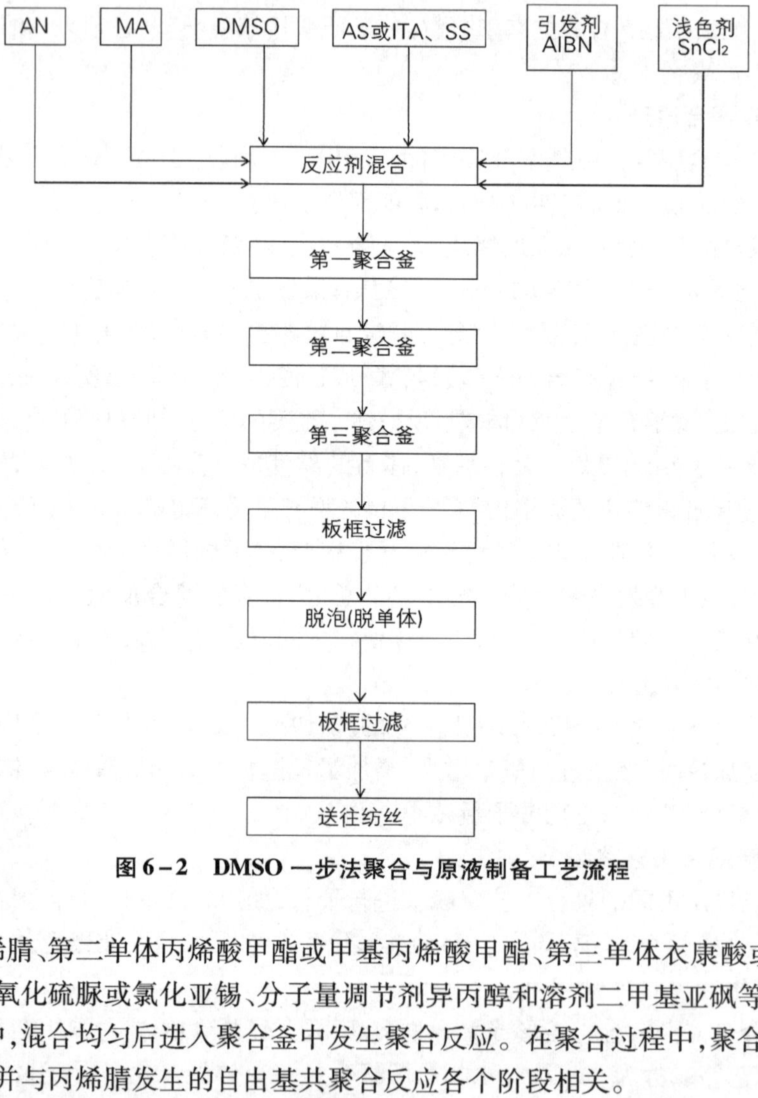

图 6－2　DMSO 一步法聚合与原液制备工艺流程

将单体丙烯腈、第二单体丙烯酸甲酯或甲基丙烯酸甲酯、第三单体衣康酸或丙烯磺酸钠、引发剂、浅色剂氧化硫脲或氯化亚锡、分子量调节剂异丙醇和溶剂二甲基亚砜等按比例加入反应试剂混合罐中，混合均匀后进入聚合釜中发生聚合反应。在聚合过程中，聚合的温度是随着时间而变化的，并与丙烯腈发生的自由基共聚合反应各个阶段相关。

聚合产生的聚丙烯腈溶液首先要经过闪蒸取出未反应的单体，再经过负压脱泡和板框机过滤等纺前处理。这是因为丙烯腈浆化或溶解时，由于操作或机械的问题可能有部分浆块产生。大的浆块会堵塞管道，小的浆块则随原液一同进入喷丝头而堵塞喷丝头，造成纺丝停车。生产中最多的设有八道过滤，并扩大了烛型过滤器的面积以保证进入喷丝头前的纺丝液的过滤质量。在原液输送过程中，机械搅拌的作用或泵的泄漏也会使原液混进空气，而原液的黏度很高，在常压静止状态下气泡不易脱出。如果气泡直径大于喷丝孔直径会造成单纤维断裂，形成毛丝，如气泡直径小于喷丝孔直径，气泡残留在纤维内造成气泡丝，使纤维产生空洞，因此必须进行真空脱泡。

2. 硫氰酸钠一步法

硫氰酸钠法的聚合及原液准备工序和二甲基亚砜法基本相同，不再复述。可概括为以下工艺过程：

(1) 混合：在大型混合桶中，用泵打循环进行混合，使原液浓度等性质均匀稳定，并贮有一定量的原液，便于聚合和纺丝连续生产。

(2) 脱泡：气泡产生的原因是引发剂分解时产生氮气，聚合釜内机械搅拌和原液输送中混入气体。脱泡塔与脱单体塔类似，由蒸气喷射泵组成真空系统。

(3) 消光、增白：根据用户要求，有时原液中需加入消光剂和荧光增白剂。

(4) 调温过滤：纺丝原液温度调至 32 ~ 35 ℃，使用板框式过滤机过滤。

(四) 一步法聚合与原液制备工艺参数

丙烯腈主单体、衣康酸共聚单体、引发剂偶氮二异丁腈和溶剂亚砜按配比投料，聚合釜内常压聚合，聚合后的混合液在 40 ℃左右和负压条件下进行脱单体和脱泡，以脱去未反应的单体丙烯腈和气泡，脱出的单体丙烯腈经冷凝和精馏后可回用，脱泡时间为 2 ~4 h。其他工艺参数如下：

1. 引发剂浓度

当其他条件基本不变时，引发剂浓度增加，聚合速率提高，但聚合物的平均分子量下降。以偶氮二异丁腈为引发剂时，一般为总单体质量的 0.2% ~0.8%。

2. 总单体浓度

单体浓度高，聚合速率高，转化率也高。一般总单体质量分数为 20% 左右。

3. 聚合温度

温度升高有利于引发及分解，聚合反应总速率提高。但升高温度自由基浓度增加，会使平均分子量下降和分子量分布变宽，不利于提高产品质量。硫氰酸钠法和二甲基亚砜法的聚合温度都为 76 ~78 ℃。

4. 聚合时间与聚合转化率

聚合时间长，单体转化率提高，但副反应增加，聚合物泛黄，白度降低。一般不采用长时高转化率，而采用短时低、中转化率。转化率低于 70%，聚合时间为 1 ~2 h。

5. 介质的 pH 值

均相聚合时由于聚丙烯腈的耐酸碱性较差，聚合物的色泽随 pH 值的增大而变深，pH 值一般控制在 5 左右。水相聚合时，碱性条件不能引发聚合，pH 值较低，控制在 2 左右。

6. 浅色剂

二氧化硫脲受热后产生尿素和次硫酸，这些都具有漂白作用。特别是次硫酸可使杂质中的棕色三价铁离子还原为浅绿色二价铁离子，起到浅色作用；同时二氧化硫脲还能阻止空气中的氧使聚合物氧化着色，所以二氧化硫脲被称为浅色剂。但二氧化硫脲有阻聚作用，用量不宜太多，一般为总单体质量的 0.5% ~1.2%。

7. 分子量调节剂

异丙醇易于发生链转移反应，链转移会使分子量下降，异丙醇被称为分子量调节剂或链转移剂。加入异丙醇为总单体质量的1% ~3%,可以有效地控制分子量。

8. 铁质

铁含量应小于1 mg/kg。因为铁离子不仅有阻聚作用,而且会使成品白度下降。溶剂中的二价、三价铁离子对聚合反应有阻聚作用,使反应速度降低,化学反应如下所示:

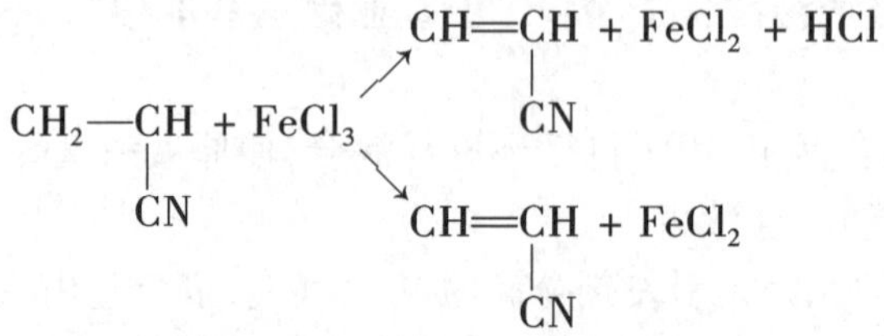

9. 杂质

来自单体和溶剂的有机杂质如氢氰酸、乙腈、乙醛等容易引起链转移反应,使聚合度和转化率下降。单体的纯度应高于99.9%,用于碳纤维原丝时应更高。

四、聚丙烯腈的性质

均聚的聚丙烯腈有两个差距较大的玻璃化转变温度(Tg),Tg_1(85 ~ 100 ℃)和Tg_2(140 ~ 150 ℃)。丙烯腈共聚物的两个玻璃化转变温度较接近,约为$Tg_1$75 ℃和$Tg_2$100 ℃。

聚丙烯腈外观为白色或略带黄色的不透明粉末,相对密度1.12 g/cm^3,溶于二甲基甲酰胺、二甲基亚砜、环丁砜、硝酸亚乙基酯等极性有机溶剂,还能溶于硫氰酸盐、过氯酸盐、氯化锌、溴化锂等无机盐的浓水溶液,以及浓硝酸等特殊溶剂。它的软化温度和分解温度很接近,加热至200 ℃以上也不熔化,而是逐渐着色,以至碳化。理论熔点317 ℃,但未等熔化便先行分解了。

聚丙烯腈耐酸碱较差,会生成脒基使色泽变黄。但聚丙烯腈的耐光性在六大纶中是最好的,这是因为氰基(—CN)能吸收紫外线,并将其转换为热能释放,从而保护了大分子主链不被紫外线破坏。

第四节 聚丙烯腈纤维的纺丝

聚丙烯腈的熔点高于分解点,不能熔融纺丝,多采用溶液纺丝法和冻胶法纺丝。本节主要介绍溶液纺丝法。

聚丙烯腈数均分子量一般为$5.3 \times 10^4 \sim 1.06 \times 10^6$,热分解温度($T_d$)为200 ~250 ℃,理论熔点($T_m$)为267 ℃。熔融温度超过分解温度,所以聚丙烯腈适合溶液纺丝法。溶液纺丝法包括湿法纺丝、干法纺丝和干湿法纺丝三种,湿法纺丝纺速慢,主要用于纺短纤维,一般用万孔喷丝头或集装喷丝头来提高产量;干法用于纺长丝;干湿法用于纺碳纤维的基纤维。

一、湿法纺丝

实际生产中,聚丙烯腈湿法纺丝多采用硫氰酸钠和二甲基亚砜两种溶剂。由聚合和原液制备得到的纺丝原液,进入图6-3中所示的输液管中,经过纺丝计量泵和烛形过滤器,由喷丝头上的喷丝孔挤出形成原液细流,在凝固浴槽中脱溶剂凝固成初生纤维。

1. 湿法纺丝机及其附件

聚丙烯腈湿法纺丝机有斜底水平式和立式两种。我国多采用如图 6－3 所示的斜底水平纺丝机。纺丝机的主要附件有凝固浴槽、纺丝泵、烛形过滤器和喷丝头。凝固浴槽中的液体称为凝固浴液，如 NaSCN 或 DMSO 水溶液。凝固浴液不停地缓慢流动，流出的凝固浴液送至循环系统经调温调浓后重新进入凝固浴槽。纺丝泵主要给纺丝原液（PAN + NaSCN + H_2O 或 PAN + DMSO）计量和加压。烛形过滤器精细过滤纺丝原液，以免堵塞直径为 0.1～0.5 mm 的喷丝孔。喷丝头上的喷丝板是纺丝机的核心部件，材质是防腐蚀铂-金或钽-铌合金等特殊材料。

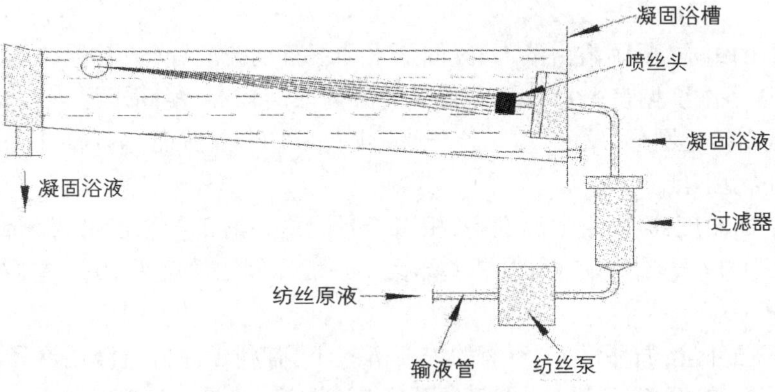

图 6－3　湿法纺丝机

2. 湿法纺丝凝固过程

湿法纺丝凝固过程主要是双扩散过程。

（1）NaSCN 为溶剂的湿法纺丝凝固过程：原液细流是 PAN 为溶质、NaSCN + H_2O 为混合溶剂的三元体系。凝固浴液中主要是 H_2O 和 NaSCN，H_2O 为凝固剂，NaSCN 为溶剂。因为原液细流中 NaSCN 的质量分数约为 40%，高于凝固浴液中 NaSCN 的质量分数（约 15%）。据扩散原理，分子会自发地由高浓向低浓扩散，所以原液细流中的 NaSCN 向凝固浴液中扩散。同理，H_2O 的浓度是凝固浴液高于原液细流，凝固浴液中的 H_2O 向原液细流内部扩散。通过双扩散，原液细流中的溶剂 NaSCN 逐渐减少，凝固剂水有所增加。当原液细流中溶剂 NaSCN 的浓度降低到临界值以下时，均相的原液细流发生相分离，凝固成聚丙烯腈初生纤维。

（2）DMSO 为溶剂的湿法纺丝凝固历程：原液细流是 PAN 为溶质、DMSO 为溶剂的二元体系。凝固浴液中主要是 DMSO 和 H_2O，DMSO 为溶剂，H_2O 为凝固剂。原液细流中 DMSO 的质量分数约为 80%，高于凝固浴中 DMSO 的质量分数（约 20%），所以原液细流中的 DMSO 向凝固浴液中扩散，凝固浴液中的水向细流内部扩散。通过双扩散，原液细流中的溶剂 DMSO 逐渐减少，原液细流发生相分离，固化成初生纤维。

3. 纺丝工艺参数

（1）聚丙烯腈的相对分子质量：用湿法纺丝的聚丙烯腈分子量一般为 5.0×10^4 ～ 8.0×10^4。

（2）纺丝原液中聚丙烯腈的浓度：纺丝原液中聚丙烯腈的浓度越高，所得初生纤维的密度就越高,纤维的结构比较均匀,有利于提高力学性能。但是,受溶剂溶解能力和纺丝液黏度等条件限制,纺丝液中聚合物的质量分数仅为20%左右。三种有机溶剂的参数见表6-1。

表6-1 三种溶剂湿法纺丝的主要工艺参数

溶剂	纺丝原液(质量分数)	凝固浴组成(质量分数)		凝固浴温度/℃
		溶剂	凝固剂	
100% DMF	17% ~25% PAN,75% ~83% DMF	40% ~60% DMF	60% ~40%水	5~5
100% DMAC	20% PAN,80% DMAC	40% ~65% DMAC	60% ~35%水	20~30
100% DMSO	20% PAN,80% DMSO	50% DMSO	50%水	10~40

(3)凝固浴的组成:凝固浴由溶剂、凝固剂水和缓凝剂硫酸锌(或其他硫酸盐)组成。三种有机溶剂的凝固浴浓度见表6-1。凝固浴中的溶剂浓度较高,凝固缓慢,初生纤维结构均匀,皮芯差异小,截面接近圆形;反之,皮芯差异大,截面为肾形。然而,溶剂浓度过高,凝固太慢,会引起并丝等成型不良。

(4)凝固浴的温度:凝固浴的温度高,相当于凝固浴中溶剂的浓度低,都会使双扩散加快,凝固速度加快,初生纤维结构疏松,皮芯差异大。一般凝固浴温度为30 ℃左右,不同溶剂的凝固浴温度见表6-1。

(5)凝固浴循环量:循环量大,溶液的浓度落差小,有利于保持浴液温度和浓度恒定,从而使成型稳定均匀。然而,循环量过大,又会引起浴液湍流,容易产生毛丝。

(6)凝固浴中浸长:凝固浴中浸长指从喷丝头挤出的原液细流浸泡在浴液中的长度,相当于凝固浴槽的长度。当其他条件不变时,浸长增加,丝条在凝固浴中的停留时间就增加,凝固较充分,有利于改善纤维的质量。浸长过大,流体阻力也大,对成型不利,在经济上也不合理。一般浸长为3~4 m。

二、干法纺丝

干法纺丝速度快,但因喷丝头喷出的细流固化慢,固化前易黏结,不能采用孔数较多的喷丝头,适合纺长丝。纺丝溶剂都采用二甲基甲酰胺,所得纤维结构均匀致密,适于织制仿真丝织物。

1. 干法纺丝工艺流程

聚丙烯腈干法纺丝工艺采用易挥发的有机溶剂,多采用DMF溶解聚丙烯腈制备成纺丝原液。将纺丝原液由纺丝计量泵输送至喷丝头,由喷丝板上的喷丝孔喷入具有夹套加热的纺丝甬道中,与通入甬道的热空气流反向前进,原液细流内部的溶剂被热空气加热汽化、蒸发并带出,再经冷凝和回收利用。原液细流中的聚丙烯腈共聚物因脱溶剂而凝固,同时受到卷绕装置的牵引作用,被拉伸细化形成初生纤维。干法纺丝工艺流程如图6-4所示。

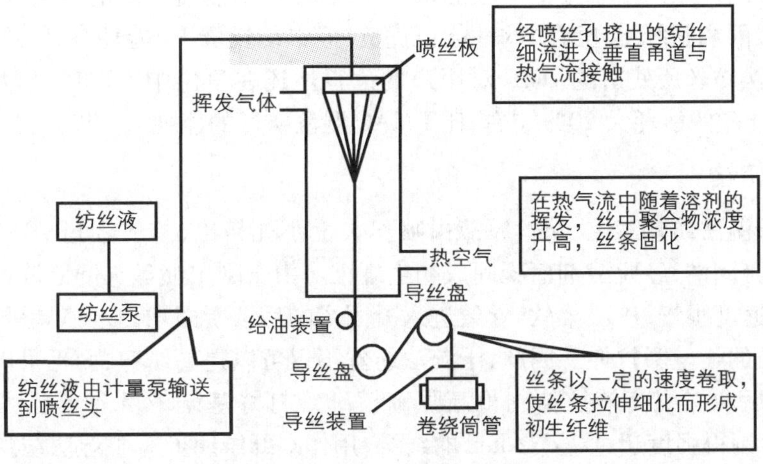

图6-4　干法纺丝工艺流程

2. 干法纺丝工艺参数

(1)聚丙烯腈的相对分子质量:用于干纺的聚丙烯腈分子量较湿纺的低,一般为 $3.5\times10^4\sim4.0\times10^4$,如超过 5.0×10^4,则可纺性变差。这是因为干纺原液浓度高,若分子量大,会使黏度过高,给过滤和喷丝等环节造成困难。

(2)原液的浓度:用于聚丙烯腈干法纺丝的原液质量分数为25%～30%,高于湿法纺丝原液质量分数。这是为了减少纺丝成型过程中溶剂的蒸发量,既避免了初生纤维相互黏结,又节能降耗。

(3)纺丝甬道长度:一般为4～8 m。若纺速不变,增加甬道长度,可降低甬道中热空气温度,缓慢凝固,有利于纤维结构均匀致密。但甬道过长,操作不便,且要增加厂房高度。

(4)纺丝甬道中DMF的蒸气浓度:其他条件不变时,纺丝甬道中DMF蒸气浓度越高,成型的均匀性越好,纤维结构越致密;但甬道中DMF蒸气浓度太高,凝固太慢,会发生并丝或丝条局部黏连。所以,甬道内混合气体中溶剂DMF蒸气的浓度一般控制在35～45 g/m^3。

(5)纺丝温度:纺丝温度包括喷丝头出口处纺丝原液的温度、甬道中热空气的温度和甬道夹套温度。随着纺丝温度的降低,初生纤维中溶剂残存量增加。适当降低甬道中热空气温度有利于成型的均匀性,纤维结构均匀,横截面趋于圆形。但温度过低,溶剂蒸发太慢,易造成丝条相互黏结;温度过高,溶剂蒸发太快,易产生气泡丝,造成纤维内部空洞,机械性能和外观质量差。一般甬道中的热空气温度为230～260 ℃。

(6)纺丝速度 :纺丝速度主要取决于纺丝细流在甬道中的溶剂蒸发速度。一般纺丝速度为100～300 m/min。

3. 干法纺丝的特点

干纺聚丙烯腈纤维的横截面形状为犬骨形,而NaSCN法湿纺聚丙烯腈纤维的横截面形状为圆形, DMAC法湿纺聚丙烯腈纤维的横截面形状为豆形。干纺聚丙烯腈纤维的弯曲模量是NaSCN法湿纺聚丙烯腈纤维的52%～54%,是DMAC法湿纺聚丙烯腈纤维的61%～63%。因此,干纺聚丙烯腈纤维具有非常柔软的手感,且犬骨状截面在纺纱时纤维不易紧密靠拢,使纱线的密度降低。干纺聚丙烯腈纤维的蓬松性和覆盖性优于湿纺聚丙烯腈纤维,其织物具有轻、厚、保暖性好的优点。由于干法纺丝的条件比较缓和，所制得纤维的结构较均匀密实，一般都认为干纺的聚丙烯腈纤维比湿纺的性能更优良，但干纺投资大、能耗高，纤维上残留的 DMF 多，至今对于干法纺丝所残留的 DMF 对用户的危害性还在争论中。DMF 干法纺丝的能耗比用 NaSCN 湿法纺丝的能耗大 20% 左右，比 DMAC 湿法纺丝的能耗大 50% 左右。

三、干湿法纺丝

聚丙烯腈干湿法纺丝工艺，纺丝原液由喷丝头上小孔挤出，首先经过 10 ~ 30 mm 的空气层，然后再进入凝固浴，经脱溶剂而凝固成初生纤维。由于刚出喷丝头的原液细流在空气中溶剂蒸发少，凝固速度很慢，皮层柔软，导致进入凝固浴的后续凝固均匀，皮芯差异小，结构均匀，经得起较高倍数的喷丝头拉伸。因此，干湿法纺丝不仅可以提高纺速，而且可以获得结构良好的初生纤维，为后加工中高倍拉伸制得高强高模纤维打好基础。目前干湿法纺丝速度高达 2 000 m/min，可制得强度超过 7 cN/dtex 的纤维，用作碳纤维原丝。干湿法纺丝流程如图 6 - 5 所示。

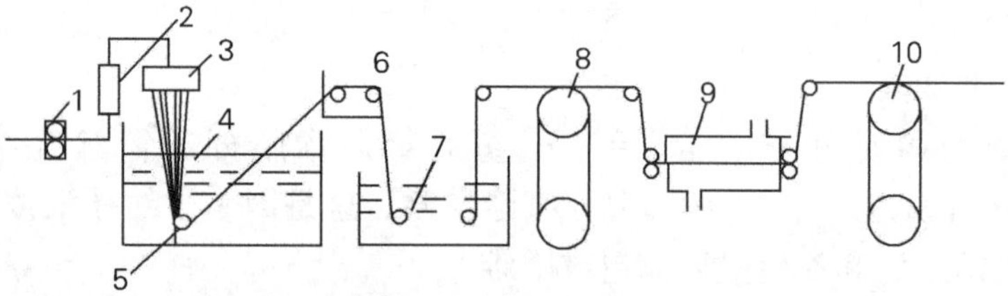

1—计量泵；2—烛形过滤器；3—喷丝头；4—凝固浴；5—导丝钩；6—导丝盘；7—拉伸浴；8—干燥辊筒；9—蒸汽拉伸槽；10—松弛干燥辊筒

图 6 - 5　干湿法纺丝工艺流程

四、冻胶法纺丝

冻胶法纺丝工艺用于制备高强高模聚丙烯腈纤维，将相对分子质量大于 5.0×10^5 的聚丙烯腈浓溶液在高温（略低于分解温度）下由喷丝头上小孔挤出，原液细流先被冷却固化成含有溶剂的冻胶丝，再经脱溶剂与高倍拉伸制得高强高模纤维。例如将分子量为 1.0×10^6 的聚丙烯腈，以二甲基甲酰胺为溶剂配成质量分数为 60% ~80% 的纺丝浓溶液，加热到 90 ~ 100 ℃，挤出后经 10 mm 的空气层进入 0 ~ 5 ℃、75% DMF 的凝固浴中，快速冷却为形状稳定的冻胶丝；再经萃取浴脱溶剂处理和多级高倍拉伸，可制得强度为 12 cN/dtex、模量为 222 cN/dtex 的高强高模聚丙烯腈长丝。该长丝可用于优质碳纤维的原丝和复合材料的增强纤维等。

聚丙烯腈纤维有多种不同的生产方法，形成了各具特点的工艺路线。这些工艺路线的共同点是采用溶液纺丝方法，有相应的溶剂回收处理等。不同点是共聚物的组成不同，聚合方法不同（非均相沉淀聚合或均相聚合）；所用的溶剂不同（可采用二甲基甲酰胺、二甲基乙酰胺、二甲基亚砜、碳酸乙烯酯、硫氰酸钠、硝酸、氯化锌等）；纺丝时凝固的方式不同（干纺热空气、湿纺凝固浴液）等。诸多不同因素中，最主要是溶剂。不同的溶剂决定了纺丝液的制备条件、纺丝条件、溶剂回收方法和废水处理方法等一系列工艺特点，也影响到防火、防毒及设备选材等许多方面。

第五节　聚丙烯腈纤维的后加工

聚丙烯腈初生纤维是高度溶胀的冻胶体，内部包含大量溶剂和水，聚合物分子间作用力和取向度都很低，必须经过一系列后加工才能制得满足纺织性能的成品纤维。

一、聚丙烯腈短纤维的后加工

聚丙烯腈短纤维的后加工也称后处理，一般有拉伸、水洗、干燥致密化、卷曲、热定型、上油、切断和打包等工序。

（一）工艺流程

初生纤维经引丝机牵引进入第一拉伸槽中，经第一拉伸水洗机完成第一段拉伸水洗，之后经多道水洗拉伸进入上油槽上油。上油后的纤维在干燥机中进行干燥致密化。聚丙烯腈短纤维的后加工有先水洗后拉伸和先拉伸后水洗两种工艺路线，如图6－6、图6－7所示。

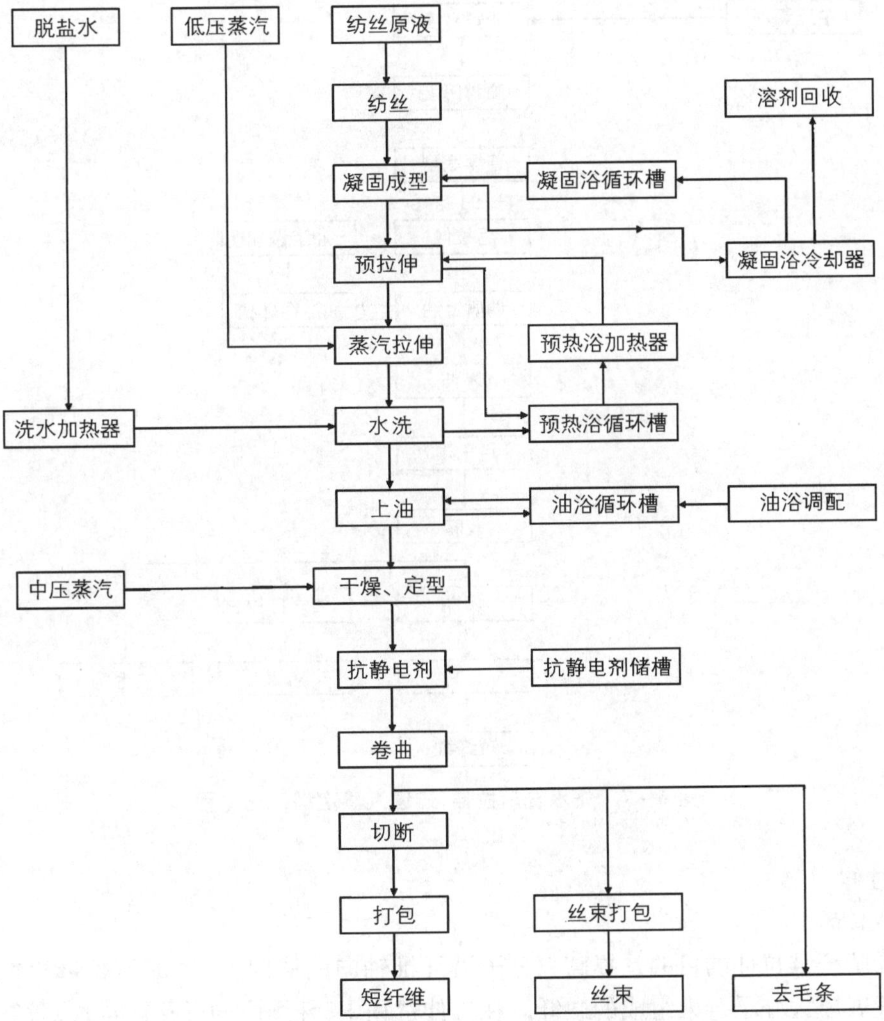

图6－6　先拉伸后水洗、干热定型工艺流程

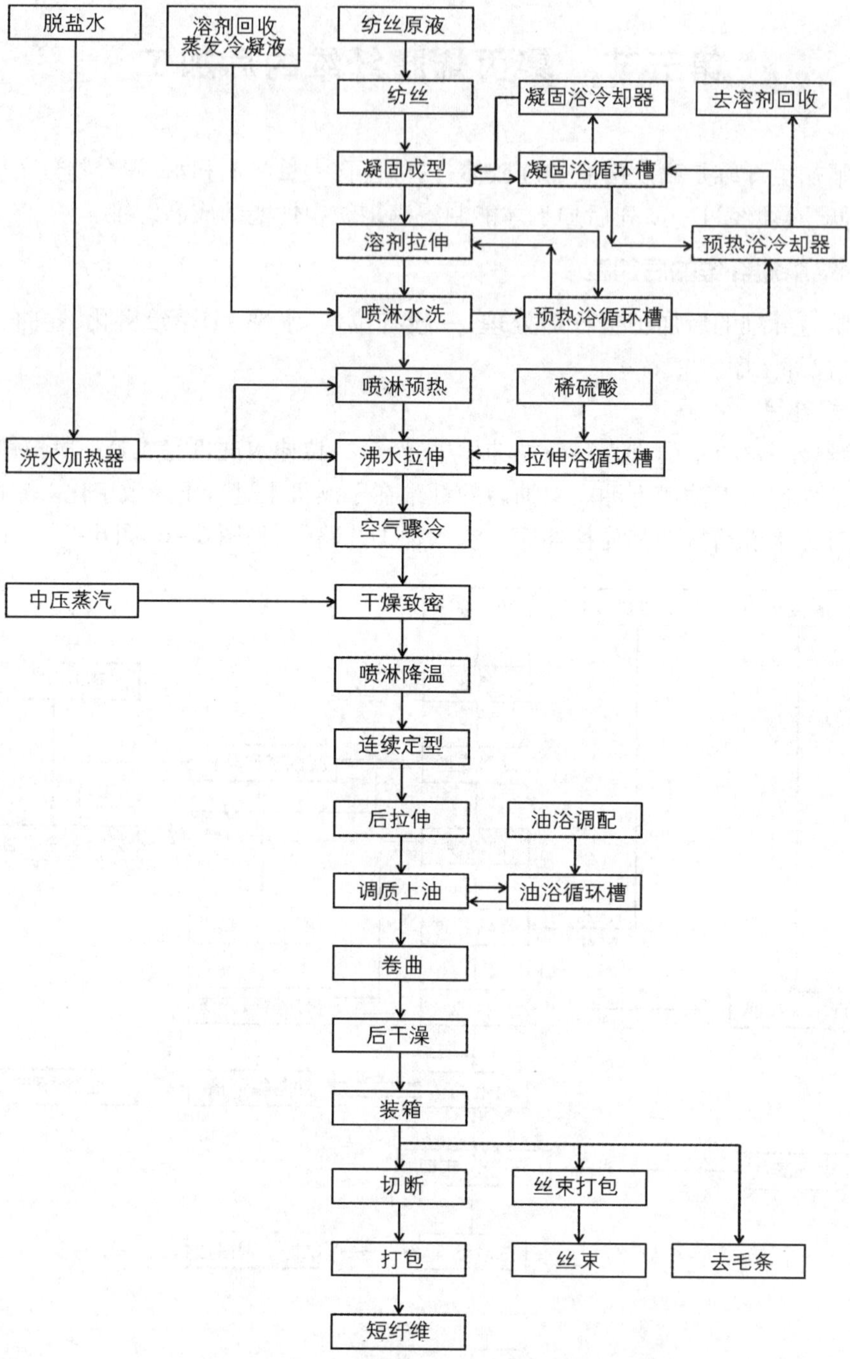

图 6－7　先水洗后拉伸、连续汽蒸定型工艺流程

(二)拉伸

1. 拉伸目的

聚丙烯腈纤维拉伸的目的是提高大分子沿纤维轴向的取向度，使聚丙烯腈初生纤维中的网络骨架发展成大分子链束组成的微纤。在拉伸过程中，纤维内的微孔被拉长，微纤间距离缩小，大分子间引力加强，使纤维强度提高，延伸度降低，获得优良的力学性能。

2. 拉伸工艺

聚丙烯腈短纤维有蒸气浴拉伸和水浴拉伸两种方式。蒸气浴拉伸是纤维在蒸气浴中加热拉伸，水浴拉伸是在纯水浴中或含有溶剂（NaSCN 或 DMSO）的水浴中拉伸。

聚丙烯腈短纤维的拉伸为多级拉伸，一级拉伸是含有溶剂的水浴拉伸，又称预拉伸，初生纤维强度很低，经不起高倍拉伸，一般拉伸倍数为 1.5～2.0 倍，拉伸温度为 70～80 ℃。预拉伸目的是进一步脱除初生纤维中的溶剂（NaSCN 或 DMSO），提高纤维的密度和强度，为下一级拉伸做准备。

二级拉伸为纯水浴拉伸，拉伸温度为 80～100 ℃，拉伸倍数为 2.0～2.5。聚丙烯腈的玻璃化转变温度（T_g）为 85～95 ℃，水浴拉伸温度几乎与 T_g 相当，拉伸倍数过大，容易出现毛丝和断头。为了进行高倍拉伸，必须把纤维温度升至高于 T_g 约 25 ℃，因此生产中采用 0.2 MPa 的蒸气浴拉伸。三级拉伸为蒸气浴拉伸，拉伸倍数较高，一般为 2.5～3.5 倍。水蒸气介质中，丝条能够被均匀地加热，在高温高湿的作用下，大分子链段因热运动而产生与张力方向一致的取向，从而进一步提高了纤维的取向度和强度。聚丙烯腈纤维的总拉伸倍数达 10 倍左右。

（三）水洗

1. 水洗目的

湿法成型的聚丙烯腈纤维需要立即进行水洗，以除去纤维表层所黏附的溶剂（NaSCN 或 DMSO）及其他杂质，否则纤维可能发生降解或变色。如硫氰酸钠法聚丙烯腈纤维的水洗是为了除去残留的腐蚀性硫氰酸钠和缓凝剂硫酸锌等杂质。

2. 水洗设备

典型的聚丙烯腈纤维水洗设备如图 6－8 所示，占地面积小，便于操作，洗净率高。每台三层洗槽，各层洗槽内有压辊、进水口和出水口，相当于三次洗涤。实际生产中，最多的采用三台九次洗涤工艺。另有长槽式水洗机，但因占地面积大等缺点濒临淘汰。

图 6－8　层叠式水洗机

3. 水洗温度

水洗温度一般为 60～80 ℃。要洗去纤维中残留的溶剂、缓凝剂硫酸锌和硫酸钙等，若水洗温度过低，不利于扩散溶出洗净；若水洗温度过高，造成洗出的溶剂挥发，既多消耗能量又污染生产环境。

（四）干燥致密化

干燥致密化是聚丙烯腈纤维生产中特别重要的环节。湿纺聚丙烯腈纤维的结构取决于凝固、拉伸和干燥致密化等主要工序。聚丙烯腈初生纤维结构中的微孔在拉伸过程中不可能彻底消除。拉伸后的聚丙烯腈纤维内部仍有裂隙和空洞，在干燥过程中，若工艺控制不当，随着纤维内部水分的移出又会造成新的裂隙和空洞。在适当的温度下进行缓慢干燥，随着水分移出的同时，大分子链段运动、调整和靠拢，纤维内的裂隙和空洞逐步闭合，纤维的密度增大，这就是干燥致密化。聚丙烯腈纤维干燥致密化的温度一般为 120 ℃，高于聚丙烯腈的玻璃化转变温度 30 ℃，大分子链段能充分地运动，致密化效果最佳。若温度过高，干燥速度过快，大分子来不及运动，导致纤维皮硬内空，泛白失透；若温度过低，大分子链不能运动，也会导致纤维泛白失透。

聚丙烯腈纤维干燥致密化的效果，常用汞密度和甲苯密度二者的差异来衡量。甲苯密度中纤维的体积是将纤维浸泡到甲苯中测得的，因甲苯能渗透到纤维内的空洞中，测到的体积是不包括空洞的体积。汞密度中纤维的体积是将纤维浸泡到汞中测得的，因汞不能渗透到纤维内的空洞中，测到的体积包括了空洞的体积。因此同一纤维的甲苯密度大于汞密度，差值越大，表明纤维中空洞越多。

(五)热定型

聚丙烯腈纤维干燥致密化后，还需要通过热定型进一步改善纤维的超分子结构，提高纤维的形状稳定性。热定型的工艺条件主要是定型温度和定型时间，聚丙烯腈纤维干热定型温度一般为150 ℃，定型时间为20 min。

(六)卷曲

未经卷曲的聚丙烯腈纤维表面光滑，抱合力很小，不利于纺织加工。为了增加聚丙烯腈纤维纯纺及与棉或毛混纺时的抱合力，必须进行卷曲加工。卷曲还可赋予聚丙烯腈纤维柔软性、弹性和保暖性。与棉混纺的聚丙烯腈短纤维要求较高的卷曲数(4～5.5个/cm)，与毛混纺的聚丙烯腈短纤维卷曲数为(3.5～5个/cm)。

(七)切断

为了使聚丙烯腈纤维能很好地与棉或羊毛混纺，需将纤维切成相应的长度。棉型聚丙烯腈短纤维的切段长度为38 mm，粗梳毛型聚丙烯腈短纤维的切段长度为64～76 mm，精梳毛型聚丙烯腈短纤维的切段长度为89～114 mm。

二、聚丙烯腈高收缩纤维的后加工

(一)工艺流程

经过干法纺丝工艺制成的聚丙烯腈纤维丝束，先放入定型锅内经二次抽真空，用直接和间接蒸气进行加湿和加热，再经保温处理以及第三次抽真空、保温处理后，并通过相应三次排放定型锅内的水蒸气和冷凝液而制得高收缩纤维。对比定型前后丝束的性能指标，发现定型可使纤维的线密度增加5%～10%，延伸度增加3%～8%。用定型后的丝束加工收缩毛条，缩率最高可达到31%，定型后纤维上色率比定型前高4%～10%。用1～2根定型丝束生产的高收缩毛条代替普通的收缩条，可使普通膨体毛条的缩率提高2%～5%。

(二)工艺条件

1. 铺丝定型

将经干法纺丝工艺制成的聚丙烯腈纤维丝束，通过铺丝机铺在特制的铺丝箱内，并放入定型锅内关上锅门。

2. 抽真空

第一次抽真空，当真空度达到-0.09～-0.07 MPa时，真空泵停止工作。

3. 加湿、加热

用直接和间接蒸气对丝束进行加湿和加热，定型锅内温度控制在120～140 ℃。当定型锅内压力达到0.10～0.25 MPa时，停止加湿、加热，并第一次保温，时间为2～10 min。

4. 排气排液

将定型锅内的水蒸气排放，同时也排放定型锅内的冷凝液。

5. 第二次抽真空

第二次抽真空，当真空度达到 -0.09 ~ -0.07 MPa 时，真空泵停止工作。

6. 第二次加湿、加热

用直接和间接蒸气对丝束进行第二次加湿和加热，定型锅内温度控制在 120 ~ 140 ℃，当定型锅内压力达到 0.10 ~ 0.25 MPa 时，停止加湿、加热，并第二次保温，时间为 10 ~ 20 min。

7. 第二次排气排液

将定型锅内的水蒸气排放，同时也排放定型锅内的冷凝液。

8. 抽真空和排放

第三次抽真空，当真空度达到 -0.09 ~ -0.07 MPa 时，真空泵停止工作，保温时间为8 ~ 12 min，将定型锅内的水蒸气排放，同时也排放定型锅内的冷凝液。打开定型锅门，从铺丝箱内取出定型后的丝束，即高收缩毛条。

三、聚丙烯腈膨体纱的加工

膨体纱是利用高收缩纤维与常规纤维按一定比例混合纺制而成的纱线。该纱经湿热处理，高收缩纤维收缩形成纱的芯部，常规纤维则发生屈曲形成纱的皮层，形成具有“皮芯”结构的蓬松、丰满和富有弹性的膨体纱。利用膨体纱生产的纺织品柔软、蓬松、保暖性好，主要用来制作秋冬季绒毛衫、内衣等。目前，在国际市场上流行一些毛类混纺及化纤仿毛膨体纱系列产品，该产品较传统毛纺产品轻薄、柔软、保暖性好，且掉毛少，特别是仿兔毛产品，更能突出掉毛少这一特点。

第六节　聚丙烯腈纤维的改性

聚丙烯腈纤维具有类似羊毛的蓬松性、弹性和保暖性，但是与羊毛相比，在回弹性和卷曲性方面仍存在很大的差距。聚丙烯腈纤维的吸湿性差，缺乏穿着舒适性。聚丙烯腈纤维的体积电阻率高达 6.5×10^{13} Ω/cm，易起静电。因此需要对聚丙烯腈纤维进行改性，通过不同的改性技术来生产各种各样差别化纤维，提高产品附加价值。

本节主要介绍聚丙烯腈纤维的改性实施方法和几种重要的改性聚丙烯腈纤维。

一、改性实施方法

（一）接枝或共聚法

把具有某种特性的化合物通过共聚引入聚丙烯腈大分子中，如与亲水化合物接枝或共聚，改善聚丙烯腈纤维的吸湿吸水性。

（二）原液添加法

在纺丝原液中加入功能化材料，从而制得功能性聚丙烯腈纤维，关键的工艺是选择功能化材料的种类和添加比例。添加的试剂含量不能太高，添加剂在纺丝原液中的溶解性和分散性与聚丙烯腈的相容性、纺丝过程中的保留率、耐洗涤性及毒性等都是需要考虑的因素。

（三）纤维表面处理法

纤维的表面处理一般采用功能化试剂，采用喷淋、浸渍、涂覆等方法对纤维及其织物进行表面处理。表面处理法一般采用外用耐久性优良的试剂，该类试剂需要具有一定的耐洗性，不受摩擦的影响,大多是含有可交联基团的非离子型线型高分子,该交联基团应非常容易地参加固化交联反应,而且立体交联结构要非常稳定,耐水解,有较高的机械强度。

二、吸湿吸水聚丙烯腈纤维

(一)引进亲水性基团

通过聚合或共聚在大分子的基本结构中引进大量亲水性基团。如在共聚时引进丙烯酸、甲基丙烯酸和二羰基吡咯化合物等亲水性单体,即可得到吸湿性较好的聚丙烯腈纤维。也可以采用增加丙烯腈共聚物中第二单体丙烯酸甲酯含量的办法。这种聚合物纤维中的酯经过碱处理会生成酸,从而最终在聚丙烯腈大分子中引进羧基,提高了聚丙烯腈纤维的吸湿吸水性。

(二)与亲水性物质接枝

与亲水性物质接枝同样可以达到增加纤维中亲水性基团的目的,其工艺要比大分子结构亲水化的方法简单易行。聚丙烯腈可与聚甲基丙烯酸、聚乙烯醇等接枝,达到改善吸湿性的目的。聚丙烯腈与天然大豆蛋白通过接枝制得亲水聚丙烯腈纤维就是一个成功的范例。随着接枝效率的提高,吸湿率相应增加。

(三)对纤维表面进行碱减量处理

用碱减量法对聚丙烯腈纤维进行表面处理,使纤维表面粗糙化,产生沟槽和凹窝,以增强其吸水效果。同时,纤维结构中氰基与酯基在一定浓度碱溶液作用下,水解生成的—COOH、—COONa 等亲水基团,也使纤维对水分子产生很强的亲和力。

三、抗静电聚丙烯腈纤维

(一)共混法抗静电

用共混法制备抗静电聚丙烯腈纤维,主要有共混炭黑或碳纳米管、共混烷基碳酸盐及其共聚物、共混金属微纤、共混无机盐、共混聚乙二醇/醚及其衍生物等。在聚丙烯腈纺丝原液中加入少量导电物质炭黑或金属氧化物与聚丙烯腈原液共混纺丝,可制成耐久性抗静电聚丙烯腈纤维。不饱和单羧酸、二羧酸的聚合体或其金属盐,无机电解质和金属氧化物,如 $CuCl_2$、MgO、TiO_2,以及各种金属粉末和炭粉等都可作为共混改性的抗静电剂。

共混的抗静电剂必须具有一定的热稳定性、可加工性及与聚丙烯腈的相容性,能够同纺丝原液进行均匀的混合,以获得性能优良的抗静电聚丙烯腈纤维。

(二)等离子抗静电

等离子技术在处理抗静电性方面有其优越性,通过等离子体聚合或等离子体引发抗静电剂,在纤维表面上接枝聚合,从而使纤维的抗静电性能得到改善。其处理方法主要有等离子体表面溅射,等离子体表面刻蚀,等离子体表面交联,等离子体处理形成新的化学结构,等离子体引发接枝等。

(三)表面处理抗静电

聚丙烯腈纤维的抗静电改性最简单的方法是表面处理,用含抗静电剂的溶液对聚丙烯腈纤维或织物进行浸渍或涂覆处理,从而赋予纤维和织物抗静电性能。一般在高于聚丙烯腈纤维的玻璃化转变温度下进行,以便抗静电剂能更好地渗透到纤维中,提高其抗静电的耐久性。这种抗静电技术的原理是:在纤维后加工过程中加入抗静电剂,由于这些表面活性剂类抗静电剂具有亲水性基团,在纤维外层根据它们的相容性(即抗静电剂与纤维大分子间的极性相近的原则),抗静电剂的疏水基团向疏水性纤维表面结合或靠近,而亲水性基团则向着空气,也就是抗静电剂在空气与纤维的界面上形成了定向排列。亲水性基团既然向着空气，就能吸收空气中的水分，供给出离子，加快了静电荷的逸散，从而达到抗静电效果。

四、阻燃聚丙烯腈纤维

聚丙烯腈纤维具有不完整的准晶态结构，仅仅是侧向序态较高。由于这种结构对热十分敏感，所以纤维的热稳定性能较差。聚丙烯腈纤维在空气中热氧化裂解，会生成丙烯腈、乙腈、氨和水等热解产物以及可燃性气体（如 CO、CH_4、C_2H_6等低级烃类）。聚丙烯腈纤维在热氧化裂解反应过程中，由于负电性氰基的存在，使聚合物链叔碳原子上的氢首先被氧化生成氢过氧基，然后氢过氧基分解，生成（HO·）或（HCOO·）自由基，这些自由基能引发聚合物中碳碳键断裂的连锁反应，促使燃烧继续进行。因此，常规聚丙烯腈纤维的极限氧指数（*LOI*）仅为18.2%，属于易燃性纤维。

目前已工业化的聚丙烯腈纤维阻燃添加剂有高分子阻燃添加剂（含卤素的均聚物和共聚物），含烷氧基、芳氧基或氨基的聚磷酸铵类共混添加剂，有机低分子化合物的阻燃添加剂（十溴二苯醚、溴代芳族酰亚胺和卤代磷酸酯类化合物等），无机低分子化合物添加剂（磷酸二氢铵）等。

（一）共聚阻燃改性

共聚法就是将含阻燃元素（卤、磷等）的乙烯基化合物作为共聚单体，与丙烯腈进行共聚而实现阻燃改性的方法。采用含氯、溴或磷化合物等阻燃性单体，如氯乙烯、偏二氯乙烯、溴乙烯、三卤苯氧基甲基丙烯酸酯，以及带乙烯基的磷酸酯，如烯丙基膦酸烷基酯、二烷基-2-卤代烯丙基磷酸酯等。其中以偏二氯乙烯较为常用，采用水相聚合法与丙烯腈共聚，湿纺制得阻燃聚丙烯腈纤维。

（二）共混阻燃改性

共混法就是在纺丝原液中混入添加型阻燃剂制取阻燃改性聚丙烯腈纤维的方法，其阻燃效果仅次于共聚法。共混法制得的纤维性能与共聚法类似，但有使纤维发黏、温度降低和收缩性增加的趋势。对于添加型阻燃剂，要求颗粒细、与聚丙烯腈基质相容性好、不溶于凝固浴和水、纺丝过程中无堵孔现象。适宜的添加型阻燃剂种类十分广泛，有无机化合物、有机低分子物和高分子物，常用的添加剂如表6-2所示。

表6-2　常用添加型阻燃剂

种类	添加型阻燃剂
无机物	三氧化二锑、三氯化锑、钛酸钡、草酸锌、磷酸钙、硼酸锌、活性炭等
有机低分子	卤代磷酸酯类、四溴邻苯二酸酐、有机锡化合物等
高分子	聚氯乙烯、氯乙烯和偏二氯乙烯共聚物、丙烯腈和氯乙烯的共聚物等

（三）热氧化法阻燃改性

该法随着碳纤维的发展而兴起。通常以制取碳纤维用的特殊聚丙烯腈纤维为原丝，使其在张力下连续通过200～300 ℃的空气氧化炉，停留几十分钟到几小时，使聚丙烯腈大分子中的氰基发生环化、氧化及脱氢等反应，形成一种多共体系的梯形结构。所制得的聚丙烯腈预氧化纤维（PANOF）的最大特点是耐焰、耐化学试剂，具有自熄性，*LOI* 值高达55%～62%，其高温热处理后的强度保持率也较高。

（四）表面整理阻燃改性

阻燃整理是通过阻燃剂或阻燃中间体向聚丙烯腈纤维可及区扩散、渗透、吸附，然后在一定条件下，使其与纤维大分子结构中的活性基团反应，形成网状结构或者以其他各种机械性黏接、沉积在织物表面，使织物获得一定的阻燃效果及相当的耐洗性能。

五、抗菌消臭聚丙烯腈纤维

聚丙烯腈纤维的抗菌改性方法可通过共聚方式将某些可反应的抗菌基团引入大分子中，或将抗菌剂共混加入到纺丝原液中。如通过水相沉淀聚合方法制备了3 -烯丙基- 5,5 -二甲基己内酰脲/丙烯腈共聚物，将不同配比的共聚物和聚丙烯腈溶解于硫氰酸钠水溶液中配成纺丝液，采用两步法制备聚丙烯腈共混纤维。仅含质量分数10%共聚物的共混纤维经氯漂后，对大肠杆菌的杀灭率可达97.5 %。也可通过把具有抗菌作用的基团接枝到纤维表面，如将聚丙烯腈与硫酸铜经还原将氰基与铜离子配位结合而螯合化，赋予纤维抗菌性。在聚丙烯腈的大分子链上引入磺酸基团、磺酸盐基团、羧酸基团或乙烯酰胺基团，也可实现其与金属离子的进一步反应，形成金属盐或金属离子的复合物；或在聚丙烯腈的分子链中引入含叔氮的单元，经卤代烷烃处理后，使纤维带有季铵盐基团，从而具有抗菌性。同时，在聚丙烯腈中直接引入一定量的磺酸基团后，纺丝得到的纤维也具有抗菌性。

六、抗起毛起球聚丙烯腈纤维

聚丙烯腈纤维织物，特别是针织品的抗起毛起球性极差。在穿用和洗涤过程中，经多次摩擦后，织物的纤维端外露，在织物表面呈现许多毛羽，即“起毛”；若这些毛羽不能及时脱落，就会互相纠缠在一起，被揉成球形小粒，即“起球”。

用丙烯酸酯共聚物或有机硅乳液等对聚丙烯腈纤维或织物进行表面处理后，抗起毛起球性效果明显。这是因为丙烯酸酯共聚物乳液粒子呈一定大小分布，处理过的织物烘干后，丙烯酸酯共聚物以点状颗粒形式将纤维黏合，在外力作用下，纤维向织物表面滑出的可能性减小，故能改善起毛起球性。有机硅类试剂在丙烯酸酯共聚物小颗粒及纤维表面形成一种微细的弹性膜状物，既连结纤维，又具有增加纤维弹性，使起毛纤维表面光滑，提高织物的抗起毛起球性的作用。

用聚丙烯腈的溶剂处理聚丙烯腈纤维或织物，也可明显提高抗起毛起球性。例如二甲基甲酰胺是聚丙烯腈的优良溶剂，用一定浓度的 DMF 在一定温度下处理纤维或织物，其中的聚丙烯腈纤维表面有极小部分微溶发黏，相邻的两根或几根纤维呈点状黏合，阻止了纤维从织物中滑出，提高了抗起毛起球性。

纺丝过程中采用异形截面如C型喷丝孔或降低拉伸倍数，从而降低纤维的剪切和抗张强度；或者采用添加剂或用共聚方法改变聚合物组成；或降低聚合物的相对分子质量，都可以提高聚丙烯腈的抗起球性能。生物酶表面整理也可以改善聚丙烯腈纤维的抗起球性能。

七、智能凝胶聚丙烯腈纤维

将聚丙烯腈和大豆分离蛋白（SPI）在 NaOH 水溶液中进行聚丙烯腈碱解，并在含有交联剂戊二醛和催化剂硫酸的饱和 Na_2SO_4 凝固浴中，室温下纺丝凝固、交联，制备水解聚丙烯腈水凝胶纤维（HPAN/SPI）。在环境 pH 值变化的条件下，水凝胶纤维出现随 pH 值响应滞后环，在整个 pH 值响应过程中，酸性条件下的响应性比在碱中的快，同时具有较好的可逆溶胀/收缩性能。对水解聚丙烯腈/大豆分离蛋白凝胶纤维电刺激研究发现，在电解质溶液中，非接触直流电场作用下，聚丙烯腈/大豆分离蛋白凝胶纤维具有电刺激响应性，表现为凝胶纤维弯曲现象。随着凝胶网络中—COOH 含量的增加，纤维的弯曲度呈阶段性增加，较高的聚丙烯腈含量使这种现象更为明显。

复习指导

1. 熟记聚丙烯腈纤维的化学结构、学名、商品名、英文缩写。

2. 熟悉亚砜法丙烯腈聚合流程、聚丙烯腈湿法纺丝流程和聚丙烯腈短纤维的后加工流程。

3. 理解双扩散、蒸发、自由基聚合、共聚合、链转移、初生纤维、冻胶、原液准备和后加工等基本概念和基本原理。

4. 熟记腈纶生产中常用的几种单体、几种溶剂、引发剂、增白剂和分子量调节剂等的名称和主要特性，特别是毒性和易燃性。

5. 了解聚合、纺丝和后加工中的主要工艺条件。

6. 了解腈纶发展的历史和未来发展趋势。

习题与思考

1. 腈纶生产中为什么要加入第二、第三单体？常用的第二、第三单体有哪些？

2. 腈纶生产中偶氮二异丁腈、二氧化硫脲和异丙醇有何作用？

3. NaSCN 法生产腈纶时，成品纤维的单体组成与配料混合液的组成是否相同，为什么？连续生产时新单体按哪种组成加入？

4. 分析影响 NaSCN 法溶液聚合时的主要影响因素。

5. 什么是水相沉淀聚合？它有哪些优点？

6. NaSCN 法的原液准备工序包括哪些工艺过程？

7. NaSCN 溶剂中的铁离子对腈纶生产有何影响？

8. 什么是双扩散？扩散速度与截面形状有何关系？

9. 什么是冻胶纺丝、干湿法纺丝？

10. 干燥致密化的机理是什么？

11. 什么是牵切纺？

12. 简述腈纶膨体纱的制法。

13. 改性聚丙烯腈纤维有哪些主要品种？

第七章　黏胶纤维和天丝纤维

第一节　概述

一、黏胶纤维

黏胶纤维是较为古老的人造纤维品种之一。1844 年,梅塞尔(Mercer)发现纤维经过碱溶液浸渍后会发生剧烈膨胀,增加了化学反应的有效面积,这一发现为黏胶法制造纤维提供了条件。1891 年,克罗斯(Cross)、贝文(Bevan)和比德尔(Beadle)等首先以棉为原料制成了纤维素黄酸酯溶液,该溶液的黏度很大,故命名为“黏胶”。后来,他们发现黏胶遇酸后纤维素可重新析出,并于 1893 年将其作为一种制造纤维素纤维的方法申请并获得了专利,这种纤维就被命名为“黏胶纤维”。1905 年,米勒尔(Muller)等发明了一种稀硫酸和硫酸盐组成的凝固浴,首先实现了黏胶纤维的工业化生产。

近年来,国内外生产企业陆续推出了各种功能性黏胶纤维产品,如:兰精(Lenzing)公司与科恩(Kelheim)公司于 2010 年共同推出的命名为“Viloft”的黏胶纤维,该纤维的扁平截面可提高纤维保暖功能;德国科恩纤维公司开发了具有持久拒水性的黏胶纤维 Olca;我国也开发出了有磷系阻燃黏胶纤维、抗菌除臭黏胶纤维等。

二、天丝纤维

丽塞尔(Lyocell)纤维是荷兰阿克苏(Akzo)公司于 1976 年开始研究,1980 年申请并取得发明专利的一种以 N-甲氧基吗啉(简称 NMMO)为溶剂生产的再生纤维素纤维,被誉为 21 世纪的“绿色纤维”。英国考陶尔兹(Courtaulds)公司生产的 Lyocell 短纤维命名为“Tencel”。Lyocell 纤维于 20 世纪 90 年代中期进入中国市场,我国商品名为“天丝”。到 2004 年 5 月,奥地利兰精公司全面收购了考陶尔兹公司 Lyocell 纤维的生产业务,一度垄断了全球市场。

近年来,兰精公司推出了各种功能性天丝纤维产品。2011 年推出具有美容功效的新型纤维“天丝 C”,该纤维是一种具有亲肤性能的天丝纤维与壳聚糖物质的结合体。2014 年推出了可冲散性天丝纤维,该纤维可生物降解且强韧又具有可冲散性,适于织造优质湿巾和个人护理湿巾。2015 年推出了“天丝 R100”纤维,该纤维是第一种实现工业化生产的高度复合纤维素纤维,是将高岭土作为阻燃剂添加进行纺丝,所得纤维在燃烧时能形成稳定隔热层,从而达到阻燃的要求。

第二节　再生纤维素纤维的原料

生产浆粕的原料是纤维素，而纤维素广泛存在于自然界的各种植物的表皮、茎杆和叶片中，以及植物种子周围，例如：树木有木材纤维，麻杆韧皮有麻纤维，芦苇杆叶中有禾本科植物纤维，棉籽周围的纤维称为棉花和棉籽绒。其中，木材纤维、禾本科植物纤维和棉籽绒等纤维太短，且难以与其他杂质分离，不能直接用于纺纱，适于制造再生纤维素纤维的浆粕。以上几种常用于黏胶纤维浆粕制备的原料，现介绍如下。

一、纤维素的来源

(一)木材纤维

木材纤维包括针叶木和阔叶木两类。桦木、白杨、栗木、山毛榉等属于阔叶木，落叶松、鱼鳞松、云南松、云杉、铁杉、马尾松等属于针叶木，其中，针叶木是用于制造黏胶纤维的优质原料，阔叶木也可以用于制造黏胶纤维。

木材的种类各异，故其化学成分也因品种不同而异。此外，生长条件及生长部位的不同也导致木材化学成分产生较大的差异。我国几种木材的化学成分见表 7－1。

表 7－1　几种木材的化学成分　(%)

成分＼品种		针叶木				阔叶木	
		鱼鳞松	冷杉	马尾松	云南松	白杨	桦木
水分		9.32	11.00	8.17	11.60	13.35	—
灰分		0.31	0.99	0.50	0.34	1.43	0.33
抽出物	冷水	0.96	1.92	2.50	—	1.52	—
	热水	2.35	4.56	2.80	3.39	3.19	2.61
	1% NaOH	10.68	14.51	14.67	14.43	—	25.06
	有机溶剂	0.89	0.21	3.06	3.95	3.59	3.93
蛋白质		0.59	0.72	—	—	0.51	—
果胶质		1.28	1.08	—	—	—	—
木素		29.12	31.65	27.79	27.94	23.84	23.84
戊糖		11.45	10.79	11.40	10.41	17.31	—
α－纤维素		48.45	45.93	58.79	46.54	46.79	44.58
全纤维素		—	—	58.79	—	60.33	59.97

(二)禾本科植物纤维

竹、芦苇、麦秆、甘蔗渣、高粱秆、玉米秆、棉秆等属于禾本科植物纤维，可作为制造黏胶纤维的原料。我国用作黏胶纤维原料最多的是甘蔗渣。甘蔗渣的化学成分随着甘蔗的品种、生长时间和榨蔗的工艺条件不同而不同，即使是同一根甘蔗，其不同部位的化学成分也有差异。甘蔗渣的化学成分如表 7－2 所示。

表 7-2 甘蔗渣化学成分分析表 (%)

成分＼名称	灰分	热水抽出物	1% NaOH 抽出物	木素	树脂	戊糖	全纤维素	铁质/($mg \cdot kg^{-1}$)
未除髓	2.47	2.74	33.73	20.12	1.68	27.13	43.31	168
除髓 45%	1.49	2.57	31.59	20.01	1.63	27.60	43.58	127
蔗糖	4.67	2.84	39.31	19.53	2.22	26.89	38.15	483

注:全纤维素为已扣除灰分的数字。

(三)棉短绒

附着在棉籽壳上的短纤维即为棉短绒,它不能直接作为纺织原料,却是制造黏胶纤维的优质原料。棉短绒和棉纤维的化学成分如表 7-3 所示,两者化学成分基本类似,只是棉短绒的纤维素含量稍低,灰分等杂质较多。

表 7-3 一般成熟的棉纤维和棉短绒的化学成分 (%)

成分＼种类	纤维素	脂肪和蜡	氮	果胶质和戊糖	木素	灰分
棉纤维	95~97	0.5~0.6	1.0~1.1	1.2	—	1.14
棉短绒	90~91	0.5~1.0	0.2~0.3	1.9	3	1.00~1.50

二、黏胶纤维浆粕

(一)浆粕制造工艺

原材料经过备料、蒸煮、漂白、抄浆、脱水及烘干等工序最终可制得浆粕。黏胶纤维浆粕的生产工艺流程如图 7-1 所示。不同生产原料,不同的制造工艺、方法和设备,不同的纤维品种,对黏胶浆粕的质量要求也不同,但为了保证纺丝的顺利进行,均要求浆粕中的纤维素含量高,杂质少,聚合度分布均匀一致,分布带越窄越好,反应性能优良,纤维长度分布均匀,浆粕成分均一性好。

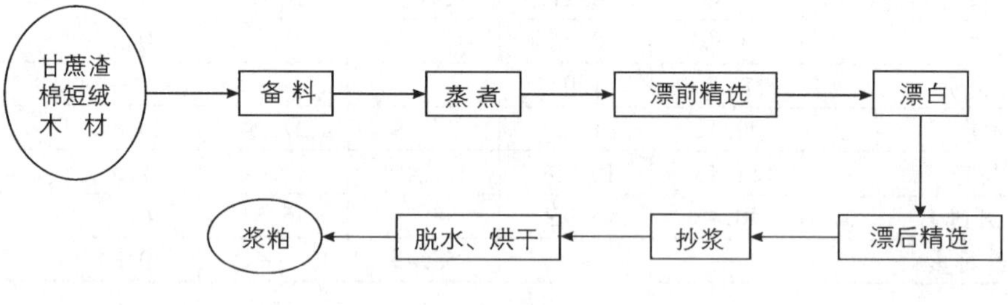

图 7-1 黏胶浆粕生产流程

(二)各工序介绍

1. 备料

备料工序实际上是对制浆原料进行预处理,选用的原料不同,则备料的内容会有所差异。当采用的原料为甘蔗渣时,则要对其进行开松、除髓,以除去其中蔗髓及机械杂质;若采用的原料为棉短绒,则要进行开松、除尘,以除去砂粒和矿物性杂质及棉籽壳等;若采用的原料是木材,则要经过剥皮、除节、切片等处理。

2. 蒸煮

蒸煮是制浆的重要工序之一，其基本方法是将经预处理的原料与蒸煮药剂相混合，在一定的温度与压力下进行蒸煮，使其成为浆料。蒸煮会使纤维细胞发生膨润，破坏其初生壁，可提高浆粕的反应性能，降低浆粕的聚合度。蒸煮条件取决于原料种类、化学组成、密度、水分、成熟程度及浆粕品质要求，这些因素若发生变化，则需相应地改变蒸煮条件。

根据蒸煮药剂的不同，可将制浆方法分为亚硫酸盐法、预水解硫酸盐法和苛性钠法三种。不同的方法适用于不同的原料，例如：结构紧密的针叶木类原料适合采用亚硫酸盐法进行制浆，树脂和多缩戊糖含量高的落叶松、阔叶树和甘蔗渣，则适合采用预水解硫酸盐法进行制浆，棉短绒则适合采用苛性钠法进行制浆。

3. 精选

浆料经过蒸煮之后，需进行精选。所谓精选，就是对浆料进行洗涤、打浆、筛选、除砂、浓缩等处理，从而提高浆料的纯度，同时进一步提高其反应性能。

4. 漂白、漂后精选

漂白是为了除去浆料中的有色杂质和残存的木素、灰分和铁质，从而更进一步提高纤维素的反应性能，最终调节纤维素的聚合度。

5. 抄浆、脱水、烘干

漂白且精选后的浆料送至抄浆机，在此完成成型、脱水、烘干，即成为浆粕成品。

第三节 黏胶纤维纺丝原液的制备

黏胶纤维纺丝原液的制备工艺流程如图 7-2 所示。

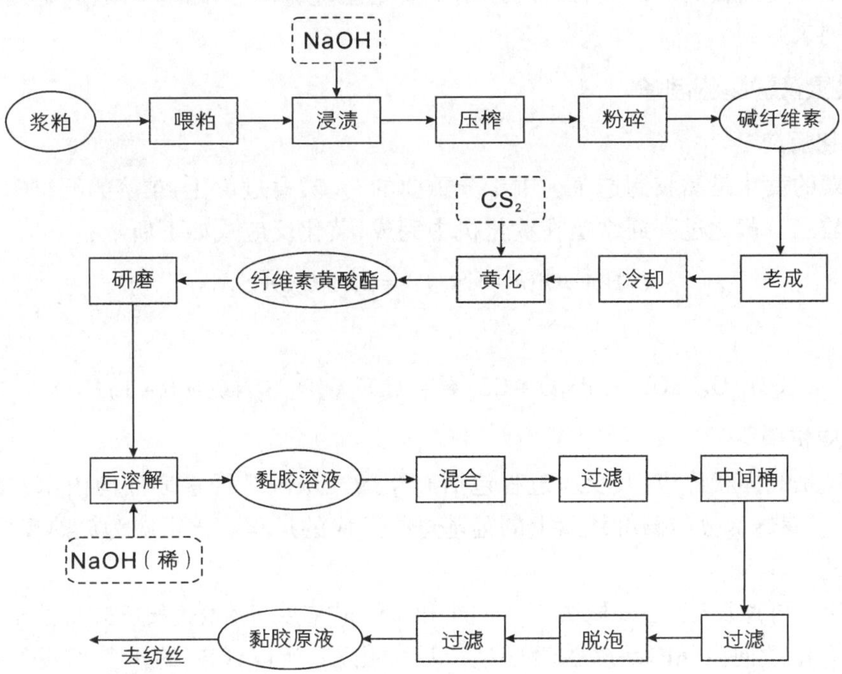

图 7-2 黏胶原液制备工艺流程

浆粕先经过浸渍、压榨和粉碎工艺后得到碱纤维素，经老成和黄化后得到纤维素黄酸酯，经后溶解得到黏胶溶液，再经过混合、过滤和脱泡等工序，最终得到纺丝用的黏胶原液。

一、碱纤维素的制备

将混合好的不同批次的浆粕，通过浸渍、压榨和粉碎等工序即可制得碱纤维素，这三道工序通常是利用浸压粉联合机（联浸机）来实现的。制备好的碱纤维素再经过老成，其黏度得以适当的调节，生产中常用老成鼓来实现。

（一）浆粕的准备

浆粕的生产是分批进行的，为了减小各批浆粕间的品质差异，避免由于该差异导致对黏胶品质的影响，通常要采用多批混合的方法。混合时，各批浆粕之间的品质差异应处于一定的允许范围，品质差异太大则不适合相互混合。

（二）纤维素的浸渍

纤维素的浸渍是黏胶纤维溶液制备的重要工序，该过程中主要发生化学及物理化学变化、溶胀和部分低分子溶出现象。通过浸渍，纤维素的聚合度会有所下降，纤维素的形态结构也受到破坏，超分子结构发生变化。此外，纤维素对各种化学试剂的反应能力会有所提高，有利于黄化反应的进行。

（三）碱纤维素的压榨与粉碎

为了避免过量的水和碱对黄化反应的影响，经过浸渍的浆粕，需与过剩的碱液进行分离，该过程即为压榨。经压榨后的碱纤维素十分致密，表面积减小，故必须再进行粉碎，使其成为细小的松屑粒状，从而增加其反应表面积，确保随后各工序的反应可均匀进行。

（四）碱纤维素的老成

碱纤维素的老成是在空气的氧化作用下，使碱纤维素分子链断裂，聚合度下降，从而达到适当调整黏胶黏度的目的。老成程度的控制主要是通过调节老成时间、老成温度以及选用氧化剂或催化剂来达到。

二、纤维素黄酸酯的制备

（一）黄化反应

碱纤维素的黄化是黏胶制造工艺中十分重要的一步，通过黄化，难溶的纤维素变为可溶性的纤维素黄酸酯。黄化过程通常是在黄化机中完成，黄化反应式如下所示：

$$C_6H_9O_4ONa + CS_2 \rightleftharpoons C_6H_9O_4OCS_2Na$$

或

$$C_6H_{10}O_5NaOH \cdot nH_2O + CS_2 \rightleftharpoons C_6H_9O_4OCS_2Na + (n+1)H_2O$$

（二）反应机理

黄化反应是气固相反应，其反应过程包括 CS_2 蒸气从碱纤维素表面向内部扩散渗透的过程，以及 CS_2 在渗透部分与碱纤维素上的羟基进行反应的过程。该反应为放热反应，故低温有利于反应的进行。

黄化反应是可逆反应，主要取决于 NaOH 和 CS_2 的浓度。在溶解过程中，甚至在以后的黏胶溶液中，CS_2 继续向微晶内部渗透，被称为“后黄化”。所以，CS_2 的扩散和吸附对反应起着很重要的作用。

三、纤维素黄酸酯的溶解和混合

（一）溶解

纤维素黄酸酯的溶解过程在带搅拌的溶解釜中进行。块状分散的纤维素黄酸酯经过连续搅拌和循环研磨，逐步被粉碎成细小的颗粒，逐渐溶解于溶剂中。其机理是纤维素黄酸酯与溶剂接触，黄酸基团发生强烈的溶剂化作用，纤维素溶胀，大分子间距增大，纤维素晶格彻底破坏，大分子不断分散，直到形成均相的黏胶溶液。

（二）混合

碱纤维素黄酸酯的溶解过程包括先后两个阶段：粉碎阶段和混合阶段。开始溶解时，由于存在黄酸酯团块，研磨粉碎是该阶段的主要作用；随着黄酸酯团块的消失，主要就是进行混合。此外，溶解结束后，为了尽量减小各批黏胶间的品质差异，使其均匀一致利于纺丝，需要将溶解完成的数批黏胶进行混合。

四、黏胶的熟成

由于纤维素黄酸酯在热力学上不稳定，即便是在常温下也会逐步分解。故在黏胶放置过程中发生一系列化学和物理化学变化，被称为黏胶的熟成。

（一）熟成过程中的化学反应

黏胶熟成过程中发生的化学反应主要有水解反应和皂化反应，其反应式如下：

水解反应：

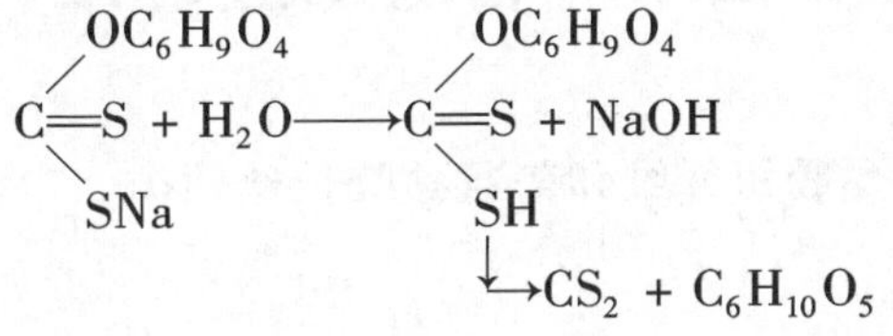

皂化反应：

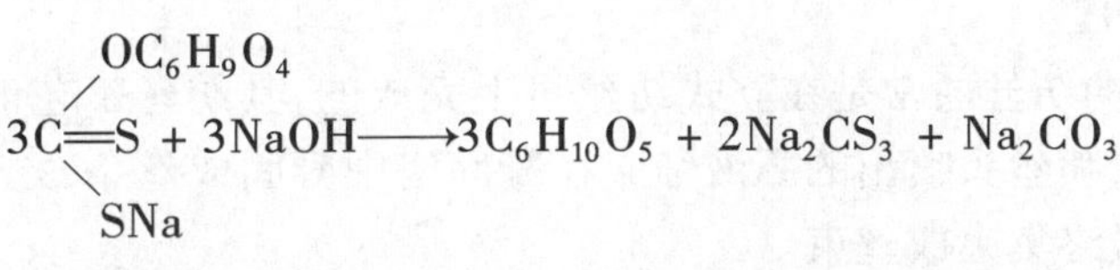

以上两种反应在熟成过程中同时存在。一般黏胶的碱的质量分数为4%～7%，而当该质量分数低于8%时，以水解为主。由此可见，黏胶熟成过程中主要发生的是水解反应。除上述反应外，一些热力学上潜能较高的副产物（如硫代碳酸盐等）不断转化为潜能较低的碳酸钠和硫化钠等。

（二）熟成过程中的黏度变化

熟成过程中黏度的变化是先急剧下降到最低点，之后缓慢上升，最后急剧上升。开始阶段的急剧下降，其原因是黏胶中游离的纤维素黄酸酯进入纤维素的结晶部分，引起后黄化，导致部分结晶区继续分散溶解于碱液中，分散粒子逐渐变小。缓慢上升的原因是，随着熟成的继续进行，酯化度下降，致使脱溶剂化和结构化程度增加。最后的急剧上升，原因是随着副产物的增加，酯化度进一步下降，纤维素大分子间由于氢键的作用而不断凝聚，直至形成凝胶。

(三)熟成过程中熟成度的变化

黏胶的熟成度指的是黏胶对凝固作用的稳定程度,通常以 NH_4Cl 或 NaCl 值来表示。在熟成过程中,熟成度的变化趋势是先急剧上升到最大值,然后再逐渐减小。熟成度是黏胶的重要指标之一,它直接影响纺丝成型过程的速度及成品纤维的性能。

五、过滤和脱泡

(一)过滤

溶解后的黏胶溶液中含有大量的微粒,这些微粒包括未反应的纤维及其片段、未溶解的纤维和溶解不完全的凝胶粒子,以及半纤维素与 Fe、Ca、Cu 的螯合体等,还包括通过原料、设备和管道带入的杂质。为防止以上微粒在纺丝过程中阻塞喷丝孔,导致单丝断头或影响成品纤维质量,故要进行过滤。纺前黏胶通常要采用绒布或细布进行三道过滤。

(二)脱泡

由于黏胶的黏度较高,通过搅拌、输送或过滤容易带入大量大小不一的气泡,若不加以去除,则会导致加速黏胶的氧化。此外,气泡对于过滤和成型等都会造成一定的影响,过滤时气泡的存在会破坏滤材的毛细结构,导致凝胶粒子渗漏。成型时气泡的存在会导致纤维断头或产生疵点,小气泡还会导致纤维强度的降低。因此,黏胶中的气泡含量须严格控制。通常采用抽真空的方式加速去除气泡,控制气泡在黏胶中的体积分数小于0.001%。

第四节　普通黏胶纤维

普通黏胶纤维分为普通黏胶短纤维和普通黏胶长丝两类,二者在纺丝工艺及后处理上不尽相同。

一、普通黏胶短纤维

(一)纺丝工艺流程

普通黏胶短纤维的纺丝通常是在立式纺丝机上完成的,其纺丝工艺流程如图 7-3 所示。原液通过计量泵,经由喷丝头喷出的原液细流在凝固浴中凝固成丝条,之后经由导丝钩、分丝棒、纺丝盘和导丝柱最终集束成丝束。

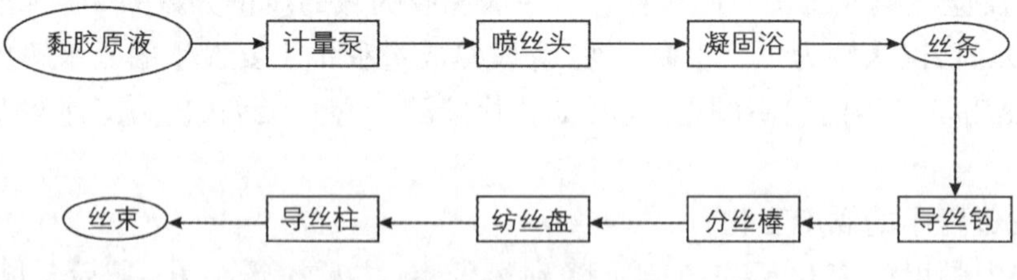

图 7-3　普通黏胶短纤维纺丝工艺流程

(二)凝固浴的组成与作用

凝固浴是由硫酸(H_2SO_4)、硫酸钠(Na_2SO_4)和硫酸锌($ZnSO_4$)按照一定比例组成的。之所以要用三者的组合溶液,而不是单独使用 H_2SO_4 水溶液,是因为单独的 H_2SO_4 水溶液虽能用于黏胶纤维成型，但所得纤维质量很差。故一般要用组合凝固浴，且纤维品种不同，凝固浴的组成及成型温度也会随之发生变化。

由上可知，凝固浴是 H_2SO_4、Na_2SO_4 和 $ZnSO_4$ 的组合溶液。这三种组分的作用如下：

（1）H_2SO_4 的作用：第一，使纤维素磺酸钠分解，再生出纤维素和 CS_2；第二，中和黏胶中的 NaOH，使黏胶凝固；第三，分解黄化所产生的副产物。纤维品种不同、黏胶的熟成程度不同、黏胶的组成不同、纺丝速度及喷丝头大小的不同都决定着所需采用的硫酸浓度。

（2）Na_2SO_4 的作用：第一，抑制 H_2SO_4 的离解，延缓纤维素黄酸钠的再生速度；第二，促使黏胶脱水而凝固，从而改善纤维的物理机械性能。

（3）$ZnSO_4$ 的作用：第一，与纤维素黄酸钠作用生成稳定的中间产物纤维素黄酸锌，该中间产物分解速度比纤维素黄酸钠要慢，利于拉伸，从而得到强度较高的纤维；第二，纤维素黄酸锌的交联结构可形成结晶中心，避免大块结晶体的形成，从而提升纤维结构的均匀性，提高强度、延伸度和钩接强度；第三，硫酸锌的加入可改进纤维的成型效果，使纤维具有较高的韧性及优良的耐疲劳性。

（三）纺丝工艺

1. 成型特点

（1）喷丝头：黏胶短纤维采用的喷丝头为直径较大或组合式的，单头孔数几千至几万孔，丝束线密度大于百万分特，纺丝机的单台生产能力较大。

（2）成型条件：喷丝孔排列和分布要合理，酸浴的分配和流向要均匀合理。相比普通长丝而言，短纤维的成型条件较缓和，纺丝浴组成中的 $ZnSO_4$ 含量最少，H_2SO_4 含量略低，Na_2SO_4 含量略高。在塑性状态下丝条可经受较大的拉伸。

（3）双浴成型：所谓双浴成型，是指丝束经凝固成型后，还要在专门的塑化槽中进行拉伸，纤维素在此完成再生。一浴中纺出的丝束，合并成丝束后，在二浴中（95～100 ℃）进行60%～100%的拉伸，并且充分分解为水化纤维素。

2. 成型原理

黏胶短纤维纺丝采用的是湿法纺丝。黏胶通过喷丝孔形成细流进入含酸凝固浴，黏胶中的碱液被中和细流凝固成丝条，纤维素黄酸酯分解再生成水化纤维素。黏胶短纤维通常采用二浴法纺丝，即在一浴内凝固而在另一浴中分解再生。这个过程中既有化学变化，也有物理化学变化。

（1）化学变化：纤维素黄酸钠遇酸的分解反应如下：

$$C_6H_9O_4OCS_2Na + H_2SO_4 \longrightarrow C_6H_{10}O_5 + Na_2SO_4 + CS_2 \uparrow$$

黏胶中的碱与酸中和反应如下：

$$2NaOH + H_2SO_4 \longrightarrow Na_2SO_4 + 2H_2O$$

纤维素黄酸钠和硫酸锌的过渡反应如下：

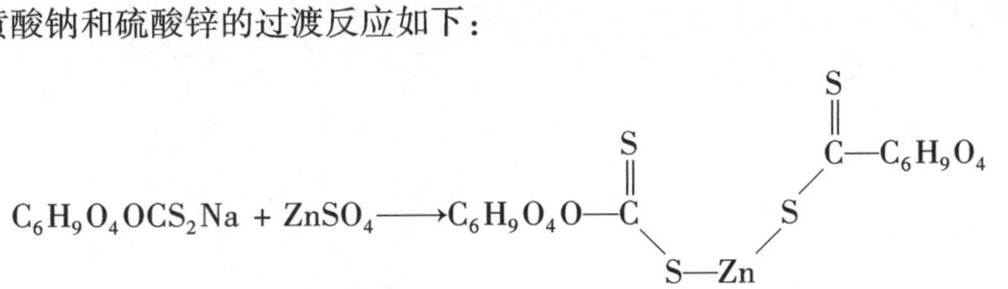

黏胶中的杂质遇酸后的副反应如下：

$$Na_2CS_3 + H_2SO_4 \longrightarrow Na_2SO_4 + H_2S\uparrow + CS_2\uparrow$$

$$Na_2S + H_2SO_4 \longrightarrow Na_2SO_4 + H_2S\uparrow$$

$$Na_2S_X + H_2SO_4 \longrightarrow 2Na_2SO_4 + H_2S\uparrow + (x-1)S\downarrow$$

$$Na_2S_2O_3 + H_2SO_4 \longrightarrow Na_2SO_4 + H_2\uparrow + SO_2 + S\downarrow$$

(2)物理化学变化：黏胶经过喷丝孔时，在切向力作用下形成各向异性的黏胶细流。黏胶细流与凝固浴各组分的双扩散结果，使纤维素黄酸钠被分解而析出再生纤维素。细流被离析为双相，即凝胶相和液相，故最终在纤维的表面形成皮膜，溶剂通过皮膜向内部渗透，从而形成截面结构不均匀的皮芯层结构。

3. 拉伸作用

黏胶短纤维的成型是经过双浴完成的，由于凝固纤维所处状态不同，故不同部位拉伸所得的效果也不同。黏胶短纤维的拉伸一般由三个阶段组成，即喷丝头拉伸、导丝盘拉伸和塑化拉伸。

喷丝头拉伸指的是第一导丝盘的线速度与黏胶从喷丝头喷出的速度间的比值。喷丝头拉伸率计算如式(7－1)所示：

$$\text{喷丝头拉伸率} = \frac{\text{第一导盘线速度} - \text{黏胶喷出速度}}{\text{黏胶喷出速度}} \times 100\% \tag{7-1}$$

喷丝头喷出时的黏胶尚处于黏胶态，故不宜施加过大的拉伸，否则易造成断头和毛丝。喷丝头拉伸率根据纤维品种不同和酯化度的不同而有较大差异。

导丝盘拉伸，也称为空气浴拉伸，是指导丝盘与第一集束辊间的拉伸。此时的丝束上附着有部分凝固浴液，纤维素黄酸钠继续凝固并分解，大分子的活动能力降低，经拉伸的纤维素大分子可沿轴向达到一定程度的排列，但该阶段的拉伸率较小。

塑化拉伸是指第一集束辊和第二集束辊之间的拉伸。丝束在高温酸性塑化浴中得到了完全再生，同时也使丝条处于可塑状态，大分子链有较大的活动余地，对其加以强烈的拉伸，能够使大分子和缔合体沿着拉伸方向取向。拉伸的同时，纤维素基本全部再生，使拉伸效果得以巩固。故该阶段拉伸是拉伸中最有效的部分。

(四)后处理工艺

1. 后处理方式及工艺

黏胶短纤维在经过喷丝头喷出，经集束、拉伸后，纤维中含有许多杂质，如：丝条带出的凝固浴液、成型过程中产生的胶态硫黄、附着在纤维上的Ca、Mg等金属盐类杂质，这些杂质必须去除，以免对纤维质量及纺织加工产生影响。

通常普通黏胶短纤维的后处理有三种工艺流程，如图7－4所示，既可先切断再后处理，亦可先后处理再行切断。

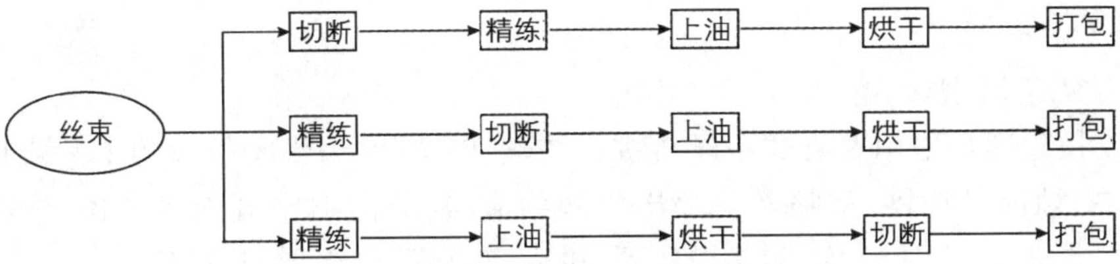

图 7-4　普通黏胶短纤维后处理工艺流程

目前最为常用的后处理方法是切断后再进行后处理,其详细的工艺流程如图 7-5 所示。

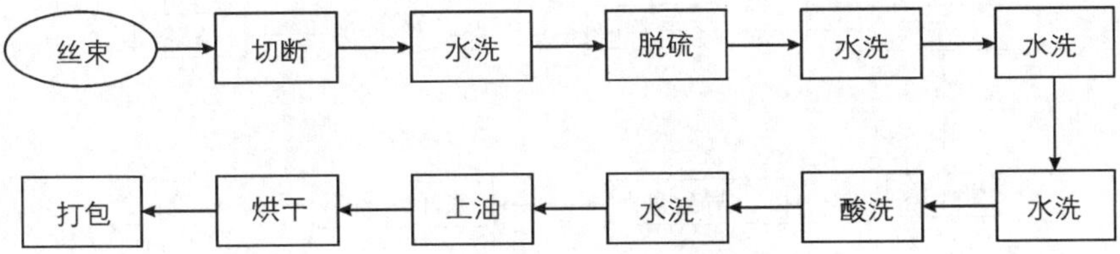

图 7-5　普通黏胶短纤维常用后处理工艺流程

2. 各工序的作用

(1)水洗:从图 7-5 中可以看到,在整个后处理过程中需经过四次水洗。最开始水洗的作用是将纤维上的硫酸、硫酸盐及部分硫黄洗去。每次化学处理后的水洗,其作用是去除化学处理药液及生产的杂质。水洗温度要控制适当,以便提高水洗效果。另外为了节约用水,除第一次水洗后的水排放外,其余各道洗水都回收利用。此外,还采用逆流的方式,后一道洗水送到前一道使用。为防止硬水对纤维造成的影响,后处理过程中使用的均为软水。

(2)脱硫:纤维上附着的硫黄会导致纤维呈现淡黄色,且手感粗糙,在后续的纺织加工中会产生灰尘,恶化车间环境,故需要去除。纤维表面的硫黄在热水中即可被洗掉,内部的胶质硫黄难以用热水去除。通常要借助化学药剂(脱硫剂),常用的有 NaOH、NaOH 和 Na_2S 的混合液及 Na_2SO_4,它们可与不溶性的硫生成可溶于水的多硫化物和硫代硫酸盐从而被去除。

(3)漂白:原料及生产中带入的各种色素会降低纤维的白度,若对纤维的白度要求较高,就需要对其进行漂白。常用的漂白剂是 NaClO 和 H_2O_2。

(4)酸洗:纤维处理过程中产生的不溶性氢氧化铁及其他重金属会影响纤维的质地和外观,故需要通过酸洗去除。常用的酸是盐酸或硫酸。

(5)上油:上油的作用是改善纤维的纺织加工性能,调节纤维表面摩擦力,使纤维柔软、平滑且抱合力适当。上油率关系到上油效果,通常控制在 0.15% ~0.30% 为宜。纤维用油剂要求既能够改善纤维的纺织加工性能,还具有较好的稳定性,同时要求无臭、无腐蚀性、洗涤性好且价廉易得。

(6)烘干:烘干前,纤维要先脱水,使其含水率由 300% ~400% 降低到 130% ~150% 。短纤维一般采用轧辊脱水机脱水,热风烘干,烘干速度取决于热空气的温湿度、循环速度及纤维厚度、开松程度。烘干后的纤维含水率一般为 6% ~8% 。

(7)打包:经过烘干和开松后的短纤维,借助气流或输送带送入打包机,打成一定规格的包,便于贮存和运输。包上一般注明生产厂家、纤维规格等级、重量、批号、包号等信息。

二、普通黏胶长丝

(一)纺丝工艺流程

普通黏胶长丝通常采用离心式纺丝机进行纺丝,图7-6为黏胶长丝的工艺流程。黏胶原液通过计量泵、烛形过滤器,从喷丝头喷出原液细流,在凝固浴中凝固成丝条,依次经过导丝钩、下纺丝盘、导丝棒、上导丝盘、漏斗导丝器,进入离心罐,最终形成丝饼。

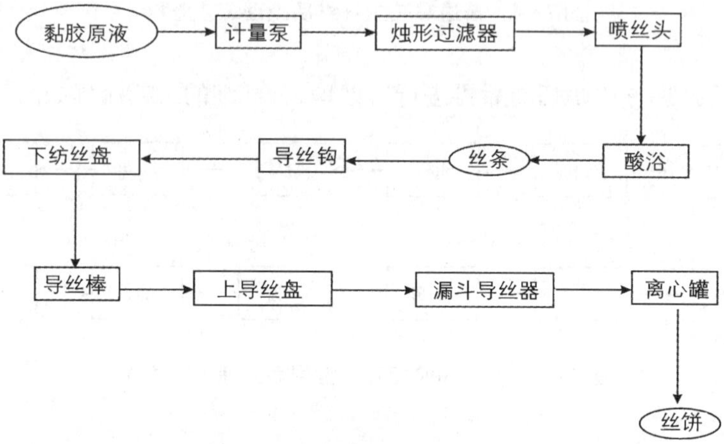

图7-6 普通黏胶长丝纺丝工艺流程

(二)纺丝工艺

1. 长丝用浆粕的特点

长丝用浆粕与短纤维用浆粕不完全相同,具有如下特点:

①α-纤维素含量及黏度要高。国内规定长丝用浆粕的α-纤维素的含量不低于89%,国外则高达95%~96%。②半纤维素含量要低。如果半纤维素含量高,会导致浸渍、老成、黄化及碱液回收等工艺过程困难,且会影响黏胶质量,从而影响长丝的物理机械性能。③杂质含量要低。长丝用浆粕要求杂质含量低。如果杂质(树脂,蜡质,Ca、Mg、Fe、Si等灰分)含量高,则会增加黏胶过滤和纺丝的困难并降低长丝的白度。④聚合度及其分布适中,波动范围小。⑤工艺条件较短纤维缓和而严格。⑥老成温度不宜过高,适宜用低温或中温老成,温度控制严格,不可有较大波动。⑦黏胶过滤次数一般不低于三道,过滤介质要密,出口压力要低。

2. 黏胶长丝的成型

(1)成型工艺:黏胶长丝亦采用湿法进行纺丝。黏胶原液通过喷丝孔形成细流进入到凝固浴中,黏胶中的碱被凝固浴中的酸中和,细流凝固为丝条,纤维素黄酸酯分解再生成水化纤维素。根据凝固与分解是否同时发生,可分为单浴法、二浴法和多浴法。其中,凝固与分解同时在一浴中完成的称为单浴法纺丝,黏胶长丝采用的即为单浴法纺丝。

(2)工艺条件:①成型速度。成型速度随着所采用纺丝机类型的不同而不同。例如:筒管式纺丝机的成型速度为65~90 m/min,离心式纺丝机的成型速度为60~100 m/min。连续式纺丝机的成型速度一般为50~80 m/min。②凝固条件。凝固浴的温度一般为40~55 ℃。温度太高,纤维素黄酸酯分解太快,易出现毛丝、缠辊等现象;温度太低,则出现丝条凝固慢,成品中胶块多等现象。凝固浴的组成根据喷丝头规格、拉伸方式及其分配、纺丝速度等来确定。③浸没长度。丝条在凝固浴中的浸没长度一般为20~38 cm,浸没时间为0.1~0.2 s。浸没长度越长，成型越均匀，纤维强度越高，柔软性及韧性越好。④凝固浴的循环速度。为保证凝固浴浓度和温度均匀，凝固浴的循环量每锭不少于40 L/h，控制凝固浴中的硫酸落差不大于2 g/L。

（三）后处理及加工工艺

黏胶长丝的后处理工艺与黏胶短纤维基本相同，但使用的设备及后处理方式有所不同。此外，黏胶长丝经后处理后还需进行后加工，即络筒、分级及包装等工序。

第五节　功能型黏胶纤维

高湿模量纤维（HWM）指的是一种具有高干湿强度、高湿模量的纤维素纤维。高湿模量纤维分为变化型高湿模量纤维和波里诺西克（Polynosic）纤维两种。变化型高湿模量纤维简称为高湿模量纤维，20世纪60年代由东华大学研制成功。波里诺西克纤维是由日本人立川正三开发的，是高湿模量纤维的一种，日本商品名为虎木棉，中国商品名为富强纤维。

一、变化型高湿模量纤维

变化型高湿模量纤维简称为高湿模量纤维，是高湿模量黏胶纤维的一种。该纤维有圆滑而较厚的皮层，结构均一，具有较高的干湿强度及湿模量。由于其性能与普通黏胶纤维不同，故其对浆粕的要求、黏胶制备的工艺特点及成型工艺都不同于普通黏胶纤维。下面分别进行介绍。

（一）对浆粕的要求

用于制造高湿模量黏胶纤维的浆粕，α-纤维素含量较高，浆粕的聚合度要求较高，分布不能太宽。通常采用预水解硫酸盐浆粕或精制亚硫酸盐浆粕，所用浆粕的质量指标见表7-4。

表7-4　高湿模量黏胶纤维浆粕的主要性质

性质	数值范围
α-纤维素/%	92.0~97.5
不溶于18% NaOH溶液部分/%	92.5~99.0
灰分/%	0.03~0.08
萃取物/%	0.01~0.25
聚合物（DP）	800~900

（二）黏胶制备工艺及特点

1. 浸渍、压榨

浸渍时NaOH溶液质量分数通常为18.5%左右，碱液中半纤维质量分数要求小于3%，碱液中不能含Fe、Cu、Mn等金属。且为了改善吸碱性，浸渍时通常会加入0.1%~0.3%的渗透剂。压榨后碱纤维素中α-纤维素的质量分数为33%左右，NaOH的质量分数为15%~16%。

2. 老成

老成温度要不低于粉碎终温，否则碱纤维素内会产生冷凝水，影响老成过程中碱纤维素降聚的均匀性。

3. 黄化

高湿模量纤维的黏胶酯化度比普通黏胶纤维要求更高，所以，黄化时CS_2的加入量较高。CS_2的使用量与浆粕的反应性能和设备的作用效果、黏胶的含碱量及纤维的质量要求有关。

4. 溶解

黏胶中的 NaOH 质量分数 5% ~10%，α-纤维素质量分数为 5% ~8%，碱与 α-纤维素之比控制在 1 ~1.2。变性剂可随溶解碱加入，也可在溶解结束前加入，要保证与黏胶均匀混合。

5. 过滤、脱泡及熟成

高湿模量黏胶的过滤方式与普通黏胶相似，只是由于高湿模量黏胶的黏度较高，需适当提高过滤压力。高湿模量黏胶纤维制备中加入的变性剂多为表面活性剂，它将黏胶中的气泡分散成众多的小气泡，所以，静止脱泡不易脱尽气泡，应采用连续脱泡。

高湿模量黏胶纤维的纺前要求黏胶熟成程度较低，所以熟成温度较低。熟成后的高湿模量黏胶组成及性质见表 7－5。

表 7－5　高湿模量纤维和富强纤维的黏胶组成及性质对比

组成和性质＼纤维名称	HWM	富强纤维
纤维素/%	5 ~ 8	4 ~ 7
NaOH/%	30 ~ 40	2.5 ~ 5.5
CS_2(对 α-纤维素)/%	5 ~ 10	45 ~ 55
变性剂(对纤维素质量)/%	0.2 ~ 5.0	0.0 ~ 1.0
碱纤维素聚合度	450 ~ 600	600 ~ 800
黏度/(Pa · S)	100 ~ 150	150 ~ 600
酯化度	35 ~ 45	55 ~ 100
盐值(NaCl)	8 ~ 12	10 ~ 20

(三)纺丝工艺及特点

高湿模量黏胶纤维凝固浴中 $ZnSO_4$ 和 Na_2SO_4 的浓度较低，这样可以形成较大结构单元，所制得的纤维湿模量高。凝固浴温度较低，纤维素黄酸酯的再生率降低，所得纤维强力低，应采用喷丝头负拉伸。采用二浴成型，在低酸高温的二浴中可进行再生，此时纤维素的塑性较大，可进行大倍率拉伸。高湿模量黏胶纤维的纺丝条件见表 7－6。

表 7－6　高湿模量纤维及富强纤维的纺丝条件

纺丝条件＼纤维名称	HWM	富强纤维
H_2SO_4/%	6 ~ 9	2 ~ 4
Na_2SO_4/%	10 ~ 14	4 ~ 6
$ZnSO_4$/%	2.0 ~ 5.0	0.0 ~ 0.1
浴温/℃	20 ~ 40	5 ~ 35
纺速/($m \cdot min^{-1}$)	30 ~ 60	10 ~ 30
拉伸倍数/%	120 ~ 160	90 ~ 200

纤维成型的主要影响因素分述如下：

1. 凝固浴组成及温度

(1) H_2SO_4 质量分数：凝固浴中 H_2SO_4 的质量分数直接影响着黏胶的熟成度、黏度、黏胶中 α-纤维素含量和碱含量，也影响着纤维的湿模量，故一般控制在 6% ~9%。

(2) $ZnSO_4$ 质量分数：$ZnSO_4$ 含量的增加可改善纤维的弹性，但会降低纤维的湿模量，故一般控制在2%～5%。

(3) Na_2SO_4 质量分数：Na_2SO_4 的质量分数随着凝固浴中 H_2SO_4 质量分数增加而增大，而 Na_2SO_4 质量分数的增加，纤维的湿模量略有降低，故一般控制在10%～14%。

(4)凝固浴温度：凝固浴温度降低，可使纤维结构缓慢形成，有利于生成高侧序，提高纤维的湿模量。一般凝固浴温度控制在20～40 ℃。此外，由于凝固浴中过多的 H_2S 会导致ZnS和 $ZnCS_4$ 在喷丝头上沉积，造成毛丝或断头，故 H_2S 质量浓度要求小于10 mg/L。

2. 喷丝头

喷丝头采用铂-铱(90∶10)合金，具有良好的可纺性。喷丝头孔数一般为20 000～50 000孔，多孔喷丝头可采用组合喷丝头。喷丝头通常采用圆锥形孔道，目前逐渐采用双曲线形孔道，可提高纺丝速度，改善纤维成品质量。喷丝孔的大小和均匀性直接影响着丝条的线密度均匀性，故喷丝孔的直径要严格控制。

3. 纺丝速度

高湿模量黏胶纤维的形成条件较为缓和，故纺丝速度较慢，一般为30～50 m/min。

4. 拉伸条件

高湿模量黏胶纤维丝条出一浴时要尽可能保持较高的剩余酯化度，使凝固丝条在二浴中能承受较大的拉伸。在二浴中其拉伸率达110%～140%，拉伸主要发生在进二浴的初期，拉伸初期完成全部拉伸的40%～60%，之后再进行较缓慢的拉伸。纤维经拉伸后，弹性较差，故纤维出二浴后常会进行回缩。

(四)高湿模量纤维的结构与性能

高湿模量黏胶纤维的平均聚合度为450～550，介于普通黏胶纤维和富强纤维之间。横截面为圆形或近似圆形，皮芯结构。其性能也介于普通黏胶纤维和富强纤维之间，主要性能见表7-7。

表7-7　几种黏胶纤维及棉的主要性能对比

性能 \ 纤维名称	HWM	富强纤维	普通黏胶纤维	棉纤维
干强/($dN \cdot tex^{-1}$)	3.34～4.05	2.73～4.4	1.94～2.64	2.10～3.52
湿强/($dN \cdot tex^{-1}$)	2.28～3.00	2.10～3.08	1.23～1.58	2.29～3.70
干伸/%	17～21	9～12	15～22	7～12
湿伸/%	19～23	10～16	20～30	9～14
湿模量/($dN \cdot tex^{-1}$)	8.80～17.60	8.80～26.40	1.76～5.28	6.16～14.08
湿强/($dN \cdot tex^{-1}$)(质量分数为5%的NaOH处理后)	1.32～1.76	1.76～2.64	±0.88	±3.00

二、富强纤维

富强纤维的平均聚合度为500～600，横截面呈圆形，全芯结构。富强纤维的性能见表7-7。

(一)对浆粕的要求

富强纤维的浆粕要求纯度较高，平均聚合度要求大于800，其中大于500的约占75%，低于250的不超过5%，聚合度分布较窄。

(二)黏胶制备工艺及特点

1. 浸渍和粉碎

常温下进行浸渍和粉碎，为避免过多地降低纤维素大分子的聚合度，粉碎后的碱纤维素一般不再进行老成。

2. 黄化

黄化时 CS_2 用量较大（不低于 α-纤维素质量的45%），为获得均匀的高酯化度纤维素黄酸酯，开始加入 CS_2 时的温度不宜超过 20 ℃，当 CS_2 充分均匀地扩散到碱纤维素内部后，再升高温度，加快黄化过程。

3. 溶解

为防止纤维素大分子间羟基的结合由于碱的离子化而导致破坏，一般将纤维素黄酸酯直接溶于纯水中，从而降低黏胶中氢氧化钠的含量。黏胶组成中 α-纤维素与氢氧化钠的质量比一般不超过 1∶0.62。

4. 脱泡、过滤、熟成

由于富强纤维采用的浆粕聚合度高，且低温粉碎后省略了老成过程，加之黏胶中碱含量较低，故黏胶的黏度较高，不能采用常法进行脱泡，需采用快速脱泡方法。过滤与普通黏胶相同，但是需增加过滤面积，以缩短总的熟成时间。要尽量缩短熟成时间，尤其对于纤维素黄酸酯酯化度较高的富强纤维而言，这是由于随着熟成时间的增加，天然纤维素的结构逐渐消失，导致纤维素湿强度下降，塑性较大。

（三）纺丝工艺及特点

1. 凝固浴组成

（1）H_2SO_4 质量浓度：富强纤维生产中的 H_2SO_4 质量浓度一般控制在 30 g/L 以下，这样有利于形成具有天然纤维结构的纤维，但也不是一成不变的，随着黏胶含碱量、纺前黏胶的熟成度、纺丝速度以及喷丝头大小变化要进行适当的调整。

（2）Na_2SO_4 质量浓度：富强纤维生产用凝固浴中 Na_2SO_4 的质量浓度控制在 60 g/L 以下，一般为 45～55 g/L；另外，随着 H_2SO_4 质量浓度的提高，Na_2SO_4 的质量浓度也要相应提高。

（3）$ZnSO_4$ 质量浓度：最初生产富强纤维，凝固浴中不含 $ZnSO_4$，加入 $ZnSO_4$ 是为了增加纤维的韧性。凝固浴中的 $ZnSO_4$ 质量浓度一般不超过 1 g/L，通常采用 0.4～0.6 g/L。

2. 凝固浴温度

凝固浴的温度直接影响到各种离子的扩散速度及化学反应速度。富强纤维的成型常与低酸低纺速相适应，采用的凝固浴温度较低，通常为 20～25 ℃，一般不超过 35 ℃。

3. 纺丝速度

富强纤维所采用黏胶的酯化度和盐值较高，加上低酸、低盐、低温的缓和成型条件，故必须采用低的纺丝速度。纺速太高，会把丝束拉断或形成毛丝，通常纺速控制在 20～25 m/min。

4. 拉伸条件

富强纤维与普通黏胶纤维的拉伸条件不同，它是先经喷丝头负拉伸，后进行强烈的正拉伸，再经过适当的松弛完成的。

三、高湿模量永久卷曲黏胶短纤维

高湿模量永久卷曲黏胶短纤维是在高湿模量纤维和永久卷曲黏胶短纤维成型基础上发展起来的一个新品种。该种纤维同时具备了高湿模量纤维和永久卷曲黏胶短纤维的优良特性，既高强高湿又高卷曲、高弹性。

(一)对浆粕的要求

高湿模量永久卷曲黏胶短纤维所用浆粕与高湿模量纤维所用浆粕要求相同,无其他特殊要求。

(二)黏胶制备工艺及特点

1. 黄化条件

碱纤维素的制备条件及其组成与 HWM 纤维相同,碱纤维素黄化时加入的 CS_2 较多,为 α-纤维素质量的 34% ~38%,具体工艺条件见表 7-8。

2. 黏胶组成

高湿模量永久卷曲黏胶短纤维对黏胶组成无特殊要求,黏胶中的碱与纤维素用量见表 7-8。

表 7-8　高湿模量永久卷曲黏胶短纤维的工艺条件

项目		工艺条件
黏胶组成	纤维素/%	7.0~7.5
	NaOH/%	6.5~7.5
CS_2 用量/%		34~38
变性剂用量	二甲胺/%(对纤维素)	0.8~1.5
	聚乙二醇/%(对纤维素)	0.8~1.5
纺丝黏胶	黏度/(Pa·S)	80~100
	盐值(NaCl 值)	4.0~6.0
一浴	H_2SO_4/%	5.0~5.5
	Na_2SO_4/%	15.0
	$ZnSO_4$/%	2.0~3.0
	浴温/℃	35~45
拉伸值/%		90~100
二浴	H_2SO_4/%	2.5~3.5
	浴温/℃	>90
纺速/($m \cdot min^{-1}$)		30~50

3. 变性剂

变性剂种类与 HWM 纤维相同,多采用混合变性剂、复合变性剂或复合-混合变性剂。用量稍低于 HWM 纤维,一般为纤维素质量的 1.5% ~3%,具体见表 7-8。变性剂的作用是提高纤维的断裂强度和断裂伸长,但对卷曲率并无明显影响。

(三)纺丝工艺及特点

1. 凝固浴组成

为实现卷曲纤维的不对称截面结构,凝固浴需高盐低酸。如表 7-8 所示,高湿模量永久卷曲黏胶短纤维的凝固浴中 H_2SO_4 体积分数为 5% ~5.5%,Na_2SO_4 体积分数为 15%。

2. 凝固浴温度

温度提高,有利于卷曲率的提高,故凝固浴温度偏高,如表 7-8 所示,为 35~45 ℃。

3. 拉伸条件

凝固浴组成及凝固浴温度是形成纤维不均匀截面结构的主要条件,拉伸是赋予纤维不均匀内应力的必要条件，同时也是决定纤维能否卷曲的主要因素，此外还可提高纤维的断裂强度。故卷曲纤维成型时，要尽量提高纤维的拉伸度。

第六节　天丝纤维

一、天丝纤维的生产

国外制造 Lyocell 纤维的工艺，一般都是分步进行的，先将纤维素浆粕与 NMMO 溶液在真空容器中脱水制备黏胶，再送入双螺杆机挤出纺丝。我国的制造工艺是先将 NMMO 浓缩结晶，再在双螺杆机中与纤维素浆粕混合，进行溶解、制胶并纺丝。

（一）生产工艺流程

天丝纤维生产采用的是一种溶剂循环封闭式干湿法纺丝，其工艺流程如图 7－7 所示。

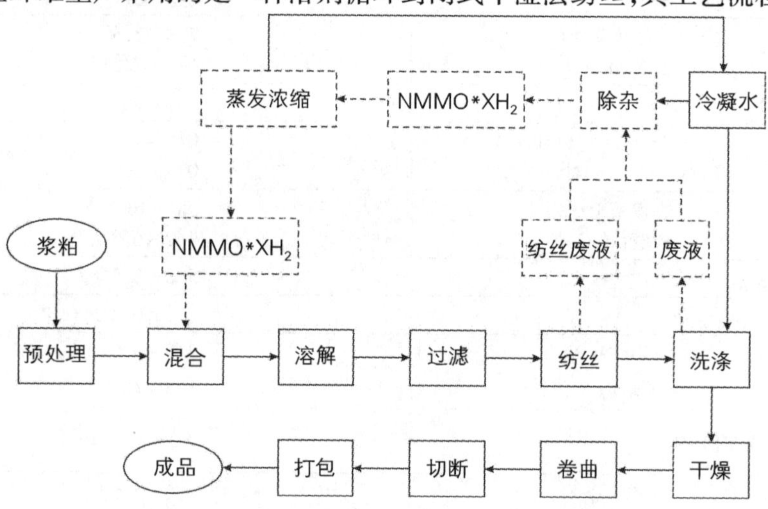

图 7－7　天丝纤维生产工艺流程

（二）浆粕的要求

天丝纤维的强度要求较高，要求所用浆粕具有较高的聚合度，一般控制在 700 左右。浆粕中的半纤和杂质含量有严格要求，灰分、树脂等杂质会影响纺丝溶液的过滤性能、纺丝可纺性及纤维成品质量，故也要严格控制其含量。天丝纤维生产用浆粕主要指标见表 7－9。

表 7－9　天丝纤维生产用浆粕主要指标

项目	指标
α-纤维素/%	≥96.5
聚合度（DP）	600～700
灰分/%	≤0.1
Fe/$(mg \cdot kg^{-1})$	≤0.05
Cl/$(mg \cdot kg^{-1})$	≤1.0
Cu/$(mg \cdot kg^{-1})$	≤0.01
Mn/$(mg \cdot kg^{-1})$	≤0.02
其他元素/$(mg \cdot kg^{-1})$	≤0.01

(三)纺丝原液的制备

天丝纺丝液的制备,与传统黏胶纤维生产工艺相比,省去了浸渍、老成、黄化、熟成等工序,只有溶解、脱泡、过滤和输送四个环节。

1. 溶解

溶解是在一定温度下,将纤维素溶解于具有与纤维素相似结构的溶剂 NMMO 溶液中。溶解过程分为五个环节,即混合、浸润、膨润、溶胀和溶解。整个溶解过程为非连续式,溶解过程中温度和施加强剪切力是两个技术关键。温度不稳定会增加溶解过程的复杂性,温度需要根据溶解温度与 NMMO 水合物熔融温度相关曲线来确定。施加强剪切力,提高剪切速率可降低体系黏度,提高高黏度溶液的混合与溶解速度。

2. 脱泡

天丝纺丝液的黏度远远高于传统的黏胶溶液,需采用抽真空脱泡,且同时增加脱泡表面积,适当升高溶液温度,降低溶液黏度,方可脱泡彻底。

3. 过滤

天丝纺丝溶液采用多道过滤的方式进行过滤,第一道为粗过滤,滤去较大粒子的杂质;第二道为细过滤,滤去中等尺寸大小的粒子;第三道为精过滤,滤去更细的粒子和部分凝胶颗粒等。经过多道过滤后,可提高溶液的可纺性。

4. 输送

天丝纤维生产中溶液黏度大,需由一定功率的设备进行输送。此外,还需提高输送温度,从而改善其流动性,缩短输送时间,以免纤维素在溶液输送中发生降解。

(四)纺丝工艺

天丝纤维的成型采用的是干喷湿纺新技术,该技术提高了生产效率和纤维性能,同时也增加了凝固成型的难度。纤维出凝固浴后的水洗、拉伸、上油等工序与普通湿法纺黏胶短纤维工艺流程类似。值得注意的是,需采用多道水洗、循环喷淋等措施,以确保丝条中 NMMO 的含量降到1‰以下,溶剂回收率高达 99.6% 以上。

(五)NMMO 溶剂的回收

天丝生产中所使用的 NMMO 溶剂,其毒性比酒精还低,且 99.6% 以上可以回收利用,这也是天丝纤维环境友好的一个重要体现。但是,NMMO 溶剂价格昂贵,其回收率直接决定着天丝纤维工业化的成败,只有将其最大程度地回收,才具备工业化生产的经济价值。所以,NMMO 溶剂的回收也是一个研究的热点。韩增强等通过大量实验,对 NMMO 溶剂回收工艺条件进行了优化。研究结果表明:NMMO 的氧化回收率高达 96%,纯化回收后的 NMMO 各项性能指标与标准 BASF 商品溶剂相当,符合再溶解和纺丝生产的要求,且再溶解成丝质量优良。另外,蔡剑针对 NMMO 循环利用过程中存在的 NMMO 先稀释到再浓缩的过程中能量消耗巨大的问题,建议采用低温三效蒸发组合蒸气喷射式热压缩系统流程,并且将该法应用于千吨级天丝生产线上,获得了显著的节能效果。

二、天丝纤维的结构及性能

(一)天丝纤维的结构

天丝纤维具有规整的圆形截面,如图 7-8 所示。

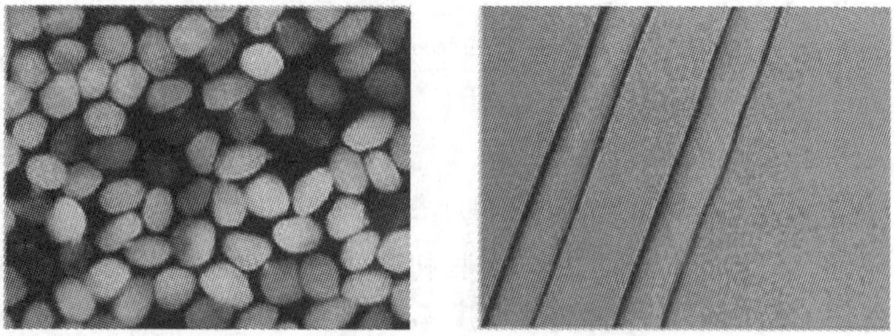

图7-8　天丝纤维的横截面及纵向形态

天丝纤维的平均线密度为0.17 tex,平均密度为1.51 g/cm^3。表面光滑,基本上由全芯层组成,皮层很薄,是高结晶纤维。晶体排列成行,具有较高的聚合度,纤维分子取向性好。

天丝纤维的聚合度、结晶度、取向度及沿纤维轴向的规整性均高于其他再生纤维素纤维。因此,纤维无定型区侧面横向连接少且弱,容易开裂而形成原纤,造成加工困难,形成棉结及短绒。

(二)天丝纤维的性能

天丝纤维分为标准型、LF 型和 A100 型三类,三种之间最大的区别在于有无原纤化。天丝标准型纤维是原纤化纤维,这一特点使得天丝纤维面料具有手感柔软,类似桃皮绒般的布面效果。天丝 A100 型纤维是无原纤化纤维,该类纤维对染料有非常好的亲和性,上色好且色牢度强。天丝 LF 型纤维则介于天丝标准型纤维和天丝 A100 型纤维之间,表现出适度原纤化。三类天丝纤维的具体物理指标如表7-10所示。

表7-10　天丝纤维的物理指标

性能指标＼纤维种类	标准型	LF 型	A100 型
线密度/dtex	1.30	1.33	1.40
长度/mm	37.5	38.1	37.5
长度偏差率/%	-1.3	+0.1	-1.3
断裂强度/(cN·dtex^{-1})	3.69	3.89	4.00
强度不匀率/%	13.0	12.8	13.5
伸长率/%	14.36	12.50	10.20
伸长不匀率/%	15.1	15.3	16.1
疵点/[mg·(100 g)$^{-1}$]	0.2	0	0.2
回潮率/%	12.73	12.60	12.50
含油率/%	0.23	0.20	0.28

注:引自周群娣,邹小祥.天丝纤维性能与纺纱措施。

天丝纤维具有如下性能:

①纤维素纤维的优异特性。织物手感挺爽,吸湿透气性好,具有丝绸的悬垂性,触感可由棉变化到毛、真丝以及其他感觉。②较高的干湿强力。干强接近涤纶,比棉高1倍,湿强仅下降15%,远远优于黏胶纤维(黏胶纤维降低57%),可承受多次机械和化学处理;优异的湿模量(为棉的2.7倍、黏胶的5.4倍),吸水性和保水性略高于棉,服用舒适。③尺寸稳定性好。

其织物收缩率低，织物的缩水率低于2%，可洗性好。④较高的溶胀性。干湿体积比为1∶1.4。⑤热稳定性。天丝纤维在150 ℃以下时，性质稳定，不产生分解；但温度高于170 ℃时，强力逐渐下降；温度达300 ℃时，开始快速分解；燃烧温度为420 ℃，在控制状态下被氧化和炭化。⑥耐酸碱性。天丝纤维遇到热稀无机酸和冷浓无机酸时，产生水解现象。在碱溶液中膨胀，在25 ℃ 9%的NaOH溶液条件下会出现最大膨胀值，并最终裂解，但它并不受普通有机溶液和干态清洁剂的影响。⑦良好的可纺性。⑧可通过常规方法漂白染色，具有有效的染料吸收性，产生自然亮泽。天丝纤维的染色性能好于其他纤维素纤维。但由于天丝纤维易原纤化，染色时纤维易溶胀，一般采用多活性基团活性染料缓解这一现象。多活性基团活性染料的抗原纤化作用与活性基团在染料分子上的位置、活性基团间距、发色基团的大小和数目、染料分子桥基的弹性、反应基团活性和染料扩散能等有关，并且上染的能力还直接受染色深浅的影响。⑨独特的原纤化特性。处理后，可获得独特的桃皮绒风格。⑩可进行广泛的物理化学处理，诸如酸洗、石洗、酶处理、刷绒、仿麂皮等，以获得各种手感。免熨性好，缩水率低，吸湿性能好，具有良好的生理穿着性能。⑪环保性。天丝纤维被称作世界上第一种绿色纤维，与黏胶纤维或其他人造纤维完全不同，它的生产过程和废物处理过程对自然环境几乎无危害。生产天丝纤维的主要原料是木质纤维和水。纺丝液由木浆粕和氨基氧化物混合、加热制备而成，该液体作为生产过程中必不可少的部分，可经过提纯、恢复、循环使用，下脚料极少且无害。天丝纤维及其制品的废弃物处理方法简便，既可以彻底烧毁，也可以将废物土埋，制成混合肥料。

三、天丝纤维的产品及用途

天丝纤维的线密度从1.1到3.8 dtex不等，主要生产1.4和1.7 dtex，有棉型的38 mm和58 mm短纤维，也有60～90 mm中纤维和82～114 mm长纤维。可以与棉、麻、毛等纤维混纺，也可单独使用。利用它的原纤维，可以通过纤维素酶加工桃皮绒类织物，或生物抛光成表面光滑柔和的丝绸状织物。天丝纤维易于采用现有的短纤维纺纱机纺纱，包括转杯纺及长、短纤维环锭纺纱形式，可采用传统的织造技术，包括喷气织机、剑杆织机和片梭织机等，织物规格厚薄皆宜，从厚重的斜纹布到轻薄的凡尔纱等。

天丝纤维的产品种类繁多，且新产品不断被开发，具有多种用途。在纯纺和多组分混纺方面出现了大量研究成果，纯纺产品有天丝水波纹双面针织物、赛络纺天丝牛仔包芯用纱及天丝拉舍尔毛毯等；混纺纱线产品有天丝/竹纤维/牛奶纤维/真丝、天丝/大豆纤维/棉混纺纱线、天丝/莱卡弹力纱和天丝/绢丝混纺纱等。

复习指导

1. 掌握黏胶浆粕制造工艺。
2. 重点掌握黏胶纺丝原液的制备工艺、普通黏胶短纤维和长丝的纺丝工艺。
3. 掌握几种常见高湿模量黏胶纤维的原液制备及纺丝工艺特点。
4. 掌握黏胶生产过程的化学反应方程。
5. 掌握天丝纤维的生产工艺。
6. 了解天丝纤维的性能及用途。

习题与思考

1. 普通黏胶短纤维和普通黏胶长丝纺丝工艺的有何异同?
2. 什么是双浴成型?
3. 变化型高湿模量纤维与富强纤维对浆粕的要求有何区别?原因为何?
4. 高湿模量纤维与普通黏胶纤维的拉伸条件有何区别?为什么?
5. 写出碱化、黄化和纤维素再生的化学反应式。
6. 请从生产方面解释天丝纤维是绿色环保纤维。
7. 解释浆粕、原液、甲纤维素、碱化、黄化、纤维素再生、熟成和黏胶纤维的含义。

第八章　芳香族聚酰胺纤维

第一节　概述

一、芳香族聚酰胺纤维的定义和分类

芳香族聚酰胺是指酰胺键直接与两个芳环连接而成的线型聚合物，由该聚合物纺制的纤维即为芳香族聚酰胺纤维。1974 年，美国贸易联合会将芳香族聚酰胺纤维命名为"Aramid fibers"，泛指至少含有 85% 的酰胺键和两个芳环相连的长链合成聚酰胺，我国称为芳纶。芳香族聚酰胺纤维具有优异的耐热性、耐化学性，一些芳香族聚酰胺纤维还具有出色的机械性能。

芳香族聚酰胺纤维有两大类：全芳族聚酰胺纤维和杂环芳族聚酰胺纤维。全芳族聚酰胺纤维主要包括对位的聚对苯二甲酰对苯二胺和聚对苯甲酰胺纤维、聚间苯二甲酰间苯二胺和聚对苯甲酰胺纤维、共聚芳酰胺纤维，以及引入巨型侧基的其他芳族聚酰胺纤维。杂环芳族聚酰胺纤维是指含有氮、氧、硫等杂原子的环聚酰胺纤维等。

虽然可合成的高性能芳酰胺有 20 多种，但目前可供应用的品种主要是聚对苯二甲酰对苯二胺（PPTA）、聚间苯二甲酰间苯二胺（PMIA）、聚对苯甲酰胺（PBA）和共聚芳酰胺纤维等。芳香族聚酰胺的主要品种及其分子式见表 8－1。

表 8－1　芳香族聚酰胺的主要品种

名称	分子式
聚对苯二甲酰对苯二胺（PPTA）	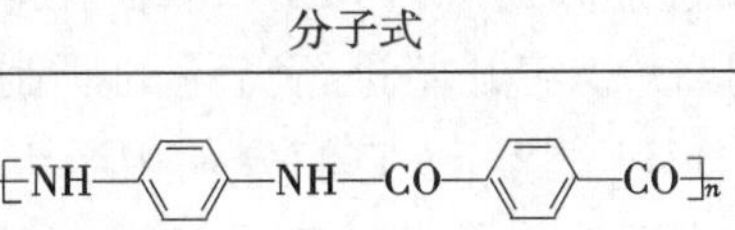
聚间苯二甲酰间苯二胺（PMIA）	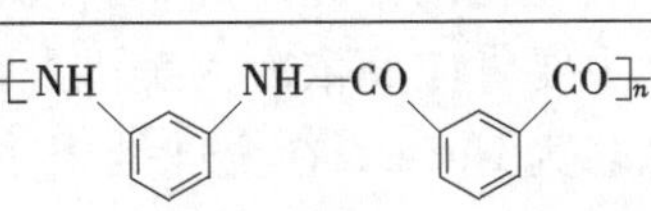
聚对苯二甲酰对苯二胺 3，4′-二氨基二苯醚（PPD/POP-T）	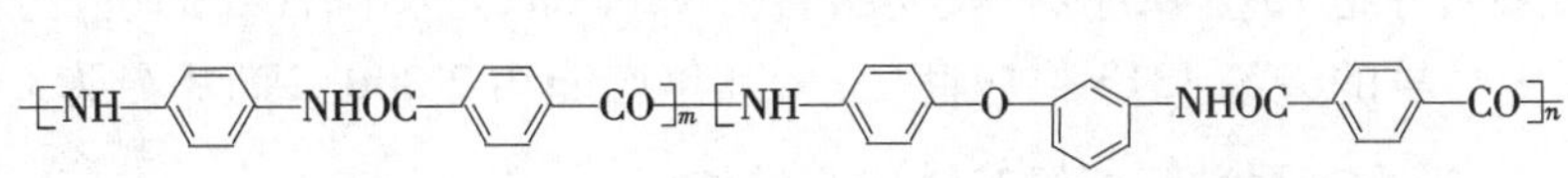
聚对苯甲酰胺（PBA）	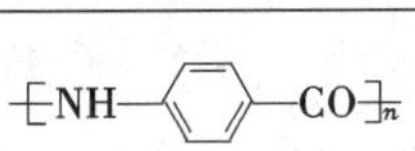
聚对苯二甲酰-4，4′-二苯砜胺	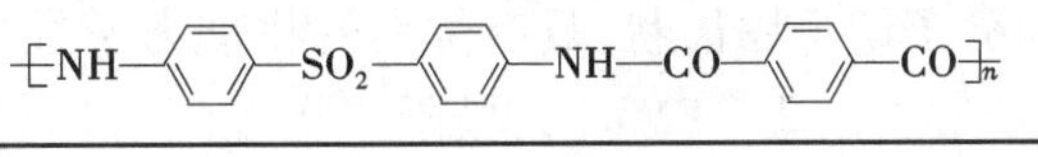

20 世纪 60 年代后期以来，已经有多种芳纶问世，并工业化生产。芳纶种类较多，划分的方法不一。

第一种命名方法根据结构划分，分为对位芳纶、间位芳纶和邻位芳纶。对位芳纶的单体是对苯二甲酸和对苯二胺，单体上的功能团为对位，聚合得到的链段比较规整，耐高温性能好，强度、模量高。对位芳纶主要以杜邦公司的 Kevlar 系列产品为代表；间位芳纶的单体是间苯二甲酸和间苯二胺，单体上的功能团为间位，聚合得到的链段呈锯齿型，耐高温，但强度的模量都略低。间位芳纶主要以杜邦公司的 Nomex 系列产品为代表；邻位芳纶的单体是邻苯二甲酸和邻苯二胺，单体上的功能团为邻位。邻位芳纶主要以杜邦公司的 Korex 系列产品为代表。

第二种命名方法也是根据结构划分的，如对位就是苯环上的 1、4 位置，间位就是苯环上的 1、3 位置，如芳纶 14 就是对氨基苯甲酸苯环上 1、4 位置的连接，芳纶 1414 即 PPTA，芳纶 1313 即 PMIA。

第三种命名方法是根据聚合单体的种数划分的，如芳纶 14 又叫芳纶 I 型，芳纶 1414 和芳纶 1313 又叫芳纶 II 型。当在对苯二甲酸和对苯二胺、间苯二甲酸和间苯二胺等常见结构中加入第三单元单体，如 4，4′-二氨基二苯醚、5(6)-胺基-2-(4-胺基苯基)苯并咪唑等得到的芳纶可称为芳纶 III 型。当第三单元单体为杂环结构时，也称之为杂环芳纶。

二、芳香族聚酰胺纤维的发展概况

20 世纪 60 年代初，美国杜邦公司首先开发出具有优良热稳定性的间位芳香族聚酰胺聚合物，并于 1962 年实现了 Nomex 纤维的工业化，此纤维的纺织性能与棉纤维相似，但因其优异的耐热、耐燃性而广泛应用于消防服、高温过滤材料和电绝缘纸等领域；1966 年，杜邦公司又生产出了对位芳纶，即 Kevlar 纤维，该纤维是芳香族聚酰胺中最有代表性的高强度、高模量和耐高温纤维；1972 年日本帝人公司也开始生产商品名为 Conex 的 PMIA 纤维；1986 年荷兰阿克苏·诺贝尔(Akzo Nobel)公司开始生产 PPTA 纤维，商品名为 Twaron，打破了杜邦公司独家垄断 PPTA 纤维的局面；此外，由日本帝人公司 1987 年实现工业规模化生产的商品——共聚型芳香族聚酰胺纤维 Technora，其抗疲劳和耐化学药品性优于 PPTA 纤维，在轮胎帘子线等方面具有较强的竞争力；1990 年德国赫斯特(Hoechst)公司采用由聚合物溶液直接纺丝生产的新型对位芳纶，在力学性能方面可与 PPTA 纤维相媲美，而且密度比 PPTA 小，特别是耐酸碱性能远优于 PPTA。我国于 1972 年开始进行芳纶的研制工作，并于 1981 年通过了芳纶 14 的鉴定，1985 年又通过芳纶了 1414 的鉴定，它们分别相当于美国杜邦公司的 Kevlar 29 和Kevlar 49。我国山东烟台和四川均有商业化的芳纶产品，对位芳纶 Taparan 和间位芳纶 Tametar。

目前，芳纶 1313 的主要供应商依次为美国杜邦、烟台泰和新材、日本帝人。美国杜邦公司年产能约 2.5 万 t，商品名为 Nomex，在全球处于垄断地位。烟台泰和新材年产能 5 600 t，为全球第二大芳纶 1313 供应商，其商品名为 Tametar，是美国杜邦的主要竞争对手。日本帝人也是世界上最早的芳纶 1313 供应商之一，其年产能约 2 300 t，商品名为 Conex。

三、芳香族聚酰胺纤维的结构和性能

PPTA 的重复单元化学式为 $\text{+CO—C}_6\text{H}_4\text{—CONH—C}_6\text{H}_4\text{—NH+}$，接在苯环上的酰胺基团为对位结构，间位结构则为 PMIA 或 Nomex。

PMIA 的大分子链呈锯齿状，具有优良的物理力学性能，如强度、断后延伸率等，同时还具有极佳的耐火和耐氧化性。PMIA 的极限氧指数(*LOI*)大于 28%，因此当它离开火焰时不会继

续燃烧。PMIA 的阻燃特性是由其自身化学结构所决定的,因而是一种永久阻燃纤维,不会因使用时间和洗涤次数增加而降低或丧失阻燃性能。PMIA 具有很好的热稳定性,在 205 ℃的条件下可以连续使用,在高于 205 ℃的高温条件下仍能保持较高的强力;在 260 ℃温度下,连续使用 1 000 h 后,其强度仍能保持原强度的 65%;在 300 ℃高温下使用 7 天,仍能保持原强度的 50%;零强度温度约为 500 ℃。PMIA 具有较高的分解温度,而且在高温条件下不会熔融、融滴,当温度高于 370 ℃时才开始炭化,且在酸、碱、漂白剂、还原剂及有机溶剂中的稳定性很好,同时还具有良好的抗辐射性能。

PMIA 的主链结构具有高度的规则性,大分子是以十分伸展的状态存在,具有耐高温、防火、耐化学腐蚀及较高的力学性能和抗疲劳性。其强度为钢的 3 倍,为强度较高的涤纶工业丝的 4 倍;初始模量为涤纶工业丝的 4 ~ 10 倍,聚酰胺纤维的 10 倍以上。PPTA 的热稳定性好,在 150 ℃温度下热收缩率为 0,在高温下仍能保持较高的强度,如在 260 ℃温度下仍可保持原强度的 65%。PPTA 的耐温性能要高于 PMIA,连续使用温度范围为 - 196 ~ 204 ℃,在 560 ℃的高温下不分解、不熔化。

四、芳香族聚酰胺纤维的用途

PPTA 纤维是重要的国防军工材料,为了适应现代战争的需要,美、英等发达国家的防弹衣均为芳纶材质,芳纶防弹衣、头盔的轻量化,有效提高了军队的快速反应能力和杀伤力。在海湾战争中,美、法飞机大量使用了芳纶复合材料。除了军事上的应用外,现已作为一种高技术的纤维材料,被广泛应用于航空航天、机电、建筑、汽车、体育用品等国民经济的各个领域。在航空航天方面,PPTA 由于质量轻而强度高,节省了大量的动力燃料。国外资料显示,在宇宙飞船的发射过程中,每减轻 1 kg 的质量,意味着降低 100 万美元的成本。除此之外,科技的迅猛发展正在为 PPTA 开辟着更多新的民用空间。据报道,PPTA 产品用于防弹衣、头盔等材料占 7% ~8%,航空航天材料、体育用材料约占 40%,轮胎骨架、传送带材料等方面约占 20%,还有高强绳索等方面约占 13%。轮胎业也开始大量使用芳纶帘子线来减轻重量,减小滚动阻力。

PMIA 纤维可用于 200 ℃的工作环境,并且具有良好的电绝缘性,耐辐照和化学性能稳定。在耐高温纺织材料,如耐高温防护服、消防服、耐热衬布、高温烟道过滤材料、耐高温工业用纸、阻燃纺织装饰材料、橡胶增强材料、石棉代用材料等方面有着广泛应用。

第二节　聚对苯二甲酰对苯二胺纤维

一、PPTA 的制备

合成 PPTA 所需的单体主要为对苯二胺(PPD)和对苯二甲酰氯(TCL),其反应式如下:

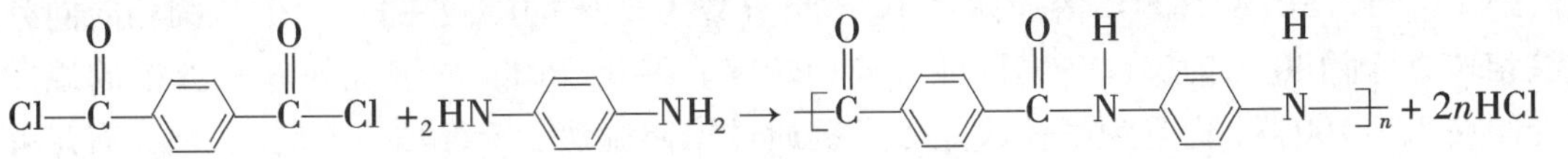

PPTA 的制备有界面缩聚和低温溶液缩聚两种,工业生产上使用后者。其生产工艺流程如图 8 - 1 所示。在研究初期,所用酰胺类溶剂为六甲基磷酰胺(HMPA),但在 19 世纪 70 年

代后期，发现 HMPA 有致癌作用，且溶剂回收困难；随后改用 N-甲基吡咯烷酮（NMP），然而 NMP 的溶解性能比 HMPA 差，为改善其溶解性能，通常加入 LiCl、$CaCl_2$ 等盐类，溶剂分子与金属阳离子的络合提高了体系溶剂化作用，从而增加了 PPTA 在其中的溶解性能。聚合时首先将对苯二胺溶于溶剂中，边搅拌边加入等摩尔比的对苯二甲酰氯，并严格保持反应体系无水，反应温度为 0 ~ 20 ℃。反应结束后，加水使聚合物沉淀，经分离、粉碎和干燥，制成成纤聚对苯二甲酰对苯二胺（PPTA）。如阿克苏公司采用 NMP/$CaCl_2$ 混合溶剂路线合成 PPTA，为提高产物的聚合度，$CaCl_2$ 所添加的质量分数需在 10% 以上。

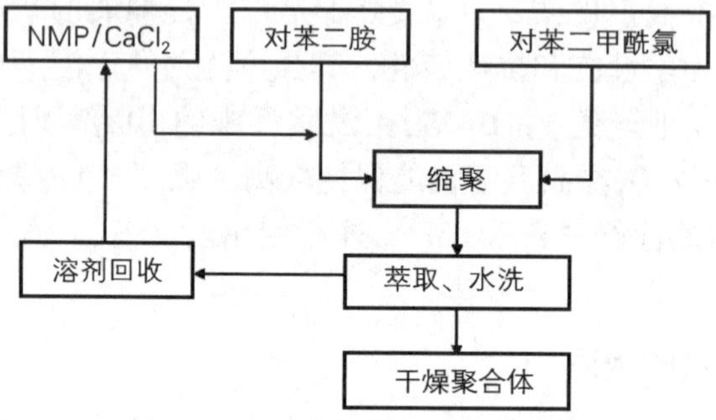

图 8-1 PPTA 低温溶液缩聚工艺流程

对苯二胺和对苯二甲酰氯的反应很快，反应开始后几分钟出现"爬杆"现象，接着产生凝胶，在进一步的强剪切作用下，聚合物析出，此后聚合物的分子量几乎不再增加。

反应起始单体浓度在 0.4 mol/L 时为佳。大于 0.4 mol/L，反应体系中杂质含量相对增加，副反应增多，不能得到高分子量的聚合物；小于 0.4 mol/L，聚合体系很快产生凝胶，聚合物较早从溶剂中析出，聚合反应不能充分进行。

纤维级的 PPTA 要求具有较高的分子量，聚合物的比浓对数黏度大于 4 dL/g，数均分子量在 20 000 左右，聚合度约为 84，链长约为 108 nm。通常 PPTA 分子量的测定以浓硫酸为溶剂。配制浓度为 0.05 g/mL 的 PPTA/浓硫酸溶液，在 25 ℃下采用乌氏黏度计测定，其比浓对数黏度与分子量之间的关系见式（8-1）：

$$[\eta] = KM_\eta^\alpha \tag{8-1}$$

其中 $[\eta]$ 为特性黏数；温度为 25 ℃，溶剂为 96% 的浓硫酸，当相对分子质量在 $0.8\times10^4 \sim 4\times10^4$ 时，$K=9.4\times10^{-6}$，$\alpha=1.7$；当相对分子质量在 $4\times10^4 \sim 6\times10^4$ 时，$K=1.46\times10^{-2}$，$\alpha=1$。

二、PPTA 的纺丝

将 PPTA 溶解在适当的溶剂中，在一定条件下溶液显示液晶性质。这种液晶态聚合物溶液称为溶致性液晶。液晶态时，溶液体系具有浓度高而黏度低的特点。PPTA 不溶于有机溶剂，但可溶解于浓硫酸。目前 PPTA 的纺丝成型多采用以浓硫酸为溶解的溶液液晶纺丝，即干湿法纺丝进行。PPTA/H_2SO_4 溶液体系中，质量分数为 20% 的溶液在 80 ℃下从固相向向列型液晶相转变，到 140 ℃时又向各向同性溶液相转变。因此，PPTA 的液晶纺丝喷丝板的温度必须控制在 80 ~ 100 ℃，而且为了使液晶分子链通过拉伸流动沿纤维轴向取向，必须具有足够大的纺丝速度，通常为 2 000 m/min 左右。为了满足这两个要求，采用在喷丝板与凝固浴之间设置空气层的干湿法纺丝最为有利，如图 8-2 所示。凝固浴的凝固剂（水）温度应控制得较低

(0～4℃),以利于 PPTA 大分子取向状态的保留和凝固期间纤维内部孔洞的减少。空气层的存在允许高温原液和低温凝固浴的独立控制,可以使得水温与纺丝温度之间保持较大的温差,同时也有利于提高纺丝速度。利用这一工艺可制造出强度和初始模量比传统纺丝纤维高 2～4 倍的纤维。

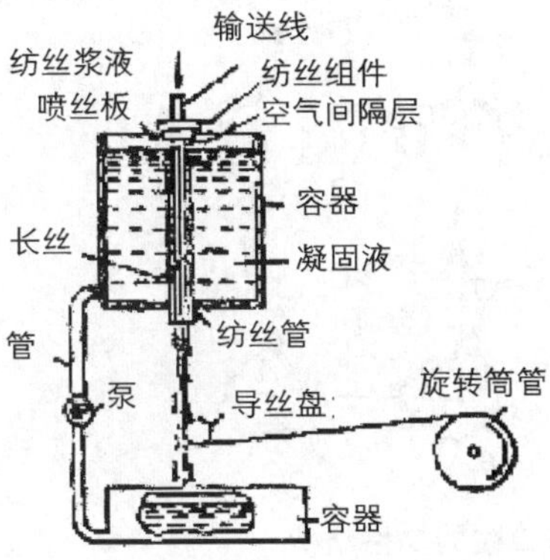

图 8－2　干湿法纺丝工艺流程图

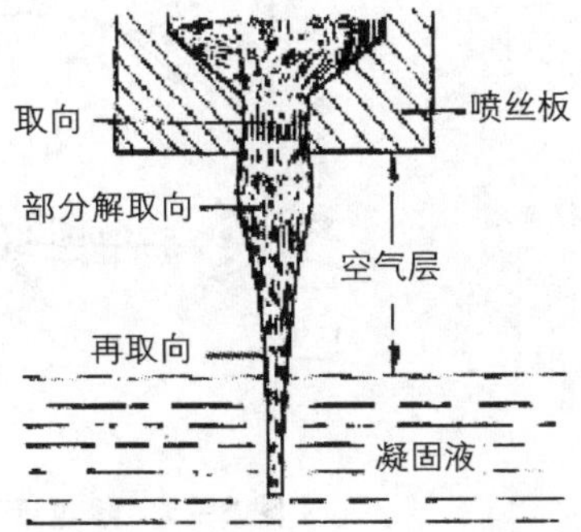

图 8－3 干湿法纺丝过程中的分子取向模型

干湿法纺丝中聚合物分子取向机理如图 8－3 所示。各向异性的液晶溶液从喷丝板的细孔中挤出时,由于细孔中的剪切,液晶区在流动的方向上取向,因为溶液的出口膨胀,细孔中出口处液晶区的取向略有散乱(即发生解取向),而随着纺丝张力增大使得纤维被拉长变细过程中,解取向部分会再次进行取向。变细的长丝保持高取向分子结构被凝固,从而形成高结晶、高取向性的纤维结构,使纤维具有优良的力学性能,而不需要对其进行后拉伸就可使用。PPTA 卷绕丝经过高温紧张热处理,可以进一步提高结晶度。

三、PPTA 纤维的结构与性能

(一)PPTA 纤维的结构

图 8－4 为 PPTA 纤维的结构示意图。可以看出,由于分子链内相邻共轭基团间的相互作用,酰胺基和对苯二甲基能在一个平面内稳定地共存。由氢键联结的聚酰胺分子平行堆砌成片状微晶,相邻的氢键平面由范德华力结合在一起,该平面似最紧密堆砌的金属晶格一样起着滑移面的作用,使之易于剪切和拉伸流动取向而形成液晶。

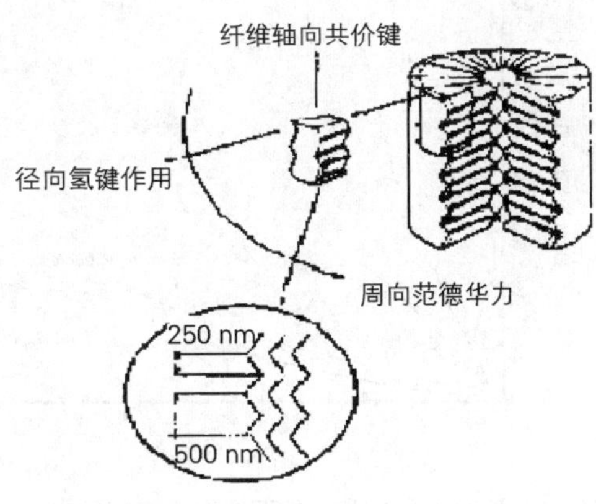

图 8－4　PPTA 纤维的结构

PPTA 分子的结晶单元结构如图 8－5 所示。其结晶单元尺寸为 $a=0.787$ nm,$b=0.519$ nm,$c=0.129$ nm,c 轴的尺寸表明 PPTA 分子链在结晶区域内是完全伸直的。其链段和 c 轴之间的取向角为 6°,和对苯酰基段之间为 14°,酰胺基和相邻聚合物链的羰基之间的距离约为 0.3 nm,NH—O 之间的夹角为 160°,这种结构使得相邻分子链之间产生很强的氢键。酰胺键平面和对苯二胺段的亚苯基平面的夹角为38°，键的自由旋转受阻，分子链表现出刚性棒状特征。

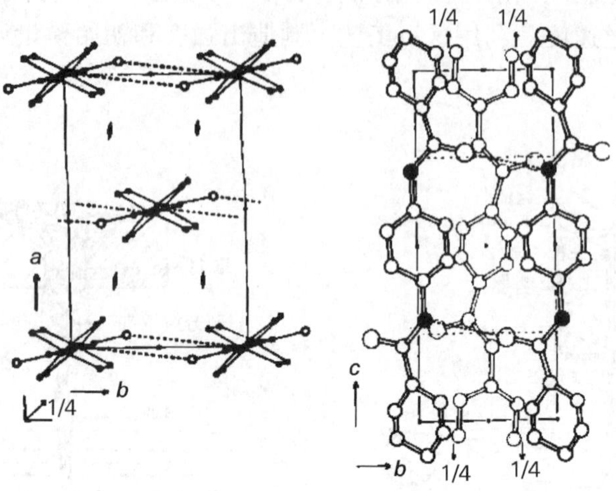

图8-5 聚对苯二甲酰对苯二胺的晶格结构

（二）PPTA 纤维的性能

1. 力学性能

图8-6是杜邦公司的Kevlar纤维和其他产业用纺织纤维的应力-应变曲线比较。由图可见：PPTA纤维的断裂强度为24.86 cN/dtex，是钢丝的5倍，尼龙、聚酯纤维和玻璃纤维的2倍；同时它的模量也很高，达到537 cN/dtex，是钢丝的2倍，高强聚酯的4倍，高强尼龙的9倍。高模型PPTA纤维的模量高达1 100 cN/dtex，而断裂伸长非常低。

作为产业用纺织纤维，对比强度有较高的要求。比强度为抗拉强度与密度之比，比模量则是指抗拉模量与密度之比。图8-7是芳纶和其他产业用纤维比模量和比强度的比较，可见Kevlar 29和Kevlar 49的比模量介于玻璃纤维和高模量硼纤维之间，比强度高于其他产业用纤维。

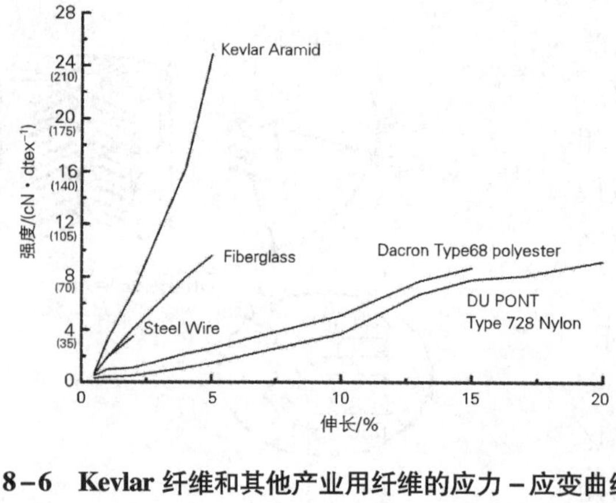

图8-6 Kevlar纤维和其他产业用纤维的应力-应变曲线

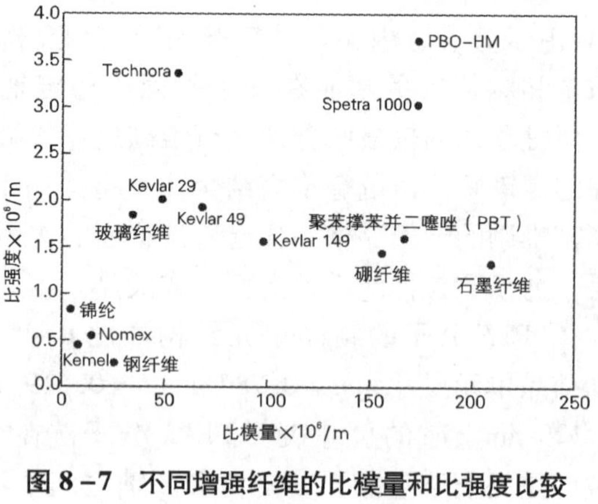

图8-7 不同增强纤维的比模量和比强度比较

为了适应不同用途的需要，美国杜邦公司和荷兰阿克苏公司分别开发了不同的PPTA品种，已工业化生产的PPTA纤维的主要种类及力学性能如表8-2所示。

表 8-2　聚对苯二甲酰对苯二胺纤维的性能

PPTA 纤维种类	线密度/dtex	密度/(g·cm^{-3})	抗拉强度/(cN·dtex^{-1})	GPa	抗拉模量/(cN·dtex^{-1})	GPa	伸长率/%	吸湿率/%
Kevlar	1.66,2.50	1.44	20.5	2.9	496	70	3.6	5~7
Kevlar 29	1.66,2.50	1.44	20.5	2.9	496	70	3.6	5~7
Kevlar 49	1.66	1.45	19.7	2.8	696	99	2.4	3~4
Kevlar 119	1.66,2.50	1.44	21.9	3.1	380	54	4.4	5~7
Kevlar 129	1.66	1.44	24.1	3.4	700	99	3.3	4~6
Kevlar 149	1.66	1.47	23.4	3.3	1 000	145	1.5	1.5
Kevlar KM_2	1.66	1.44	23.4	3.3	300	42	3.3	5~7
Twaron SM1000	1 680/1 000	1.44	19.1	2.7	467	66	3.4	7.0
Twaron HM1055/6	405/250 8 050/5 000	1.45	19.7	2.8	880	125	3.5	7.0
Twaron HM2200	1 680/1 000	1.45	19.7	2.8	704	100	2.7	5.5
Twaron HS2000	3 360/2 000	1.44	26.9	3.8	638	90	3.5	5.5
Twaron SM1041	1 680/1 000	1.44	19.1	2.7	425	60	3.5	7.0

2. 热性能

PPTA 纤维的玻璃化转变温度为 345 ℃,分解温度为 560 ℃,极限氧指数为 28% ~30%。PPTA 纤维的强度和初始模量随温度的升高而降低,但它在 300 ℃下的强度和模量比其他常规纤维,如聚酯纤维、尼龙等在常温下的性能还好。在干热空气下,180 ℃、48 h 的强度保持率为 84%,400 ℃下为 50%,零强温度为 455 ℃。同时,它的耐低温性能也好,在 -196 ℃下,Kevlar 49 纤维不发脆、不分解。温度对纤维强度和模量的影响如图 8-8、图 8-9 所示。

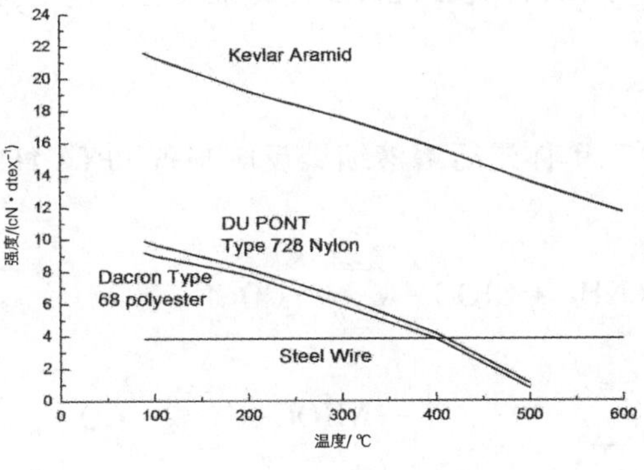

图 8-8　空气中温度对 Kevlar 及其他纤维强度的影响

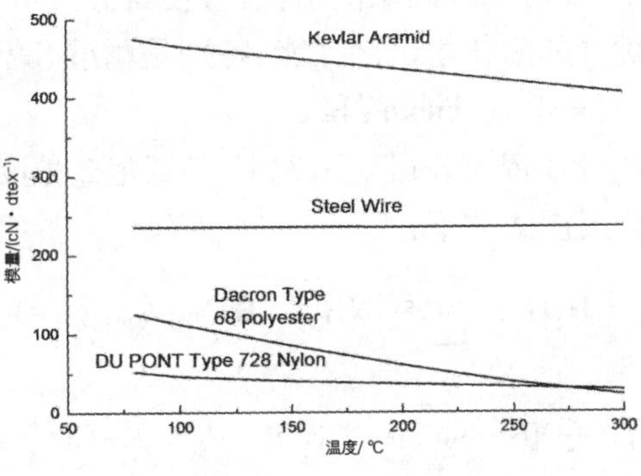

图 8-9　空气中温度对 Kevlar 及其他纤维模量的影响

3. 压缩和剪切性能

PPTA 纤维为轴向伸展的聚合物,分子链的构象给予纤维高的纵向弹性模量,芳香族环及电子的共轭体系赋予纤维高的力学刚性和化学稳定性;横向以氢键相结合,氢键使酰胺基具有稳定性,但它比纤维轴向的共价键要弱得多,因此,PPTA 纤维纵向强度较高,而横向强度较低。Kevlar 纤维的拉伸、压缩和剪切性能如表 8-3 所示,可以看出,其抗拉强度约为抗压强度的 5 倍,抗拉强度约为抗剪强度的 17 倍,抗拉模量和切变模量之比约为 70:1。

表 8-3 Kevlar 49 纤维的抗拉、压缩和抗剪性能

指标	拉伸	压缩	剪切	拉伸/压缩比	拉伸/剪切
强度/GPa	3.40	0.70	0.18	5.00	17.00
断裂伸长/%	2.50	0.50	10.00	5.00	0.25
模量/GPa	130.0	130.0	1.8	1.0	70.0

4. 耐疲劳性能

PPTA 纤维的压缩性能较差，所以耐疲劳问题较突出。长时间的周期性载荷往往会引起纤维的疲劳和强度的下降，这对产业用纺织纤维十分重要。选择纤维/橡胶复合材料为试样，进行弯曲、拉伸、压缩及剪切的疲劳试验，然后测定帘子线的强力保持率。结果显示：锦纶帘子线强力保持率为100%，而芳纶帘子线为70% ~78%，芳纶/锦纶复合帘子线为85%。显然，芳纶帘子线的耐疲劳性能较差。

5. 耐紫外光性能

在吸收光谱中，PPTA 纤维在紫外线区间约 250 nm 处有一个强的吸收峰，低而宽的吸收峰集中在 330 nm 周围，这就造成了 PPTA 纤维使用上的缺陷。PPTA 纤维不仅需防止紫外光照射，而且不可暴露于阳光中。PPTA 纤维在空气中吸收来自于太阳光的 300 ~400 nm 波长的辐射，可导致强力性能严重下降。

四、PPTA 纤维的改性

PPTA 纤维二步法生产工艺流程长，成本较高，且要使用浓硫酸，对设备的腐蚀严重。故人们一直在探索由聚合反应溶液直接纺丝法制备 PPTA 纤维，即改善聚合体在聚合反应溶剂中的溶解性能。方法是在聚合体系中引入第三单体，使改性 PPTA 的聚合体能够溶于聚合反应溶剂，而使反应溶液能够直接纺丝。但这样的聚合体往往不能形成液晶溶液，因此在纺丝过程中，要对原纤高温高倍拉伸，使其分子链伸直，分子结构比较致密，而使纤维具有较高的强度和优异的耐化学试剂性能，特别是耐酸、碱性。

（一）Technora 纤维

日本帝人公司采用 3,4′-二氨基二苯醚作为第三单体进行溶液缩聚反应制备 PPTA 纤维。聚合反应式如下：

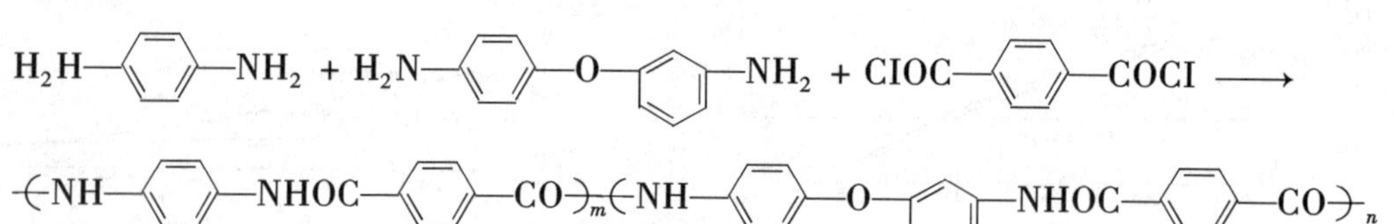

所用溶剂为 NMP 和 DMAc，以 $CaCl_2$ 或 LiCl 为助溶剂。聚合温度为 0 ~ 80 ℃，时间为 15 h，聚合物质量分数为 6% ~12%，中和剂为 $Ca(OH)_2$、CaO、$CaCO_3$、Li_2CO_3 等。当 3,4′-二氨基二苯醚的质量分数为 30% ~50% 时，聚合物的比浓对数黏度为 2 ~4 dL/g。制备工艺过程如图8-10 所示：

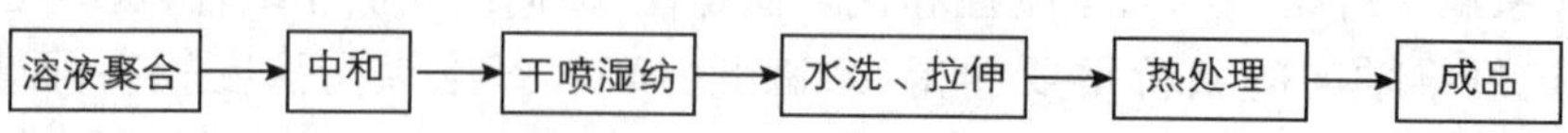

图 8-10 Technora 纤维制备工艺流程

制得的 Technora 分子结构中引入了第三成分含二苯醚键的二胺,虽然相对于 PPTA 分子结构的线型有所降低,但它的单元结构能以阶梯状排列,也能充分发挥其刚性分子链的特性。PPTA 及 Technora 的分子链结构如图 8-11 所示。

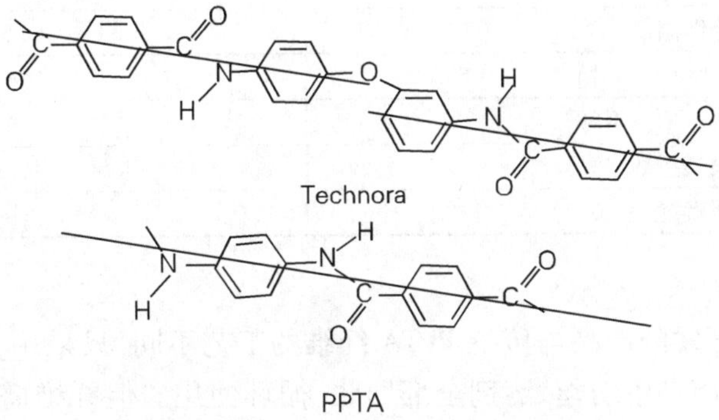

图 8-11 PPTA 和 Technora 的分子结构模型

Technora 纤维的产品包括长丝、短纤维、浆粕,具体型号如表 8-4 所示。

表 8-4 Technora 纤维产品一览

产品形式	型号	线密度或切断长度	用途
长丝	T-200	1 111,1 666 dtex	橡胶增强
	T-202	444,1 666 dtex	橡胶增强(预反应型)
	T-220	1 111,1 666 dtex	绳索,帘子线
	T-221	1 111,1 666 dtex	绳索,帘子线
	T-230	1 666 dtex	FRP,绳索
	T-240	61,111,222,444,1 111,1 666 dtex	织物,FPR
	T-241	1 500,7 500 dtex	织物,FPR
切断纤维	T-320	1,3,6,12,25,38,51 mm	树脂和水泥增强
	T-321	30 mm	混凝土增强
	T-322	1,3,6 mm	树脂增强
	T-323	1,3,6 mm	橡胶增强
短纤维	T-330	1.65 dtex/51 mm	纺纱
浆粕	T-340	干,2 mm	树脂增强,替代石棉

由于 Technora 经过高温、高倍(约 10 倍)热拉伸,使其表现出高的强度和断裂伸长率,如表 8-5 所示。Technora 的力学性能介于高模量 PPTA 纤维和普通 PPTA 纤维之间,温度对其强度和模量的影响与 PPTA 纤维相似。

表 8-5 Technora 纤维的物理性能

项目	指标
颜色	金色
密度/($g \cdot cm^{-3}$)	1.39
抗拉强度/($cN \cdot dtex^{-1}$)	24.5
抗拉强度/GPa	3.4
抗拉模量/($cN \cdot dtex^{-1}$)	520

（续表）

项目	指标
抗拉模量/GPa	73
断裂伸长/%	4.6
热分解温度/℃	500
燃烧热/$(J \cdot g^{-1})$	2.8×10^4
比热/$[J \cdot (g \cdot ℃)^{-1}]$	1.1
极限氧指数/%	25
平衡吸湿率/%	2

（二）Trevar 纤维

德国赫斯特公司开发的产品与传统 PPTA 纤维的工艺不同，只采用了 NMP 一种溶剂。缩聚反应后同时在 NMP 溶剂中纺丝，溶剂全部回收，循环使用。但纤维需在高于 400 ℃的温度下进行多次拉伸，以达到需要的强度、模量（表 8－6）。该工艺步骤大致是：溶解—缩聚—中和—过滤—纺丝—拉伸—卷绕。

表 8－6　Trevar 纤维的力学性能

项目	指标
密度/$(g \cdot cm^{-3})$	1.3
强度/$(cN \cdot dtex^{-1})$	18～19
断裂伸长/%	3.5
模量/$(cN \cdot dtex^{-1})$	60.0
相对打结强度/%	42.0
吸湿率/%	1.0（相对湿度 60%）
	1.8（相对湿度 90%）

该新型纤维在力学性能方面可与 PPTA 纤维相媲美，而且密度比 PPTA 小，特别是耐酸碱性能远优于 PPTA 纤维，如表 8－7 所示，但具体结构不详。由于种种原因，赫斯特公司于 1997 年中止了其 Trevar 品牌纤维的生产。

表 8－7　Trevar 纤维的耐酸碱性能

酸碱	浓度/%	温度/℃	处理时间/h	Trevar 纤维强度保持率/%	PPTA 纤维强度保持率/%
H_2SO_4	40	95	8	99	39
	40	95	48	96	7
HCl	10	95	100	92	8
NaOH	10	95	8	100	14
	10	95	50	100	4

第三节　间位芳香族聚酰胺纤维

一、PMIA 的制备

聚间苯二甲酰间苯二胺（PMIA）通常由间苯二胺（MPD）和间苯二甲酰氯（IPC）缩聚而成：

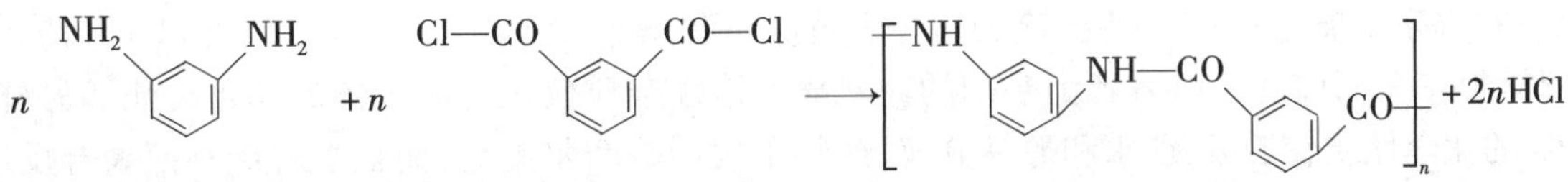

近半个世纪来，世界各地的科学家对聚间苯二甲酰间苯二胺的聚合方法进行了深入研究。和脂肪族聚酰胺一样，PMIA 由缩聚反应生成，但因为其熔融温度高于分解温度，不能采用熔融缩聚的方法，主要的缩聚方法是溶液聚合、界面聚合、乳液聚合和气相聚合。目前工业化生产采用的是溶液聚合和界面聚合。和界面聚合相比，溶液聚合的产物可直接用于纺丝，省去了聚合物洗涤、再溶解和维持溶液稳定性的工序。两种聚合方法的工艺流程见图 8-12。

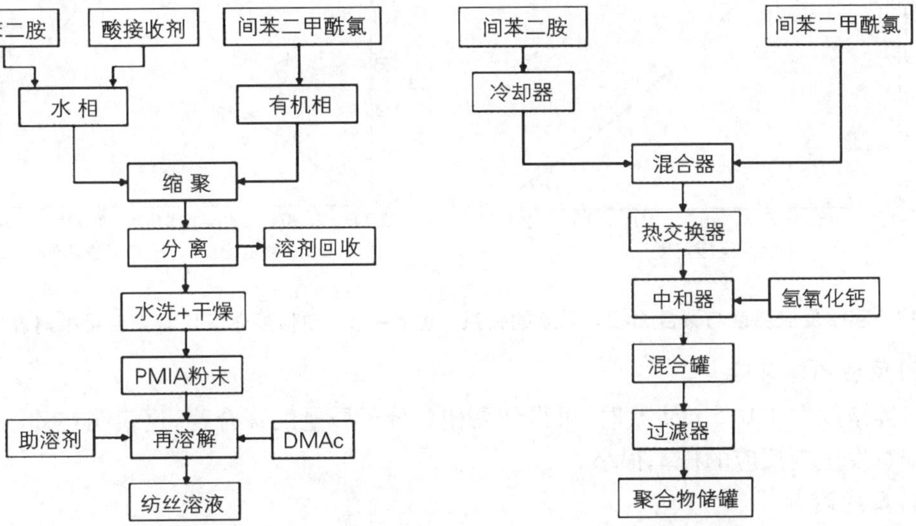

(a) 界面缩聚法　　(b) 溶液缩聚法

图 8-12　界面缩聚法和溶液缩聚法工艺流程

界面缩聚法是将 IPC 溶解于有机溶剂中，在强烈搅拌下注入 MPD 的碳酸钠水溶液中，在两相的界面上立即发生缩聚反应，生成 PMIA 的聚合物沉淀，然后经分离、洗涤、干燥后得到固体聚合物。有机相溶剂是不和 IPC 发生反应的四氢呋喃、二氯甲烷、四氯化碳等。在水相中可加入少量的酸吸收剂，以中和反应生成的氯化氢，加快反应进程，提高反应程度，得到高分子量的聚合物。

PMIA 的溶液聚合是先将 MPD 溶解在酰胺类溶剂中，冷却至 0 ℃以下，在搅拌下加入间苯二甲酰氯，反应体系自升温到 50 ~ 70 ℃反应 1 h 至平衡，然后加入中和剂以中和反应生成的氯化氢，中和产物作为助溶剂增加体系的稳定性，所得的溶液可以直接进行纺丝。影响溶液聚合反应的主要因素如下：

（一）反应温度

间苯二甲酰氯和间苯二胺的缩聚反应较快，反应放出大量的热，所以反应温度的控制相当重要。首先，起始反应温度要低，对反应体系进行强制冷却，尽量减少副反应，一般为 -10 ℃，起始反应温度对聚合物相对黏度 η_r 的影响见图 8-13。但在反应后期由于溶液黏度增加，大分子活动受阻，应适当地在较高的温度下进行。

（二）单体纯度及摩尔配比

根据 Flory 的缩聚原理：$P=(1+r)/(1-r)$，其中 P 为聚合度，r 为单体摩尔配比。所以，只有在等摩尔配比时,才会得到高相对分子质量的聚合物。影响摩尔配比的因素有计量精度、单体纯度等,而前者是以后者为基础的。一般的惰性杂质仅仅影响单体的摩尔配比。另外,IPC 的化学性质较活泼,遇水和醇易分解,产物不仅影响摩尔配比,而且水解产物使聚合反应活性降低。在实际情况下,由于 IPC 的性质更活泼,因此 IPC 要稍许过量,以获得高相对分子质量的聚合物。IPC 和 MPP 的摩尔配比对聚合物的相对黏度 η_r 的影响如图 8-14 所示。

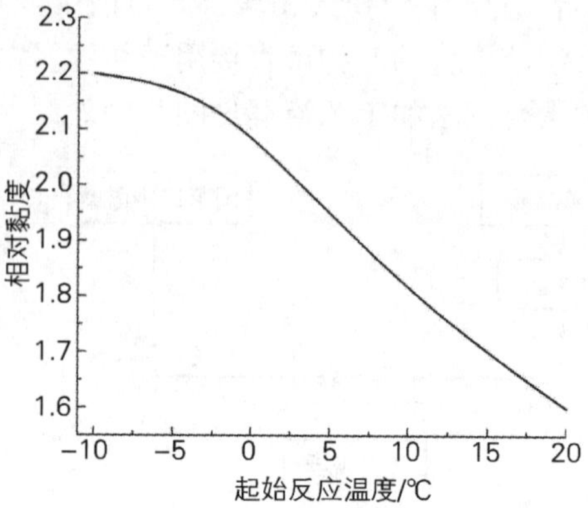

图 8-13 起始反应温度与聚合物相对黏度的关系

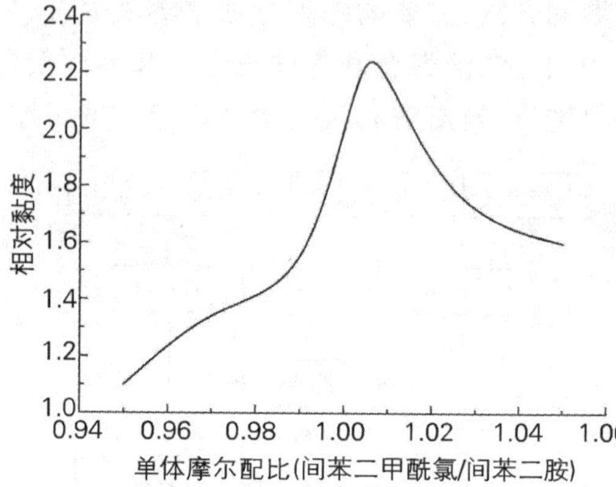

图 8-14 单体摩尔配比与聚合物相对黏度的关系

(三)反应单体浓度

当单体浓度大于 0.5 mol/L 时,可得到高相对分子质量的聚合物,这表明在此浓度以上间苯二甲酰氯发生副反应的概率很小。

(四)反应溶剂

反应溶剂应满足以下条件:①聚合物有较强的溶解能力,PMIA 的溶解度为 $26.99(J/cm^3)^{1/2}$,N,N′-二甲基甲酰胺(DMF)为 $25.35(J/cm^3)^{1/2}$,N,N′-二甲基乙酰胺(DMAc)为 $23.31(J/cm^3)^{1/2}$,N-甲基吡咯烷酮(NMP)为 $23.72(J/cm^3)^{1/2}$,所以 PMIA 都可以溶解于这些溶剂;②起到低分子副产物接收体的作用;③和反应单体之间的副反应极小;④对于工业化生产,还应易于回收。基于此,工业上生产以 DMAc 为主。

(五)中和剂的种类及使用

间苯二甲酰氯和间苯二胺的反应中会生成大量的小分子副产物氯化氢,需中和以后才能作为纺丝原液使用。一方面,氯化氢不予以中和,则腐蚀纺丝设备;另一方面,中和生成的盐如溶于反应体系,则起到助溶剂的作用,有利于纺丝原液的稳定。所以通常简单的做法是在反应结束以后,用氢氧化钙中和,生成物溶于 DMAc。但这种纺丝液中盐的含量达到聚合物基准的近 50%,只适合于干法纺丝,对于湿法纺丝,如此高的含盐量势必对纤维的成型、拉伸和水洗带来困难。

为解决该问题,人们曾进行了多种努力。一种方法是用液氨作为中和剂,但在聚合物浓度较高时过滤变得非常困难,由此产生的一种变通的方法是先进行预聚、中和、缩聚和再中和,即先将 MPD 和摩尔百分含量 90% 的 IPC 低温预聚,然后用液氨沉淀大部分的氯化氨,离心以除去氯化铵结晶,上层清液再回到反应器中,并于 30~45 ℃下加入剩余的 IPC 至合适黏度,最后用氢氧化钙中和至 pH=6.5。这样可使该溶液含有聚合物基准的 4.3% 的盐。这种方法的缺点在于,氯化铵结晶不易清除,喷丝孔易被堵;而且在进一步的聚合过程中,反应单体的摩尔配比也不易控制。

日本帝人公司的专利提供了另一种方法，即在聚合反应完成以后，一部分聚合生成的氯化氢用氢氧化钙的溶剂分散体中和，生成的氯化氢的中和率为 10%，然后在溶液中加入氢氧化钠的水溶液，生成的氯化钠沉淀经压滤除去，所得固含量为 14% 的溶液中含有聚合物基准 15% 的氯化钙。但这种方法的过滤压力偏大，在 4×10^5 Pa 左右。

二、PMIA 的纺丝

PMIA 的纺丝成型可以采用干法纺丝、湿法纺丝、干喷湿纺法和热塑挤压法。前两种方法已实现工业化，杜邦公司的 Nomex 是按干法制得的，而帝人公司的 Conex 是由湿纺法生产的，干喷湿纺则为美国孟山都公司的专利。

（一）干法纺丝

干法纺丝产品有长丝和短纤维两种。干法纺丝工艺流程如图 8－15 所示。

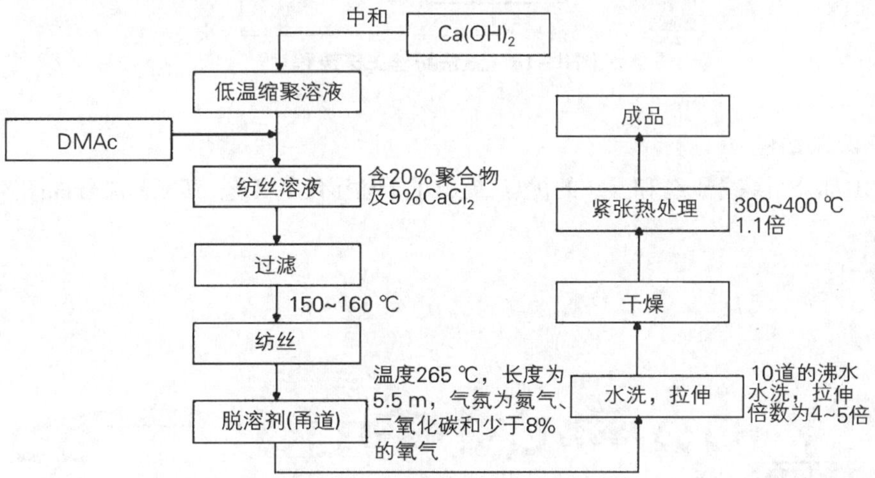

图 8－15　干法纺丝工艺流程

干法纺丝的流程为将低温缩聚溶液用 $Ca(OH)_2$ 中和后，得到质量分数为 20% 聚合物及 9% $CaCl_2$ 的黏稠液，经过滤后加热到 150～160 ℃进行干法纺丝。得到的初生纤维因带有大量无机盐，需经多次水洗后，在 300 ℃左右进行 4～5 倍的拉伸，或经卷绕后的纤维先进入沸水浴进行拉伸、干燥，再于 300 ℃下紧张处理 1.1 倍后制得成品。

（二）湿法纺丝

湿法纺丝的纺丝原液是由界面聚合得到的聚合物粉末再重新溶解于溶剂中得到，此纺丝原液的助溶剂-盐含量通常为 3% 以下。低温溶液聚合所得的纺丝溶液因为盐含量过高，一般不适合于湿法纺丝。纺丝原液温度控制在 22 ℃左右，原液进入密度为 1.366 g/cm^3 的含二甲基乙酰胺和 $CaCl_2$ 凝固浴中，浴温保持在 60 ℃，得到的初生纤维经水洗后在热水浴中拉伸 2～3 倍，接着再进行干燥，干燥温度为 130 ℃，然后在 320 ℃的热板上再拉伸约 1.5 倍而制得成品。帝人公司 Conex 的产品主要为短纤维，有普通短纤维、原液染色短纤维、毛条短切纤维和高强度长丝等品种。高强 PMIA 纤维的湿法纺丝工艺流程如图 8－16 所示。

该法制得的纤维抗张强度可达 8.4～9.2 cN/dtex，伸长为 25%～28%，300 ℃时的热收缩为 5.6%～6.0%。高强 Nomex 纤维的性质与其超分子结构中的高结晶以及高取向是分不开的，高强 Nomex 的结晶度高达 50%～53%，结晶尺寸较小，为 3.7～4.1 nm，结晶取向度为

92%～94%；而普通纺纤维的结晶度为41%，结晶尺寸为4.8 nm，结晶取向度为88%。

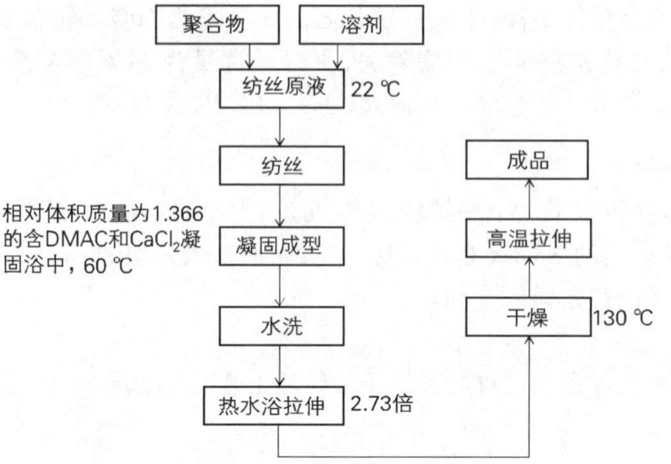

图8－16　湿法纺丝工艺流程

（三）干湿法纺丝

美国孟山都公司综合干纺和湿纺的优点，提出了干喷湿纺的工艺，其工艺流程如图8－17所示。

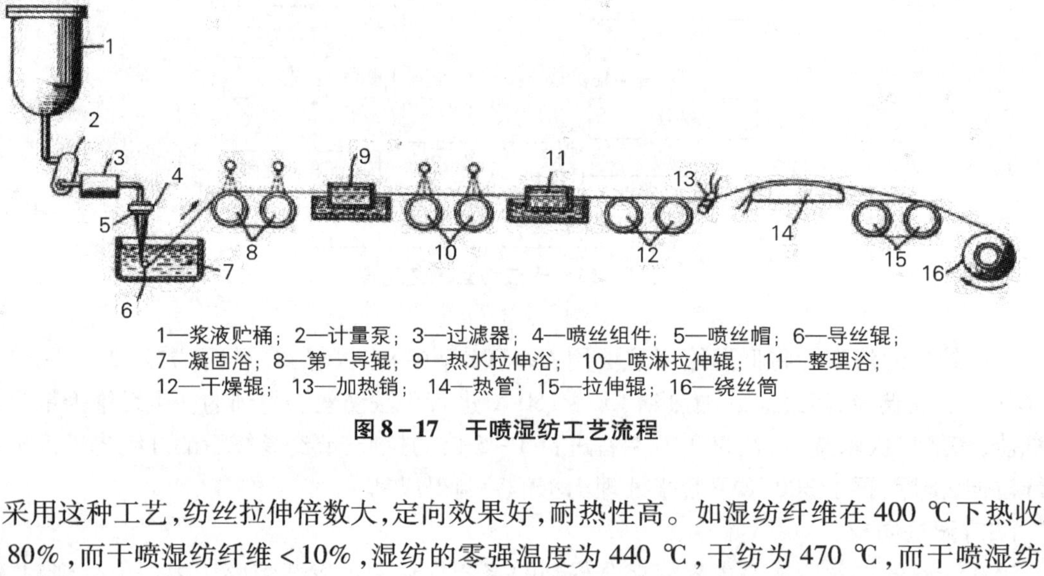

1—浆液贮桶；2—计量泵；3—过滤器；4—喷丝组件；5—喷丝帽；6—导丝辊；7—凝固浴；8—第一导辊；9—热水拉伸浴；10—喷淋拉伸辊；11—整理浴；12—干燥辊；13—加热销；14—热管；15—拉伸辊；16—绕丝筒

图8－17　干喷湿纺工艺流程

采用这种工艺，纺丝拉伸倍数大，定向效果好，耐热性高。如湿纺纤维在400 ℃下热收缩率为80%，而干喷湿纺纤维＜10%，湿纺的零强温度为440 ℃，干纺为470 ℃，而干喷湿纺可提高到515 ℃。

三、PMIA 纤维的结构与性能

（一）PMIA 纤维的结构

PMIA 纤维大分子中的酰胺基团以间位苯基相互连接，其共价键没有共轭效应，内旋转位能相对对位芳香族聚酰胺纤维低一些，大分子链呈现柔性结构，其强度及模量和常见的聚酯纤维、尼龙相当。PMIA 纤维结晶区域中的分子构象推测如图8－18所示。

PMIA 纤维的结晶结构为三斜晶系，亚苯基环的两面角从酰胺平面测量为30°，这是分子内相互作用力下最稳定的结构。PMIA 单元的结晶尺寸为：$a=0.527$ nm，$b=0.525$ nm，$c=1.130$ nm（纤维轴），$\alpha=111.5°$，$\beta=111.4°$，$\gamma=88.0°$，$Z=1$，$\rho_c=1.47$ g/cm^3。c 轴的长度表明

它比完全伸直链短 9%。亚苯基与酰胺之间和 C—N 键旋转的高能垒阻碍了 PMIA 分子链成为完全伸直链的构象。晶体里的氢键作用强烈，使其化学结构稳定，赋予 PMIA 纤维优越的耐热性、阻燃性和耐化学腐蚀性。

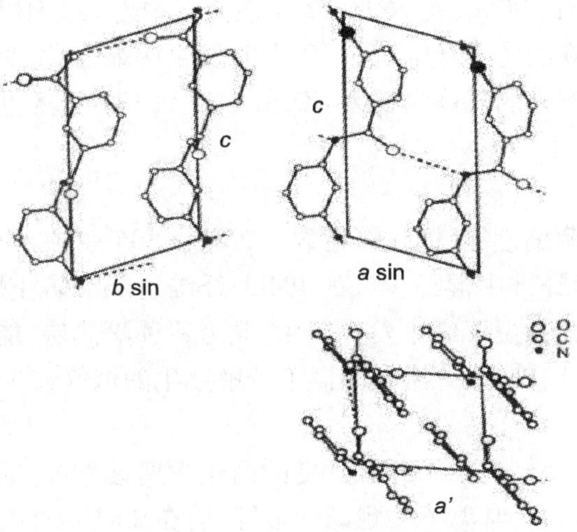

图 8-18　PMIA 纤维的结晶结构

(二) PMIA 纤维的性能

1. 力学性能

PMIA 纤维常温下的力学性能和通常的服用纤维相近，因此它的纺织加工性能也和它们相近。美国杜邦公司 Nomex 纤维的力学性能如表 8-8 所示。

表 8-8　Nomex 纤维的力学性能

产品型号	430		450	455/462	N301
线密度/dtex	2.0 dpf	2.7 dpf	1.5dpf	1.5dpf	1.5dpf
密度/(g·cm^{-3})	1.38	1.38	1.37	—	—
回潮率/%	4.0	4.0	8.2	8.3	8.3
强度/(cN·dtex^{-1})	5.4	5.3	3.2	2.8	3.1
断裂伸长/%	30.5	31.0	22.0	21.0	19.0
初始模量/(cN·dtex^{-1})	102.0	92.5	—	—	—
钩结强度/(cN·dtex^{-1})	4.5	4.3	—	—	—
纤维截面形状	椭圆至犬骨型	椭圆至犬骨型	椭圆至犬骨型	椭圆至犬骨型	椭圆至犬骨型
长径/μm 均值(范围)	20(17~22)	—	17(15~18)	18(15~20)	18(15~20)
短径/μm 均值(范围)	11(9~13)	—	10(8~12)	10(8~12)	10(8~12)

注：dpf 指每孔 dtex，即每根纤维的 dtex。

日本帝人公司 Conex 纱线的性能如表 8-9 所示。

表 8-9　Conex 纱线的力学性能

纱线线密度/dtex	495	331	247
回潮率/%	5.2	5.0	5.0
捻度/(捻·m^{-1})	15	18	21
单纱强力/g	776	492	315
伸长/%	22	21	17

2. 耐热性能

PMIA 纤维的玻璃化转变温度为 260 ~ 270 ℃,热分解温度为 400 ~ 430 ℃,具有优良的耐热性。PMIA 纤维暴露在高温下仍能保持一定的强度。在 200 ℃环境温度下,工作时间长达 20 000 h,仍可以保持强度的 90%;在 260 ℃的干热空气中连续工作 1 000 h,强度保持原来的 65% ~ 70%,明显好于常规的化学纤维;在 370 ℃时发生明显恶化,但不熔融。极限氧指数为 26% ~ 30%,高温分解时产生的气体主要为 CO 和 CO_2,仅 CO 可燃,但其释放量明显少于其他纤维。

3. 耐焰性能

PMIA 纤维有很好的耐焰性能,极限氧指数为 26% ~ 30%。在火焰中不会发生熔滴现象,而且如果在会熔滴的化学纤维中混纺少许的 PMIA 纤维也能够防止熔滴现象。PMIA 纤维离开火焰会自熄,在 400 ℃的高温下纤维发生碳化,成为一种隔热层,能阻挡外部的热量传入内部,起到有效的保护。此外,PMIA 纤维在高温下分解产生的烟气较少,对人体的危害较小。

4. 耐腐蚀性能

PMIA 的化学结构相当稳定,赋予纤维优良的耐化学腐蚀性能,其中耐有机溶剂和耐酸性好于尼龙,但比聚酯纤维略差,常温下的耐碱性很好,但在高温下的强碱中容易分解。

根据 ASTM G21-80《合成聚合物材料抗菌检测标准》测试,Nomex 射流喷网非织造布具有抗菌能力。因此,昆虫和细菌对 Nomex 纤维及其织物的影响很小。

5. 耐紫外光性能

长时间暴露在紫外光下会使 PMIA 纤维从白色或近似白色的原色变成深青铜色,有色 PMIA 纤维也会褪色或变色。这是因为纤维分子链中的酰胺键在紫外光的作用下会发生断裂而形成发色基团所致。

6. 耐辐射性能

核电厂和其他一些高能辐射作业时常要求所用的纤维产品能够抵抗 γ 射线,PMIA 纤维有着很好的耐辐射性能,Nomex 纤维在各种射线下的强度保持率见表 8 - 10。

表 8 - 10 Nomex 纤维的耐辐射性能

辐射源	强度	强度保持率/%	
		Nomex 纤维	Nylon
空白样品	—	100	100
γ 射线	1.72×10^6 Gy	100	30
	0.94×10^{-2} W/cm^2	80	80
紫外光	0.63×10^{-3} W/cm^2	105	70
	6.88×10^4 Gy	—	—
紫外光 + γ 射线	0.18×10^{-2} W/cm^2	95	5
	1.72×10^6 Gy	—	—

四、PMIA 纤维的应用

PMIA 纤维有着优秀的耐热性、耐焰性和纺织加工性能,虽然价格比常规纤维高出 10 倍,但在有特殊需要的场合有着不可替代的作用。它的用途主要集中在热防护服、滤材、阻燃装饰布。在火焰和带电的危险场合,常常用到 PMIA 纤维为原料的防护服,其中包括产业用、军用、消防用。在发生火灾时,PMIA 纤维在短时间内能够承受高温,维持织物的形状,也不会自燃或融滴，只有在高温度(370 ℃)下才开始分解，而且在高温下形成的碳化层能够有效地阻挡热量的传递，保护人体不受伤害。由于阻燃性是纤维本身的内在特性，所以这种防护服的防护质量是永久的，而不像其他阻燃剂处理的阻燃服装，洗涤后会降低性能。美国军队中所用的 Metamax 制服即是由 95% 的 Metamax 和 5% 的 Kevlar 制成的。美国宇航员在飞船发射和重返大气层时所穿的飞行衣都有 Metamax 的外层，用来防护高温和火焰。该纤维还用于赛车服和钢铁厂工人工作服等。

PMIA 纤维的另一个主要用途是用作高温过滤带和过滤毡，如炼焦、发电、化工等行业。

复习指导

1. 了解芳香族聚酰胺纤维的结构和性能。
2. 掌握聚间苯二甲酰间苯二胺的制备工艺及纺丝方法。
3. 掌握聚对苯二甲酰对苯二胺的制备工艺及纺丝方法。
4. 了解芳香族聚酰胺纤维的应用领域。
5. 了解芳香族聚酰胺纤维的新产品。

习题与思考

1. 试述对位芳纶的结构和性能。
2. 试述间位芳纶的结构和性能。
3. 总结芳纶的命名方法。
4. 写出聚对苯二甲酰对苯二胺的制备方法。
5. 试述聚对苯二甲酰对苯二胺的纺丝工艺控制要点。
6. 总结聚对苯二甲酰对苯二胺的纺丝特点及不足，并概述目前改性方法及产品类型。
7. 写出聚间苯二甲酰间苯二胺的制备方法。
8. 试述影响聚间苯二甲酰间苯二胺聚合反应的主要因素。
9. 试对比聚间苯二甲酰间苯二胺的干法纺丝、湿法纺丝及干湿法纺丝的特点。
10. 总结间位芳香族聚酰胺纤维的用途。

第九章　碳纤维

第一节　概述

一、国外碳纤维发展概况

1878 年，英国科学家约瑟夫·斯旺（Joseph Swan）以棉纱制成灯泡用碳丝。1879 年，托马斯·爱迪生（Thomas Edison）以油烟与焦油、棉纱和竹丝试制碳丝。1959 年，美国联合碳化公司（UCC）制成了低模量黏胶基碳纤维。1962 年，日本学者进藤昭男发明了聚丙烯腈（PAN）基碳纤维。1963 年，英国科学家瓦特（Waat）和约翰逊（Johnson）发明了在张力下碳化处理的新技术，开发出高模量 PAN 基碳纤维。1965 年，日本学者大谷杉郎发明了沥青基碳纤维。1980 年美国金刚砂（Carborundum）公司研发出酚醛基活性碳纤维。

国外碳纤维的生产商主要有日本的东丽（Toray）、东邦人造丝（Toho）和三菱人造丝（Mitsubishi Rayon），美国的卓尔泰克（Zoltek）、阿克萨·诺贝尔和阿尔迪拉（Aldili），以及德国的西格里碳素（SGL）公司等。

日本东丽公司是全球碳纤维技术水平最高的公司。1967 年，日本东丽公司生产的 PAN 基碳纤维，设定型号为 T300A，成为东丽公司的第一品牌和起家名牌。1971 年，东丽公司生产的碳纤维强度达到 3 530 MPa，型号设为 T300，成为世界公认的通用级碳纤维品牌。此后，东丽公司相继推出了 T700、T800、T1000 和 M30、M35、M60 等型号的碳纤维。东丽公司的高强度“T”系列和高模量“M”系列的产品型号，已经成为全球碳纤维公司的标杆，衡量着所有碳纤维的规格。如行业内所谓 T300 级，指强度为 3 200 ~ 3 800 MPa 的碳纤维，T800 级指强度为 5 490 ~ 5 880 MPa 的碳纤维。不同厂商有不同型号，东邦公司的型号有 HTA40 和 HTS40 等，阿克萨·诺贝尔公司的型号有 A38 和 A49 等。

国外较先进的碳纤维公司均可以生产出 T800 级以上水平的优质碳纤维，这些碳纤维已成功地应用在固体火箭发动机壳体和波音 B777 和 B787 飞机等高科技领域。

二、我国碳纤维发展概况

我国 PAN 基碳纤维的研发开始于 20 世纪 60 年代。1972 年研制成功碳纤维，1975 年实现了年产数吨的工业生产。2005 年以来，我国碳纤维快速发展，通用级碳纤维质量达到 T300 级水平，T700 级碳纤维已基本完成工程化研究并投入生产，T800 级碳纤维已经实现技术突破，正在进行工程化研究，T1000 级碳纤维已开展相关基础研究工作。2015 年，中复神鹰碳纤维有限公司的干喷湿纺高性能碳纤维关键技术及产业化项目已通过鉴定，成为继日本东丽和美国赫氏公司后世界上第三家实现高性能干喷湿纺碳纤维产业化的企业。我国自主研制出了高效换热的大型反应釜，实现了高均匀性、高可牵伸性聚合物溶液的制备，开发了多工位、长稳态、高纺速干喷湿纺工艺，突破了原丝细旦化、高取向化和快速预氧化技术。

目前，我国约有 11 个公司生产碳纤维，各有不同的产品型号。如吉林市神舟碳纤维有限责任公司的产品型号为 JT-300A；吉林方大江城碳纤维有限公司的产品型号为 GDGQ42；中复神鹰碳纤维有限责任公司的产品型号为 SYT35、SYT50 和 SYT55，其中，SYT35 强度为 3 500 MPa，模量为 230 MPa，与 T300 相当，SYT50 和 SYT55 产品性能也达到了国际同类产品的水平。

三、碳纤维发展趋势

碳纤维生产工艺流程长，技术关键点多，技术壁垒高，是多学科、多技术的集成。碳纤维工业已成为高技术产业之一。航空航天飞行器各项性能的不断提高，对结构件用材料的性能要求也越来越高，国内外碳纤维主要生产商都在积极地开发超高强度、超高模量的碳纤维。

按原子间结合力推算得到碳纤维的理论拉伸强度可高达 180 GPa，但目前全世界最高水平碳纤维的实际拉伸强度为 9.13 GPa，仅达到理论强度的 5%；碳纤维的理论模量为 1 020 GPa，目前的实际拉伸模量达到 640 GPa 以上，达到理论值的 65% 左右。实际强度与理论强度之间存在如此大的差距，表明碳纤维性能的提高尚有巨大的空间。

高纯化、致密化、细晶化、均质化和细旦化将是碳纤维发展的趋势。原丝的直径越小，预氧丝和碳纤维的质量越均匀，碳纤维产品的强度越高。随着原丝细旦化，纳米碳纤维问世，拉伸强度将显著提高。

碳纤维力学性能的改进和提升是碳纤维发展的重要方向之一。大丝束碳纤维是碳纤维发展的第二大方向。大丝束碳纤维工艺比较简单，在性能方面不像小丝束碳纤维要求那么严格，成本相对较低，具有良好的发展前景。

第二节　碳纤维的定义和分类

一、碳纤维的定义

碳纤维（Carbon fiber，CF）是化学组成中碳元素质量分数占 90% 以上的纤维，碳纤维是有机纤维在惰性气氛中经高温碳化而成的纤维状碳化物。碳纤维是无机类高性能纤维的代表。

高性能纤维一般指强度大于 17.6 cN/dtex，弹性模量在 440 cN/dtex 以上，具有高强高模、耐高温和耐腐蚀等特殊性能的纤维。高性能纤维可分为无机和有机两类，碳纤维和玻璃纤维等属于无机类，芳纶、高强高模聚乙烯纤维和聚苯并咪唑纤维等属于有机类。

二、碳纤维的分类

碳纤维一般有五种分类方法：按原丝（基纤维）类型分类、按性能分类、按生产工艺条件分类、按丝束粗细分类和按用途分类。

（一）按原丝类型分类

按原丝类型分：
- 聚丙烯腈基碳纤维
- 黏胶基碳纤维
- 沥青基碳纤维
- 木质素纤维基碳纤维
- 其他有机纤维基碳纤维

生产碳纤维的原料称为原丝或基纤维。只有在碳化过程中不熔融，不剧烈分解的有机纤维才能作为碳纤维的原丝，有的原丝要经过预氧化处理后才能满足这个要求。由聚丙烯腈纤维制造的碳纤维力学性能良好，因此得到了迅速发展。目前聚丙烯腈基碳纤维（PAN-CF）产量占全球碳纤维总产量的90%以上，是碳纤维工业化生产的主流产品。

（二）按性能分类

按碳纤维性能分：
- 通用级 CF：拉伸强度 < 1.4 GPa，拉伸模量 < 140 GPa
- 高性能 CF
  - 高强度 CF（HS）
  - 高模量 CF（HM）
  - 超高强 CF（UHS）
  - 超高模 CF（UHM）
  - 高强 – 高模 CF
  - 中强 – 中模 CF

根据主要机械性能可分为通用级碳纤维和高性能碳纤维或普通型碳纤维和高强型碳纤维。如日本产 T300 和 HTA40，美国产 A30，还有国产的 SYT35 都属于通用级或普通型碳纤维。日本产 T800 和 T1000 属于高性能碳纤维。

根据性能不同，日本东丽分为 T 系列和 M 系列。T 系列以强度为主设定型号，如 T800 和 T1000；M 系列以模量为主设定型号，如 M40JB 和 M50JB

（三）按生产工艺条件分类

按碳纤维生产工艺条件分：
- 碳纤维：碳化温度 1 200 ~ 1 500 ℃，碳含量 95% 以上
- 石墨纤维：石墨化温度 2 000 ℃以上，碳含量 99% 以上
- 活性碳纤维：气体活化法，CF 在 600 ~ 1 200 ℃，用水蒸气、CO_2、空气等活化
- 气相生长碳纤维：惰性气氛中将小分子有机物在高温下沉积成纤维晶须或短纤维

（四）按丝束中单纤维数量分类

丝束中所含单纤维数量指标称为丝数，丝数用“K”表示。“K”代表 1 000，“1 K”的含义为单束碳纤维中含有 1 000 根单纤维。按照丝束中所含单纤维数量可分为：大丝束碳纤维和小丝束碳纤维。小丝束碳纤维是 1 K ~ 24 K，大丝束碳纤维是 48 K ~ 540 K。工业上多采用“大丝束碳纤维”，因此又称“工业级碳纤维”。大丝束碳纤维的生产对原丝的质量要求较低，产品成本低。小丝束碳纤维的生产追求高性能化，标志着碳纤维发展的先进水平，主要用于航空航天等高端领域。

（五）按功能和用途分类

按功能和用途分类，碳纤维可分为受力结构型、耐焰型、导电型、润滑型和耐磨型等。

第三节　聚丙烯腈基碳纤维的原丝生产

聚丙烯腈基碳纤维是高科技纤维之一，生产工艺比较复杂，涉及有机化学、高分子化学和物理等多学科交叉，属于高难技术产业。

作为碳纤维原丝的聚丙烯腈纤维，比用于服装的聚丙烯腈纤维质量要求高得多，所以虽然生产过程基本相同，但工艺要求不同，技术精度和难度都高。

一、碳纤维的生产原理

直接以碳为原料制得碳纤维是不可能的，只能采用间接方法，即以有机纤维为原丝来生产碳纤维。这是因为各种碳物质，如焦炭、木炭、金刚石、石墨等碳元素的各种同素异形体，空气中在 350 ℃以上会不同程度地氧化；在隔绝空气的惰性气氛中（常压），高温也不会熔化，而会升华，所以不能熔融纺丝。碳又不溶于任何溶剂中，所以也不能溶液纺丝。

碳纤维必须是以含碳量较高的纤维作为原丝（基纤维），经过高温碳化去除原丝中的非碳原子，才能将白色原丝加工成黑色的含碳量高于 90% 的碳纤维。选择原丝的必要条件是原丝加热时不熔融，可牵伸，产率高；选择原丝的充分条件是强度高，杂质少，线密度均匀，细旦化和低成本等。

全球工业化生产的碳纤维有聚丙烯腈基碳纤维、沥青基碳纤维和黏胶基碳纤维三大类。其中聚丙烯腈基碳纤维是当今碳纤维的主流，全球 90% 以上的厂家采用聚丙烯腈做原丝，生产的碳纤维产品简称 PAN 基碳纤维。PAN 基碳纤维的工艺原理是通过原丝预氧化使纤维初具一定耐热性，然后高温碳化，将 PAN 原丝在特定的工艺气氛中逐步加热到 1 000 ℃以上，除去 PAN 原丝中的氮、氢等非碳元素，使 PAN 原丝转化为含碳量 93% 以上的碳纤维。

二、聚丙烯腈基碳纤维的生产流程

聚丙烯腈基碳纤维的生产工艺流程可以划分为丙烯腈共聚物的制备、丙烯腈共聚物的纺丝、预氧化、碳化和后处理等工段。具体工艺流程如图 9－1 所示。

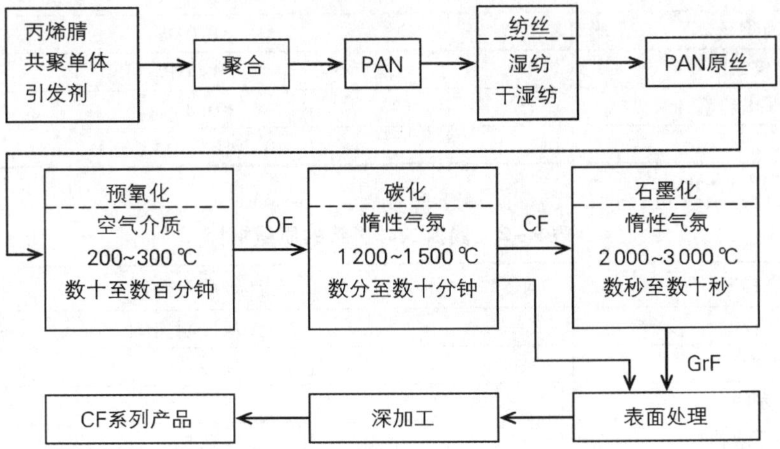

图 9－1　聚丙烯腈基碳纤维生产工艺流程

丙烯腈(AN)为第一单体;丙烯酸甲酯(MA)为第二单体;衣康酸(ITA),又名亚甲基丁二酸为第三单体,第二、第三单体统称共聚单体。引发剂一般用偶氮二异丁腈(AIBN)。生产中多采用二甲基亚砜(DMSO)为溶剂的一步法聚合纺丝工艺路线。原丝生产工艺过程主要包括:原料精制、原料配制、聚合、脱单体、脱泡、纺丝、牵伸、水洗、上油、干燥牵伸、热处理、收丝、包装及溶剂回收等工序。碳化过程包括:放丝、张力调节、氧化、碳化、表面处理、上浆、干燥和收丝等工序。

目前国内生产能力为:一条原丝生产线年产 800 ~ 1 000 t,一条碳化生产线年产 300 ~ 400 t。碳纤维单线产能千吨级国产化技术方案正在实施中。

三、聚丙烯腈基碳纤维的原丝生产工艺

聚丙烯腈基碳纤维的原丝必须是高纯度、高密度和高强度的优质纤维。因此,生产工艺要求聚合的单体等原料纯度要高,纺丝的初生纤维不匀率要低和后加工的拉伸倍数要高。

(一)聚合工艺

主单体丙烯腈首先被加热蒸馏,脱去阻聚剂后备用。新鲜溶剂二甲基亚砜和回收二甲基亚砜混配备用。第二单体丙烯酸甲酯和第三单体衣康酸用二甲基亚砜稀释后备用。备好的单体和溶剂按比例计量后加入聚合釜内,最后将引发剂偶氮二异丁腈加入釜内。聚合开始后,通过控制聚合温度和聚合时间来控制聚合转化率。一般采用四个聚合釜串联,转化率达到规定指标后,聚合液进入真空脱单体塔。脱单体后的聚合液经过滤后送到脱泡釜进行脱泡。脱泡后由出料泵送到纺丝工序。主要工艺参数如下:

1. 配料工艺参数

配料压力为常压,配料温度为 20 ℃,单体配料比为 AN: MA: IA = 95.4: 3.2: 1(质量比)。单体和溶剂亚砜等原料纯度要求的质量指标见表 9-1、表 9-2 和表 9-3。

表 9-1　丙烯腈的质量指标

名称	指标(质量分数)
外观	透明液体,无悬浮物
纯度	≥99.5%
乙腈	<0.01%
丙酮	<0.01%
总氰(以氢氰酸计)	<0.005%
总醛含量(以乙醛计)	<0.05%
含水	0.20% ~0.45%

工业品:GB 7717.1—1994。

表 9-2　偶氮二异丁腈的质量指标

名称	指标(质量分数)
外观	无色透明液体
纯度	≥99.5%
挥发物	<0.5%
甲醇不溶物	<0.5%
熔点	100 ~ 103 ℃

分析纯:Q/HG 3408—88。

表 9－3　二甲基亚砜的质量指标

名称	指标
外观	无色透明液体
纯度	≥99.5%（质量分数）
凝固点	≥18 ℃
水分	<0.5%（质量分数）
酸值（KOH）	0.04 mg/g

工业品：O/PYDJ 001—2002。

聚合反应时，加入共聚单体的目的是为了在后续预氧化过程中有利于链状大分子发生环化反应，并且可以缓和化学反应放热的剧烈程度，使预氧化反应容易控制。

可以作为共聚单体的物质除丙烯酸甲酯外，还有甲基丙烯酸甲酯、顺丁烯二酸、甲基反丁烯酸等不饱和羧酸类单体，其含量一般控制为 3% ~5%（质量分数）。

制备碳纤维原丝时，除了要求单体和溶剂等原料纯度高以外，还要求水等纯度高，并要求车间内无尘，容器设备耐腐蚀，使原丝中杂质含量（包括金属离子含量）降到最低，因为杂质会增加原丝缺陷，降低碳纤维的性能。

2. 聚合工艺参数

聚合压力：常压；

聚合温度：50 ~70 ℃；

聚合时间：15 ~24 h。

3. 脱单、脱泡和过滤工艺参数

过滤压力：≤2.0 MPa，过滤温度：60 ℃；

脱单体真空度：－0.04 ~ －0.07 MPa，脱单体温度：60 ℃；

脱泡真空度：－0.092 ~ －0.096 MPa，脱泡温度：60 ℃。

（二）聚丙烯腈的纺丝工艺

纺丝工艺通常采用湿法纺丝，不用干法纺丝。因为干法纺丝生产的纤维中有少量溶剂残留，并且不容易洗净，在后续热处理过程中，溶剂的挥发或热分解会造成原丝的内部缺陷及纤维之间黏连，影响碳纤维产品的质量。

来自聚合釜的纺丝液，经静态混合器混合后，送入纺丝机，经计量泵加压后由喷丝头的喷丝孔挤出，原液细流进入凝固浴槽中凝固成型。凝固浴槽中的初生纤维分别通过导辊引出凝固浴。水洗后在 100 ℃的水浴中拉伸，再经过热蒸气拉伸，然后干燥上油，卷绕成卷装原丝。

纺丝机布置如图 9－2 所示。每排 6 个喷丝头，24 束丝连续进入后加工工序。

纺丝及工艺参数如下：

凝固浴温度：60 ℃；

凝固浴质量分数：60%。

近几年来也有采用干湿法纺丝的，纺丝原液从喷丝孔流出后，先经过一小段空气层再进入凝固浴。此法可以提高纺丝液浓度，在空气层中增加有效拉伸作用，不但提高了纤维的取向度，而且增加了纺丝速度，可得到高质量的 PAN 原丝。

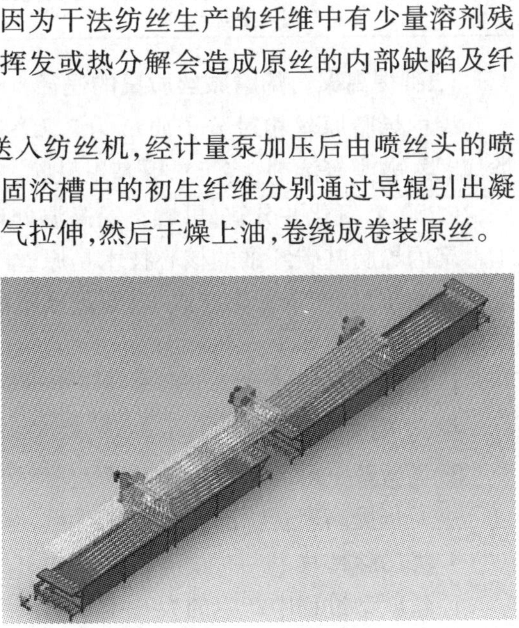

图 9－2　纺丝机布局示意图

(三)聚丙烯腈纤维的后加工工艺

图 9-3　原丝卷绕生产现场

水洗温度:60~70 ℃,停留时间:1~2 min;

水浴拉伸温度:60~100 ℃,水浴拉伸倍数:10~20 倍;

蒸气拉伸:蒸气压力 0.4~0.6 MPa,蒸气温度:150~170 ℃,蒸气拉伸倍数:2.5 倍;

干燥温度:110~140 ℃,停留时间:0.5~1 min,收缩率:1%~2%;

上油温度:50~70 ℃;

卷绕:200~300 m/min,卷装质量:300 kg/卷。

丝束粗、卷装大是碳纤维原丝与服用聚丙烯腈纤维的显著差异。图 9-3 为原丝卷绕生产现场图。

(四)聚丙烯腈原丝的质量指标

聚丙烯腈原丝 12 K,质量 300 kg/卷,其他指标见表 9-4。

表 9-4　PAN 原丝的技术规格

指标名称	指标要求
线密度/dtex	1.20~1.30
单丝强度/($cN \cdot dtex^{-1}$)	≥5.0
单丝模量/($cN \cdot dtex^{-1}$)	≥60
断裂伸长率/%	14±4
直径不均率/%	≤8.0
含水率/%(质量分数)	≤1.3
含油率/%(质量分数)	0.5~1.5
沸水收缩率/%	≤6.0
总金属离子含量/%	≤1

(五)提高聚丙烯腈原丝质量的途径

聚丙烯腈原丝相对分子质量为 7 万~10 万,密度为 1.17~1.19 g/cm^3,不溶于烃类、酮类、酯类、醇类等溶剂,溶于二甲基甲酰胺、二甲基亚砜及无机酸、无机盐等水溶液。热稳定性好,在 200 ℃氧化并分解,可燃。经高温处理可得到预氧化纤维或碳纤维。

聚丙烯腈基碳纤维的核心技术是原丝的制备,聚丙烯腈原丝的质量直接决定着最终碳纤维产品的质量、产量和生产成本,原丝水平的落后是制约我国碳纤维水平提高的瓶颈。提高原丝质量应从以下四个方面考虑:

1. 提高原料的纯度

提高单体及溶剂等原料的纯度,对于碳纤维强度的提高具有关键作用。

2. 提高聚合物的相对分子质量

进一步提高聚合物的相对分子质量,有利于获得力学强度更高的碳纤维原丝。

3. 提高纺丝技术

原丝成型过程中产生的大孔是影响碳纤维强度的最主要原因。热致变凝胶化原理的新型纺丝方法,有望获得圆形截面、无大孔、皮芯结构均一且有利于可控预氧化进行的优质原丝,使阻挠碳纤维强度提高的原丝瓶颈问题迅速得到解决。

4. 提高序态结构

对聚丙烯腈纤维的准晶(介晶)序态结构特征的深入研究,有助于掌握聚合和纺丝后处理中 PAN 序态和取向演变规律,有利于原丝性能的提高。

第四节 聚丙烯腈原丝的碳化工艺

一、聚丙烯腈原丝的预氧化工艺

(一)预氧化的目的

预氧化的目的是使线型分子链转化成耐热梯形六元环结构,提高分子结构的热稳定性,从而提高纤维耐热性,在高温碳化时能够不熔不燃,保持纤维形态。

PAN 原丝若不经预氧化而直接高温碳化会燃烧分解,高温碳化之前必须先进行预氧化处理。预氧化是将 PAN 原丝在 200 ~ 280 ℃的空气介质中热处理,使原丝发生环化、氧化等复杂反应,使其线型分子转化为环型梯状结构,初具耐热性,经得起后续的高温碳化。预氧化过程中,纤维的颜色变化为由白→黄→棕褐色→黑色。

预氧化处理后的纤维称为预氧丝。预氧丝作为半成品,可以经高温碳化加工成高端产品碳纤维或石墨纤维。预氧丝也可作为成品,直接用于普通耐热阻燃材料。

(二)预氧化和碳化过程的化学反应

1. 环化反应

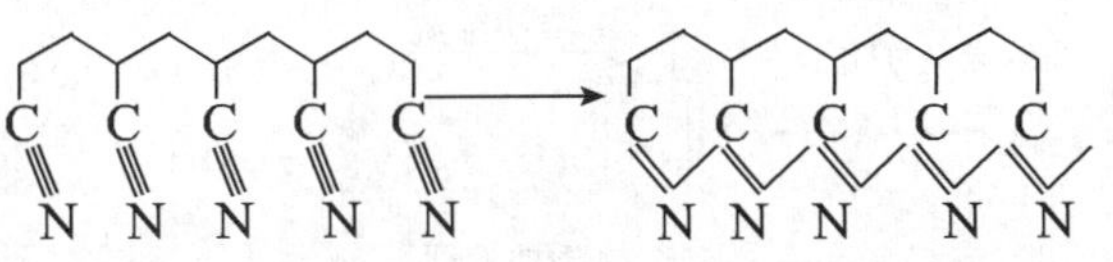

由聚丙烯腈原丝加工成无机碳纤维过程中,纤维的化学结构要经过两步重大变化。第一步是大分子侧基的环化,称之为环化反应。预氧化过程还有脱氢反应和吸氧反应,聚丙烯腈分子链由预氧化而结合的氧占预氧丝总质量的8% ~10% 。吸氧后,活泼的氧原子与相邻的氮、氢等原子结合,进一步发生脱氢,使六元环上的部分饱和单键转变为双键。

第二步结构转化是在碳化过程中,在 300 ~ 1 800 ℃惰性气体保护下,环状梯型结构经过热解使非碳原子逸走,生成乱石层石墨结构或石墨结构,最终生成含碳量在 92% 以上的无机碳纤维。第二步结构转化的化学反应更为复杂,正待研究。

2. 脱氢反应

未环化的聚合物链或环化后的杂环可由于氧的作用而发生脱氢反应,形成以下结构的中间产物:

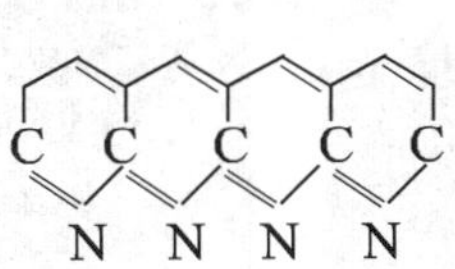

3. 吸氧反应

氧可以直接结合到预氧丝的结构中，主要生成羟基(—OH)、羧基(—COOH)和羰基(C═O)等，还可生成环氧结构的中间产物：

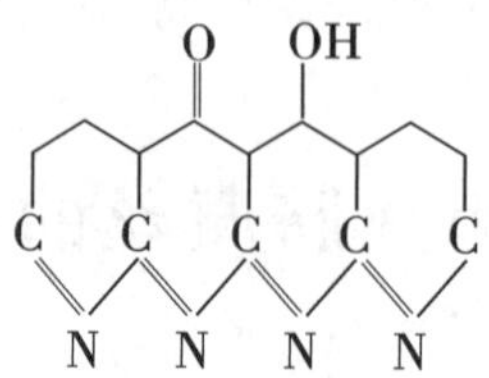

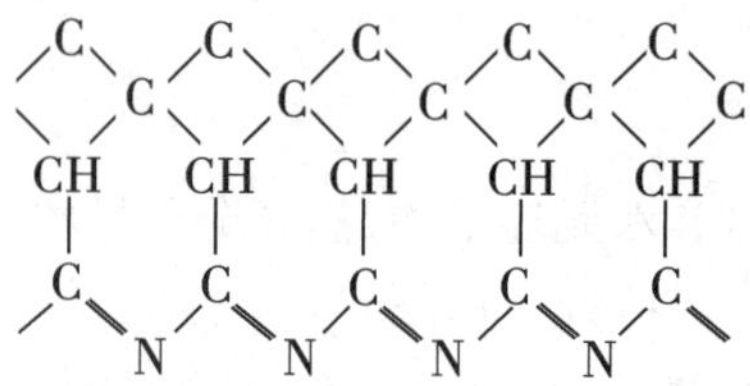

或

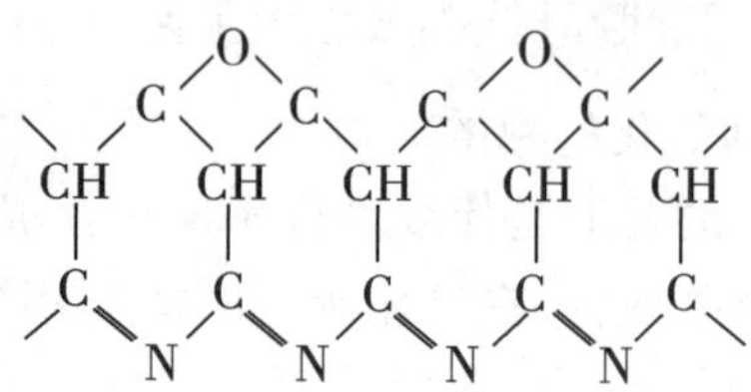

(三)预氧化和碳化工艺流程

一般要经过两道预氧化和两道碳化工艺，图 9-4 为美国哈泊(Harper)公司碳纤维生产流程示意图。

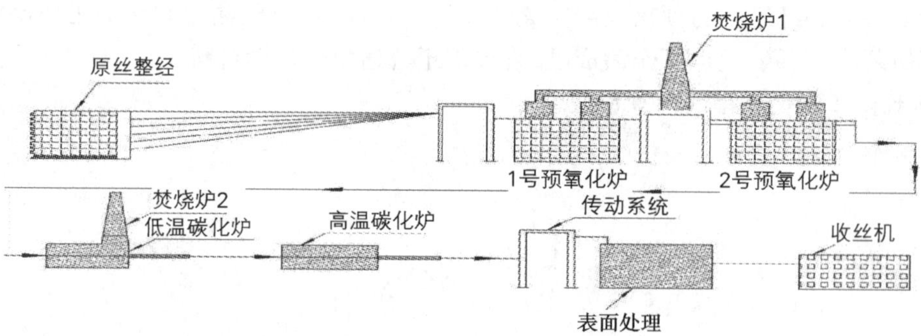

图 9-4　预氧化和碳化工艺流程图

聚丙烯腈原丝经开卷纱架开卷加湿后引入预氧化炉。从预氧化炉引出的预氧丝经冷却后相继进入低温碳化炉和高温碳化炉，再经表面处理和上浆后在收丝机上卷绕成碳纤维筒丝。图 9-5 为原丝开卷整经，进入预湿机，然后再输入预氧化机。

图 9-5　原丝开卷整经现场

图 9-6　氧化炉现场

(四)预氧化工艺条件

预氧化在氧化炉中进行。预氧化炉和碳化炉是生产线的主体设备,也是关键设备。预氧化炉见图9-6。预氧化工艺参数如下:

1. 预氧化介质

预氧化介质为经过净化处理的空气。

2. 预氧化温度

预氧化的氧化炉内加热温度为190~295 ℃(最高300 ℃)。温度太低,吸氧和环化等反应不能进行,氧化不充分;温度太高,纤维发软发黏,热降解变质。

3. 预氧化时间

预氧化时间为氧化炉内停留时间,一般为120 min。预氧化时间与原丝线密度、原丝共聚组成以及预氧化温度等有关。预氧化温度较高,所需时间较短;原丝越细所需时间越短;共聚的原丝预氧化时间要比均聚的短;改变预氧化气氛(如空气中加入SO_2等)可促进预氧化反应的进行,缩短预氧化时间。

4. 预氧丝的氧含量

预氧化处理后,预氧丝中的氧含量最高可达预氧丝总质量的16%~23%。但合格的预氧丝一般控制在8%~12%。若低于8%,预氧化程度不足,在碳化时未环化部发生热分解使纤维变质;若高于12%,在碳化过程中,过量的氧会与碳原子反应,以CO_2和CO等气体逸出,导致碳纤维密度和强度都下降。

5. 预氧化其他参数

额定线速度:10~15 m/min;

丝束中心距:6.5~7.0 mm;

丝束总数:450束;

束丝宽度:3 000 mm;

束丝中心高:1 400 mm。

在生产过程中,PAN原丝中大量的杂质以气体形式排出,在预氧化的过程中将产生一定量的氢氰酸、氨等有毒有害气体和少量焦油等物质,所以,必须采用高温焚烧的方法进行处理,使得最终排放物的成分符合国家和地方环境保护标准。为使热解废气不污染纤维,排除系统要通畅而瞬时排出。

二、预氧化丝的碳化和石墨化工艺

(一)预氧化丝的碳化和石墨化的目的

高温碳化又称为石墨化。碳化的目的是去除预氧化纤维中所含的氮、氢和氧等非碳元素,形成含碳量92%以上的碳纤维。碳化主体设备碳化炉见图9-7。

图9-7　碳化炉现场

石墨化的目的主要是引起纤维石墨化晶体取向,使之与纤维轴方向的夹角进一步减小,以提高碳纤维的弹性模量。石墨化过程中,结晶碳含量不断提高,可达99%以上,乱层石墨结构向类似石墨的层状结晶结构转换，纤维结构不断完善。

（二）预氧化丝的碳化和石墨化工艺过程

预氧化丝在惰性气体保护下进入碳化炉。在碳化炉内部的温度为 1 200 ~ 1 500 ℃，在这个温度区纤维结构发生了剧烈变化，有 30% ~ 40% 的质量（相对于预氧丝）要热解逸走，是结构转化的关键阶段。大分子结构中的氢、氮主要以 H_2O、HCN、NH_3、H_2 和 N_2 的形式分离逸出。同时氧以 H_2O、CO_2 和 CO 的形式分离逸出。碳化炉内炉膛用 4 ~ 8 mm 的耐热耐蚀不锈钢板加工，一般分 5 ~ 6 个温度区，由低到高形成温度梯度，使热解过程循序渐进，使纤维中碳含量从约 60% 升至 90% 以上。这些热解产物必须瞬间顺利排出，否则会造成纤维污染，表面缺陷，影响碳纤维的质量。纤维碳化时会有物理和化学收缩，所以对碳纤维施加适量的张力进行拉伸，以提高大分子主链方向的择优取向。

为了进一步提高碳纤维的模量，可将碳纤维在 3 000 ℃高温下进行石墨化热处理，使纤维的含碳量升至 99% 以上，以改进纤维的结晶在大分子轴向的有序和定向排列。在高温碳化炉内进行石墨化反应，环状梯形大分子交联后转变为稠环状结构，形成梯形六元环连接的乱层状石墨片结构。

（三）预氧化丝的碳化和石墨化工艺参数

1. 碳化和石墨化介质

碳化和石墨化介质都为惰性气体。

2. 碳化和石墨化温度

碳化炉加热温度：1 000 ~ 1 600 ℃，石墨化温度：2 000 ~ 3 000 ℃。

3. 碳化和石墨化时间

碳化时间约 90 s，石墨化时间约 70 s。

4. 含碳量

碳纤维的碳含量达 92% ~ 95%，石墨纤维的碳含量达 99%。

5. 其他参数

在预氧化、碳化和石墨化过程中，纤维质量的总损耗约为 PAN 原丝质量的 44%。统计损耗约为氧化炉 4%、碳化炉 35% 和石墨化炉 5%。

24 h 连续运行，运行时间 7 200 h/a；

额定线速度：10 ~ 15 m/min；

丝束中心距：6.5 ~ 7 mm；

丝束总数：450 束；

束丝宽度：3 000 mm；

束丝中心高：1 400 mm。

碳化和石墨化过程均采用氮保护，进料及出料口全部采用氮封。碳化废气全部经引风系统送焚烧器焚烧，焚烧废气主要产物为 CO_2、N_2 和部分 NO_x。一般采用 25 m 烟囱高空达标排放。

三、碳纤维的质量指标

碳纤维产品质量应达到表 9 – 5 所列的主要性能指标。

表 9-5　碳纤维产品主要性能指标

项目	性能指标
规格	12K
拉伸强度	≥3.53 GPa，批次间离散系数≤8%
拉伸模量	≥225 GPa，批次间离散系数≤5%
断裂延伸率	≥1.5%，批次间离散系数≤8%
线密度	800 mg/km
体密度	1.76 g/cm^3
碳含量	≥93%（质量分数）
灰分	≤0.5%（质量分数）

日本东丽公司采用干湿法纺丝，以 DMSO 为溶剂，分别以丙烯腈/丙烯酸甲酯及丙烯腈/衣康酸为单体生产聚丙烯腈原丝，东丽公司可生产 T300 ~ T1100G，M30S ~ M70J 系列的碳纤维。东丽公司开发的高强型 T1000 系列碳纤维，其抗拉模量为 294 GPa，拉伸强度达 7.06 GPa；而高强高模 M65J 型碳纤维的抗拉模量达 640 GPa，抗拉强度为 3.60 GPa。东丽公司实验室已研制出拉伸强度为 9.13 GPa 的碳纤维，比 T1000 碳纤维的拉伸强度提高了 30%。

四、碳纤维的后整理工艺

为了在后续的生产过程中对碳纤维起到保护作用，提高碳纤维在制造复合材料时的浸润性，碳纤维需要进行表面上浆。由于经过高温处理的碳纤维表面非常光滑，为了提高碳纤维与上浆剂（树脂）的黏合性，需要利用电解的方法对碳纤维进行处理，使碳纤维的表面达到一定的粗糙度，以利于上浆。

经过电解处理后的碳纤维要进行清洗，以除去附着在碳纤维上的电解液，清洗后的碳纤维要通过干燥炉去除水分然后再进行上浆。上浆后的碳纤维，经过干燥后便可以按照客户的要求进行卷绕、包装，完成全部生产过程。其中，碳酸氢铵电解液［$(NH_4)HCO_3$］的质量分数为 8% ~10% 溶液，上浆剂（水基环氧树脂）为 2.5%溶液。

第五节　沥青基和黏胶基碳纤维的生产工艺

一、沥青基碳纤维的生产工艺

（一）沥青基碳纤维的生产工艺流程

沥青基碳纤维的生产工艺流程如下：

各向同性沥青→沥青纤维→不熔化→碳化→ 通用型碳纤维；

液晶沥青→沥青纤维→不熔化→碳化→石墨化→高性能碳纤维。

（二）沥青的准备

生产碳纤维用的沥青原料，必须具有良好的纺丝流变性能；具有适当的化学反应活性，使刚纺出的纤维通过氧化反应转变为不溶性纤维；具备一定的相对分子质量及较窄的分子量分布，以便初生纤维有一定的力学性能。可通过加氢热处理、蒸馏或溶剂萃取、通过添加树脂或其他化合物方法，达到调整沥青化学成分和结构的目的。

(三)沥青的纺丝及不熔化处理

将调制好的沥青进行熔融纺丝,刚纺出的纤维直径最好在 15 μm,有足够的强度,然后在 400 ℃左右进行氧化反应,使沥青分子间产生缩合或交联,以达到提高熔点的目的。

(四)碳化工艺

不熔化纤维在惰性气体保护下,1 000 ~ 1 500 ℃加热碳化,纤维中非碳原子发生各种化学反应生成的气态化合物,随惰性气体一起排出。大分子转变为乱层石墨结构的碳纤维在张力下择优取向,使纤维的强度增加 40%,模量增加 25%。

二、黏胶基碳纤维的生产工艺

(一)黏胶基碳纤维的生产工艺流程

黏胶基碳纤维的生产工艺流程如下:

黏胶原丝→加捻→稳定化浸渍→干燥、预氧化→低温碳化→卷绕→高温碳化→表面处理→络筒→碳纤维成品。

(二)黏胶基碳纤维的生产特点

与 PAN 基碳纤维生产过程相比,黏胶基碳纤维增加了加捻和稳定化浸渍工序,因为黏胶纤维中含水量多,在稳定化浸渍工序中加入适当的无机或有机系催化剂,可以提高热稳定性,减少热裂解和脱水反应,便于控制生产工艺参数,有利于提高碳纤维的强度。

第六节　碳纤维表面处理工艺

碳纤维多用于复合材料的增强纤维。碳纤维很细,比表面积很大,与基体树脂复合后两相界面面积很大,因此两相黏结的程度对终端材料的整体性能起着关键作用。

未经处理的碳纤维表面是光滑和惰性的,与基体树脂黏接性差,因此要对碳纤维进行表面处理。处理的原则是既提高了表面性能又尽量不(显著)破坏其物理机械性能。处理的方法有表面涂层法、表面氧化法、γ 射线辐射法和电化学聚合法等。

一、表面涂层法

不同的用途可采用不同的表面涂层物质。例如:采用化学镀方法对碳纤维进行表面镀镍,可提高碳纤维的导电性。将体积分数为 2.5%、5%、7.5%、10% 的镀镍碳纤维作为导电填料制备镀镍碳纤维/环氧树脂复合材料。碳纤维化学镀镍后,表面形成了一层均匀的复合镀层,镀层中镍的质量分数高达 94%,镀镍碳纤维的电阻值仅为碳纤维的 1/54。镀镍碳纤维/环氧树脂复合材料的电磁屏蔽能力较碳纤维原丝有所提高。复合材料的屏蔽效能随镀镍碳纤维添加量的增加而升高。在低频频段(kHz 频段),复合材料的屏蔽能力主要决定于材料的本征参数。不同镀镍碳纤维含量的镀镍碳纤维/环氧树脂复合材料的屏蔽能力相差不大,在中高频频段(MHz、GHz 频段),镀镍碳纤维/环氧树脂复合材料的屏蔽效能主要决定于材料的电阻率。

二、γ 射线辐射法

采用 γ 射线辐射法、电化学聚合法改善碳纤维表面。例如:以三缩四乙二醇为接枝单体,在不同的辐照剂量下辐照处理碳纤维,以及电化学聚合衣康酸改性碳纤维。用扫描电子显微镜、X 光电子能谱仪、电子万能试验机观察处理前后碳纤维的表面形貌、复合材料的断面形貌、表面化学组成及复合材料层间剪切强度（ILSS）的变化。两种处理方法都能有效提高碳纤维的表面活性，使其与环氧树脂的浸润性提高，复合材料断面纤维拔出明显减少。在 200 kGy 的辐照剂量下处理得到的碳纤维与环氧树脂复合材料的 ILSS 的提高幅度最大，达到 31.2%。同时经电聚合处理后的碳纤维与环氧树脂复合材料的 ILSS 的提高幅度要大于经 γ 射线辐照处理后的试样，达到 40%。

复习指导

1. 高性能纤维的定义与分类。
2. 碳纤维的定义与分类。
3. PAN 基碳纤维的结构与性能。
4. PAN 基碳纤维的生产工艺流程。
5. 碳纤维的用途和发展方向。

习题与思考

1. 按基纤维不同，碳纤维有哪些种类？哪类性能最好？
2. 写出原丝预氧化和预氧丝碳化过程的主要化学反应。
3. 预氧化的目的是什么？
4. 碳化必须在惰性气氛中进行，为什么？
5. 斯旺和爱迪生为何用碳丝做灯丝？
6. 碳纤维有哪些主要性能和用途？
7. 黏胶纤维与棉都是纤维素纤维，为何用黏胶做碳纤维而不用棉？

第十章　聚乳酸纤维

第一节　概述

一、聚乳酸纤维的定义

聚乳酸纤维(poly lactic acid fiber),简称PLA纤维,又称玉米纤维,它是由玉米、木薯等淀粉原料,经过发酵、聚合、纺丝制成的。在其生产过程中,首先将玉米等原料中的淀粉提炼成植物糖,经过发酵形成乳酸或其环状二聚体——丙交酯,然后聚合成聚合物,最后将聚合物通过纺丝而制成纤维(短纤维或长丝)。

聚乳酸纤维能够在自然界完全降解成二氧化碳和水,燃烧时也不会散发任何毒气,对人体没有毒害,对环境也没有任何污染,成为21世纪新一代"绿色"纤维。聚乳酸纤维具有良好的生物相容性和生物可吸收性,能够应用到医疗领域。聚乳酸纤维集天然纤维和合成纤维的优点于一体,具有良好的服用性能。如聚乳酸纤维具有极好的悬垂性、滑爽性、吸湿透气性和良好的耐热性、抗紫外线功能,并富有光泽和弹性。

二、聚乳酸纤维的发展历程

聚乳酸的研究历史可追溯到20世纪30~40年代,著名高分子化学家卡罗斯(Carothers)对聚乳酸合成进行过初步研究;1944年,菲拉赤娜(Filachiene)、霍维(Hovey)等对聚乳酸合成方法进行了系统的研究;1954年,杜邦(Du pont)公司采用新的聚合方法制备出高分子量的聚乳酸;美国爱惜康(Ethicon)公司的米歇尔(Michel,1970年)和施耐德(Schneider,1972年)等,制备出能够被人体吸收的聚乳酸手术缝合线;美国沃瑟曼(Wasserman,1974年)等将乙交酯与丙交酯以90:10的比例制成聚乳酸纤维,用作手术缝合线;荷兰伊灵(Eling,1984年)等和戈戈莱夫斯基(Gogolewski,1983年)等研究了聚乳酸的溶液纺丝法和熔融纺丝法;日本京都大学的筏(1983年)等研究了熔融纺丝法;日本于1994年开发了聚乳酸纤维Lacton™,并于1998年开发了聚乳酸纤维纺织产品;美国Natureworks公司开发了聚乳酸纤维Ingeo™,并开发了聚乳酸针织、机织、非织造产品和运动服、休闲服等聚乳酸服装产品。

我国对聚乳酸及其纤维的研究起步较晚,聚乳酸的生产技术仍处于起步阶段,已建的生产线很少,且规模较小,不能满足市场需求;特别是聚乳酸长丝的工业化生产,国内基本上还是空白。

2002年至今,中国石化仪征化纤股份有限公司技术中心利用美国Natureworks公司提供的PLA树脂,先后进行了该切片的干燥工艺条件试验和流变试验,并在此基础上利用现有的涤纶(PET)生产设备进行纺丝、牵伸、加弹、织造及服装开发等一系列工作,批量生产了预取向丝

(POY)、拉伸丝(DT)和拉伸变形丝(DTY)。成品丝的性能良好，能满足机织和针织的要求，目前已开发出舒适性良好的汗衫、针织内衣、T恤、衬衫等纺织品。其他拟建和在建的大型聚乳酸生产线主要有：秦皇岛骊骅淀粉股份有限公司2万t/a聚乳酸生产线，吉林粮食集团收储经销有限公司5万t/a聚乳酸生产线，哈尔滨威力达药业公司1万t/a聚乳酸项目等。

第二节　聚乳酸纤维分子结构与物理化学性能

一、聚乳酸纤维的结构

聚乳酸纤维的化学结构式如下所示：

$$\mathrm{H}\left[\mathrm{O}-\overset{\mathrm{CH_3}}{\overset{|}{\mathrm{CH}}}-\overset{\mathrm{O}}{\overset{\|}{\mathrm{C}}}\right]_n\mathrm{OH}$$

聚乳酸纤维的结构分子是一种简单的手性分子，它的重要特征是能以两种旋光异构体存在，即L-乳酸(左旋)和D-乳酸(右旋)。左旋异构体可以使光的偏振面按逆时针方向旋转，左旋含量高的乳酸聚合体是结晶体，可用来生产纤维等产品；右旋异构体使光的偏振面按顺时针方向旋转，右旋含量高(大于15%)的聚合体则生成非结晶产品。从分子结构看，聚乳酸纤维属于脂肪族聚酯纤维。

聚乳酸纤维的外观形态与其他热塑性纤维很相像，表面光滑，光泽明亮，横截面呈圆形，如图10-1所示。

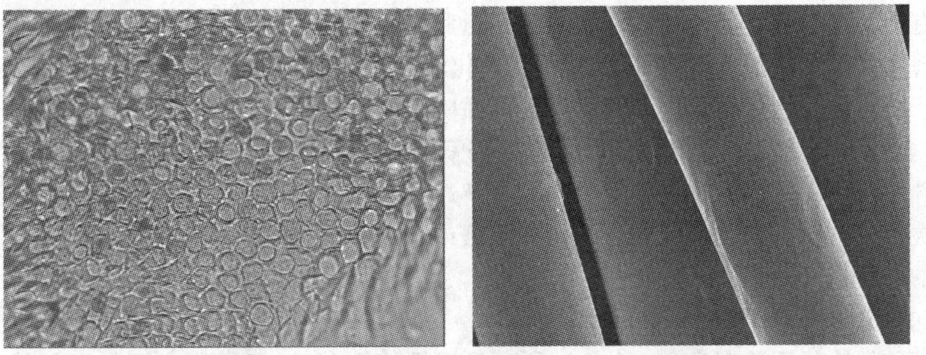

(a) 横截面　　(b) 纵向

图10-1　聚乳酸纤维的外观形态

二、聚乳酸纤维的物理化学性能

(一)物理性能

聚乳酸纤维的物理性能介于聚酯纤维(涤纶)和聚酰胺纤维(锦纶，又称尼龙)之间，其拉伸强度与聚酯纤维接近，模量较低，玻璃化转变温度、熔点低，折射率低，且有良好的透明度和抗紫外线性能。表10-1列出了聚乳酸纤维与聚酯、聚酰胺纤维的性能。聚乳酸纤维制成的织物手感柔软，悬垂性很好；聚乳酸纤维与聚酯纤维具有相似的耐酸碱性能，这是由其大分子结构决定的，其综合性能优于至今用量最大的合成纤维——涤纶。

表 10-1 聚乳酸纤维与聚酯、PA6 纤维的性能比较

项目	聚乳酸纤维	聚酯纤维	PA6 纤维
密度/($g \cdot cm^{-3}$)	1.25	1.39	1.14
玻璃化转变温度/℃	57	70	40
熔点/℃	170	255	215
断裂强度/($cN \cdot dtex^{-1}$)	3.0~4.5	4.0~4.9	4.0~5.3
断裂伸长率/%	30~50	25~30	25~40
燃烧热/($MJ \cdot kg^{-1}$)	19	27	31
极限氧指数/%	26	20~22	20~24
折射指数	1.35~1.45	1.54	1.52

聚乳酸纤维抗皱性好，当变形较小时，其弹性回复率比锦纶还要好，当变形在 10% 以上时，聚乳酸纤维的弹性回复性也比锦纶以外的其他纤维好得多。聚乳酸纤维和常用纤维弹性回复率见表 10-2。

表 10-2 聚乳酸纤维和常用纤维弹性回复率比较

变形/%	回复率/%					
	聚乳酸纤维	棉纤维	涤纶	黏胶纤维	羊毛	锦纶
2	99.2	75.0	88.0	82.0	99.0	—
5	92.6	52.0	65.0	32.0	69.0	89.0
10	63.9	23.0	51.0	23.0	51.0	89.0

(二)降解性能

与其他多数热塑性聚合物相比，聚乳酸具有良好的降解性能。影响聚乳酸降解速度的因素主要有结晶度、玻璃化转变温度、相对分子量和介质 pH 值等。Fukuzaki 等的研究指出，结晶度对降解速度的影响显著。当聚乳酸的玻璃化转变温度低于水解温度时，其水解速度加快。相对分子质量越小、分子质量分布越宽，聚乳酸降解速度越快；酸和碱都能催化聚乳酸水解，介质的 pH 值也是影响聚乳酸降解速度的重要因素。

聚乳酸纤维的废弃物在自然界中自动降解，不污染环境，且产物可被植物吸收，通过光合作用再次生成淀粉。聚乳酸纤维及织物在土壤或水中，一般情况下经过数月或者 1~2 年内可完全生物降解成 CO_2 和 H_2O。

(三)吸湿快干性能

聚乳酸纤维的回潮率为 0.4%~0.6%，吸湿性能较差，比涤纶稍大而低于天然纤维。但聚乳酸纤维纵向表面存在无规律性的斑点及不连续的条纹，且纤维存在孔洞或缝隙，使纤维很容易形成毛细管效应，而表现出非常好的芯吸现象，聚乳酸织物具有优良的导湿快干性能。

(四)抗紫外线性能

聚乳酸纤维分子结构中含有大量的—CH、C—C 键，这些化学键不吸收照射到地球表面波长大于 290 nm 的紫外线；另外，聚乳酸是纯度达 99.5% 的乳酸在真空条件下缩聚而成的，因此聚乳酸纤维的化学结构和高纯度使其具备了优良的抗紫外线性能，甚至日照 500 h 后，仍保持 90% 以上的强力。

(五)燃烧性能

聚乳酸纤维的燃烧产物为 CO_2 和 H_2O，不产生任何有毒气体，是一种无污染的纤维；其极限氧指数能达到 26% 以上，属于难燃纤维；且聚乳酸纤维由淀粉组成，燃烧产生的燃烧热为

19 MJ/kg，燃烧热低，只有聚酯纤维的1/3，且燃烧时发烟少，离火后自动熄灭，也不会产生氮或硫的氧化物等有毒气体，非常适合作为建筑材料使用。

第三节　乳酸及聚乳酸的制备

聚乳酸纤维是以谷物（如玉米）等为原料，先将原料发酵制得乳酸，然后乳酸经缩合、聚合反应制成聚乳酸，聚乳酸再经纺丝制成聚乳酸纤维。本节阐述了乳酸和聚乳酸的制备方法。

一、乳酸的制取

乳酸的学名为2-羟基丙酸，分子内有一个不对称碳原子，存在右旋（D）乳酸和左旋（L）乳酸两种旋光对应异构体，相应构成的聚乳酸为右旋聚乳酸（PDLA）和左旋聚乳酸（PLLA）等几种旋光异构体。由发酵得到的乳酸中99.5%为左旋异构体，形成的左旋聚乳酸结晶度较高，分子量大，因此可用来制备纤维。

乳酸的生产工艺路线有两种：一种是以石油为原料的合成法，另一种为发酵法。目前，用生物发酵法制备乳酸的研究获得重大突破，大大降低了制造乳酸的生产成本，因此纤维用乳酸大多采用发酵法制得。

发酵法是以富含淀粉的玉米、小麦、木薯等为原料，以麦芽糖、糖化醇为生物催化剂将淀粉转化为葡萄糖等单糖，再加入麦芽汁培养的纯乳酸菌和碳酸钙进行发酵；发酵液用石灰乳中和至微碱性，煮沸杀菌，冷却后过滤，用热水重结晶；再加入50%的硫酸分解出乳酸和硫酸钙沉淀；滤出硫酸钙，滤液在减压下蒸发浓缩，即得到70%的工业用乳酸。

二、聚乳酸的合成

聚乳酸的制备方法主要有直接聚合法（简称一步法）、丙交酯开环聚合法（简称两步法），以及丙交酯与其他单体的共同聚合法（简称共聚法），其中以两步法和一步法生产技术较为成熟。

（一）丙交酯开环聚合法（两步法）

两步法是目前合成聚乳酸最常见的方法。其生产工序为：首先将乳酸脱水环化制成丙交酯，然后将丙交酯开环聚合制得聚乳酸。

乳酸经脱水、环构化制得丙交酯，反应如下：

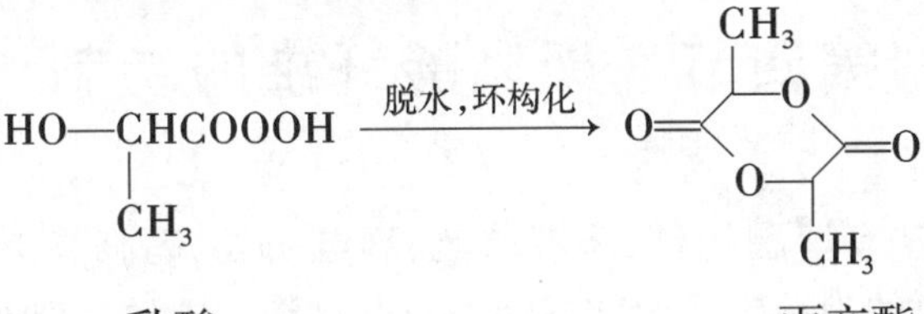

乳酸　　　　丙交酯

丙交酯经开环聚合制得聚丙交酯（即PLA），反应如下：

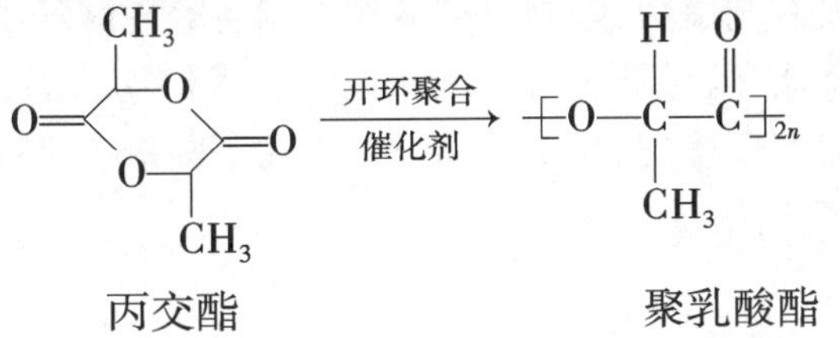

丙交酯　　　　聚乳酸酯

该工艺路线比较成熟，控制了反应的可逆程度，合成的 PLA 含有残留单体和少量催化剂，产品的产出率和质量较好，平均相对分子质量较高，应用范围也较广。但生产过程较冗长，设备配置复杂，且在生产中需要消耗大量试剂，相对生产成本较高。对于两步法生产技术而言，乳酸的环化和提纯是制备丙交酯的技术难点，也是制备 PLA 的关键所在。

（二）直接聚合法（一步法）

一步法是指由精制的乳酸直接进行缩聚制得聚乳酸的方法，反应如下：

$$HOCH(CH_3)COOH \xrightarrow{脱水} H\!\left[\!-OCH(CH_3)CO-\!\right]_n OH(低聚物)$$

$$\xrightarrow{脱水} H\!\left[\!-OCH(CH_3)CO-\!\right]_n OH(高聚物)$$

一步法是最早也是最简单的聚乳酸制备方法，其主要特点是生产工艺流程短，成本低，生产过程对环境友好，具有一定的技术优势，但不足之处是制得的 PLA 平均相对分子质量较低。一步法生产又分为简单溶液聚合法和熔融聚合法两种。

简单溶液聚合法：该反应体系中存在着游离乳酸、水、聚乳酸和丙交酯的可逆平衡，反应的副产物难以除去，反应向正方向的进行不容易控制。这种工艺生产出的聚乳酸产品的聚合度较低，较好的产品相对分子质量可达到 30 万。

熔融聚合法：目前国内已有较为深入的研究，该方法以 L-乳酸为单体，先将乳酸进行脱水处理，再通过催化剂、反应温度、反应时间和加压等反应条件的控制，最终制出聚乳酸。由于如何脱除反应产生的水等关键技术未能完全解决，以致产物的相对分子质量较低，无实用价值。近年通过聚合技术的改进，直接缩聚取得了一定进展。随着新技术的成功开发和应用，将有望为 PLA 的生产开辟新的途径。

（三）共同聚合法（共聚法）

共聚法是指乳酸单体与其他单体，如 GA（乙交酯）、E-CL（乙酸内酯）和 EG（乙二醇）等进行共聚制取改性 PLA 的方法。乳酸通过与其他单体共聚得到不同结构和性能的聚合物，这类共聚物的研究和合成在聚乳酸功能材料的应用领域尤为突出。采用 LLA（左旋乳酸）、DLLA（外消旋乳酸）、DON（二氧六环酮）、E-CL 制备的 PLLA、PDLA 等聚乳酸材料，经处理后对甾族类药物有稳定的长效释放功能。目前这类共聚的聚乳酸品种比较多，相关的应用研究也比较活跃。

第四节　聚乳酸纤维的纺制

聚乳酸纤维纺丝方法有熔融纺丝、溶液纺丝、静电纺丝、超临界流体纺丝、凝冻干法纺丝等，但现阶段技术较成熟的为熔融纺丝和溶液纺丝两种纺丝方法，其他纺丝方法还处于试验研究阶段。溶液纺丝一般采用二氯甲烷、三氯甲烷、甲烷等为溶剂，而这些溶剂是有毒的，溶剂回收困难，纺丝环境恶劣，没有竞争力，限制了溶液纺丝制备聚乳酸纤维的商业化发展；基于聚乳酸属于热塑性聚合物的性质，熔融纺丝可应用涤纶等普通熔纺设备进行加工。熔融纺丝方法设备易改装，工艺简单，生产环境好，且工艺和设备正在不断地改进和完善，使其成为制备聚乳酸纤维的主流工业化生产方法。

一、熔融纺丝

(一)工艺过程

聚乳酸是线型热塑性聚酯树脂,其纤维熔融纺丝工艺与涤纶(PET)比较类似,都可采用高速纺丝一步法、纺丝-拉伸二步法。高速纺丝既可提高产量,还可通过本身的热拉伸过程生产非取向或部分取向的纤维。纺丝-拉伸二步纺丝法比较成熟的工艺流程为:聚乳酸酯→真空干燥→熔融挤压→过滤→计量→喷丝板出丝→冷却成型→卷绕→热盘拉伸→上油→成品丝,二步法成本低、污染小,便于自动化生产。

纺丝和拉伸工艺方式基本上可采用和尼龙、涤纶等传统合成纤维相同的方式,例如对于生产聚乳酸纤维,可以先纺丝得到 UDY,然后拉伸得到 FDY;也可以高速纺丝直接得到 FDY;还可以先高速纺丝得到 POY,然后进行拉伸和假捻变形加工制成 DTY 等;并且超高速纺丝生产 HOY 也成为可能。

(二)干燥工艺控制

1. 干燥目的及要求

聚乳酸分子结构中存在酯键,而酯键易水解,酯键的水解是聚乳酸降解的主要方式,导致低分子量水溶性产物产生。并且,纺丝时熔体中的水分会形成气泡,气泡夹杂在自喷丝孔吐出的熔体细流中,极易产生纺丝飘丝、毛丝、断丝或在单丝中留下隐患,在后拉伸时造成毛丝或断头。另外,经过干燥的切片会形成部分结晶,使软化点大大提高。结晶度越高,软化点越高,切片越硬,这样的切片进入螺杆挤压机以后,就会避免产生"环结"现象。

因此,在纺丝高温工艺之前必须对聚乳酸切片进行干燥处理,严格去除水分。要求切片含水率:纺制普通短纤维时≤0.012%,纺制普通长丝时≤0.007%,高速纺丝时≤0.005%,甚至0.003%。

2. 干燥设备及工艺

少量聚乳酸切片干燥时可应用真空转鼓干燥装置,该装置工艺成熟、控制方便、干燥质量较高,但缺点是干燥时间长、间歇式操作、劳动强度大、生产能力低。

在干燥过程中,由于聚乳酸切片容易降解或氧化裂解,可以抽真空,真空度应控制在98.6 kPa左右,也可充氮气以隔绝氧气。干燥过程可以采用由低温到高温分阶段干燥,如三阶段干燥:80 ℃、4 h,100 ℃、4 h,110 ℃、20 h。

大量聚乳酸切片连续干燥还可应用沸腾结晶充填干燥装置,该装置将预结晶和主干燥分开进行工艺控制。这类设备又分为间歇式和连续式两种。间歇式沸腾结晶充填干燥装置生产能力大,自动化程度高,切片不但含水率低于0.003%,而且均匀一致,粉末少,切片运送过程全封闭,不会再度吸湿。整个系统不需要蒸气,只要电加热,尤其适用于要求较高的高速纺丝用切片干燥。

(三)纺丝工艺控制

聚乳酸纤维的熔融纺丝是在熔融纺丝机上进行的,一般经过加热、挤压、冷却、上油、拉伸、卷绕等过程。纺丝工艺参数(例如纺丝温度、纺丝速度、拉伸倍数、拉伸温度等)影响最终制得的聚乳酸纤维的品质。

1. 纺丝温度

在熔融纺丝中,聚乳酸的流动性随纺丝温度升高而变好。要使聚乳酸在纺丝成型时具有较好的流动性,必须达到一定的纺丝温度,但聚乳酸在高温下又极容易降解,这就是聚乳酸的热敏性与熔体高黏度之间的矛盾。因此,聚乳酸纺丝成型的温度范围极窄,在熔融纺丝中相对分子质量的损失是个倍受关注的问题。

纺丝温度影响聚乳酸长丝的成型外观。纺丝温度适宜时,长丝丝面光洁,表面无毛丝,见图 10-2(a);纺丝温度非正常时,卷装毛丝较多,丝束凌乱纠缠,丝束上还出现丝圈,见图 10-2(b)。

(a) 卷装,正常纺丝温度

(b) 卷装,非正常纺丝温度

图 10-2 不同纺丝温度下聚乳酸长丝的卷装及丝束外观

随着纺丝温度升高,聚乳酸纤维的热降解加速,导致纤维的分子质量下降(表 10-3)。

表 10-3 不同纺丝温度下聚乳酸纤维的降解率

纺丝温度 /℃	180	185	190	195	200	205	210	215
降解率 /%	7.15	10.14	11.86	13.95	18.55	21.75	24.92	26.73

另外,随纺丝温度升高,聚乳酸纤维的强度先增大后降低,见图 10-3。

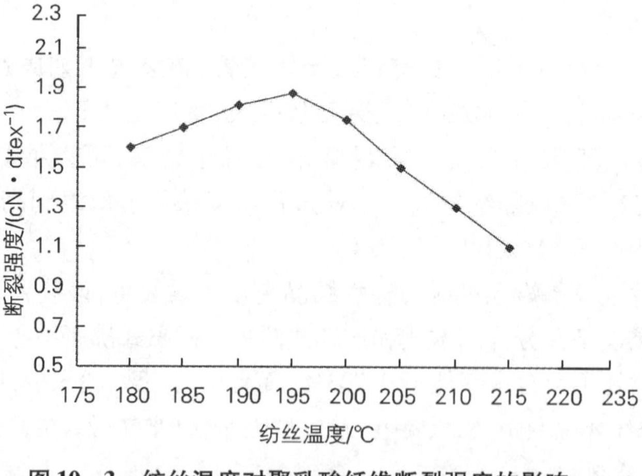

图 10-3 纺丝温度对聚乳酸纤维断裂强度的影响

聚乳酸纤维的纺丝温度应严格控制在适宜范围(一般为 190~195 ℃)。温度过低,熔体流动困难,流变性差,不具备可纺性;温度过高,纤维的色泽由白变黄,长丝表面出现毛丝,降解严重,甚至会在熔体内部出现大量气泡,导致无法纺丝。

2. 纺丝速度

当聚乳酸熔体被挤出喷丝孔时,会接触到空气中的氧气和水分而导致大分子链发生热降解和水解，相对分子质量下降。而随着纺丝速度的增大，聚乳酸接触空气的时间缩短，可发生热降解和水解的时间减少。因此纺丝速度越高，聚乳酸纤维在纺丝过程中的降解率越小，见表 10－4。但过高的纺丝速度会使聚乳酸结晶时间过短，结晶不完全，拉伸时极易断头，因此纺丝速度应控制在合适的范围。例如在二步法纺丝中，刘淑强等的研究表明纺丝速度为 1 000 m/min 时，聚乳酸长丝的综合性能达到最优。

表 10－4　不同纺丝速度下聚乳酸纤维的降解率

纺丝速度/$(m \cdot min^{-1})$	600	700	800	900	1 000
降解率 /%	29.71	23.51	19.15	18.72	13.15

3. 拉伸倍数

拉伸过程对聚乳酸纤维物理机械性能和结构的改善十分重要。轴向外力拉伸会使纤维内大分子沿纤维轴取向，同时分子取向诱导了大分子结晶，结晶度和密度增加，使拉伸丝的杨氏模量和断裂强度增加，断裂伸长下降，取向度增大。一般随着拉伸倍数的提高，聚乳酸纤维的断裂强度增大，断裂伸长率减小，取向度变大，见表 10－5。当然，过大的拉伸倍数易破坏分子的链段联接，从而产生大面积毛丝而导致丝束缠辊，难以顺利拉伸，以致无法纺丝。

表 10－5　不同拉伸倍数下聚乳酸纤维的机械性能

拉伸倍数	2.0	2.5	3.0
断裂强度/$(cN \cdot dtex^{-1})$	1.03	1.26	1.66
断裂伸长率 /%	102.60	66.17	41.42
取向因子/fs	0.175 7	0.417 2	0.499 7

4. 拉伸温度

拉伸温度即热盘温度，拉伸温度对聚乳酸长丝的拉伸稳定性起到极为关键的作用。表 10－6为不同拉伸温度下聚乳酸纤维的机械性能。

表 10－6　不同拉伸温度下聚乳酸纤维的机械性能

拉伸温度/℃（热盘 $T_1/T_2/T_3$）	72/76/77	75/80/82	78/84/87
断裂强度 /$(cN \cdot dtex^{-1})$	1.71	2.26	1.80
断裂伸长率/%	33.47	36.71	35.17
取向因子/fs	0.355 8	0.535 8	0.424 6

拉伸温度低时，由于聚乳酸分子链段未完全解冻，拉伸时易发生脆性断裂，产生毛丝和断头。随着拉伸温度的提高，一方面由于聚乳酸大分子在拉伸过程中发生取向，伸直链段的数目增多，而折叠链段的数目减少；另一方面，由于拉伸过程中发生了结晶，片晶之间的连接链相应增加，从而提高了聚乳酸纤维的强度和抗拉性。表现在纤维的物理性能上是纤维的断裂强度明显增大，断裂伸长率也增加。拉伸温度过高时，分子链的活动能力太强，拉伸应力变小，会加快聚合物分子链滑动，丝条的抖动加剧，影响拉伸的稳定性，容易导致毛丝的产生，大分子的取向度反而随温度的升高而降低，达不到提高强度的目的。

5. 预过滤器和喷丝组件

聚乳酸熔体中的杂质会引起聚乳酸分子量的急剧降低，使最终纺制的纤维性能恶化，因此需采用 20 μm 的预过滤器对聚乳酸熔体进行预过滤以除去杂质。

喷丝板的长径与孔径比需要适当调整。经多次试纺得知，24 f 和 48 f 喷丝板的孔径从原来的0.25 mm 适当降低为0.20 mm，长径比同步由2.0～2.5 调大为2.3～3.0，熔体破裂现象比未调整前有明显改善的趋势。可能由于调整后的孔径和长径比有利于剪切速率的提高，增加了纺丝的稳定性。在组件安装上，在24 f 和48 f 喷丝板底部分别装20%～35%的金属砂，与海砂分层混装，在可纺性相同的情况下降低初始压力，此时纺丝情况尚可，断头较少，能有效控制组件滴浆。

二、溶液纺丝

聚乳酸纤维溶液纺丝法主要采用干纺-热拉伸工艺，一般纺丝原液采用二氯甲烷、三氯甲烷或甲苯作溶剂。彭宁斯（Pennings）等对溶液纺丝法进行了系统研究，结果表明最优的拉伸温度为180～200 ℃。PLLA 的分子量和拉伸条件在很大程度上决定了纤维的拉伸性能，纤维的拉伸强度可高达1 GPa；还认为黏均分子量低于3×10^5 的 PLLA 制备的纺丝溶液在110 ℃时黏度太低，不适合采用溶液纺丝法。为了解决这个问题，他们把黏均相对分子质量为$1.8\times10^5\sim6.0\times10^5$ 的 PLLA 溶解于不同的溶剂（二氯甲烷或三氯甲烷）中，配制成质量分数为1%～20%的纺丝溶液，所得初生纤维在200 ℃左右、拉伸速率为10^{-3} s 的条件下进行热拉伸，成功解决了低分子量聚乳酸的纺丝成型问题；甚至在质量分数较低时，仍能纺制出聚乳酸纤维。但纺丝溶液的浓度对纤维的形态结构有很大的影响，当浓度为2%时，制得的纤维截面扁平、表面光滑；当浓度为10%～20%时，纤维截面为圆柱形、表面类似“熔体破裂”般结构。彭宁斯等研究认为聚乳酸溶液纺丝所应用的各类溶剂中，以甲苯为溶剂需要使用比较高的纺丝温度，而高温导致纤维分子量约15%的损失率，因此甲苯溶剂属于不良溶剂；而以二氯甲烷或三氯甲烷为溶剂时，可以在室温下纺丝，而且 PLLA 相对分子质量在纺丝成型过程中没有明显下降，因此二氯甲烷或三氯甲烷属于良溶剂；此外还认为，具有原纤化结构的聚乳酸纤维制成的手术缝合线更容易被机体所吸收。

由于溶液纺丝法的工艺较复杂，所采用的溶剂有毒，需经特殊处理才能达到医疗卫生的要求，同时纺丝溶剂回收困难，纺丝环境差；而且，在本来聚乳酸合成成本较高的基础上，再加上较高的纺丝成本，使最终的纤维成本非常高，从而限制了其应用。到目前为止，溶液纺丝方法制备聚乳酸纤维还处于试验阶段，尚未见到相关商业化生产报道。

三、其他纺丝方法

Zeng 等应用 PLLA 和 PCL 进行了静电纺丝试验，研究发现影响静电纺丝工艺和纤维形貌及性能的主要因素有：溶液性质（包括聚合物分子量、溶剂组成、添加剂、黏度、浓度、表面张力、导电性等），可控加工参数（包括溶液储存设备的液体静压力、喷嘴到收集屏的距离、喷嘴处的电势、喷嘴直径等），环境参数（包括温度、湿度、室内空气流速等）。袁晓燕等应用 PLA 和 PLLA 进行静电纺丝，结果发现纤维直径会随着电压的增大而减小，但电压过大时，纤维间容易黏结，纤维截面为扁带状；还发现溶液质量分数和溶液流量增大时，超细纤维的均匀度提高，但溶液质量分数过大时，浓度增加，流动性下降，会产生喷头堵塞现象。

M. J. Meziani 利用超临界流体法制备出直径小于100 nm 的聚乳酸纳米纤维，并认为聚乳酸的浓度是纤维成型的决定性因素，但目前超临界流体法制备机理尚未清晰。

P. X. Ma 等应用凝胶冻干法制备纳米聚乳酸纤维作为组织修复支架材料，制备方法是将聚合物溶液经热致凝胶、溶剂交换及冻干处理而制得纳米级纤维多孔支架，可以实现对细胞的支撑，为细胞生长培植提供良好的环境。

第五节　聚乳酸纤维的用途

聚乳酸纤维有长丝、短纤维、复丝及非织造布等不同种类和品种，可广泛应用于纺织、服装、装饰、医疗、农林、食品、卫生、土木建筑等领域，具体应用如表10－7所示。

表10－7　聚乳酸纤维在各个领域应用举例

领域	应用举例
医疗	手术缝合线、外用脱脂棉、吊绳、针织布、纱布、绷带等，非织造布可用作手术衣、口罩、手术覆盖布等
服装	衬衫、T恤、夹克衫、裙子、礼服、运动服、睡衣、围巾、内衣、长袜、领带及婴儿用品等
卫生	妇女卫生品、尿布、纱布等
日常生活	手帕、毛巾、浴巾、纸袋带子、礼品包装材料、购物袋、背包、排水口滤袋、茶叶袋、厨房垃圾漏水网、咖啡过滤袋、雨伞、旗帜、帽子、帷帐窗帘、毛毯、被子、桌布、床罩、靠垫、枕头等
农、林、水产业	攀岩绳、防寒帐、捆扎带、防草用地膜、防虫网、防鸟绳索、防兽网、果实袋、苗木保护用膜材、育苗床用材、树根包扎袋、移植栽种盆、养殖网、渔具、渔网等
土木建筑	土工布、植被网、防草布、污泥脱水袋、薄膜绳索、土壤增强材料等

一、纺织服装行业

聚乳酸纤维的芯吸性好，悬垂性、回弹性好，卷曲性和卷曲持久性较好，常温下可用分散染料染色，易成型加工；其织物具有较好的穿着舒适性，很好的定形性和抗皱性；具有良好的吸湿快干效应，适合于军装、内衣及运动装等；同时，聚乳酸纤维还具有一定的阻燃性能，适合制作儿童、老年服装；具有优良的耐紫外线性能，不易褪色、变色，并具有真丝般的光泽与手感，其织物是高档时装的首选面料。

聚乳酸纤维还可以与棉、麻、丝等天然纤维混纺或交织制成服装，制成的服装感觉非常舒适。聚乳酸纤维与天然纤维都是天然产物，都具有持续可再生性，并且在物性上能够互补，成为非常完美的组合。

范思哲（Versace）公司推出了机织Ingeo™聚乳酸纤维运动外套夹克，其中的衬里使用的就是PLA非织造黏合衬产品。

二、家纺及日用品领域

聚乳酸纤维具有抗紫外线、密度小、可燃性差、发烟量小、燃烧热低以及优异的弹性等特性，在家用纺织品领域有广阔的市场，可制成床单、被罩、窗帘、家居服、沙发罩、室内装饰品、桌布、面罩、地毯、填充件等。

利用聚乳酸具有的与水润湿性好、吸水后干燥快、弱酸性对皮肤有益等特点，可以制成毛巾、浴巾、手帕等。100%聚乳酸和聚乳酸/纤维素（如黏胶）混合物完全适用于制作非织造产品中的湿擦布部分。采用水刺法用65%的黏胶和人造丝混纺纱生产的聚乳酸纤维擦布，已经通过所有ISO人类接触的生物评价中拟订的毒性、皮肤敏感性和刺激性测试。聚乳酸纤维擦布与PET纤维/黏胶擦布比较，其芯吸率高、蓬松性好、吸液快、强力和伸长率大，说明基于可再生资源的产品可以替代某些石油基的聚合物。聚乳酸纤维制成的滤水和滤渣袋，淋水性好，抗菌防霉。另外,聚乳酸纤维还可以制造购物袋、强化袋、特殊用纸等包装材料,以及外用的抗紫外线遮阳棚、旗子等。

三、卫生领域

聚乳酸纤维良好的透气性、芯吸性和优良弹性,以及对皮肤有益的弱酸性,使其在卫生领域也有很大发展前景。可采用熔喷法或纺黏法直接制成非织造布,也可纺制成短纤维后,再经干法或湿法成网制得非织造布,可制作女性卫生用品、婴儿尿不湿、湿巾、一次性衣物等产品。

四、医学领域

聚乳酸纤维的吸湿性、扩散能力及 pH 值(稍呈酸性)与人体皮肤极其近似,具有优良的生物相容性;同时,它还可在人体内缓慢降解,并且毒性很低,可以制成免二次拆线的手术缝合线、人工肌腱韧带、骨内固定装置等,可以减轻患者的二次痛苦。

五、农林领域

聚乙烯膜的降解性能非常差,废弃后难降解、污染环境。而利用聚乳酸的可降解性能,聚乳酸纤维可制备道路路面、公园植物防草用防护网、垫子、土工布、沙袋等。在一定时期内聚乳酸纤维制品能够保持足够高的强度,待作用发挥完以后自然降解,还原于土中。

聚乳酸纤维非织造布还可以制成农用防寒防冻材料、遮阳防旱材料、防鸟防虫材料、防草材料、保温保湿材料、果树保护材料、育苗播种基材等。

复习指导

1. 聚乳酸纤维的定义。
2. 聚乳酸纤维的结构与性能。
3. 乳酸及聚乳酸的制备方法。
4. 聚乳酸纤维的纺丝工艺。
5. 聚乳酸纤维的用途。

习题与思考

1. 简述聚乳酸纤维的优越性能。
2. 聚乳酸的合成方法有哪些?
3. 为什么聚乳酸切片在纺丝之前需要干燥?干燥需要达到的要求是什么?
4. 聚乳酸纤维纺丝方法的分类有哪些?
5. 聚乳酸纤维熔融纺丝工艺参数如何控制?
6. 聚乳酸纤维有哪些用途?

第十一章　牛奶纤维和大豆蛋白纤维

第一节　概述

一、牛奶纤维概述

牛奶纤维的研究始于20世纪30年代。早在1935年，意大利的斯涅尔（Snia）公司和英国的考陶尔兹（Contaulds）公司就开始尝试从牛奶乳酪中提取纤维，目的是用于开发一种仿真丝纤维，但最终制得的纤维强度很低，纤维性能与真丝相差很大，没有实用价值。直到1956年，随着合成纤维的发展，日本东洋纺公司发明了用牛乳蛋白溶液与丙烯腈聚合物共混、共聚、接枝的方法，开发了类似于真丝结构的新型牛奶长丝，并于1969年实现工业化生产，商品名为"Chino"，产品定位是用作手术缝合线。

在我国，上海正家牛奶丝科技有限公司经过多年的不懈努力，终于在2000年独立研制出牛奶纤维，并获得国家专利，成为国内最早生产牛奶纤维长丝及短纤的企业。目前国内牛奶纤维的主要生产厂家有上海正家、山西恒天、深圳优尼克、嫩江华强等几家公司，也已经有短纤维和长丝系列产品。

目前市场上的牛奶纤维主要是以牛奶作为基本原料，经脱水、脱油、脱脂、分离、提纯等工艺，使之成为一种具有线型大分子结构的乳酪蛋白；然后再采用高科技手段，与聚丙烯腈或聚乙烯醇高聚物进行共混、交联、接枝或醛化，制备出纺丝原液；最后通过湿法纺丝成纤、固化、牵伸、干燥、卷曲、定型、短纤维切断（长丝卷绕）而成。它是一种不完全等同于天然纤维、再生纤维和合成纤维的新型动物蛋白纤维，故又被称为"半合成再生蛋白质纤维"。

牛奶纤维是从牛奶中提取出来的精华，含有17种对人体有益的蛋白质和氨基酸，不含任何致癌物质。通过保湿因子，能够时时刻刻对人体的皮肤起到呵护、保养和滋润的作用。牛奶蛋白纤维还有抑菌、除臭功能，对于大肠杆菌、金黄色葡萄球菌、白色念珠菌都有抑制作用，其抑菌率可达80%以上。

牛奶纤维细而柔软，平滑而富有弹性，并具有较好的吸湿性和光泽，其pH值呈微酸性，与人体的肌肤保持一致，用其制作的内衣被称为"第二层皮肤"，牛奶蛋白纤维在纺织业中具有广阔的应用前景。

二、大豆蛋白纤维概述

大豆蛋白纤维被誉为"世界第八大人造纤维"，是由中国自主研制开发、具有完全知识产权并已产业化生产的再生植物蛋白纤维。大豆蛋白纤维研究始于1945年左右，最早是美国、日本科技人员在实验室研制成功，美国的商品名为"Soylon"。但由于当时研制的这种纤维强力低、可纺性差,故并没有实用价值。

我国河南省濮阳华康生物化学工程联合集团公司李官奇先生于 1993 年开始研究大豆蛋白纤维。据李官奇先生讲,他开始研究这种纤维是源于一本美国期刊摘要中的一句话"植物蛋白也可做衣服"。历经多年的实验室研究,经历了数百次的试验,他终于发明了一种特殊试剂,可将从豆粕(去油脂后)中提炼出的大豆球蛋白改性为线型状态并进行纺丝,并于 1998 年在试验设备上试纺成功。后在河南省遂平县建成了一条年产 1 500 t 的工业化生产线,于 2000 年 3 月试纺成功,改写了在世界化学纤维制造领域中国原创技术空白的历史。

大豆蛋白纤维取材于大豆榨油后的豆粕,其生产基本原理是将豆粕水浸、分离,提取球状蛋白质,通过添加功能性助剂,与含腈基、羟基等基团的高聚物接枝、共聚、共混,从而改变蛋白质的空间结构,制成具有一定浓度的蛋白质纺丝溶液,然后运用湿法纺丝工艺制成纤维束,经醛化稳定纤维的性能后,再经过卷曲、热定型、切断,即可生产出各种长度规格的纺织用大豆蛋白纤维。

大豆蛋白纤维具有几个突出的优点:(1)其原料来源于广泛种植的大豆农作物,而非传统的石油等矿产资源,具有较强的再生性;(2)其原料为榨过油的大豆废粕,所用助剂、辅料、溶剂均无毒,且大部分可回收,符合当今保护资源、可持续发展的趋势与要求;(3)100 kg 豆粕中可提取 40 kg 的大豆蛋白质,成本仅为真丝的 1/3、羊绒的 1/15,低成本、高品质是其很大的优势。

大豆蛋白质与人体皮肤具有很好的亲和性,大豆蛋白纤维手感柔软如羊绒,光泽柔和似丝绸,具有棉纤维的吸湿性及穿着舒适性和羊毛的保暖性,又具有合成纤维的机械性能。大豆蛋白纤维具有质轻、柔软、光滑、强度高、吸湿、导湿、透气性好等诸多良好性质,做成的面料外观华贵,舒适性能好,且具有一定的保健功能。它的出现满足了人们对穿着舒适性、美观性的追求,符合服装免烫、洗可穿的潮流。因此,大豆蛋白纤维的开发生产在纺织行业中具有广阔的前景。

第二节　牛奶纤维

根据生产工艺及原料的差异,牛奶纤维可分为两类:牛奶再生蛋白质纤维和含牛奶蛋白纤维(简称牛奶蛋白纤维)。目前生产的大多为含牛奶蛋白纤维,本节主要介绍这类纤维。

一、牛奶蛋白纤维的结构

牛奶蛋白纤维的横截面及纵向表面形态如图 11-1 所示。由图可见,纤维横截面呈扁平状,哑铃形或腰圆形,属于异形纤维,并且在截面上有细小的微孔和较多的凹凸。这些细小微孔对纤维的吸湿、透湿性有很大的影响。

从图中观察到,纤维纵向形态类似大豆蛋白复合纤维的纵向,表面有很多长短、宽度不等且不规则的沟槽和海岛状的凹凸。这是由于纺丝过程中纤维的表面脱水、纤维取向较快形成的。它们的存在也使纤维具有优异的吸湿和透湿性能,同时对纤维的光泽和刚度也有重要影响。纤维表面的不光滑和一些微细的凹凸变化可以改变光的吸收、反射、折射和散射,从而影响纤维的光泽性。纤维表面粗糙时具有柔和的光泽,而不会出现"极光"现象。同时,这种结构使得牛奶纤维表面具有一定的摩擦系数，纤维间具有较好的摩擦力和抱合力，有利于纤维成纱。

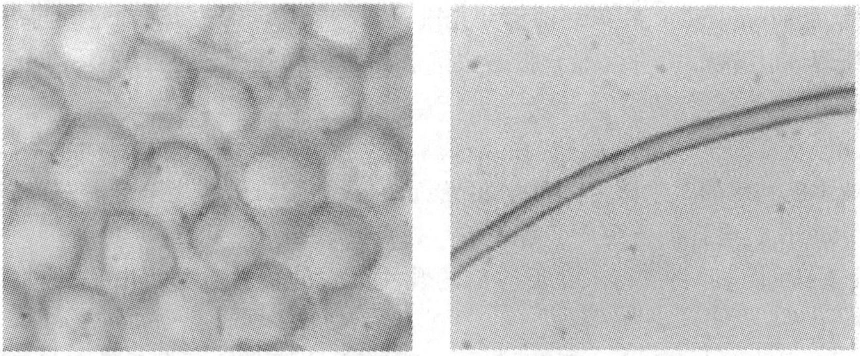

图 11-1　牛奶蛋白纤维的形态结构

二、牛奶蛋白纤维的组成

在牛奶蛋白纤维中，结晶部分（聚丙烯腈）占 70%，无定型部分（牛奶乳酪）占 30%，这与真丝比较接近（在真丝中结晶部分占 80%，无定型部分占 20%）。牛奶的主要成分为蛋白质、水、脂肪、乳糖、维生素及灰分等，其中蛋白质是加工牛奶纤维的基本原料，将牛奶中的蛋白质提取后，经化学和物理加工，即得到牛奶蛋白纤维。

三、牛奶蛋白纤维的生产工艺

牛奶中的蛋白质之所以能成纤，是因为它具备成纤高聚物的基本条件。蛋白质大分子有两种：一种是链状的，即线型的，称之为纤维蛋白；另一种是球状的，称之为球蛋白。牛奶中的蛋白即酪蛋白是线型的，可以成纤，而血红蛋白是球蛋白，不能成纤。

（一）牛奶再生蛋白质纤维的生产工艺

1. 生产工艺流程

图 11-2 为牛奶再生蛋白纤维的生产工艺流程，牛奶经过蒸发、脱脂、碱化、分离、揉合、过滤、脱泡、纺丝、拉伸、干燥、定型、分级及包装制成牛奶再生蛋白纤维。

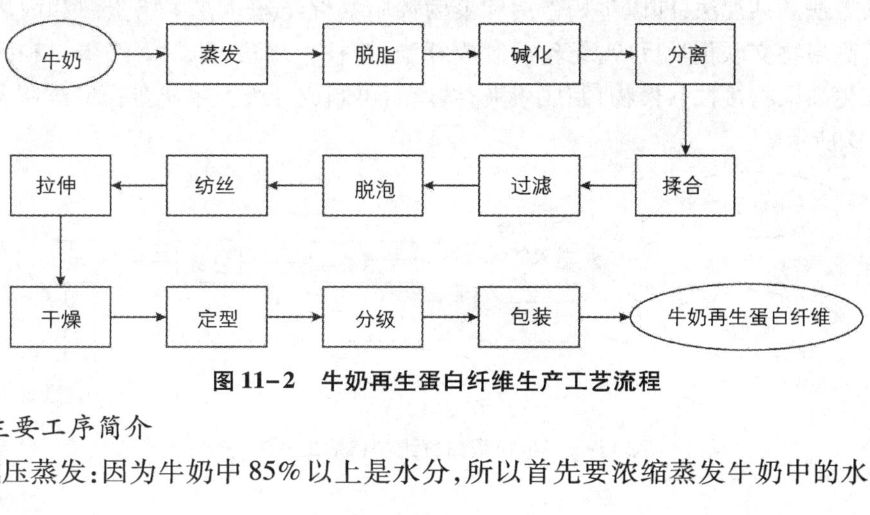

图 11-2　牛奶再生蛋白纤维生产工艺流程

2. 各主要工序简介

（1）减压蒸发：因为牛奶中 85% 以上是水分，所以首先要浓缩蒸发牛奶中的水分，使含水达到60%。温度最好低于70 ℃,70 ℃以上会使蛋白质变性。蒸发器内压力要求低于80 kPa,浓缩到含水60%。

(2)脱脂:去除牛奶中的脂肪是纺前处理的一个重要过程。为减小后续碱化的负担,降低碱的消耗量,从而降低成本,在碱化前都要先进行离心脱脂。即根据脂肪密度小于奶中其他成分密度的原理,利用离心机将大部分脂肪去除。离心机转速应高于1 000 r/min,分离和去除的效果较好。

(3)碱化:为了进一步除去脂肪,在经过离心脱脂后的乳液中加入 NaOH 水溶液,使脂肪分解。碱液中碱和水的摩尔比为1∶20。若碱量太少,则脂肪不能完全分解;若碱量太多,除了会使脂肪分解外,还会促使蛋白质分解。

(4)分离:用半透膜将进行碱化反应后的乳浊液中的蛋白质分离出来,或加入 NaCl 使蛋白质沉淀析出。

(5)揉合:将分离析出的蛋白质收集,加入无离子水,再加入蛋白质黏合剂,然后送入揉合机并加热至60 ℃。经充分混匀制成的特别揉合流体即可作为纺丝液。

(6)过滤、脱泡:这是纺前准备工序,经过滤除去杂质和减压脱去纺丝液中的气泡,可大大减少纺丝中的毛丝和断头,从而提高可纺性。

(7)纺丝:采用干法纺丝。将脱泡后的纺丝液预热至60 ℃,加入干法纺丝罐内,经齿轮计量泵输入纺丝机的喷丝头(喷丝孔径为0.15 mm)。从喷丝孔挤出后,细流进入湿球温度约为55 ℃的空调环境中进行初步固化形成连续长丝,接着经过100 ℃的烘干区,使水分含量降低至20%以下,并卷绕在丝筒上。

(8)拉伸:为提高纤维的断裂强度及其他物理机械性能,成型后的丝条还需要进行1.5～2.0倍的热拉伸。拉伸后,大分子沿纤维轴取向排列,分子间作用力增强,纤维性能可得以改善。

(9)干燥和定型:在定型锅内,于90 ℃下进一步烘干,同时也起到定型作用。定型锅内要抽真空,使水分不断汽化而排出,纤维含湿量低于10%。经热处理后,蛋白质转化为变性蛋白质,耐热水、耐软化,成为永久的不熔不溶性固化纤维,即有实用价值的纺织纤维。

(二)牛奶蛋白纤维的生产工艺

牛奶蛋白纤维的纺丝基本采用的是溶液纺丝法,其原液的制备一般有三种:共混法、交联法和接枝共聚法。共混法,即以牛奶蛋白和聚丙烯腈共混纺丝。在牛奶蛋白和丙烯腈中加入交联剂进行高聚物交联化学反应,纺丝后制成纤维;接枝共聚法,即以牛奶蛋白和丙烯腈在体系中催化发生高聚物接枝共聚物,制成溶液,纺丝后再制成纤维。牛奶蛋白纤维制备的工艺流程如图11-3所示。

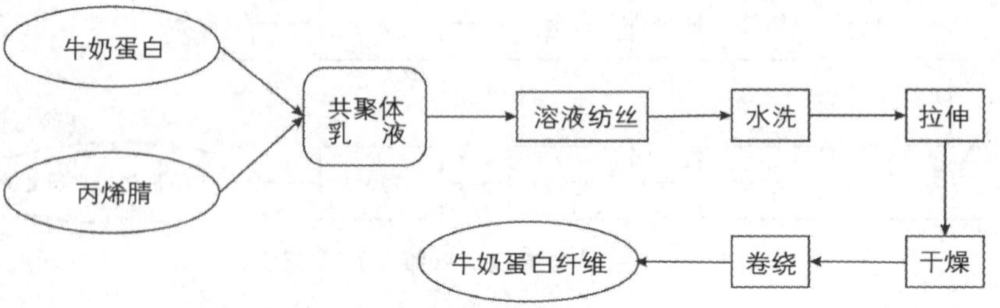

图11-3　牛奶蛋白纤维制备的工艺流程

将牛奶蛋白与丙烯腈共聚制成乳液，利用溶液纺丝进行纺丝，然后通过水洗、拉伸、干燥和卷绕等工序制得牛奶蛋白纤维，即牛奶纤维。

四、牛奶蛋白纤维的性能、产品及用途

（一）牛奶蛋白纤维的性能

牛奶蛋白纤维具有真丝般的手感、柔和的光泽、极好的保温性、导湿性、速干性，丝鸣感，鲜艳的颜色，易保管，轻盈舒适等特点。牛奶蛋白纤维密度小，比羊毛和蚕丝都要轻。牛奶蛋白纤维具有较高的干态断裂强度，干态断裂伸长稍低；具有一定的卷曲数，这使它表面具有一定的摩擦力和抱合力。牛奶蛋白纤维的质量比电阻高于羊毛，但低于蚕丝。牛奶蛋白纤维中所含的蛋白质等成分为人体所必需，对人体皮肤有较好的营养和保护作用，当它接近人体皮肤表面时，有一种滑爽透气的感觉。牛奶蛋白纤维还是有较好的保健功能，丰富的蛋白质与人体接触不会发生不良反应，具有独特的润肌养肤、抗菌消炎的功效。

1. 物理机械性能

（1）拉伸性能：牛奶蛋白纤维的拉伸性能见表 11-1。

表 11-1　牛奶蛋白纤维与其他纤维的拉伸性能对比

纤维种类	断裂强度/（$cN \cdot dtex^{-1}$）		断裂伸长率/%		密度/（$g \cdot cm^{-3}$）	回潮率/%
	干态	湿态	干态	湿态		
牛奶蛋白纤维	5.33	3.80	15.40	14.40	1.40	7.65
大豆蛋白纤维	4.34~5.86	4.05~5.11	17.60	19.46	1.28	5.32
棉	2.60~4.30	2.90~5.60	3.00~7.00	—	1.54	7.00~8.00
毛	0.88~1.50	0.67~1.43	25.00~35.00	25.00~50.00	1.32	15.0~17.0
桑蚕丝	4.20~5.70	1.90~2.50	15.00~25.00	27.00~33.00	1.33~1.45	9.00
涤纶	4.20~5.70	4.20~5.70	35.00~50.00	35.00~50.00	1.38	0.40~0.50
维纶	4.00~5.70	2.80~4.60	12.00~26.00	12.00~26.00	1.26~1.30	4.50~5.00
腈纶	2.83~4.42	2.65~4.42	12.00~20.00	12.00~20.00	1.14~1.17	1.20~2.00

从干态和湿态性能的对比可以看出，与大豆蛋白纤维和天然纤维相比，牛奶蛋白纤维强度高，仅次于大豆蛋白纤维和桑蚕丝。牛奶蛋白纤维的干态强度比湿态强度大，吸湿后断裂强度和伸长率均有所下降。这说明牛奶蛋白纤维的含水率对其拉伸性能有一定的影响。但从表中数据可以看出，湿态下牛奶蛋白纤维的强度及伸长的变化比桑蚕丝小。由此可得出结论，牛奶蛋白纤维含水的多少对其拉伸性能的影响不是很显著，因此，在纺纱过程中，可以采用加湿的方法去除静电。

（2）摩擦性能：牛奶蛋白纤维的摩擦性能如表 11-2 所示。纤维的摩擦性能是一项重要的表面性能，不但关系到纤维的抱合、成纱、磨损和变形，还关系着成品的手感风格。表 11-2 对比了牛奶蛋白纤维与一些常见纤维的摩擦性能。由表可知，牛奶蛋白纤维的摩擦因数较高，仅次于天然纤维中的蚕丝纤维和合成纤维中的锦纶。纤维间的抱合力好，很显然牛奶蛋白纤维的摩擦性能与其特有的表面形态结构有关，非圆形的横截面和纵向表面的沟槽对纤维的摩擦性能起决定性作用。

表 11-2　牛奶蛋白纤维与其他纤维的摩擦性能对比

纤维种类	静摩擦因数		
	纤维平行	与瓷辊	与钢辊
牛奶蛋白纤维	0.441	0.229	0.300
桑蚕丝	0.520	—	—
黏胶纤维	0.430	0.430	0.390
棉	0.220	0.320	0.290
锦纶	0.470	0.430	0.320

(3)电学性能:从表 11-3 中可以看出,牛奶蛋白纤维的比电阻与天然纤维相比偏高,与大多数合成纤维相比偏低。因此,牛奶蛋白纤维在纺纱加工过程中静电现象比较严重,需加入适当的油剂和抗静电剂。

表 11-3　牛奶蛋白纤维与其他纤维质量比电阻的比较　($\Omega \cdot g/cm^2$)

纤维种类	质量比电阻	纤维种类	质量比电阻
牛奶蛋白纤维(20 ℃,相对湿度 0%)	3×10^9	桑蚕丝	$10^9 \sim 10^{10}$
牛奶蛋白纤维(20 ℃,相对湿度 65%)	1.8×10^9	黏胶纤维	10^7
棉	$10^6 \sim 10^7$	锦纶(去油)	$10^{13} \sim 10^{14}$
麻	$10^7 \sim 10^8$	涤纶(去油)	$10^{13} \sim 10^{14}$
羊毛	$10^8 \sim 10^9$	腈纶(去油)	$10^{13} \sim 10^{14}$

(4)热学性能:由于牛奶蛋白本身耐热性较低,故在加热条件下,牛奶蛋白纤维迅速膨胀,在急剧受热时,会迅速发生变形;若加热至烫手时,纤维会缓慢膨胀。

在干热状态下,随着温度的升高,牛奶纤维中的水分蒸发,白度逐渐降低,黄度渐高。250 ℃时,牛奶蛋白纤维呈浅褐色。这是由于纤维的热变性,在高温时产生了黄色物质而引起的。因此,在牛奶蛋白纤维的后加工中,应控制好处理温度和时间。在升温过程中牛奶纤维没有出现熔融现象,即 300 ℃以下无熔点,与麻、棉等无熔点纤维一样。由于牛奶纤维耐热性较差,当温度达到 150 ℃时就会发黄、发黏,所以在定型加工时必须注意温度的控制。

2. 染色性能

牛奶蛋白纤维具有较好的耐碱性,耐酸性稍好。牛奶蛋白纤维适用的染料种类较多,弱酸性、活性、直接染料均能对牛奶纤维上染。染色时要严格控制温度,采用低温染色工艺,上染率高且上染速度快,吸色均匀透彻,容易着色,在使用过程中不易褪色。牛奶纤维面料特别适用于活性染料染色,产品色泽鲜艳,日晒性和汗渍牢度好。

3. 服用性能

牛奶纤维属于蛋白质纤维,在高湿环境中固化后的蛋白质分子结构紧密,水中软化点高且不溶于水。同时,由于蛋白质分子中多肽链之间以氢键结合成空间结构,大量的氨基、羟基和羧基等基团易与水相结合,使纤维具有良好的吸湿性及透气性。此外,牛奶纤维腰圆型或哑铃型的横截面或纵向的凹槽也有利于吸湿性、导湿性和透气性的增加。

由于牛奶蛋白纤维具有光滑、柔软的手感和较好的温暖感,加之纤维密度小,其制成的服装轻盈舒适,而且该纤维能快速吸收水分,吸湿后能迅速将水分导出,不会像真丝或棉一样粘贴在身上,而且能保持真丝般的光滑和柔顺,不会产生闷热的不舒适感。

由于该纤维是蛋白质纤维,因此具有自然水分保持性和氨基酸的常规性能,穿着由牛奶纤维制成的服装不会使皮肤感觉干燥。同时,牛奶蛋白纤维能够迅速吸收并传导汗液,使皮肤保持真丝般的光滑和柔嫩。人体皮肤干燥时能渗出水分,当皮肤由于出汗而有过量的水分时又会自行干燥,这是由于皮肤蛋白中氨基酸的作用。由于牛奶蛋白纤维是用蛋白质制造的纤维,因此也具有同样的水分吸收和扩散性能。舒适性能还表现在牛奶蛋白纤维洗涤后能迅速干燥,汗液可被迅速吸收,从而保持皮肤干爽舒适。

4. 功能性

(1)保健:牛奶蛋白纤维有护肤健体作用。这是因为牛奶蛋白纤维在制造过程中分解脂肪时,分解产物之一甘油部分遗留在纺丝液内,最终带入纤维中,有滋润皮肤的作用。而且牛奶蛋白是食用蛋白,对皮肤有营养作用。蛋白质大分子含有的亲水基团及天然保湿因子 NMF 使纤维吸湿性良好,不会使皮肤干燥。另外还含有 17 种人体所需的氨基酸,具有良好的保健作用。此外,穿着牛奶丝制作的内衣还有矫正身形的功能。

(2)抑菌:牛奶蛋白纤维无虫蛀、不霉烂,外观呈白色,有真丝般柔和的光泽和滑爽手感。牛奶纤维具有天然抗菌性能,它不像其他蛋白质纤维,如羊毛、真丝那样容易霉蛀或老化,即使放置很长时间仍能亮丽如新。

(3)绿色环保:由于牛奶天然无毒性,牛奶蛋白纤维属环保型绿色纤维,用后废弃物能生物降解,不会造成环境污染。

(二)牛奶蛋白纤维的产品及用途

牛奶蛋白纤维产品爽滑、轻盈、细腻,手感柔软,导湿透气性好,有丝绸般的质感,光泽柔和典雅,丰满自然而具有美感。织物有身骨、有弹性,尺寸稳定性好,耐磨性好。

1. 产品

(1)纱线产品:采用牛奶蛋白纤维与其他纤维混纺,不仅可保留原有纤维的特性,也使得面料更加具有独特的个性和品质。国内市场上牛奶蛋白纤维品种较为齐全,主要有 83.33、111.00、166.65 dtex 牛奶蛋白纤维长丝。

牛奶蛋白纤维纱线包括:牛奶蛋白纤维纯纺纱线以及与羊绒、羊毛、蚕丝、天丝、棉、竹纤维、大豆蛋白纤维、莫代尔等其他纤维混纺纱线。此外还有其他多组分混纺纱,如:牛奶纤维/天丝/竹浆纤维/真丝混纺纱、牛奶纤维/冰凉纤维/棉混纺纱、牛奶纤维/天丝/锦纶混纺纱等。众多的纱线品种可满足机织和针织加工的使用。

(2)面料产品:目前,牛奶蛋白纤维的面料市场主要有:100% 牛奶蛋白纤维编织的针织平纹布(Pw)、100% 牛奶蛋白纤维编织的抽条罗纹布(Lm)、牛奶蛋白纤维和真丝交织面料(Sm)、牛奶蛋白纤维与氨纶(莱卡)编织的弹力布(Am)等四大系列。

Pw、Lm 系列是以 100% 牛奶蛋白纤维织造的针织平纹面料和罗纹面料,适合制作男女 T 恤、内衣等休闲家居服装。

Sm 系列是由牛奶蛋白纤维和真丝交织而成的面料,包括牛奶纤维真丝缎、牛奶纤维真丝纺、牛奶纤维真丝绢、牛奶纤维真丝绉。Sm 系列面料集牛奶蛋白纤维和真丝的优点于一身,既有牛奶纤维轻盈、爽滑、悬垂性好的特性,又具有真丝柔中带韧、光洁艳丽的风格,是纺织界独创的新颖面料,特别适宜制作唐装、旗袍、晚礼服等高级服装。

Am 系列是将牛奶蛋白纤维加入氨纶织造的弹力面料,是一种特殊的复合型面料,具有柔软、弹力适度的优点,兼具牛奶蛋白纤维独有的特性,适合制作针织运动上衣、韵律健身服和美体内衣。作为礼服、唐装、各种运动装等,春季穿着具有轻盈、柔软、飘逸、悬垂的风格,夏季穿着具有透气、导湿、爽身的特性。

牛奶蛋白纤维与其他天然纤维或再生纤维混纺面料。例如:采用牛奶、绢丝、竹纤的混纺纱线织出的织物风格独特,牛奶丝的轻盈润滑,绢丝的光泽丝滑,再配上竹纤维的舒爽亮丽,使织物轻爽透气、柔软舒适,具有一种天然的高雅质感;牛奶蛋白纤维与羊绒混纺后,不改变羊绒的质感,可制成薄型织物,如牛奶羊绒内衣、大衣、外衣面料等;牛奶蛋白纤维与吸湿透气性好的麻纤维混纺后可加工成各类织物,如牛奶麻T恤、外衣面料等。

此外,牛奶纤维可与涤纶长丝、黏胶长丝、蛹蛋白黏胶长丝等复合交织,加工的产品具有真丝绸的风格,凉爽柔软、强度好、穿着轻薄挺括、透气性好。这种产品不仅可降低成本,而且又不失真丝织物的风格,同时又能避免真丝织物夏季穿着出汗后易贴身的缺点,极大地改善了丝绸产品的自身缺陷,使丝绸产品更加时尚化。

2. 用途

(1)牛奶蛋白纤维织物可用于制作儿童服饰、女士内衣、睡衣及T恤等贴身衣物,穿起来细腻滑爽舒适,而且有滋润皮肤的作用。

(2)牛奶蛋白纤维可开发针织衫、保暖服饰面料、男女休闲服饰、女式衬衫等。与其他纤维混纺或交织可生产大衣、衬衣等面料,强力高、耐磨性好,是春夏时装的重要面料之一。牛奶蛋白纤维与毛、麻、真丝等多种纤维交织加工的高档面料,织物色彩鲜艳、风格独特,具有顺滑柔软的手感,穿着舒适。

(3)用于开发毛衫类产品。国内不少知名毛衫品牌,如鄂尔多斯、雅格师丹、报喜鸟等,均采用牛奶蛋白纤维,引领毛衫行业的新潮流。在国外,牛奶蛋白纤维也受到青睐,如用牛奶蛋白纤维与天丝混纺纱制成的春秋季毛衫,穿着具有轻盈、飘逸的风格和亲肤、透气、爽身的特性。另外,牛奶纤维具有抗菌、抑菌的性能,能帮助抑制夏季大量出汗而引起的细菌滋生,卫生性好。

(4)用作床上用品。牛奶蛋白纤维制作的床上用品柔软、滑爽,吸湿导湿性好且保暖性好,具有较高的“睡眠舒适指数”,如:牛奶纤维填充材料的被子,牛奶纤维/棉混纺的拉舍尔毛毯等。

(5)用作医用卫生材料产品,如浴巾、毛巾、卫生巾等功能性产品,这种产品具有抑菌、抗菌和消炎的作用,生产中不产生污染,不会引起皮肤过敏现象。

牛奶蛋白纤维的实用价值较大,目前在我国已得到生产,并开发了各类牛奶纤维服饰。经技术检测,国产牛奶纤维的物理、化学性能已达到和接近日本同类产品。牛奶蛋白纤维在我国资源丰富且价格低,其发展空间广阔,市场前景良好。

第三节　大豆蛋白纤维

一、大豆蛋白纤维的结构

大豆蛋白纤维的横截面呈哑铃或腰圆形,中间有微孔,皮芯结构明显,且皮层相当厚,具有一定的抗变形性能;纵截面形态呈不规则的沟槽和海岛状凹凸,有利于纤维的透气传热。表面光泽柔和,纵向表面有与黏胶纤维相似的凹凸沟槽,纤维具有一定的卷曲,但卷曲度不如细羊毛明显。大豆蛋白纤维的横截面与纵向形态如图11-4所示。

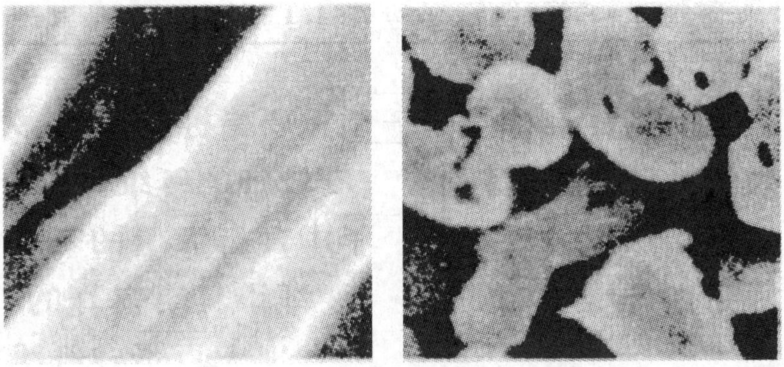

图 11-4　大豆蛋白纤维的形态结构

二、大豆蛋白纤维的组成

大豆蛋白纤维的化学结构（化学组成）虽有少量研究，但还没有明确的结论，因为氨基酸组分分析结果缺乏针对性，也不系统。中国地域辽阔，大豆品种繁多，不同种植条件生产出的大豆，其氨基酸组分也不同，尚待测试研究。一般认为，大豆蛋白纤维由 25% ~45% 的蛋白质和 55% ~75% 的聚乙烯醇的双组分构成。提纯后的大豆蛋白化学组分为“多缩氨酸”，由谷氨酸、天冬氨酸、亮氨酸、精氨酸为主的 18 种氨基酸组成，其氨基酸组成如表 11-4 所示。

表 11-4　大豆蛋白纤维的化学组成　　(mg/g 蛋白)

氨基酸	脱脂蛋白	分离蛋白
组氨酸	26	28
异亮氨酸	46	49
亮氨酸	78	82
赖氨酸	64	64
颉氨酸	46	50
甲硫 + 胱氨酸	26	26
苯丙 + 酪氨酸	88	92
苏氨酸	39	38
色氨酸	14	14

三、大豆蛋白纤维的生产工艺

（一）生产工艺流程

大豆蛋白纤维的生产工艺流程如图 11-5 所示，豆粕中提纯得到的蛋白配制成蛋白纺丝液，经混合、过滤后利用湿法纺丝纺制成丝条，经牵伸、缩醛化、水洗、上油、烘干、卷曲和切断后即可制得大豆蛋白纤维。

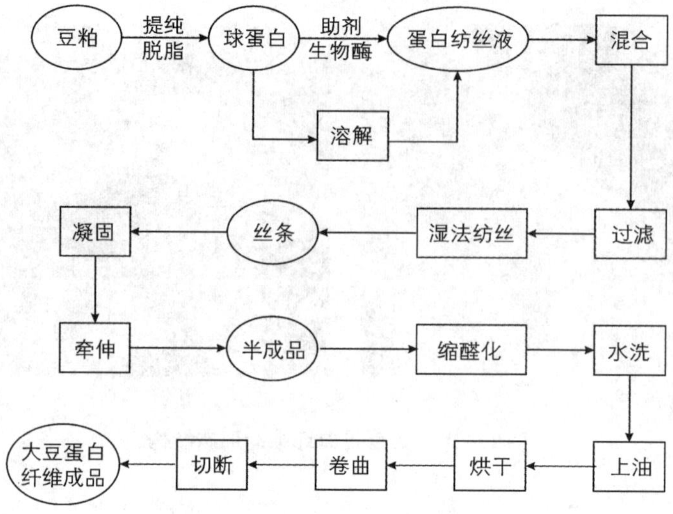

图 11-5　大豆蛋白纤维生产工艺流程

大豆蛋白纤维纺丝采用的是湿法纺丝工艺，具体生产工艺如下：

(1)以出过油的大豆废粕为原料，通过浸泡提取大豆蛋白质，利用生物工程新技术提取提纯球蛋白，再借助助剂、生物酶的作用，使提纯的球蛋白改变空间结构。

(2)溶解提纯的蛋白质，通过控制大豆蛋白质溶液的 pH 值和在蛋白质溶液中加入甲醛、乙二醛或戊二醛、多聚羧酸等交联剂，使蛋白质分子内或分子间形成交联，从而减小蛋白质的水溶性，制成一定浓度的非常稳定的蛋白质纺丝液。

(3)将按比例混合搅拌成的蛋白纺丝原液，经过滤，用湿法纺丝工艺纺成单纤为 0.9～3.0 dtex的丝束，然后通过凝固浴将丝条凝固，再经过牵伸等工序制成半成品。

(4)由于半成品中的羧基、氰基高聚物并没有完全发生共聚，还具有相当的水溶性，故需经过缩醛化处理以稳定纤维的性能。

(5)稳定后的半成品经水洗、上油、烘干、卷曲定型和切断，即可生产出各种长度规格的纺织用大豆蛋白纤维。

(二)各主要工序介绍

1.脱脂

大豆脱脂方法有两种：压榨法和浸出法。压榨法可分为普通压榨和螺旋压榨两种。普通压榨为传统的榨油技术，螺旋压榨为螺杆挤压榨油。压榨法由于在榨油过程中因挤压和摩擦生热，容易导致蛋白质变性，且榨油率较低，仅为 90%～95%，故工业化生产中一般不采用这种技术进行大豆脱脂。

溶剂浸出法是利用溶剂从压扁的大豆中抽出油脂的方法。这种方法油脂脱除率较高，可达98%～99%。溶剂常用的有正己烷和石油醚混合溶剂两种，前者沸点为 68～70 ℃，可制得蛋白质变性程度很低的脱脂饼粕，称为低温浸出粕；后者在脱除溶剂时需要的温度较高，故制得的脱脂豆粕会产生较大程度的变性，从而影响豆粕质量，故称为高温浸出粕。

综上所述，采用溶剂浸出法，且选用正己烷，最终脱脂效果较好，且豆粕质量较高。

2.分离大豆蛋白

从生产角度讲，分离大豆蛋白就是把低温脱脂豆粕中的可溶性非蛋白质低分子和不溶性非蛋白质高分子分离去除。低分子可溶性非蛋白质主要有可溶糖、灰分和各种气味成分。不溶性高分子主要是多糖类物质及残留蛋白质。国内外常用的分离大豆蛋白的方法主要是碱提酸沉法，也有一些发达国家采用超滤膜法和离子交换法。常用的传统分离法——碱提酸沉法生产工艺流程如图 11-6 所示。

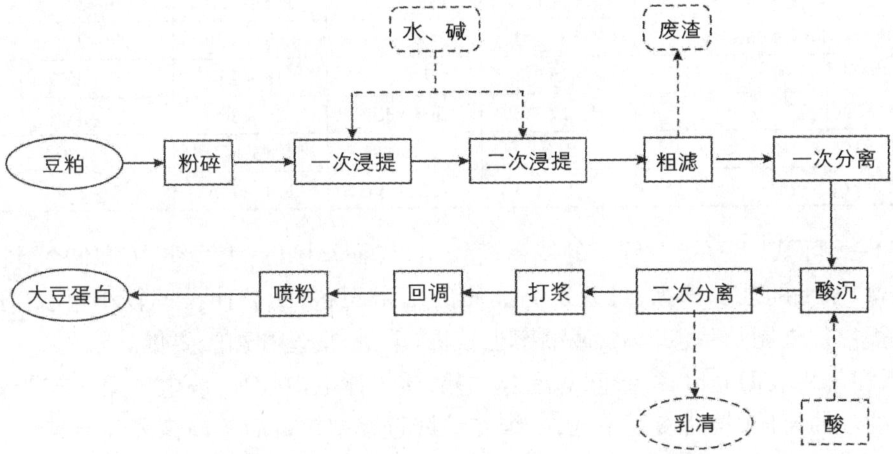

图 11-6　碱提酸沉法分离大豆蛋白生产工艺流程

3. 纺丝液制备

纺丝液制备就是将分离的大豆蛋白用稀碱调制成一定黏度的纺丝原液，蛋白质含量为 10%～30%，pH 值为 13.5。

经过一段时间的老化后，纺丝原液黏度降低到纺丝所需。为避免由于 pH 值上升，蛋白质易水解而导致黏度下降，影响纺丝的稳定性，一般在纺丝液中加入适量的二硫键阻断剂，阻止蛋白质水解。常用的二硫键阻断剂有：半胱氨酸、亚硫酸钠、亚硫酸钾等。此外，也有将大豆蛋白与酪蛋白或脱脂豆粉混合配成纺丝原液进行纺丝。

后续脱泡、过滤、调温与其他湿法纺丝类似。

4. 纺丝与后处理

大豆蛋白纤维的纺丝凝固浴为食盐和醋酸的混合液，经喷丝头纺出的纤维细流在凝固浴中进行凝固，然后被拉伸 2～10 倍，再经过干燥、上油、卷曲、切断、打包等后整理，即可完成大豆蛋白纤维的生产。

四、大豆蛋白纤维的性能、产品及用途

(一) 大豆蛋白纤维的性能

大豆蛋白纤维具有天然纤维和合成纤维的许多优点，不仅轻、薄，强伸度高，易于染色，舒适透气，而且手感柔软，有丝般柔和的光泽，有棉纤维的吸湿导湿性和羊毛的保暖性等优良性能，其悬垂性也极佳，给人以飘逸脱俗的感觉，因此开发大豆蛋白纤维的纺织产品有着广阔的市场前景。

1. 基本性能

(1) 物理机械性能：大豆蛋白纤维和其他纤维的基本物理性能见表 11-5。

表 11-5　大豆蛋白纤维与其他纺织纤维物理机械性能和化学性能对比

性能＼纤维种类	大豆蛋白纤维	棉	黏胶	蚕丝	羊毛
线密度/dtex	1.27	—	1.67	1.20	4.74
干断裂强度/($cN \cdot dtex^{-1}$)	3.8~4.9	1.9~3.1	1.5~2.0	2.6~3.5	0.9~1.6
湿断裂强度/($cN \cdot dtex^{-1}$)	2.5~3.0	2.2~3.1	0.7~1.1	1.9~2.5	0.7~1.3
干断裂伸长率/%	15	7~10	18~24	15~25	25~30
湿断裂伸长率/%	17	10~13	26~30	27~33	25~30
回潮率/%	8.6	9.0	13.0	11	14~16
密度/($g \cdot cm^{-3}$)	1.3	1.5~1.6	1.4~1.5	1.3~1.4	1.4

由表 11-5 可见：大豆蛋白纤维的线密度较小，与蚕丝接近；大豆蛋白纤维的干、湿断裂强度比棉、蚕丝、羊毛的强度都高，可开发高品质的细密面料；断裂伸长率较小，仅高于棉；密度小，故大豆蛋白纤维制品手感轻柔；回潮率也较棉、羊毛、蚕丝和黏胶要低。

大豆蛋白纤维表面光滑，纤维间的抱合力差；质量比电阻较高，静电现象比较严重，易缠绕机件；纤维的卷曲率低，卷曲恢复率低，纤维在纺纱过程中拉直后不易恢复到原来的状态，使纤维的抱合力变小，降低了纤维的可纺性。

（2）摩擦性能：大豆蛋白纤维的摩擦因数很小，特别是动摩擦因数，仅为 0.052，因而用大豆蛋白纤维纱线织成的面料具有滑爽而柔软的风格特点。

2. 热稳定性

大豆蛋白纤维的玻璃化转变温度为 81 ℃，分解温度为 330 ℃，热稳定性比羊毛差。大豆蛋白纤维在 150 ℃、30 min 时的断裂强度和断裂伸长分别为原始值的 68% 和 92.5%，因此其后加工的处理温度应低于 110 ℃。大豆蛋白纤维的极限氧指数为 22%，低于羊毛和蚕丝。大豆蛋白纤维在干热空气和沸水中的热收缩率均高于羊毛，说明其湿热尺寸稳定性差。大豆蛋白纤维的耐热性较差，在 120 ℃左右会出现泛黄、发黏现象。大豆蛋白纤维对生产过程中温度的要求也非常严格，近乎于苛刻。温度过高纤维容易损坏，而温度过低又无法达到生产的要求。

3. 耐日光性

据相关研究称，大豆蛋白纤维在紫外线照射 120 h 后，强力下降 9.8%，断裂伸长和变异系数略有增加，这说明大豆蛋白纤维具有较好的耐日光性能。

4. 染色性能

大豆蛋白纤维本身为淡黄色，可用酸性染料、活性染料染色，特别适用于活性染料染色。产品颜色鲜艳而有光泽，同时耐日晒、汗渍牢度好，易于染色而且染色牢度优于真丝。与真丝产品相比，解决了染色鲜艳度与染色牢度之间的矛盾（真丝产品日晒、汗渍牢度极差，很容易褪色）。

但是大豆蛋白纤维在印染技术上也遇到了瓶颈。大豆蛋白纤维自身呈米黄色，目前存在的漂白方法，甚至已经用于工业化生产的漂白工艺，无论是还原漂白还是氧化漂白，或者是还原漂白与氧化漂白的结合，都无法消除这种纤维固有的米黄色。因而对大豆蛋白纤维的染整加工产生影响，限制了大豆蛋白纤维染色品种的多样性。也正因为大豆蛋白纤维本身固有的米黄色所限制，而导致浅色产品色泽暗淡。又由于纤维自身染座较少的缺点，使大豆蛋白纤维不易染出深浓的颜色，有的染料染色上染百分率虽然很高，但牢度不太理想或匀染性较差。

5. 溶解性能

大豆蛋白纤维与天然纤维溶解性能比较如表 11-6 所示。

表 11-6　大豆蛋白纤维与天然纤维溶解性能比较

溶解剂 / 纤维种类	盐酸（37%）	硫酸（75%）	氢氧化钠 5%煮沸	甲酸（85%）	冰醋酸	间甲酚	二甲基酰	氨二甲苯
棉	I	S	I	I	I	I	I	I
麻	I	S	I	I	I	I	I	I
蚕丝	S	S	S	I	I	I	I	I
羊毛	I	I	I	A	I	I	I	I
大豆蛋白纤维	S	S	P	S(40 ℃)	SS	I	I	I

注：S—溶解；SS—微溶；P—部分溶解；I—不溶解；溶解温度为 24 ℃。

表 11-6 说明：大豆蛋白纤维的耐酸性能较差，大豆蛋白纤维除在浓酸中会分解和不稳定外，对一般的溶剂和稀碱溶液都是稳定的，具有一定的耐碱性。大豆蛋白纤维的蛋白质溶解度随 pH 值的改变而变化。

6. 舒适性

大豆蛋白纤维面料不但有优异的视觉效果，而且在穿着舒适性方面更有着不凡的特性。这是由于大豆蛋白分子中含有大量的氨基、羧基等亲水基团，使其具有良好的吸湿性，而大豆蛋白纤维表面的沟槽，使纤维具有良好的导湿透气性。由于大豆蛋白纤维的回潮率与棉接近，因此其吸湿性与棉相当，而导湿透气性胜于棉，使得大豆蛋白纤维织物具有很好的穿着舒适性。以大豆蛋白纤维为原料的针织面料手感柔软、滑爽，质地轻薄，具有真丝与山羊绒混纺的感觉；其吸湿性与棉相当，而导湿透气性远优于棉，保证了穿着的舒适与卫生。

7. 功能性

大豆蛋白纤维含有的氨基与人体皮肤相容，具有良好的保健作用。2002 年 2 月，上海市预防医学研究院通过对大豆蛋白纤维样板的检测，发现大豆蛋白纤维对大肠杆菌、金黄色葡萄球菌、白色念珠菌均有抑制作用。

（二）大豆蛋白纤维的产品及用途

目前，我国已基本掌握了纯大豆蛋白纤维纺纱技术，能纺制 12.5 ~ 50 tex 等不同线密度的纯大豆蛋白纤维纱线。同时，也可将大豆蛋白纤维与其他天然纤维（毛、丝、棉）和化学纤维（改性涤纶、黏胶、天丝、莫代尔等）进行混纺、交织，制成各种具有独特风格的织物，其产品种类繁多，用途广泛。

1. 大豆蛋白纤维产品

（1）大豆蛋白纤维纱线：大豆蛋白纤维可与其他纤维如羊绒、羊毛、蚕丝、抗静电纤维等混纺，开发混纺纱、纯纺纱。与羊毛混纺时，制得的织物除具有与羊毛织物相同的性能外，还可显著降低生产成本；在与蚕丝混纺时利用纤维良好的导湿性，可以改善真丝织物由于汗湿而紧贴在身体上所产生的湿冷感；与阳离子涤纶混纺时，可改善最终产品的舒适性能。总之，随着大豆蛋白纤维产品的不断开发，利用其轻、柔软、光滑、强度高、吸湿、导湿、透气性好等诸多良好性质，为未来的混纺产品赋予许多独特风格。

（2）大豆蛋白纤维面料：①服用面料。由于大豆蛋白纤维的线密度小，内衣制品手感特别柔软、光滑，穿着非常舒适。同时由于该纤维外层基本上是蛋白质，制品对人体皮肤具有保健作用。由于现在已解决了纺丝阶段在蛋白质大分子上接枝中草药成分的技术难题,从而使纤维具有显著的杀菌消炎作用,同时由于其具有良好的吸湿透气性,大豆蛋白纤维在内衣领域大有开发潜力。据报道,哈尔滨中纺亚麻科技有限公司利用低线密度的大豆蛋白纤维纱和亚麻纱为主要原料,采用先进工艺技术,已生产出T恤和夏季针织服装。该产品具有其他纤维无法比拟的柔软性、吸湿性、透气性和导热性,更具有较强的抗紫外线性能,织物手感柔软、舒适、凉爽、易洗快干。大豆蛋白纤维的梭织产品在光泽上具有麻绢混纺产品风格,手感比绢挺、悬垂性好,抗皱性优于真丝且可用活性染料染色,染色牢度好,用高支纱织成的织物表面纹路细洁、清晰,是制作高档衬衫的理想面料。湖州华源达昌丝绸有限公司利用大豆蛋白纤维与真丝交织,开发了桑绿缎、绿丝绡、保健绸等符合环保要求、具有保健功能的机织面料。这些产品设计新颖,质地丰满柔和,制作的成衣尺寸稳定、穿着舒适,有羊绒般的外观和手感,并具备吸放湿性强和保健护肤等特殊性能,是流行服装的首选面料。②家纺用面料。大豆蛋白纤维由于自身的优异特性,可部分替代羊绒和真丝与其他纤维混纺,制作高档家用纺织品面料。如哈尔滨中纺亚麻科技有限公司以大豆纤维股纱和亚麻纱为原料,采用先进工艺和进口设备加工的轻薄型大提花凉爽毯,产品花色典雅柔和、光滑舒适、透气性好,特别是抗紫外线性能大大优于棉、蚕丝等天然纤维,是夏季理想的床上用品。

2. 大豆蛋白纤维用途

大豆蛋白纤维的开发以服用为主。大豆蛋白纤维可用于婴儿用品、装饰用品及披肩等产品。近年来,针对大豆蛋白纤维的理化性能、生产加工,以及大豆蛋白纤维与其他纤维混纺的工艺等方面也有相关报道。

复习指导

1. 掌握牛奶蛋白纤维和大豆蛋白纤维的生产工艺。
2. 了解牛奶蛋白纤维和大豆蛋白纤维的性能及用途。

习题与思考

1. 牛奶再生蛋白纤维和含牛奶蛋白纤维在制造工艺上有何区别?
2. 试述大豆脱脂的两种方法。
3. 叙述碱提酸沉法分离大豆蛋白生产工艺流程。

第十二章 聚苯硫醚纤维

第一节 概述

一、聚苯硫醚纤维的发展概况

聚苯硫醚(polyphenylene sulfide,PPS),1967 年由美国菲利普斯(Phillips)公司研发成功,1973 年实现工业化生产,但当时的 PPS 树脂不具备可纺性,属于塑料级。1979 年,菲利普斯公司又研制出了高分子量且分子量分布较窄的线型 PPS 树脂,具有良好的可纺性,属于纤维级 PPS 树脂。1983 年实现了 PPS 短纤维工业化生产,商品名为赖顿(Ryton)。

1985 年菲利普斯公司 PPS 树脂的专利保护期满后,世界聚苯硫醚纤维快速发展。日本东丽和东洋纺公司抢占先机,掌握了 PPS 纤维的生产技术。当今 PPS 纤维已形成了上百种的巨大产业链,是前景很好的高新技术产业。PPS 纤维产品主要包括长丝、短纤维、中空纤维、非织造纤维等。

我国对 PPS 纤维的研发始于 20 世纪 70 年代,当时取得了两项发明专利,技术达到了国内领先水平。2008 年聚苯硫醚长丝通过了检测部门的鉴定验收,该项研究成果属国内首创。目前我国 PPS 纤维的年产量约为 5 000 t,不能满足市场需求,预计 2020 年达到年产量 20 000 t 以上,方可满足国内需求。

二、聚苯硫醚纤维的结构

聚苯硫醚,又名聚亚苯基硫醚或聚苯撑醚,是一种在苯环对位连接硫原子而形成大分子主链的高聚物,其结构式如下所示:

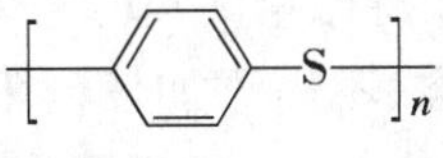

括号内表示结构单元,也称为聚苯硫醚链节。

聚苯硫醚主链是由苯环和硫原子交替排列而成的,苯环赋予了 PPS 大分子良好的刚性,硫原子则为 PPS 大分子提供了一定的柔顺性,PPS 分子链上的大 π 键提供了化学稳定性,PPS 的化学结构规整性提供了良好的结晶性。聚苯硫醚纤维的结构决定了其高强高模、耐热耐腐等优良性能。

聚苯硫醚纤维是由纯聚苯硫醚、聚苯硫醚链节含量在 90% 以上的共聚物或共混物纺制而成的,分为长丝和短纤维两大类,以长丝生产为主。

三、聚苯硫醚纤维的性能

PPS 的化学结构决定了聚苯硫醚纤维具有优良的化学稳定性，在相对严苛的化学环境中能够保持较好的化学稳定性。在酸、碱及盐的化学及高温环境下性能衰减极少，在相对低温环境下不溶于任何溶剂，而且具有相对较好的耐有机溶剂性能。仅对甲苯和氧化类溶剂等抵抗较弱，详见表 12－1。因此，聚苯硫醚纤维可用于极端苛刻的环境，是气相过滤和液相过滤不可或缺的材料。

表 12－1　聚苯硫醚纤维在化学试剂中的强度保持率

溶剂类型	48%硫酸	浓盐酸	浓磷酸	醋酸	20%氢氧化钠	丙酮	四氯化碳①	氯仿①	二氯化乙烯	四氯乙烯	混二甲苯	甲苯	10%硝酸
强度保持率/%	100	100	95	100	100	100	100	100	100	100	100	75～90	75

注：①在沸点下测定。

聚苯硫醚纤维是由纤维级 PPS 树脂采用熔融纺丝方法加工而成的，熔点为 285 ℃，是目前工业化生产中熔点最高的熔纺纤维。分解温度高于 400 ℃，体积电阻率大于 10^{16} Ω·cm，极限氧指数大于 38%，具有良好的热稳定性，优异的耐化学腐蚀性，良好的电绝缘性、阻燃性，以及较高的强度和硬度。

聚苯硫醚纤维的主要物理性能见表 12－2。由于聚苯硫醚纤维的结晶度较高，赋予了纤维较高的力学性能，其强度、伸长度和弹性等力学性能与聚酯纤维相当，PPS 纤维的尺寸稳定性较高，在使用过程中形变较小，纺织加工性能良好。

表 12－2　聚苯硫醚纤维的主要物理性能指标

项目	抗张强度/($cN \cdot dtex^{-1}$)	断裂伸长率/%	模量/GPa	密度/($g \cdot cm^{-3}$)	熔点/℃	吸潮率/%(65% RH)	极限氧指数/%
数值	3.8～4.6	25～35	6.9	1.34	285	0.2～0.3	38

聚苯硫醚纤维在高温环境下仍能保持较高的力学性能，可在 170～190 ℃环境下连续使用，且性质稳定，在低于 400 ℃的空气或氮气中，基本无重量损失。在 700 ℃的空气中会完全分解，在 1 000 ℃的惰性气体中，仍可保持原重的 40%。耐热性能远优于尼龙、聚四氟乙烯等。

聚苯硫醚纤维有较高的极限氧指数，不需添加任何阻燃剂即可达到 UL94V-0 级标准。自燃温度高达 590 ℃，虽然在火焰下可以燃烧，一旦离开火焰，燃烧即刻停止。燃烧时火焰呈黄橙色，有微量黑烟灰生成，发烟率低于卤化合物，燃烧物不脱落，形成焦炭，延燃性和烟密度较低。

聚苯硫醚纤维具有优良的电绝缘性能，在高温、高湿、高频环境下仍能保持良好的电绝缘性能。其介电常数一般高于 5.1，介电强度（击穿电压强度）高达 1.7 kV/mm，介电损耗相当低，且在大频率范围内变化不大，其电导率一般为 10^{-18}～10^{-15} μs/cm，在高真空（1.33×10^{-3}Pa）条件下，电导率甚至可低至 10^{-20} μs/cm，因此，PPS 纤维是性能优异的绝缘材料。

第二节　聚苯硫醚的合成

聚苯硫醚的合成方法主要有硫化钠法、硫磺溶液法、氧化聚合法、对卤代苯硫酚缩聚法。国内外多采用硫化钠法，该法以无水硫化钠和对二氯苯为原料。硫化钠法制备 PPS 的技术优点是原料资源丰富，产品质量稳定，生产重复性较好，产率高。目前硫化钠法制备 PPS 的技术瓶颈主要是原料的纯化、溶液聚合和聚合产物净化。本节主要介绍硫化钠法合成原理和合成工艺。

一、聚苯硫醚合成原理

硫化钠和对二氯苯在 N-甲基吡咯烷酮极性溶剂中进行缩聚反应，PPS 缩聚化学反应式如下所示：

由于 PPS 聚合反应生成物中含有多种副产物和杂质，所以精制提纯成本较高，占整个制造成本的 70%。

聚合反应的单体为硫化钠和对二氯苯，两种单体都是两个官能团，是典型的 2-2 官能团线型缩聚，所以合成产物为线型聚苯硫醚。

以硫化钠和对二氯苯为原料，采用多组分催化剂，在 N-甲基吡咯烷酮中进行高压分段溶液缩聚，合成线型高分子量的聚苯硫醚。聚苯硫醚的合成受到单体配比、硫化钠的脱水和体系中含水量、催化剂种类、反应温度和反应时间等多个因素的影响。影响聚合产物的特性黏度、分子量和产率等。硫化钠和对二氯苯的摩尔配比略大于理想值时，反应效果较好，产率较高。随着含水率的减小，合成产物的特性黏度明显提高。在其他条件不变的情况下，随着反应时间延长，合成产物的特性黏度增大，熔点也随之升高。催化剂对于提高合成产物的相对分子质量起着至关重要的作用，一方面改善聚合物在 N-甲基吡咯烷酮中的溶解性，另一方面提高反应活性。

二、聚苯硫醚合成工艺

聚苯硫醚合成工艺流程如图 12－1 所示。将极性溶剂 N-甲基吡咯烷酮、硫化钠及反应助剂加入反应釜中，在通氮气保护的条件下升温脱水，然后加入对二氯苯进行缩聚反应；待反应完成后经闪蒸脱除部分溶剂，并使釜内温度下降；再将釜液进行过滤，实现固液分离；固体部分主要成分是聚苯硫醚，用无离子水反复洗涤，再经干燥得到纯净的聚苯硫醚成品；液体部分主要成分是溶剂，经精馏回收后再供缩聚反应使用。

合成线型高分子聚苯硫醚树脂，反应温度、反应时间、原料配比、溶剂用量以及助剂用量等是影响产品得率的主要因素。最佳工艺条件为：前期反应温度为 210.9 ℃，反应时间为 2.8 h；后期反应温度为 270 ℃，反应时间为 2.5 h。原料配比包括反应物配比 $m(Na_2S \cdot 9H_2O)$∶n(对二氯苯)＝1.1∶1、溶剂配比 V(N-甲基吡咯烷酮)∶n(对二氯苯)＝550 mL∶1 mol，助剂配比 z(助剂)∶n(对二氯苯)＝20 g∶1 mol。按照此反应条件下反应得到线型高分子聚苯硫醚树脂，其平均相对分子质量接近 60 000，平均收率在 93.7% 以上。不需繁琐的回收工艺，即同时实现助剂和溶剂的可循环利用。

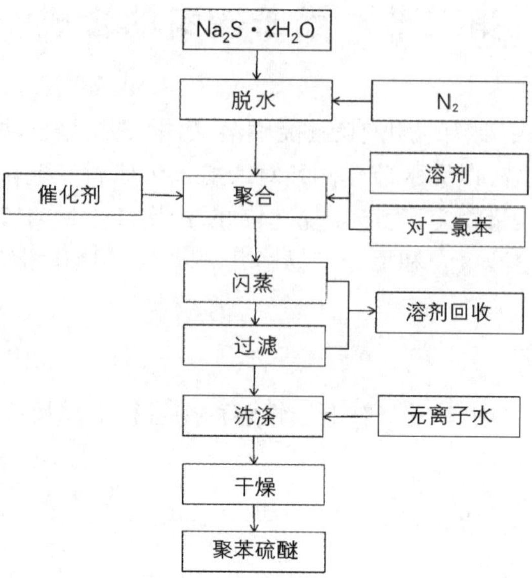

图 12-1　硫化钠法聚苯硫醚合成工艺流程

三、聚苯硫醚的性质

采用硫化钠法合成的聚苯硫醚树脂通常为白色粒状或粉状产品，聚苯硫醚树脂为结晶性聚合物，耐化学腐蚀和耐溶剂性好，200 ℃以下几乎不溶于任何溶剂。聚苯硫醚树脂的熔点为 280～290 ℃，在空气中 430～460 ℃开始分解。聚苯硫醚熔体是符合幂律定律的假塑性流体。在 300～320 ℃温度范围内，聚苯硫醚流体的非牛顿指数 n 为 0.73～0.78，流变性良好。n 可为确定加工温度提供参考依据。聚苯硫醚树脂分为注塑级和纤维级两种，注塑级只能用于工程塑料，纤维级方可用于生产聚苯硫醚纤维。

为满足纺丝要求，纤维级 PPS 树脂线性度高，相对分子质量高(50 000～60 000)，且相对分子质量分布较窄。纤维级 PPS 树脂一般为粒状，注塑级 PPS 树脂一般为粉状。注塑级和纤维级 PPS 树脂的主要质量区别如表 12-3 所示。

表 12-3　注塑级与纤维级 PPS 树脂的主要质量指标

项目	注塑级	纤维级			
		Ⅰ型	Ⅱ型	Ⅲ型	Ⅳ型
MFR/(g·10min^{-1})	<2 000	120≤MFR<150	150≤MFR<180	180≤MFR<220	220≤MFR<250
挥发份的质量分数/%	≤0.3	≤0.3	≤0.3	≤0.3	0.3
灼烧残渣的质量分数/%	≤0.5	≤0.3	≤0.3	≤0.3	≤0.3

熔体流动指数(MI)，又称熔融指数(MFR)，其定义为：在规定条件下，一定时间内挤出的热塑性物料的量，也即熔体每 10 min 通过标准口模毛细管的质量，单位为 g/10 min。一般相对分子质量越高，熔融指数越小。

线型度高有利于纺丝，但线型结构的 PPS 纤维制品在高温环境中使用时会出现氧化降解现象，影响使用寿命。因此，需要研发网状结构的 PPS 纤维，制得理想的多功能 PPS 纤维。

第三节　聚苯硫醚纤维的生产工艺

纤维级 PPS 树脂是热塑性材料，熔点为 285 ℃左右，分解点大于 400 ℃，在熔融状态下不分解，因此非常适合熔融纺丝。目前多采用常规的熔融纺丝法，也采用复合纺丝法和共混纺丝法，还有的采用熔喷纺黏法直接制成超细纤维非织造毡。聚苯硫醚纤维有长丝、短纤和超细纤维三种产品，国内目前长丝较多。

一、聚苯硫醚长丝生产工艺

（一）长丝生产工艺流程

采用浅黄色的纤维级 PPS 树脂切片为原料，纺丝前在 110 ℃下真空干燥 4 h，通过干燥可减小 PPS 树脂的含水量，改善含水的均匀性，提高树脂的结晶度和软化点。

PPS 长丝生产工艺流程见图 12－2。将干燥的 PPS 树脂切片（少量添加剂）加入螺杆纺丝机料斗中，经螺杆熔融挤压的熔体经过弯管进入计量泵；再经喷丝组件，从喷丝孔（直径为 0.35 mm）挤出形成熔体细流，到达徐冷保温区，通过侧吹风冷却固化成型；然后到达给油给水装置，通过给油给水装置使初生纤维集束，对纤维进行拉伸，拉伸倍数为 5 倍，最后在 1 000 m/min 速度下卷绕成型。

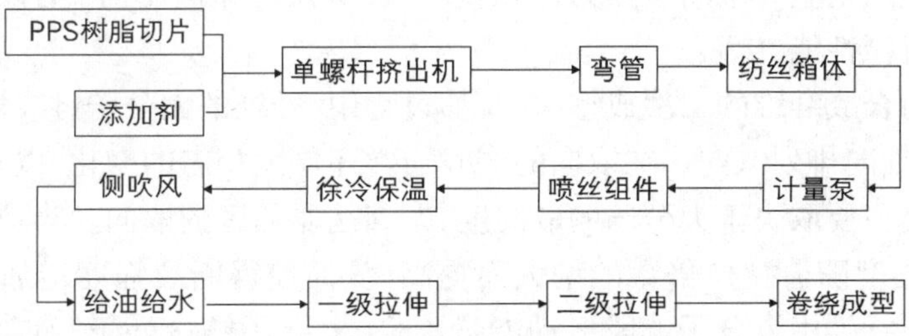

图 12－2　PPS 长丝生产工艺流程

（二）长丝生产工艺参数

1. 纺丝温度

纺丝温度泛指螺杆各区以及纺丝箱体的温度。纺丝温度的选择与熔体的热稳定性、熔融性质（熔融热）、熔体流变性质、特性黏数、纺丝速度等有关，纺丝温度对纤维的可纺性和成品纤维的质量具有很大的影响。

纺丝温度是影响 PPS 纤维性能的主要参数之一，纺丝温度的确定与 PPS 的相对分子质量、熔点和熔体流动指数有关。PPS 合适的纺丝温度为 295 ~ 305 ℃，高于熔融温度 15 ~ 20 ℃。线型 PPS 由刚性大分子主链组成，黏流活化能比较大，黏度对温度的变化敏感。在纺丝过程中，主要靠调节温度来调节熔体的流变性能，因此应严格控制纺丝温度。当纺丝温度超过 320 ℃时，有黑色杂质出现，熔体中有较多气泡，表明发生了氧化降解，甚至发生了少量炭化。而当温度低于 290 ℃时，PPS 切片熔融不完全，黏度很大，熔体流动性较差，难以纺丝。

PPS 长丝的纺丝工艺条件见表 12－4。在不同的纺丝温度条件下，通过飘丝及断头多少等情况来表征其可纺性的好坏。

表 12-4 纺丝温度对 PPS 可纺性的影响

样品	螺杆温度/℃				弯管温度/℃	箱体温度/℃	熔体温度/℃	飘丝断头	可纺性
	一区	二区	三区	四区					
PPS	306	317	319	320	328	332	318	多	中
PPS	308	311	313	315	318	320	314	较多	良
PPS	307	314	317	312	315	316	313	少	优

由表 12-4 可知，温度对 PPS 的可纺性影响十分敏感，温度稍低时，会使熔体黏度过大，纺丝困难，珠子丝数量增加，纤维均匀性变差；而温度稍高时则会飘丝严重、毛丝多、断头增加。PPS 纺丝时，熔体温度为 313 ℃时可纺性最佳。PPS 纺丝的各区适宜温度如表 12-5 所示，同时由表可见，添加少量 SiO_2 后工艺基本不变。

表 12-5 PPS 纺丝工艺条件

样品	螺杆温度/℃				弯管温度/℃	箱体温度/℃	熔体温度/℃
	一区	二区	三区	四区			
纯 PPS	307	314	317	312	315	316	313
SiO_2/PPS	291	316	313	311	315	316	313

注：SiO_2/PPS 为添加了 1.0% 纳米 SiO_2。

2. 拉伸温度

熔融纺丝成型的初生纤维断裂强力低、断裂伸长率大、结构不稳定，必须进行牵伸，使纤维具有一定的物理机械性能。

拉伸常被称为合成纤维的二次成型，在拉伸过程中，纤维的大分子链或聚集态结构单元发生舒展，并沿纤维轴向排列取向。在取向的同时通常还伴随相态的变化，以及其他结构特征的变化。纤维的强度主要取决于大分子的取向度，尤其是非晶区的取向。当拉伸温度不变时，纤维的取向度和结晶度随着拉伸倍数的增大而提高，从而使得断裂强度增加；当拉伸倍数一定时，拉伸温度过低，纤维中大分子链段运动能量不足，大分子链段处于“冻结”状态，纤维内部会出现空洞，单纤容易断裂，即使不断头也会出现毛丝；拉伸温度过高时，纤维容易解取向，取向度不易提高，甚至熔融黏结，使拉伸无法正常进行。

长丝拉伸装置为三个热盘装置，从一盘到三盘温度逐渐升高，且热盘转速逐步提高，这样就在一盘和二盘之间、二盘和三盘之间对纤维形成两次拉伸。拉伸温度以纤维的毛丝和断头的数量为依据判定其是否合理。两种 PPS 纤维的合理拉伸温度如表 12-6 所示。

表 12-6 PPS 纤维的拉伸温度

样品	一盘温度/℃	二盘温度/℃	三盘温度/℃	断头毛丝	是否合适
纯 PPS	90	115	130	少	合适
SiO_2/PPS	95	115	130	少	合适

3. 拉伸倍数

在合理的拉伸温度条件下，拉伸倍数是相当重要的工艺参数，其工艺条件见表 12-7。拉伸倍数对 PPS 纤维或 SiO_2/PPS 纤维的可拉性及力学性能和耐热性能都有影响。进行多段拉伸时，所受拉伸应力逐步增加，这样有利于提高拉伸的倍数和拉伸的均匀程度。因此，在一区拉伸倍数较小，一般为 1.3 倍，在二区拉伸时提高拉伸倍数，一般为 3.5 倍左右。

表 12－7　拉伸倍数对 PPS 纤维可纺性的影响

拉伸倍数	一区拉伸	二区拉伸	断头毛丝	可纺性
5.5	1.30	4.23	一直断头,无法卷绕	差
5.0	1.30	3.84	少	好
4.7	1.30	3.62	少	好
4.5	1.30	3.46	少	好
4.2	1.30	3.23	少	好
4.0	1.30	3.08	少	好

从表 12－7 可看出,当 PPS 纤维的拉伸倍数太高时,接近断裂拉伸倍数,纤维很容易被拉断,无法卷绕;当拉伸倍数太低时,会使纤维拉伸不均匀,出现“橡皮筋”丝条,而且会造成纤维取向度、结晶度低,使纤维的力学性能下降。

随着拉伸倍数的增加,PPS 纤维的取向因子增大,即取向度增加, PPS 纤维的结晶度增大。拉伸倍数为 4.0 时,PPS 纤维的结晶度只有 25.14%;当拉伸倍数提高到 5.0 时,PPS 纤维的结晶度提高到 42.79%。其原因是:随着拉伸倍数的增加,非晶区的链段或大分子与晶区的晶粒沿纤维轴向有序排列的程度增加,分子间的作用力增大,在一定温度条件下,取向诱导结晶,导致结晶度增大。

二、聚苯硫醚短纤维生产工艺

(一)短纤维生产工艺流程

PPS 短纤维生产工艺流程为:PPS 切片→预结晶→真空干燥→螺杆挤压机→熔体过滤→计量泵→纺丝组件→环吹风→上油→落桶→集束→上油→拉伸→叠丝→蒸气预热→卷曲→松弛热定型→切断→开松→打包→PPS 短纤。

PPS 短纤维生产工艺流程与涤纶短纤维相同,设备也可通用,只是具体工艺参数不同。

以生产 2.22 dtex PPS 短纤维为例。选择 PPS 切片预结晶温度 120 ℃,干燥温度155 ℃,干燥时间 8 ~ 10 h,干燥后含水率小于 50 μg/g;纺丝温度 330 ℃,环吹风温度 23 ~ 26 ℃,环吹风速度 1.3 ~ 1.6 m/s,油轮转速 16 r/min,喂入轮间隙 470 mm,纺丝速度 1 100 m/min 的生产工艺时,可以生产出质量优异的聚苯硫醚初生纤维。

控制拉伸槽温度 90 ~ 100 ℃,热定型温度 150 ~ 180 ℃,总拉伸倍数 3.4 ~ 4.4,纺丝过程平稳,生产出的 2.22 dtex PPS 短纤维的断裂强度大于等于 4.2 cN/dtex,断裂伸长率为 34.2%。

(二)短纤维生产工艺参数

PPS 熔融纺丝主要工序和工艺参数为:喷丝孔直径 0.7 mm,纺丝温度 310 ~ 340 ℃,纺丝速度 50 ~ 500 m/min;上油落桶后的初生纤维平衡 8 h 后,在拉伸机上进行拉伸;拉伸温度90 ~ 120 ℃,拉伸倍数 3 ~ 6 倍,拉伸速度 50 ~ 300 m/min。在拉伸过程中,PPS 纤维会产生部分结晶,同时纤维的大分子取向度增加,从而提高纤维的强度。拉伸后 PPS 纤维必须进行热定型处理,定型温度 160 ~ 260 ℃,定型时间约 5 min。热定型后结晶度可增加 60% ~ 80%,进一步优化了 PPS 纤维的力学性能。

选用性能优良的线型 PPS 原料,在 280 ~ 350 ℃ 进行熔融纺丝。在纺丝过程中,加装温度为 250 ~ 320 ℃的加热装置作为徐冷器,并合理控制保温及冷却温度,纤维卷绕速度控制在 300 ~ 1 500 m/min,所卷取的纤维在 80 ~ 280 ℃进行拉伸,并在 150 ~ 300 ℃进行定型。采用这套工艺生产的成品纤维具有断裂强度高、断裂伸长小、干热收缩率低等优良性能。

PPS 的线型程度、相对分子质量、相对分子质量分布以及熔体流动指数和含杂质率等与树脂加工及成型之间有密切联系。纺丝用 PPS 树脂一般为线型聚合物,如果平均相对分子质量太大,黏度将过高,流动性就变差,纺丝成型困难;如果平均相对分子质量太低,则纤维强度不高。原料中的杂质含量要低,过高的杂质含量会引起分子链的交联,给纺丝带来困难,在纺丝过程中往往容易发生断丝,且杂质容易造成产品色度增加。

PPS 纤维后处理工艺中,要在 PPS 玻璃化转变温度以上,对 PPS 纤维实施高温油水浴或蒸气浴多级拉伸、多级多温区加热松弛和紧张热定型技术,从而提高 PPS 纤维的结晶度,优化纤维性能。PPS 树脂的性能和质量不同,采取的加工和成型工艺技术也各有不同,就国内纺丝技术而言,采用的工艺参数仍不够完善,尚需作进一步优化。

三、聚苯硫醚超细纤维的生产

PPS 超细纤维具有线密度小、比表面积大等特点,许多性能优于常规 PPS 纤维,采用超细纤维制成的非织造布已广泛应用于过滤材料领域。一般制备耐高温过滤材料的原材料为 2.22 dtex 左右的短纤维,纤维直径越小,用其制得的过滤材料孔径也更加细小,过滤效率越高。目前耐高温、高效率、低成本的 PPS 超细纤维在高温烟尘过滤领域备受关注。

(一)超细纤维的成型——共混纺丝

以聚苯硫醚和聚丙烯为原料,采用熔融共混纺丝法制备 PPS/PP 共混海岛纤维。用对二甲苯为溶剂,溶解剥离基体相 PP,制得 PPS 超细纤维,共混纺丝温度和共混比例是 PPS 超细纤维成型的主要工艺参数。PPS/PP 共混纺丝的最佳温度为 290 ~ 300 ℃,随着 PPS/PP 质量比增大,PPS 超细纤维直径逐渐变大,PPS/PP 质量比从 30/70 增至 60/40 时,PPS 超细纤维平均直径从 228 nm 增至 408 nm;当 PPS/PP 质量比大于 60/40 时,开始出现相转变现象。

PPS 的熔点为 285 ℃,PP 的熔点为 168 ℃,PPS 的起始分解温度为 457 ℃,PP 的起始分解温度为 306 ℃。虽然 PPS 和 PP 熔点相差较大,但 PP 的可加工温度范围较宽,PPS 与 PP 共混纺丝应在高于 PPS 的熔点并低于 PP 的起始分解温度下进行。经多次实验,选择最佳共混纺丝温度为 290 ~300 ℃ 。

(二)共混纤维的拉伸与剥离

将共混纺丝得到的共混纤维经 TF100 - 08 拨叉式平牵机进行拉伸热定型,其工艺参数为:第一热辊温度 100 ℃,第二热辊温度 110 ℃,热定型温度 135 ℃,拉伸速度 100 m/min,拉伸倍数 1.5 ~3.5。提高拉伸倍数有利于 PPS 超细纤维的细化,当 PPS/PP 质量比为 40/60 时,3 倍拉伸得到 PPS 超细纤维的直径分布范围为 158 ~488 nm,平均直径为312 nm,大于 3 倍拉伸时,易出现毛丝断丝现象。

将拉伸热定型后的 PPS/PP 共混纤维在对二甲苯中进行溶解剥离处理,处理温度 120 ℃,浴比 500/1,溶解 2 h 后取出。用新鲜的热对二甲苯溶液冲洗,室温通风晾干,再室温真空干燥,得到 PPS 超细纤维。

当对二甲苯与共混纤维质量比为 500∶1 时,PPS 超细纤维的最佳剥离温度为 120 ℃,剥离时间为 2 h。PPS/PP 质量比小于 60/40 时,共混纤维中两相界面清晰,表现为典型的“海-岛”结构,其中 PP 为连续相(海相),PPS 为分散相(岛相);随着 PPS/PP 质量比增大,分散相的直径逐渐增大,当 PPS/PP 质量比达到 65/35 时,PPS 相开始出现凝聚现象,并且出现了少量的相转变现象；继续增大其质量比到70/30,共混物的相结构发生明显变化,典型的两相结构变成了双连续结构或者出现局部相反转,这是因为随着岛相含量逐渐增加,岛相中的小粒子也越来越多,两个岛相粒子就会相互靠近,当粒子中的基体逐渐减少到某一临界值时,两粒子可凝聚形成连续相。当共混组成对称或接近对称时,共混物会形成双相共连续结构,这种结构又称“海-海”结构。进一步增大PPS的含量,使岛相的黏度远远大于海相,共混体系出现海岛反转现象,即原来的岛相PPS变成海相,原来的海相PP变成岛相。当PPS/PP质量比大于60/40时,共混体系中PPS不再呈现出典型的岛相结构,不利于后续的溶解剥离以获得完全的PPS超细纤维。

当PPS/PP质量比大于60/40时,由于出现了相反转或者互为连续相的形态结构,无法通过溶解剥离获得完全的PPS超细纤维,因此仅讨论PPS/PP质量比为30/70~60/40时,经3倍拉伸得到的超细纤维的形态结构。当PPS/PP质量比为30/70~60/40时,PPS/PP共混纤维中连续相PP可以被完全溶解除掉,形成PPS超细纤维;但是随着共混比增大,超细纤维的平均直径从228 nm增至408 nm,直径分布从106~404 nm增至176~807 nm。这是因为共混纺丝时岛相PPS含量的增加,使得海岛结构中岛相粒子数目增多;在熔融共混挤出时,岛相粒子相互碰撞的概率增大,发生粒子凝聚的倾向或概率随之增加,导致岛相粒子直径变大,直径分布变宽,而这种在共混物形态上的变化也会直观。

当PPS/PP质量比为40/60,浴比为500:1,剥离温度低于120 ℃时,海岛共混纤维难以剥离或者剥离不完全;当剥离时间少于2 h时,纤维也难以剥离或剥离不完全。所以,选择最佳剥离温度为120 ℃,剥离时间为2 h。

第四节 聚苯硫醚纤维的应用

作为一种高技术高性能纤维,聚苯硫醚纤维有着极其重要的用途,主要用于高温气体过滤、化学品液体过滤和复合材料增强纤维等几个方面。

一、高温气体过滤

工业的飞速发展使排污量增加,国家对节能减排提出了更高的要求,GB 13271—2004《锅炉大气污染物排放标准》中明确规定,电厂燃煤锅炉烟气排放浓度限为50 mg/m^3(旧锅炉为80 mg/m^3),二氧化硫最高允许排放浓度限为新锅炉300 mg/m^3、旧锅炉80 mg/m^3。20世纪90年代采用的静电除尘器已不能满足新标准的要求,取而代之的是袋式除尘器。聚苯硫醚纤维可作为袋式除尘器的滤袋原料之一,在滤尘环保方面发挥着重要的作用。发达国家如美国、德国、澳大利亚、加拿大等火力发电厂早在20世纪90年代就普遍采用了PPS滤袋除尘器。国内高温滤袋的生产一直依赖进口PPS纤维,近几年来,我国高温袋式除尘器的推广应用取得了较大进展。

火力发电厂、水泥厂、垃圾焚烧厂等工业排放出的工业废气不但温度高,而且含有多种腐蚀氧化性气体(如SO_x、NO_x、HCl、二氧杂环烃类等)。一般的过滤材料过滤效果差,寿命短,如国产丙纶滤袋仅能使用几百小时,而芳纶滤袋也仅能使用半年至一年,这是由于它们的耐高温或耐腐蚀性能差,在高温及腐蚀性气体环境下很容易被破坏。而用于燃煤锅炉的PPS滤袋,在 190 ℃以下的湿态酸性环境中，使用寿命可达三年左右。美国 Colorado 州的 Gloden 使用 PPS 滤袋过滤燃煤量为 204 000 kg/h 的燃煤锅炉，在 188 ℃下连续运转 32 个月，无一破损，经 5 年运转测试，很少替换滤袋。

二、化学药品液体过滤

PPS 纤维在液相过滤方面也起着重要的作用。用 PPS 纤维制作的滤料可用于过滤腐蚀性强、温度高的溶液，如各种有机酸、无机酸、酚类、强极性溶剂等；用 PPS 纤维制成的针刺毡带具有良好的耐热耐腐蚀性能，可用于造纸业的烘干、电子工业特种用纸等。磷肥厂的滤液温度为 80～85 ℃，含有大量酸性物质（HF 1%～2%，H_3PO_4 20%～30%，H_2SO_4 5%），以前使用加强丙纶或涤纶织物作为过滤材料，因丙纶耐酸和耐热性差、易老化等缺点，使用寿命仅 2～3 天，改用 PPS 纤维过滤后，使用寿命提高至 2 个月以上，大大减少了停车磨损，节约了成本。烧碱化工废液温度在 90 ℃左右，碱的浓度为 40%～50%，改用 PPS 纤维滤布后，使用寿命大大提高。

三、复合材料增强纤维

PPS 纤维也可作为复合材料增强纤维。PPS 纤维与碳纤维混织可作为高性能复合材料的增强织物和航空航天用复合材料等，可用作受力、耐热结构件和隔热垫，耐腐蚀、耐辐射板，绝缘材料，如防辐射军用帐篷、导弹外壳、隐形材料、特种纸、隔膜 HARPOON 导弹的鳍和翼、TOMAHAWK 的雷达天线罩、进气道、进气整流罩以及火箭的尾锥、发射容器等。

除了以上的应用以外，PPS 纤维还可以做成缝纫线、各种防护布、电绝缘材料、电解隔膜、摩擦片、特殊用途的电缆包复层、防火织物、耐辐射织物、特种垫圈、高性能包装材料等。将单丝或复丝织物用作除雾材料，经特殊处理后的 PPS 纤维织物特别适合用于电化学储能装置的隔离材料。

复习指导

1. 熟记聚苯硫醚定义、化学式、英文缩写和商品名。
2. 了解聚苯硫醚结构与性能的关系。
3. 了解聚苯硫醚的合成方法。
4. 了解聚苯硫醚长丝、短纤和超细纤维的生产流程。
5. 了解聚苯硫醚纤维的生产状况和发展前景。

习题与思考

1. 写出聚苯硫醚的化学结构式。
2. 写出对二氯苯-硫化钠法合成聚苯硫醚的主要化学反应式。
3. 对二氯苯-硫化钠法合成聚苯硫醚采用什么溶剂？简述合成流程和反应条件。
4. 简述聚苯硫醚长丝的生产工序和主要工艺条件。

5. 简述聚苯硫醚短纤维的生产工序和主要工艺条件。
6. 简述聚苯硫醚超细纤维的生产工序和主要工艺条件。
7. 简述聚苯硫醚纤维的用途。
8. 上网了解聚苯硫醚纤维的前沿发展动态。

第十三章 聚氨酯弹性纤维

第一节 概述

一、聚氨酯弹性纤维的发展概况

聚氨酯弹性纤维(polyurethane elastic fibers)在我国简称氨纶,国际上称为"斯潘得克斯"(Spandex),指分子链中含有85%(质量比)以上聚氨基甲酸酯组分,由具有线性链结构的高分子化合物制成的弹性纤维。其组成是由二元醇与二异氰酸酯加成并经扩链反应而得的软硬段相嵌的聚合物。目前,市售商品有聚酯型和聚醚型两种,以后者为主。

1937年,德国拜耳(Bayer)公司首次开发出聚氨酯并申请专利;美国杜邦公司于1959年开始采用溶剂法(干法)生产氨纶;1966年,日本日清纺首先研发了氨纶熔纺技术;至1967年世界氨纶产量达6 800 t/a,之后受需求和制造技术的影响,氨纶年产量不足1万t。到20世纪90年代,氨纶进入规模化生产,1990年世界氨纶产能6万t/a,产量4万t。随着科技进步和推广,投资费用迅速下降以及人们消费观念的转变,世界氨纶的生产和消费得到快速提高,氨纶进入快速发展期。1995年氨纶产量8.31万t,2000年氨纶产量21万t,2005年氨纶产量28万t,2014年世界氨纶产能为80万t/a,消费量达到50万t,平均开工率63%。预计2018年,世界氨纶消费量将达到75万t,2013—2018年年均增长率为8.4%。全球氨纶三大制造巨头分别为美国英威达、韩国晓星和日本旭化成。

1989年,我国烟台聚氨酯纤维股份有限公司首次引进日本东洋纺干纺技术。2000年,江苏南黄海实业有限公司自主研制熔纺聚氨酯纤维技术,并于2005年经过国家验收,生产能力达到5 000 t/a。目前,全球氨纶三大制造巨头均已将生产基地转移至中国,全球氨纶生产主要集中在中国,其产能占全球总产能的70%,2014年中国氨纶产能60万t/a,产量46万t。中国氨纶生产企业有30余家,产能1万t/a以上的企业有17家,主要生产企业有浙江华峰氨纶股份有限公司、诸暨华海氨纶有限公司、烟台泰和新材料股份有限公司、江苏双良氨纶有限公司和浙江薛永兴氨纶有限公司等。

二、聚氨酯弹性纤维的结构

聚氨酯弹性纤维的分子链一般是由"软段"与"硬段"两部分组成的嵌段共聚物(block copolyesters),其结构式如下所示:

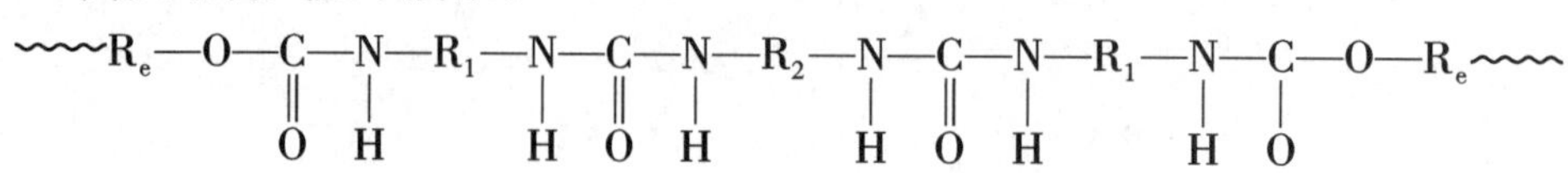

式中：Re 为脂肪族聚醚二醇或聚酯二醇基；

R_1 为次脂肪族基，如 $—CH_2—CH_2—$ ；

R_2 为次芳香族基。

“软段”一般由不具有结晶性的低分子量聚酯或聚醚组成，玻璃化转变温度很低（T_g = -50 ~ -70 ℃），链段长度 15 ~ 30 nm，为硬链段的 10 倍左右。常温下处于高弹态，纤维被拉长时，软链段能伸展变直，从而赋予纤维容易被拉长变形的特征。由于其质量占总质量的 65% ~ 90%，故在纤维的形态结构中构成连续相。“硬段”一般为含有多种极性基团、有结晶性或能产生大分子链间横向化学交联的芳香二异氰酸酯，它的分子量较小（500 ~ 700），链段短。苯环的刚性和强的氢键及结晶性的相互作用使若干硬链段紧紧地聚集成簇状或形成“缚结点”，这样就形成非连续相的“岛”，使聚合物形成三维的网状结构，起着大分子链间的交联作用。一方面可为软链段的大幅度伸长和回弹提供必要的结点条件（阻止分子间的相对滑移），另一方面可赋予纤维一定的强度，从而使聚氨酯纤维具有很好的回弹性和强度。

通过硬链段的结晶形成分子间横向连接，称物理交联型氨纶；通过硬链段间发生横向化学交联，称化学交联型氨纶，这两种类型的氨纶分子间结构如图 13 - 1 所示。化学交联型氨纶虽然只有一种软链段，但交错的软链段之间有由化学交联形成的结合点，它与软链段配合，共同赋予纤维高伸长、高回弹的特点。

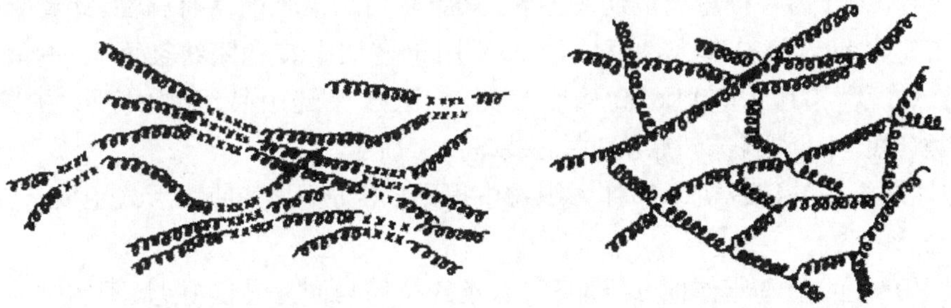

(a) 物理交联型弹性纤维的分子结构　　(a) 化学交联型弹性纤维的分子结构

××××—硬链段　　—软链段

图 13 - 1　氨纶的分子间结构

根据软段的不同把聚氨酯弹性纤维分为聚醚型氨纶和聚酯型氨纶。聚醚型氨纶由于主链上具有醚键，其柔性和耐水性都优于聚酯型氨纶，但其水解稳定性不够理想，不宜在潮湿的环境中长期使用。聚醚型氨纶中硬段的—NH 不仅可以与硬段本身含有的羰基形成氢键，也可与软段的醚基形成氢键。聚酯型氨纶软段中含有极性强的酯基，软硬段之间的氢键作用力远大于聚醚型氨纶，因而其微相分离程度较低。聚酯型氨纶分子的酯基在酸性或碱性环境下都容易水解，因而其水解稳定性远远低于聚醚型氨纶。

三、聚氨酯弹性纤维的性能

由于聚氨酯弹性纤维具有特殊的软硬镶嵌的链段结构，其纤维特点如下：聚氨酯弹性纤维的线密度范围为 22 ~ 4 778 dtex，最细的可达 11 dtex，而最细的橡胶丝约 180 号，比前者粗 10 余倍；聚氨酯弹性纤维的断裂强度，湿态为 0.35 ~ 0.88 cN/dtex，干态为 0.5 ~ 0.9 cN/dtex，是橡胶丝的 2 ~ 4 倍；聚氨酯弹性纤维的伸长率达 500% ~ 800%，瞬时弹性回复率为 90% 以上；聚氨酯弹性纤维的软化温度约 200 ℃，熔点或分解温度约 270 ℃，优于橡胶丝，在化学纤维中属耐热性较好的品种;橡胶丝几乎不吸湿,而在 20 ℃、65% 的相对湿度下,聚氨酯弹性纤维的回潮率为 1.1% ,虽较棉、羊毛及锦纶等小,但优于涤纶和丙纶;聚氨酯弹性纤维的密度为 1.1 ~1.2 g/cm^3 ,虽略高于橡胶丝,但在化学纤维中仍属较轻的纤维;由于聚氨酯弹性纤维具有类似海绵的性质,因此可以使用所有类型的染料染色。

在使用裸丝的场合,其优越性更加明显。聚氨酯弹性纤维还具有良好的耐气候性、耐挠曲、耐磨、耐一般化学药品性等,但对次氯酸钠型漂白剂的稳定性较差,推荐使用过硼酸钠、过硫酸钠等含氧型漂白剂;聚醚型的聚氨酯纤维耐水解性好,而聚酯型的聚氨酯纤维的耐碱、耐水解性稍差。聚氨酯弹性纤维的耐光性一般,采用紫外光吸收剂可以提高其光稳定性。常用的紫外光吸收剂有:Tinuvin 761[癸二酸 1,2,2,6,6-五甲基-4-哌啶基双酯],添加量一般在 0.2% ~2%(质量分数)。

聚氨酯弹性纤维耐微生物性较差,为了防止聚氨酯纤维的微生物降解,可以加入防霉剂。常用的防霉剂有五氯酚、五氯酚钠、8-羟基喹啉铜盐、2,3,5,6-四氯-4-(甲基磺酰)吡啶、双(苯基汞)十二烷基丁二酸盐和双(三-正丁基锡)氧化物等。防霉剂用量为 0.5% ~1%(质量分数)。

四、聚氨酯弹性纤维的用途

聚氨酯弹性纤维作为一种重要的纺织原料,其服装制品柔软而富有弹性,穿着既贴身又无约束感,十分舒适。世界聚氨酯弹性纤维约 95% 用于增加服装和家纺类面料的弹性,如:内衣、紧身衣、游泳衣、滑雪服、运动服、高档服装面料、医疗保健用品织物(护膝、护腕、弹性绷带)、手套、袜类(短、中、高筒袜)、带类、军需装备及宇航服等。

聚氨酯弹性纤维在针织或机织的弹力织物中得到广泛应用,其使用形式主要有裸丝、包芯纱、包覆纱、合捻纱。

裸丝是最早开发的聚氨酯弹性纤维品种,裸丝的拉伸与回复性能好,且不用纺纱加工便可用于生产,因此具有成本低的优点。由于裸丝的摩擦系数大,滑动性差,直接用于织造织物的不多,一般适宜在针织机上与其他化纤长丝交织。主要纺织产品有:紧身衣、运动衣、护腿袜、外科用绷带和袜口、袖口等。

包芯纱是以聚氨酯弹性纤维为芯纱,外包一种或几种非弹力短纤维纺成的纱线。芯层提供优良的弹性,外围纤维提供所需要的表面特征。例如棉包芯纱除了弹性好以外,还保持了一般棉纱的手感和外观,其织物具有棉布的风格、手感和性能,可以制成多种棉型织物;毛包芯纱的服装面料不仅具有一般毛织物的外观和良好的保暖性,而且织物的回弹性好,穿着时伸缩自如,增强了舒适感,并能显现出优美的体型。包芯纱是聚氨酯弹性纤维中应用最广泛的纱线品种。

包覆纱又称为包缠纱,它是以聚氨酯弹性纤维为芯,用合成纤维长丝或纱线以螺旋形的方式对其予以包覆而形成的弹力纱。包覆纱的手感比较硬挺,纱线较粗,织造的面料比较厚实。包覆可分为单包覆纱和双包覆纱。单包覆纱是在聚氨酯弹性纤维外层包上一层长丝或纱线。由于施加于芯纱上的包覆圈数较少,在高伸长的弹性织物上有时会出现露芯现象,主要用于袜子、纬编内衣等弹力织物。双包覆纱是在聚氨酯弹性纤维外层包覆两层长丝或纱线,且两层包裹方向相反。双包覆纱的加工费用较高,主要用于护腿、弹力带、袜口、连袜裤等弹力织物。

合捻纱又称合股纱,它是在对聚氨酯弹性纤维牵伸的同时,与其他无弹性的两根纱并合加捻而成的。如果使这种纱线退捻，在使张力减小的同时对整个纱线施加较轻的冲击，使各纱线间相对移动达稳定状态，最后导致弹性纤维进入纱芯中，其他无弹性的纱成为外包层，合捻纱结构得以稳定。合捻纱多用于织造粗厚织物，如弹力劳动布、弹力单面华达呢等。

第二节　聚氨酯的合成

一、原料的准备

（一）芳香族二异氰酸酯

芳香族二异氰酸酯与低分子二羟基或二胺基化合物反应制得高熔点易结晶的“硬段”。常用的芳香族二异氰酸酯有二苯基甲烷-4，4′-二异氰酸酯（MDI）或2，4-甲苯二异氰酸酯（TDI）；此外，还有2，6-甲苯二异氰酸酯、1，5-萘二异氰酸酯等。早期制备聚氨酯曾使用高纯度TDI，因其挥发性强、毒性大，且缺乏定向性，现在已很少使用。目前主要使用MDI，MDI有2个苯环结构，使生成的聚合物排列更加规整，热稳定性好。在生产中，聚氨酯使用的MDI要求质量分数>99.5%。有时也用少量1，6-六亚甲基二异氰酸酯（HDI），主要是改变氨纶产品耐黄性能。

（二）多元醇

一般选用分子量为800～5 000，分子两个末端基均为羟基的脂肪族聚酯或聚醚。聚醚二醇是组成聚氨酯的软段之一，用环氧化合物水解开环聚合制得，其相对分子量越大则聚合物分子链越柔软，一般相对分子量控制在1 500～3 500。用于合成聚氨酯的聚醚二醇有聚氧乙烯醚二醇、聚氧丙烯醚二醇（PPG）和聚四亚甲基醚乙二醇（PTMEG）（也称聚四氢呋喃醚二醇，PTHF）等；聚酯二醇也是构成聚氨酯弹性纤维的软段之一，主要采用二元羧酸和二元醇缩合制得，其分子量为1 000～5 000。用于合成聚氨酯的聚酯二醇有聚己二酸乙二醇酯、聚己二酸丙二醇酯、聚己二酸丁二醇酯等。

（三）扩链剂

扩链剂是含有活泼氢原子的双官能团、低相对分子量的化合物，决定聚氨酯化学结构的关键。虽然它占的比例不大，但对聚氨酯弹性纤维的性能、制造方法和工艺有很大影响。

扩链剂在化学反应中起分子链增长作用，几乎不起交联作用。用于纤维级聚氨酯生产的扩链剂主要为低分子化合物，有二胺类（芳香族二胺制备的纤维耐热性好，脂肪族二胺制备的纤维强力和弹性好）、二肼类（耐光性较好，但耐热性下降）或者二元醇。

（四）添加剂

一般添加催化剂（叔胺类化合物或有机锡化合物）、抗氧化剂（抗氧化剂3114）、抗静电剂（烷基三甲基氯化铵）、光稳定剂、消光剂（二氧化钛）、润滑剂、颜料等添加剂。

二、聚氨酯嵌段共聚物的制备

用于干法纺丝、湿法纺丝和熔体纺丝的聚氨酯嵌段共聚物均为线型结构，其合成过程一般分两步完成。

首先由脂肪族聚醚或脂肪族聚酯与二异氰酸酯加成生成预聚体，预聚体的端基为异氰酸酯基（—NCO），平均相对分子质量较低，一般在5 000以下；然后在预聚体中加入扩链剂进行反应，扩链剂（低分子二醇或二胺）中的双官能团（—OH 或—NH_2）与预聚体分子中的异氰酸酯基反应，使分子链进一步扩展，生成分子量在 $2\times10^4 \sim 5\times10^4$ 的嵌段共聚物。

（一）预聚体的制备

脂肪族聚醚或聚酯　二异氰酸酯　预聚体（OCN—R_3—NCO）

（二）扩链反应

（1）用二元醇作扩链剂：

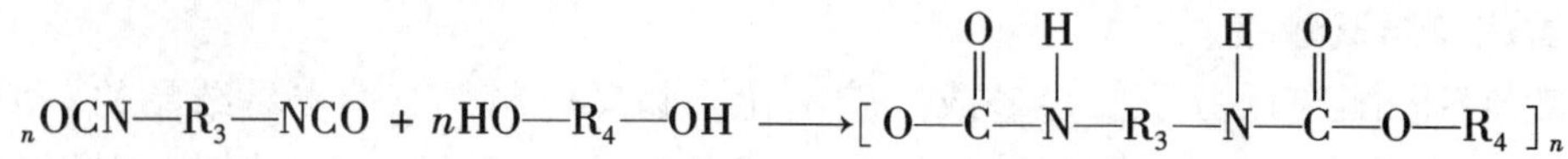

预聚体　小分子二元胺　聚酯型聚氨酯

（2）用二元胺作扩链剂：

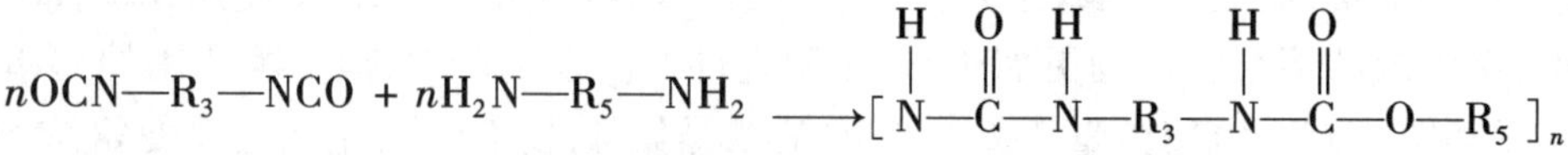

预聚体　小分子二元胺　聚脲型聚氨酯

第三节　聚氨酯弹性纤维的纺丝成型

聚氨酯弹性纤维的工业化纺丝方法有：干法纺丝、湿法纺丝、熔体纺丝和反应纺丝等四种，其纺丝流程见图 13－2。

一、干法纺丝

干法纺丝是氨纶生产的主流方法。世界上约 80% 的厂家采用干法纺丝制备氨纶。干法纺丝工艺流程复杂，装置设备投资费用大，对环境也有一定污染，但工艺技术成熟，纺速高，制成的纤维质量和性能优良。我国氨纶企业多采用干法纺丝。

日本东洋纺是最早生产氨纶的厂家，1963 年开发出自有知识产权的干法生产技术，采用间歇聚合、连续纺丝的工艺技术路线，纺速为 500～600 m/min。我国通过技术改造，目前纺速可达到 800 m/min。在溶剂方面，我国一些主要的氨纶企业，如烟台氨纶、浙江华峰、连云港杜钟、江苏双良、杭州舒尔茨等都采用东洋纺技术，可生产 20～210 D 品种规格齐全，产品性能优良的氨纶裸丝、包芯纱和包覆纱等。

日清纺在开发细旦纤维、提高产品弹性伸长等方面有一定先进性。我国新建企业如浙江绍兴龙山、江苏双良四期均采用此技术。

干法纺丝的优点为：产品质量优良、强度高、弹性恢复率好、丝卷均一、适用面广；产品规格齐全，以生产细旦及中旦丝为主，线密度为 2.2～29.2 dtex；纺速较湿法快，一般为 300～600 m/min，有的甚至高达 1 000 m/min。由于受到溶剂挥发速度的限制，干法纺丝的速度总比熔法纺丝低。由于干法纺丝的丝条固化慢，丝条之间容易黏连，故喷丝板孔数比湿法纺丝少，单位纺丝产量低于湿法纺丝。

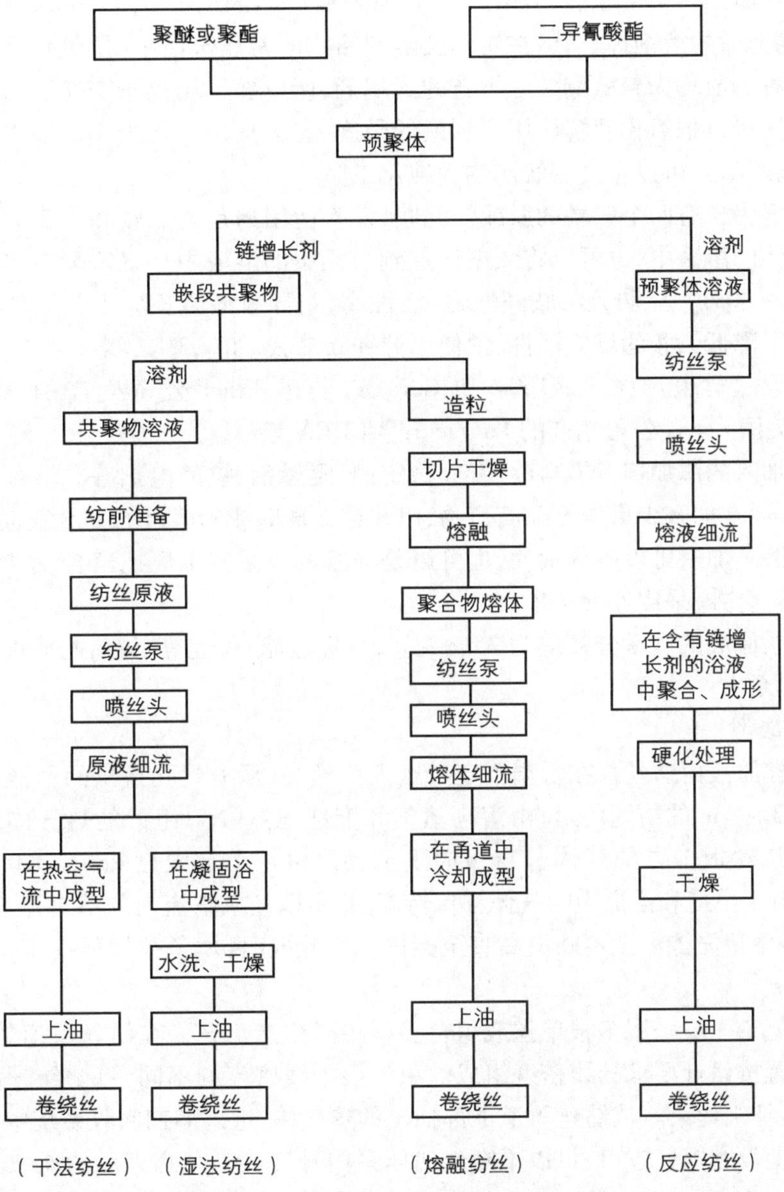

图 13－2　聚氨酯弹性纤维纺丝流程

（一）纺丝原液的准备

成纤高聚物的制备是将分子量为 1 000 ~ 3 000 的含二个羟基的脂肪族聚醚与二异氰酸酯按 1∶2 的摩尔比进行反应生成预聚物。为了避免影响最终聚合物的溶解性能，必须特别注意，不能使用三官能团（或更多官能团）的化合物，并严格控制适当的反应条件，以最大限度地减少副反应的发生。聚合物中的硬链段多采用二苯基甲烷—4，4′-二异氰酸酯（MDI），软链段选用聚四亚甲基醚二醇（PTMG）（也称聚四氢呋喃，PTHF）的为多。如能用符合弹性纤维性能要求的聚酯二元醇为原料，则可降低成本。但通常聚酯二醇不能用于干法纺丝，因为纺丝时的脱溶剂困难。

常用的溶剂有二甲基甲酰胺(DMF)、二甲基乙酰胺(DMAc)等。二甲基甲酰胺的沸点较低,便于干法纺丝时的溶剂挥发,但在纺丝及溶剂回收的常压蒸馏中,易氧化裂解为二甲基胺和甲酸。这两种物质均为聚氨酯大分子链的封端剂,所以要采用离子交换法将其去除。如果采用减压蒸馏法可以把氧化裂解作用降到最低限度,省去离子交换工序。二甲基乙酰胺在常压下蒸馏时比较稳定,可以省去裂解产物的纯化工序。

扩链剂一般为含有两个氨基的肼或二元胺,最多使用的是乙二胺和1,2-丙二胺。二元胺可以加到预聚体的溶液中,也可以将预聚体加到二元胺的溶液中。聚氨酯在溶液中的质量分数一般为18%～30%。脂肪族二胺碱性强、活性高,与异氰酸酯反应十分激烈,成胶速度快,难以控制。为了降低二胺的反应活性,常使用芳香族二胺,如3,3′-二氯-4,4′-二氨基二苯甲烷(MOCA),拜耳公司生产的DD-1604和Cure A,美国Ethyl公司生产的Ethacure-100和Ethacure-300,美国Lonza公司生产的Lonzacure MCDEA等。

干法纺丝加入的添加剂有染料改性剂、稳定剂、阻燃剂、抗静电剂等。将添加剂在所选用的溶剂中研磨,通常加入少量聚氨酯高聚物,以改善在球磨或砂磨时的分散稳定性。聚合过程和添加剂的研磨及加入可以是分批的,也可以是连续的。某些工厂把聚合、扩链、添加剂的加入以及混合进行合并,采用连续法生产。

制备的纺丝原液的质量分数应为25%～35%,经过滤、脱泡等工序,制成性能均一的纺丝原液,送至纺丝泵。

(二)纺丝成型

聚氨酯纺丝原液由纺丝泵在恒温下定量压入喷丝头,从喷丝孔挤出的原液细流进入直径30～50 cm、长3～6 m的纺丝甬道,由溶剂蒸气和惰性气体(N_2)组成的热气体从甬道顶部引入并通过位于喷丝板上方的气体分布板向下流动。甬道上部温度280～320 ℃,下部温度200～240 ℃,由于甬道和甬道中的气体都保持高温,所以丝条细流内的溶剂迅速挥发,并移向甬道底部,丝条中聚氨酯浓度不断提高直至凝固。与此同时,丝条被拉伸变细,单丝线密度一般为6～17 dtex。

干法纺制氨纶一般采用多根单丝或组合多根单丝生产工艺。在纺丝甬道的出口处,单丝经组合导丝装置按设计要求的线密度组成丝束。根据线密度的不同,每个纺丝甬道可同时生产1～8束弹性纤维丝束。从纺丝甬道下部抽出的热气体,进入溶剂回收系统中回收以备重新使用。在甬道上设有氮气进口,可以不断地向体系内补充氮气。集束后的丝束经第一导丝辊后经上油装置上油,再经第二导丝辊调整张力后卷绕成卷装。卷绕前还要进行后处理,如上油等,以避免纤维发生黏结和后加工中产生静电,通常采用经过硅油改性的矿物油为油剂。卷绕速度一般为300～1 000 m/min。图13－3为干法纺丝工艺流程示意图。

为改进热气体流动状态控制,稳定生产细旦丝,对其设备进行了改进,具体如图13－4所示。热气体通过一个环形缸体进入纺丝甬道,在缸体的下方设有环形出口,热气体经过设在环形缸体下的环形出口进入纺丝甬道。环形缸体安装在喷丝板的下方,可以根据工艺需要向远离喷丝板的方向移动,调节吹风面与喷丝板的距离,以减小丝条的振动,从而生产细旦丝。

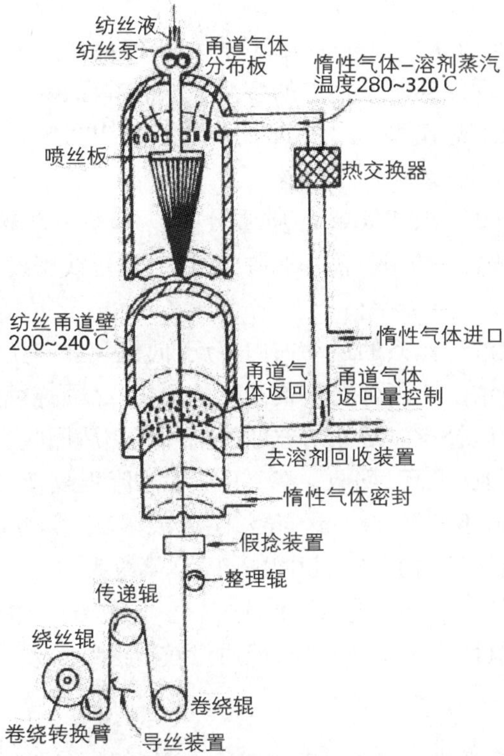

图 13－3　氨纶干法纺丝工艺流程图

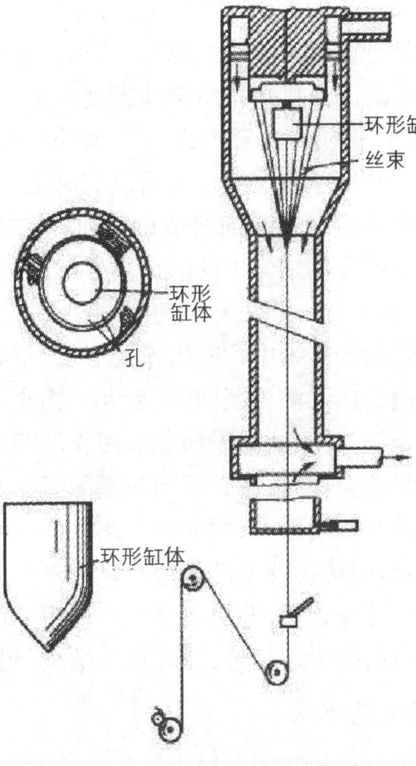

图 13－4　热气体流动状态控制方法

二、湿法纺丝

湿法纺丝是原液在凝固浴中经双扩散作用固化成丝的方法。湿法纺约占 10%，其代表为日本富士纺公司。湿法纺丝采用 DMF 为溶剂，预聚体的制备和纺丝原液的准备与干法纺丝类似。其工艺流程为：纺丝原液→纺丝泵（过滤）→从喷丝板进入温水（<90 ℃）→再生槽凝固浴→脱去溶剂→丝条洗涤→干燥→卷绕成型。典型的湿法纺丝工艺流程如图 13－5 所示。

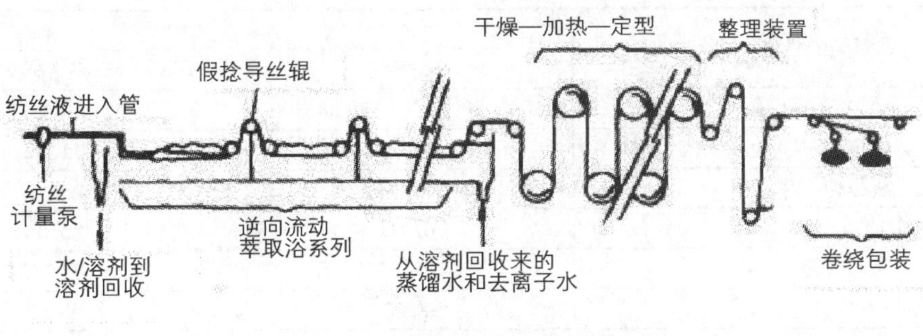

图 13－5　氨纶湿法纺丝工艺流程

纺丝原液（质量分数 5% ~35%）经混合、过滤、脱泡后送至纺丝机，再经过滤、分配、稳压后，通过计量泵打入喷丝头，从喷丝孔挤出的原液细流进入由水和质量分数为 15% ~30% 溶剂组成的凝固浴中。当纺丝聚合物从喷丝孔挤出时，由于纺丝聚合物中的溶剂浓度大于凝固浴中的浓度，纺丝聚合物溶液中的溶剂便向凝固浴中扩散，细流中聚氨酯浓度不断提高，纺丝聚合物溶液细流的表面开始凝固，逐步从凝固浴中析出形成初生纤维。但是初生态纤维的抗拉强度很低，不能承受过大倍数的喷丝板拉伸，故采用负拉伸、零拉伸和拉伸倍数不大的正拉伸。纤维在凝固浴出口按所需线密度集束，然后经与丝条逆向的多级萃取液洗涤，除去纤维中残存的溶剂，并在加热辊上进行干燥、控制收缩热定型、上油等工序，最后卷绕在单独的筒管上。一条湿法纺丝生产线往往可以同时生产 100 ~ 300 根多股丝。

凝固浴是由水和溶剂组成的，凝固浴中 DMF 或 DMAc 的质量分数以 15% ~ 30% 为宜。为了使纺丝聚合物细流中的溶剂更好地向凝固浴中扩散，较好地脱除溶剂，单丝线密度一般为 0.6 ~ 1.7 tex。

湿法纺丝的纤维中含有大量的溶剂，萃取液与丝条的运动方向相反，向机头方向流动。浴槽需 20 m 长，前几浴为凝固浴，后几浴为水洗浴。为了保持溶剂浓度的恒定，必须连续除去溶剂 - 水混合物，并不断地添加蒸馏回收的溶剂以补充。湿法纺丝的溶剂须蒸馏后回收。

采用湿法纺丝时，还必须配备凝固浴的调制、循环、回收设备，不仅工艺流程复杂，厂房建筑和设备投资费用较大，而且纺丝速度低（一般不超过 200 m/min），生产成本高。该法已逐渐被淘汰，目前湿法纺丝的产量约占氨纶总产量还不到 10%，其中以聚酯型氨纶为主。

与干法纺丝相比，湿法纺丝生产过程中污染大、纺丝速度慢、成本高。湿法纺丝生产的聚氨酯纤维的截面为非圆形，具有皮芯结构，耐氯性优于干法纺丝，但质量较干法纺丝差。

三、熔体纺丝

熔体纺丝法是利用高聚物熔融的流体进行纤维成型的一种方法。氨纶熔体纺丝法是近年来新兴起的，具有代表性的纤维品种是日清纺公司的 Mobilon、钟纺公司的 Lubell 和可乐丽公司的 Rexe。熔纺氨纶丝质柔软，耐气候佳，保存时间长，单根纤维均一性良好，热定型性良好，产品品种变换快。熔体纺丝工艺流程简单，设备投资低，生产效率高，不使用溶剂、凝固剂，无废水废液处理问题，生产成本低，具有很大的发展潜力，是目前研究的热点之一。目前，熔纺氨纶在个别性能指标方面不能完全取代干法氨纶，但在中低档弹性织物的使用领域中完全可取代干法氨纶。熔纺氨纶的主要质量指标如表 13 - 1 所示。

表 13 - 1　熔纺氨纶的质量指标

氨纶的性能	软段类型	
	聚酯[①]	聚醚[②]
线密度/dtex	48.00 ~ 50.00(43.00 ~ 45.00)	46.38(41.78)
断裂强度/(cN · $dtex^{-1}$)	14.64	11.82
断裂伸长率/%	613.00 ~ 620.00	458.67
100% 定伸应力/(cN · $dtex^{-1}$)	0.71	25.58
沸水收缩率/%	10 ~ 15	10 ~ 15
300% ×6 次弹性回复率/%	98.00	96.63

注：①预聚体填加量为 15%；②预聚体填加量为 10%。

熔纺氨纶的生产方法大致分为三种：一步法、二步法与封端法。

（一）一步法

一步法合成工艺是将聚氨基甲酸酯原材料聚酯，或将聚醚二醇与二异氰酸酯（MDI）和短链脂肪族二醇扩链剂按一定配比（二异氰酸酯需过量）在螺杆挤出机中熔融聚合、造粒，经干燥、熔融、计量、纺丝、卷绕、上油、平衡等工序，即得到熔融纺丝氨纶产品。一步法生产以可乐丽公司为代表。

（二）二步法

二步法又称为预聚体法，是将聚氨酯切片熔融后，加入二异氰酸酯基过量的预聚体，和羟基过量的聚氨酯发生交联反应，修补断裂的软段，改善纤维的热性能和弹性回复率。用预聚体作添加剂的二步法生产的纤维强度高，生产过程稳定，是一种比较理想的熔法纺丝工艺路线。目前，熔体纺聚氨酯的生产厂家多采用二步法技术。日本钟纺公司是氨纶熔融纺丝二步法的代表。

1. 工艺流程

首先合成弹性体，弹性体经螺杆挤压机熔融、挤出，在螺杆的出口处与预聚体在静态混合器中充分混合后，通过计量泵、分配板到达喷丝板纺丝。其工艺路线如下：

预聚体──┐

聚氨酯切片→干燥→熔融挤压──→混合→熔体分配→计量→喷丝→冷却→上油→牵伸卷绕→热处理。

熔纺聚氨酯纺丝工艺流程如图13-6所示。热塑性聚氨酯切片经风送至湿切片料罐，靠自重进入干燥塔，与来自干燥塔下部的干燥热空气对流干燥，使其含水率低于0.04%，以免高温下的水解和热裂解反应。干燥后的切片靠自重进入螺杆挤出机，随着螺杆的转动，切片被强制向前推进，同时切片由于受热而被熔融。预聚体经预热后，加入预聚体罐，预聚体罐设加热装置，加热后的预聚体经稳压泵稳压，再经预聚体计量泵计量后，进入螺杆挤出机的计量段。在螺杆挤出机的计量段设有特殊设计的动态混合器，将聚氨酯熔体和预聚体充分混合后，进入螺杆挤出机的测量头、熔体管道，熔体和预聚体混合物经计量泵计量后进入纺丝箱内的纺丝组件。当预聚体进入熔体后，由于螺杆挤出机内的温度比较高，聚氨酯熔体和预聚体并没有完全反应；当熔体和预聚体的混合物进入纺丝箱后，由于预聚体的黏度较低，故反应体系的黏度下降，为了保持纺丝熔体的黏度，工艺上采用较低的纺丝温度。在较低的温度下，预聚体中的异氰酸酯基一方面与羟基过量的聚氨酯熔体发生了交联反应，另一方面异氰酸酯基与断链的软段发生反应生成新聚氨酯软段，但是，此时部分硬段组分二异氰酸酯基已经溶于了软段组分中。在反应体系中，除发生上述反应外，还生成部分的脲基甲酸酯基和缩二脲基团。聚氨酯与预聚体所组成的纺丝熔体从喷丝孔挤出形成熔体细流，熔体细流被拉长变细，经侧吹风冷却装置冷却，通过纺丝甬道，经上油装置上油后，经第一导丝辊（GR_1）、第二导丝辊（GR_2），最后经卷绕头卷绕成型。

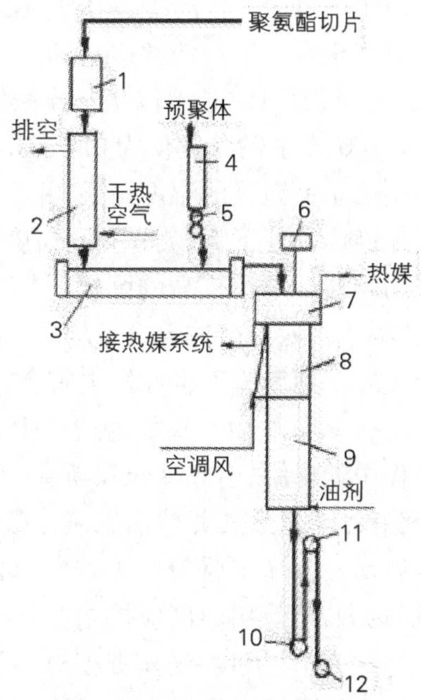

1—聚氨酯湿切片料罐；2—干燥塔；3—螺杆挤出机；4—预聚体罐；5—预聚体计量泵；6—熔体计量泵；7—纺丝箱；8—侧吹风装置；9—纺丝甬道；10—第一导丝辊；11—第二导丝辊；12—卷绕头

图13-6　熔纺聚氨酯纤维工艺流程图

卷绕成型的纤维并不能马上出厂，因为在纤维中继续发生着交联反应。因此将卷装放置在温度为 80 ~ 120 ℃（聚酯型聚酰胺纤维）或 100 ~ 130 ℃（聚醚型聚酰胺纤维）热处理室内处理12 ~ 72 h。在热处理过程中，聚氨酯大分子不断地运动，由于硬段有较大的内聚力，相邻的硬段产生结晶，从而产生了微相分离，使纤维获得较好的弹性和回弹性。

2. 主要工艺参数控制

（1）聚氨酯：用于制造熔纺氨纶的原料主要是线型聚酯型热塑性聚氨酯弹性体（TPU），其中聚酯二醇一般是相对分子量为 1 000 ~ 2 000 的聚己二酸丁二醇酯、聚己内酯、聚碳酸酯等。熔纺氨纶的 TPU 合成主要采用一步法工艺，即将二异氰酸酯、聚酯二醇、扩链剂、催化剂、助剂等经计量后直接加入双螺杆反应器中聚合而成。熔融法纺丝工艺要求 TPU 切片具有较高的热稳定性，特性黏度均一，通常软化温度为 170 ~ 190 ℃，密度为 1.02 ~ 1.15 g/cm^3。在 TPU 合成过程中，体系中的 R 值（—NCO 与—OH 的摩尔比，表示聚合物的硬段与软段比值）对熔纺氨纶的可纺性和力学性能有显著影响。R 值越大，所得纤维的断裂强度越大；R 值越小，纤维的断裂伸长率越大。然而当 R 值过大时，分子交联过大，形成网状结构，不利于纺丝顺利进行；当 R 值过小时，纤维熔点过低和强度过小，使用价值不大。因此，为了能获得刚性和柔软性适中的氨纶弹性纤维，R 值应控制在 1.02 ~ 1.06。聚醚型 TPU 耐水解性好，但耐热性较差，如果用于氨纶熔融纺丝，则需进一步提高其耐热性，可采用芳香族二醇做扩链剂。

（2）预聚体：预聚体是二异氰酸酯和聚合物二醇合成的聚醚或聚酯型预聚物，常温下为固态。100 ℃下的黏度仅为 0.7 ~ 0.8 Pa · s，极易水解，生产中采用干氮保护。预聚物在供给罐内用低于 100 ℃的温度熔融，并在熔融时抽真空脱泡。预聚体起着添加剂作用，使熔融的大分子弹性体黏度下降，喷丝孔孔口膨化效应降低，使纺丝顺利进行；预聚体又起交联剂作用，使形成的弹性纤维有较高的强度，具备良好的使用性能。预聚体加入量为 5% ~ 25%，加入量过大，则与聚氨酯熔体混合不均匀，熔体的可塑性加大，活性基团的量增加，造成纺丝无法卷绕，即使卷绕到筒管上也会发生胶合，无法退绕；加入量过小，聚氨酯纤维的热性能改善不充分。

（3）干燥：由于聚氨酯切片中含有极性基团，具有较强的亲水性，水分的存在加剧了熔融过程中的降解，引起毛丝和断头，严重时无法正常纺丝。另外，TPU 切片中水分与熔体中异氰酸酯反应，生成胺并放出二氧化碳，起发泡作用，使初生纤维泛白，成柱状喷出。一般生产上干燥后切片含水率控制在 0.04% 以内。干燥塔升温不宜过快，为防止切片在干燥塔中出现“架桥”现象，干燥塔温度应控制在 80 ℃，干燥时间为 8 ~ 12 h。

（4）纺丝温度：纺丝温度对熔纺氨纶的影响比其他聚合物熔融纺丝更加突出，温度较高时会发生热降解和热氧化降解，熔体黏度下降，纺丝困难；而温度较低时，黏度升高，则成纤困难。此外聚氨酯具有高贮能模量、高黏度的熔体性能，纺丝头温度过高，黏度下降，聚合物熔体会在喷丝板的孔道上形成湍流，也会影响丝条的成型。因此一般纺丝温度控制在 180 ~ 240 ℃。生产中提高螺杆 2 ~ 4 区温度，3、4 区温度梯度适当缩小，减少熔体停留时间，以减少黏度下降，箱体温度与第 5 区的相近，并保证喷丝板面温度不致太低。

（5）环境温度：由于聚氨酯切片的玻璃化转变温度很低，如果纺丝环境温度过高，自喷丝头喷出的熔体细流冷却不下来，使纤维发黏，将影响纤维的上油、卷绕及后处理工艺。理想的环境温度应控制在 10 ~ 15 ℃。

（6）侧吹风条件：侧吹风条件（风速、风温、相对湿度）对丝条均匀性影响较大。为保证丝条均匀性，侧吹风窗出风面吹风速度的横向分布极差小于 10%，层流性要好。由于熔纺氨纶丝生成的特殊反应机理，经喷丝板喷出的熔体细流在距喷丝板 100 mm 的区域内，尚处于黏流态，因此在侧吹风窗上部增加了高度为 200 ~ 400 mm 的一段静止无风区，留有适当长的一段高温区域，在细流还未形成超分子结构前，使初生纤维内部未起反应的部分进行交联。在实际生产中，冷却风温度宜控制在 16 ~ 20 ℃，冷却吹风速度 0.3 ~ 0.5 m/s，风湿 60% RH 以下。

(7)纺丝速度：由于氨纶聚合物的玻璃化转变温度低，结晶部分比例也低，如果纺丝速度过高，熔体丝条的冷却不好，纤维发黏，将影响纤维的后处理工艺。适当提高纺速会使熔纺氨纶丝的强度及回弹率增加，但伸长会减小，纺丝断头增加，工业上纺丝速度一般控制在 600 ~ 1 600 m/min。

(8)纺丝集束点位置(即油嘴距喷丝板的距离)：氨纶生产中，集束点位置不宜过高，如果集束点位置选择较高，在拉伸流动过程中大分子还没有进行有序排列取向之前，集束上油就将温度较高的纤维取向结构“冻结”，拉伸过程中表现为断裂伸长小，断裂强度低。通常集束点位置控制在纺丝甬道的下方。

(9)含油率：如果含油率过高，会产生油剂下滴严重，摩擦因数减小，丝束生产过程中抖动严重，不利于卷绕成型；如果上油不足，易产生毛丝，易缠辊断头。熔纺氨纶采用 100% 纯油，油嘴上油，上油率控制在 0.5% ~0.7%。

(10)熟成：是将卷装成型的成品纤维放置在温度恒定的平衡间(俗称熟成室)中平衡一定时间。通过加热处理，使聚氨酯和添加的预聚体在熔融纺丝后继续进行，使得一部分无定型链重新进行组合排列，有序的逐渐固定下来，以获得好的力学性能。工业上，卷绕下来的丝饼在恒温 80 ℃的熟成室中平衡 38 ~48 h，丝的断裂强力、弹性回复率、耐热性呈明显上升趋势。

(三)封端法

以封端剂(例如酚、胺等)将 MDI 分子上的异氰酸基先行封闭，合成一种稳定衍生物，然后与聚氨酯弹性体混合进行纺丝。在挤出时此衍生物是稳定的，在纺丝时解封闭，使—NCO 基团再活化，解封闭后的自由—NCO 基团在纤维固化成型过程中与聚氨基甲酸酯大分子发生交联，使纺丝过程中弹性体的耐热性能提高，有利于熔纺，同时提高了纤维的物理机械性能，这种衍生物称为潜在交联剂。

四、反应纺丝

反应纺丝法亦称化学纺丝法或化学反应法溶液纺丝，是高聚物制成溶液经扩链剂使其发生化学反应而固化成丝的方法。初生纤维经卷绕后，还应在加压的水中进行硬化处理，使纤维内层未起反应的那部分两端含二异氰酸酯的预聚物，很快地在大分子之间建立起具有尿素结合形式的横向连接，从而转变为具有三维结构的聚氨酯嵌段共聚物。美国橡胶公司是最早应用反应纺丝法的公司，其氨纶的商品名为 Vyrene。反应纺丝法的纺丝速度一般为 50 ~ 150 m/min，以生产粗旦丝为主，一般为 44 ~6 000 dtex。该法与湿法纺丝相似，但使用的纺丝浴较少，工艺可分三步：预聚体制备—预聚体溶液配制—扩链固化过程。其工艺流程如图 13 - 7 所示。

该法因工艺复杂，纺丝速度低，生产成本高，设备投资大，以及由于二胺直接加入到浴槽参与反应，会释放出二胺进入生产区，造成环境污染等问题，所以已逐渐被淘汰。目前世界上采用反应纺丝法生产的氨纶低于总产量的 2%。

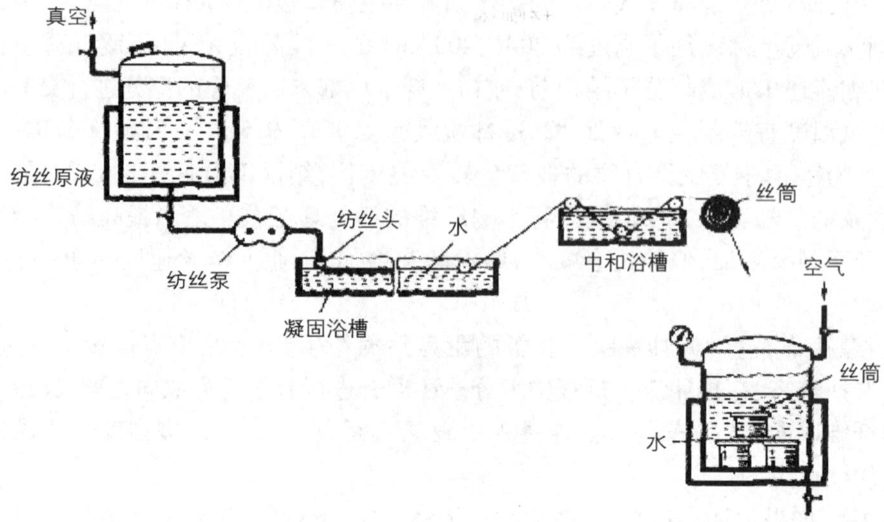

图 13-7　氨纶反应纺丝工艺流程图

表 13-2 是各种氨纶纺丝方法的工艺、产品规格、质量及所占比例的对比。由表可见，由于干法纺丝产品质量好，是当前氨纶最主要的生产方法。反应纺丝和湿法纺丝由于纺速低、成本高、对环境污染大，正逐步退出氨纶的生产领域。熔体纺丝工艺的最大特点是可以生产细旦丝，其强度高于干纺产品。在同样线密度下，熔体纺丝产品的断裂伸长率低于干纺产品。较好的熔体纺丝和干纺纤维的断裂伸长率分别为 450% ~550% 和 600% 以上。但一般认为纤维断裂伸长率大于 450% 时就可满足后加工过程中对纤维伸长率的要求。

表 13-2　四种氨纶纺丝方法的对比

基本特征 \ 纺丝方法	熔体纺丝	干法纺丝	湿法纺丝	反应法纺丝
纺丝液状态	熔体	溶液	溶液或乳液	溶液
纺丝液质量分数/%	100	18 ~ 45	12 ~ 35	15 ~ 40
纺丝温度/℃	160 ~ 220	200 ~ 230	≤90	—
卷绕速度/(m · min^{-1})	600 ~ 1 600	300 ~ 1 000	18 ~ 200	50 ~ 150
线密度/dtex	22 ~ 1 100	22 ~ 1 244	44 ~ 440	44 ~ 6 000
环境影响	基本无污染	污染较大	污染严重	污染严重
生产成本	成本低	成本高	成本高	成本高
占氨纶总产量比例/%	8	80	10	2
产品质量	最好	尚可	10	尚可

由于结构上的原因，熔体纺丝氨纶的回弹性较干纺产品低。为提高熔体纺丝氨纶的回弹性，可向纺丝聚合物熔体中添加预聚体，即将端基为异氰酸酯基的预聚体加到熔体中，以增大氨基甲酸酯大分子的交联度，修补高温下断裂的大分子链段，改善纤维的回弹性和耐热性。总之，熔体纺丝工艺简单、成本低、基本无污染，且随着熔体纺丝技术的进步，熔体纺氨纶的品质将得到进一步提高，预计短期内会得到较快的发展。

第四节　聚氨酯弹性纤维的技术进展

虽然氨纶生产技术已经很成熟，但随着科技进步和应用领域拓展，氨纶合成技术仍在不断改进和发展。

一、用价格低廉的 PPG 替代部分 PTMEG

拜耳公司用质量分数 68%、相对分子质量 2 000 的低不饱和度 PPG，与质量分数 32%、相对分子质量 2 900 的 PTMEG 混合聚醚二醇制备的氨纶，具有良好的机械性能。除抗拉强度略低于质量分数 100% 的 PTMEG 所制纤维外，其他性能都较好，如伸长率较高、模量较低、永久变形较小，150% 回复力与用相对分子质量 2 000 的 PTMEG 所制备氨纶相同。特别是模量较低，意味着伸缩更舒适。由于混合醇所制的预聚物黏度低，有利于增加纺丝速度和减少能量消耗，同时可制成柔软氨纶。

二、高吸湿、放湿氨纶

一般氨纶的吸湿率小，穿着闷热。采用相对分子质量 200 ~ 13 000 的烷基聚醚多元醇制备的熔纺氨纶，25 ℃吸水率达 200% ~3 000%，但吸水后发生溶胀，纤维易断裂，同时吸水量太大，不适宜做泳装。在聚氨酯中加入镁盐改善水分渗透性，但吸水后聚氨酯聚合物的力学性能显著下降，且水分被吸入后难以散发出去。将 PTMEG/MDI/EDA 制得的聚氨酯与质量分数 11% 聚乙二醇（PEG）基聚氨酯混合物配成质量分数 30% 的 DMAc 纺丝液，在纺速 800 m/min 下制备成 2.2 tex 透明氨纶，它具有高伸长率、高弹性回复率，力学性能受损极少等特点。在 20 ℃、相对湿度 65% 下吸湿率为 1.9%；在 30 ℃、相对湿度 90% 下吸湿率为 6.9%。该氨纶纤维的特点是吸湿量大而放湿速度快，其吸湿性比棉快 1 倍，而当人静止或处于低温环境时急速地放湿，使吸湿功能再生，称为“呼吸纤维”。在氨纶中添加聚乙烯醇（PVA）、改性聚丙烯酸酯（聚丙烯酸磺酸钠、丙烯酸钠）或共聚物等可改善纤维的吸湿/放湿性，同时可提高耐氯、氮氧化物、紫外线等性能。

三、柔软、高回弹性氨纶

游泳等运动服用氨纶要求柔软、高伸长率和高弹性。相对分子质量 <3 000 的 PTMEG 制备的聚氨酯，因模量大，制成的弹性丝或皮革手感硬。用 PTMEG 与带侧烷基制备的共聚醚软段，可改善低温性能，降低模量，减小滞后性。如含摩尔分数 10% 的 2,2-二甲基丙基和摩尔分数 90% 的四甲基共聚醚与 MDI 制得氨纶，具有高伸长率（断裂伸长率≥600%）、低定伸力、极好的低温特性（−20 ℃时伸长率 >25%）和耐热性（180 ℃时热稳定时间 >120 s）。

用相对分子质量 2 000 的 PTMEG 与含摩尔分数约 15% 的 3-甲基四氢呋喃共聚醚混合作软段制备的氨纶，低温永久变形小，高温弹性回复力大，在 −5 ℃下永久变形小（<20%），180 ℃高温处理后的弹性回复力（伸长 200%）保持率约 80%，与纯 PTMEG 软段氨纶相似。

四、抗静电氨纶

聚醚二醇如 PTMEG 基氨纶的抗静电性能比聚酯二醇基氨纶稍低，其体积电阻约 $6\times10^9\ \Omega$。添加烷基醇胺和碱金属磷酸酯可获得良好的抗静电效果，缺点是其溶解度小、污水量大。一些研究人员在氨纶中添加胺基多硅氧烷和二烷基琥珀酸磺酸盐混合物，以提高氨纶的抗静电性能，缺点是胺基多硅氧烷可与聚氨酯的组分反应，导致弹性纤维膨胀，影响工艺性能，在染色前除去困难，且胺基多硅氧烷是有毒物质。拜耳公司在传统氨纶中添加二辛基丁酯磺酸钠后使氨纶体积电阻大幅度下降。

五、无臭、抗霉变氨纶

日本专利提出，在纺丝液中添加赫克醇及环戊二烯杀菌剂，适用于纺丝温度较低（约100 ℃）的湿纺工艺。旭化成公司开发的干纺丝用防臭、杀菌剂体系，除氨效率约90%，杀菌效果显著。

六、纳米改性氨纶

一般纳米粒子采用有机物质（如表面活性剂）对其表面加以处理。将纳米技术应用于聚氨酯弹性体材料中有两种方法效果明显：一种称为原位聚合法，经表面处理的纳米粒子加入到单体中，然后引发单体聚合，从而达到纳米改性聚合物的目的；再由硅胶分解成纳米 SiO_2，将此工艺与聚酯多元醇合成工艺结合在一起，即可制得纳米聚酯多元醇，用此纳米聚酯多元醇原料可制得高性能的纳米改性氨纶。另一种称为插层复合纳米技术，即将单体或聚合物插进层状无机物片层间，再将纳米片状结构的基体元剥离使其均匀分散于聚合物中，从而实现聚合物和无机层状材料在纳米尺度上的复合。利用此种方法制得的聚氨酯弹性纤维，由聚氨酯材料与层状纳米材料复合而成，能充分发挥纳米材料的小尺寸效应和表面效应，从而使聚氨酯弹性纤维具有更高的物理机械性能和良好的阻燃、抑菌、防霉性能。

七、耐氯性氨纶

氨纶最主要的缺点是耐氯性差，尤其是聚醚型氨纶。根本原因在于其分子结构中有易受有效氯攻击的基团，即聚醚部分醚氧原子的 α 碳原子上的氢、酰亚胺基氮原子上的氢、脲结构中氮原子上的氢。一般在氨纶大分子中接入某些基团及氨纶中加入 ZnO、MgO 等难溶性化学物，使氨纶具有降低有效氯的氧化还原电位的能力，可提高耐氯性，但效果较差。旭化成公司用脂肪酸、脂肪酸酯、硬脂酸磷酸酯、苯乙烯/马来酸酐共聚物等处理 ZnO、MgO 等作氨纶耐氯助剂，其缺点是织物染色时浸出流失，含锌染色废水能杀死生化法处理污水中的细菌。也可采用水滑石作耐氯剂，缺点是水滑石微粒在极性溶剂 DMAc、DMF 中聚集，堵塞纺丝过滤孔，导致断丝或压力增高而停工或氨纶丝均匀性降低。在一些专利中，介绍了用脂肪酸、十二烷基磺化琥珀酸和二烷基磺化琥珀酸碱金属盐分别处理的水滑石作为氨纶的耐氯助剂，其中二烷基磺化琥珀酸碱金属盐的效果明显，采用连续 14 天干法纺丝时，过滤孔无堵塞现象发生，压力不增高，不断丝，氨纶有高抗氯性。杨正寰等在氨纶中加入耐氯添加剂氧化锌或氧化锌与二月桂酸二丁基锡（质量比为 4∶1）的混合物，纤维经耐氯处理后，其强度和弹性回复力保持率比杜邦公司同类产品高约 1 倍。

八、黑色氨纶

韩国晓星公司最新开发的 Creora#H-100D 是一种可以给服装和袜类带来更深的黑色色彩的新型黑色氨纶。它是在生产的喷丝工序之前加入黑色原料，使色素原料混合在氨纶丝纤维内，以保持更持久的黑色效果。Creora#H-100D 有着卓越的耐水洗性能，能保持成衣颜色，给服装或面料带来奢华的深黑色效果，在面料拉伸状态下防止露白现象的发生，甚至能用来开发新式样和新奇的布面效果，如黑色条纹、花型图案、杂色效果等。

复习指导

1. 了解聚氨酯的制备方法。
2. 掌握聚氨酯弹性纤维的化学组成、结构特征及其与性能的关系。
3. 重点掌握氨纶干法纺丝的原理、工艺流程、工艺控制。
4. 掌握氨纶熔融纺丝的原理、工艺流程、工艺控制。
5. 了解聚氨酯弹性纤维的性能优势。
6. 了解聚氨酯弹性纤维的后加工，熟悉其用途。

习题与思考

1. 聚氨酯弹性纤维中的软链段和硬链段的作用分别是什么？
2. 试述聚氨酯弹性纤维干法纺丝的成型原理。
3. 聚氨酯弹性纤维干法纺丝成型中常用作软链段和硬链段的物料是什么？
4. 试述聚氨酯弹性纤维二步法熔融纺丝的工艺流程。
5. 简述熔融纺丝聚氨酯弹性纤维的工艺控制。
6. 总结聚氨酯弹性纤维的性能特点。
7. 试述聚氨酯弹性纤维干法纺丝的工艺流程，并分析其纺丝装置与湿法纺丝装置的差异。
8. 试对比分析聚氨酯弹性纤维干法纺丝、湿法纺丝、熔体纺丝的特点。
9. 总结聚氨酯弹性纤维后加工方法及其用途。
10. 试述聚氨酯结构及性能的不足，并分析对其改性的机理。

第十四章　其他化学纤维

第一节　芳砜纶

芳砜纶(polysulfonamide fibre,PSA),属于对位芳纶系列,学名聚苯砜对苯二甲酰胺纤维,属于芳香族有机耐高温材料。芳砜纶是我国在国外芳纶产品分子结构基础上,经过创新设计自主开发的一个新产品。

一、芳砜纶的发展概况

1973 年,上海市纺织科学研究院创造性地在芳纶 1313 大分子结构中引入砜基结构,随后对芳砜纶树脂合成、纺丝工艺进行了试验研究。20 世纪 80 年代开始试生产,由于高成本以及其他客观原因,当时未能实现产业化。

2002 年,上海市纺织科学研究院和上海市合成纤维研究所集中优势力量联合攻关,完成了千吨级的芳砜纶产业化工程关键技术的开发。这标志着我国首创并拥有自主知识产权的芳砜纶成功生产。

2006 年,上海纺织集团有限公司投全资注册成立了上海特安纶纤维有限公司,作为芳砜纶产业化项目的运行实体,全面启动芳砜纶产业化,在上海奉贤星火开发区开工建设年产 1 000 t 的芳砜纶生产线,并于 2007 年 10 月顺利投产。

二、芳砜纶的结构与性能

芳砜纶,即聚苯砜对苯二甲酰胺纤维,是由对苯二甲酰氯和 4,4'-二氨基二苯砜及 3,3'-二氨基二苯砜为主要原料聚合而成的三元无规共聚物纺成的纤维。芳砜纶的分子结构式如下所示:

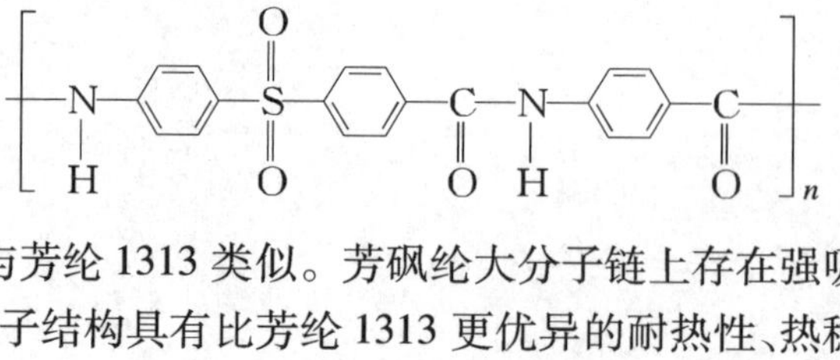

芳砜纶的力学性能与芳纶 1313 类似。芳砜纶大分子链上存在强吸电子的砜基,通过苯环的双键共轭作用,使其分子结构具有比芳纶 1313 更优异的耐热性、热稳定性与抗热氧化性能,芳砜纶的长期使用温度可达 250 ℃。芳砜纶的高温尺寸稳定性优于芳纶 1313,芳纶 1313 的沸水收缩率为 3%,在 300 ℃热空气中的收缩率达 8%,而芳砜纶在相同条件下的热收缩率分别为 0.5 % ~1%和 2%。芳砜纶具有良好的阻燃性,极限氧指数(*LOI*)为 33%。芳砜纶具有良好的染色性能,在常用的高温高压条件下即可染色,而芳纶 1313 一般情况下是不可染色的。

另外,芳砜纶还具有优异的电绝缘性、化学稳定性、耐辐射等性能。芳砜纶的主要性能见表14-1。

表14-1　芳砜纶的主要性能

名称	指标	名称	指标
密度/$(g \cdot cm^{-3})$	1.416	回潮率/%	6.28
拉伸强度/$(cN \cdot dtex^{-1})$	3.1~4.4	*LOI* 值/%	33
拉伸模量/$(cN \cdot dtex^{-1})$	52.8	沸水收缩率/%	0.5~1.0
断裂伸长率/%	20~25	300 ℃空气中2 h收缩率/%	<2
熔点/℃	无	染色性能	可染色
玻璃化转变温度/℃	257	化学稳定性	良好
软化温度/℃	367~370	耐辐射性能	良好
起始分解温度/℃	>400	介电常数	1.79
长期使用温度/℃	250	电压击穿强度/$(kV \cdot mm^{-1})$	15~22

三、芳砜纶的生产工艺

聚合工艺:将4,4'-二氨基二苯砜与3,3'-二氨基二苯砜溶于二甲基乙酰胺(DMAc)中,冷却至-20~-5 ℃,加入等物质的量的对苯二甲酰氯进行低温溶液缩聚反应,得到相对黏度≥1.6的聚合物树脂溶液,聚合物质量分数为10%~20%。

纺丝工艺:树脂溶液用氧化钙中和、过滤、脱泡后,在含有 $CaCl_2$-DMAc-H_2O 三元体系的凝固浴中湿法纺丝成型,初生纤维经拉伸、水洗、干燥,最后在高温下拉伸、上油,制得米黄色的芳砜纶长丝。若制备短纤维,则将长丝束经卷曲、切断和打包后即可得到产品。

四、芳砜纶的主要用途

芳砜纶可加工成纱线、机织布、针织布、非织造布和绝缘纸等。产品应用领域广泛:在防护制品领域,可制成特种军服、消防服、电弧防护服、耐高温工作服、防火毯、轻型防火材料等;在高温过滤材料领域,芳砜纶是制作袋式除尘器滤袋及其他过滤织物的优良材料;在电绝缘材料领域,芳砜纶制成的绝缘纸具有耐热、绝缘、高强度、耐辐射、阻燃、耐化学腐蚀、尺寸稳定等优点;在蜂窝结构材料领域,芳砜纶制成的蜂窝材料可在飞机夹层、赛艇夹层、隔声隔热材料、自熄材料、护墙材料、复合材料等方面广泛应用;在摩擦密封材料领域,芳砜纶制作的摩擦密封材料比传统的橡胶、石棉、膨胀石墨等材料具有更好的柔软性、压缩回弹性、可塑性和寿命长等优点;芳砜纶还可用于制备其他一些工业织物,如造纸毛毯和转移印花毛毯、熨烫台布、输送带、涂层织物、绳缆、扬声器的音膜片和体育用品等。

第二节　聚四氟乙烯纤维

聚四氟乙烯(polytetrafluoroethylene,PTFE)纤维是由全氟化直链的非极性高聚物——聚四氟乙烯纺制而成的纤维。PTFE纤维品种有单丝、复丝、短纤维和膜裂纤维。在我国,PTFE纤维被叫做“氟纶”,美国和日本叫“特氟纶”,俄罗斯称为“波利芬”。

一、PTFE 纤维的发展概况

20 世纪 50 年代,PTFE 纤维由杜邦公司实现工业化生产,商品名为 Teflon(特氟纶)。奥地利兰精公司于 20 世纪 70 年代成功开发膜裂纤维。

国外 PTFE 纤维主要生产商有美国杜邦公司、戈尔公司、阿尔巴尼国际单丝公司,奥地利兰精公司,日本吴羽化学公司等。国内 PTFE 纤维生产商主要有常州中澳兴城高分子材料有限公司、镇江飞利达高分子材料有限公司、上海凌桥环保设备厂有限公司等。其中戈尔与兰精两公司的产品最具有代表性。

二、PTFE 纤维的结构与性能

PTFE 为大分子线型结构,几乎没有支链,且侧基全部为 C—F 键,键能 460.2 kJ/mol。其分子结构式如下图所示。PTFE 氟原子的共价半径比氢大得多,氟原子把碳原子屏蔽保护起来,分子链难以遭到破坏。另外氟原子之间相互排斥,使整个大分子链不像碳氢分子链一样呈锯齿形,而是呈螺旋结构。工业化生产的 PTFE 纤维的相对分子质量大于 400 万,密度为 2.14 ~ 2.30 g/cm^3。

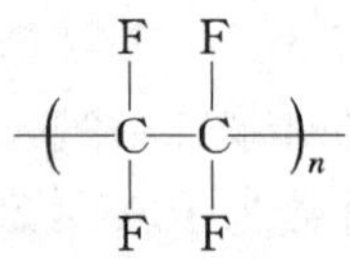

PTFE 纤维的性能如下:

①力学性能。不同公司生产的 PTFE 纤维强度差别较大,在 1.0 ~ 6.0 cN/dtex 内变化。②热性能。PTFE 纤维具有优异的耐高、低温性能,长时间工作温度范围很宽,为 -250 ~ 260 ℃,PTFE 纤维熔点 327 ℃,分解温度 415 ℃,是一种耐热性能优良的纤维。③阻燃性能好,*LOI* 值高达 95%。④具有优良的化学稳定性能,所有的强酸、强碱、强氧化剂、盐类对 PTFE 纤维皆无影响,即使在高温条件下也是如此,对沸腾的王水也很稳定,只有氟元素本身和熔融碱金属才对它有侵蚀作用。⑤具有不黏性,PTFE 的摩擦因数很低,动摩擦因数为 0.16,静摩擦因数为 0.2,在现有合成纤维中是最小的,而且具有良好的自润滑性。事实上它是一个不黏材料,这也是那些需要低摩擦因数的材料通常都用 PTFE 树脂浸渍的原因。⑥优异的绝缘性能,PTFE 纤维的比电阻为 1 017 Ω。另外,PTFE 纤维还具有耐老化、抗紫外辐射、极低的吸湿性能。PTFE 纤维与其他纤维的性能比较见表 14-2。

表 14-2　PTFE 纤维与其他纤维的性能比较

名称	PTFE 纤维	聚乙烯纤维	聚丙烯纤维
密度/($g \cdot cm^{-3}$)	2.14 ~ 2.30	0.94 ~ 0.96	0.91
强度/($cN \cdot dtex^{-1}$)	1.0 ~ 6.0	4.4 ~ 7.9	4.0 ~ 7.9
伸长率/%	3 ~ 30	8 ~ 35	15 ~ 60
熔点/℃	327	125 ~ 135	165 ~ 173
长期使用温度/℃	260	90	130
LOI 值/%	95	17 ~ 18	18 ~ 19

三、PTFE 纤维的生产工艺

(一)聚合工艺

PTFE 树脂的单体是四氟乙烯,经自由基聚合制得,聚合方法包括本体聚合、溶液聚合、悬浮聚合、乳液聚合等。工业生产中主要采用悬浮聚合和乳液聚合,在大量水存在下搅拌进行反应,用以分散反应热,便于控制温度。

悬浮聚合与乳液聚合都是以单釜间歇聚合方式进行的。两者的差异在于:悬浮聚合不加乳化分散剂(表面活性剂),反应在剧烈搅拌条件下得到沉淀的树脂;乳液聚合在反应体系中加入少量的表面活性剂、自由基引发剂、pH 值调节剂等,然后在中等搅拌强度下得到粒径较小的粒子,并能分散在水介质中,乳液聚合反应具有高转化率、高反应速率以及可获得高分子量的聚四氟乙烯颗粒的优点。

(二)纺丝工艺

由于 PTFE 全氟化直链结构稳定性高,目前尚无合适的溶解 PTFE 的溶剂,因此不能用溶液纺丝成型。另外 PTFE 在温度升到熔点以上时也不流动,分子刚性较大,成纤性差,无法通过熔纺成型,所以常规的纺丝方法——湿纺、干纺、熔纺都不能用来制造 PTFE 纤维。目前的纺丝方法主要有载体纺丝法、糊状挤压纺丝法和膜裂纺丝法等技术。

载体纺丝法是应用最为成熟的一种方法,是工业上采用的主要方法。它是将平均分子质量 300 万左右、粒径 0.05 ~0.50 m 的聚四氟乙烯乳液(质量分数 60%)与黏胶丝或聚乙烯醇等成纤性载体混合后,制成纺丝液,纺丝后将载体在高温下炭化除掉,聚合物被烧结而连续形成纤维。这种方法可制得线密度较小的纤维,但在烧结过程中易产生结构上的缺陷,并混入载体的碳化物,因而强度较低,大多呈现褐色。

膜裂纺丝法是工业生产成本最低的方法。一般是将 PTFE 树脂粉末加工成圆柱形 PTFE 型坯,经机械切削或压延成一定厚度的薄膜,再通过锯齿状刀具割裂成丝,经牵引辊拉伸、加热、再拉伸,最终成为 PTFE 纤维。这种方法制得的纤维强度相对也较低。

糊料挤出纺丝法是将聚四氟乙烯粉末与易挥发物调成糊料,经螺杆挤出后通过窄缝式喷丝孔纺成条带状纤维,然后用针辊作原纤化处理,可制得强度较高、线密度较大的纤维。

四、PTFE 纤维的主要用途

PTFE 纤维独特的性能使其在化工、石油、纺织、建筑、造纸、医学、电子机械、航空航天等领域都有着广泛的应用。

PTFE 纤维用作过滤材料,广泛用于制作高温粉尘滤袋,短纤维可用于制造过滤用针刺毡,机织纱可用于制造针刺毡的基底稀松布,过滤材料是目前 PTFE 最大的应用领域。利用 PTFE 纤维摩擦因数小的特点,制成泵、阀门等设备转动部件的密封填料。用于医疗卫生行业,由于 PTFE 本身没有任何毒性,可用于制造人造韧带、心瓣膜等人造器官,也可用于软组织再生的人造血管和补片,以及用于血管、心脏、普通外科和整形外科的手术缝合线等。用于建筑方面,美国戈尔公司生产的 Tenara 建筑用织物常被用作室外球场、竞技场、体育馆、滑冰场、游泳场、大型展览会等的屋顶材料。用于航空航天方面,PTFE 制作的自润滑关节轴承是航空航天及众多新技术领域中不可缺少的产品。

第三节　聚芳酯纤维

聚芳酯纤维(polyarylate fiber,PAr),即芳香族聚酯纤维,与对位型芳香族聚酰胺相比,其分子极性较弱,可以熔融和形成热致性液晶。因此,是一类重要的成纤热致性液晶聚合物。

一、PAr 纤维的发展概况

20 世纪 80 年代中期,美国塞拉尼斯(Celanese)公司开始聚芳酯纤维的工业化生产。1986 年日本可乐丽(Kuraray)公司从赛拉尼斯公司引进技术,获得在日本独家生产许可权,并在 1990 年实现了 Vectran(维克特纶,日本可乐丽与美国赛拉尼斯公司合作生产的聚芳酯纤维的商品名)纤维的工业化生产。目前,市场上的熔纺高强度热致液晶纤维只有可乐丽公司的 Vectran 还在生产和销售,曾经日本住友化学公司的 Ekonol(依克诺尔)纤维、美国伊斯特曼(Eastman)公司的 X-7G、美国达托可制造公司(Dartco Manufacturing)与联合信号纤维公司(Allied Signal)联合研制的 Xydar(克赛达)纤维等品种限于生产成本与市场前景的悲观预测均退出了市场。

二、PAr 纤维的结构与性能

与芳纶 1414 不同,Vectran 纤维属于热致液晶聚合物(thermotropic liguid rgstalkine polymers,TLCP),其分子结构式如下:

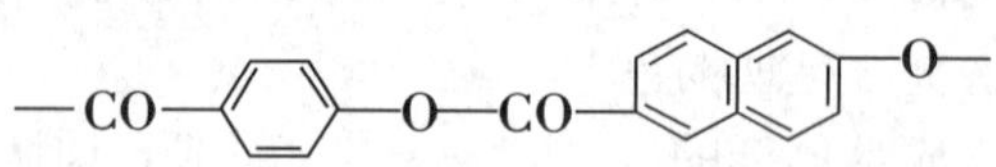

Vectran 纤维的力学性能与 Kevlar 纤维相近,具有高强度、高模量;耐热性能也与 Kevlar 纤维相当,热分解温度高于 400 ℃;纤维吸湿率很低,小于 0.1%,干、湿环境下的物性差异小,且在湿热环境下,强度几乎不降低,比 Kevlar 纤维好得多;纤维耐腐蚀性能优良,尽管为熔纺纤维,但遇热不产生熔滴,有自熄火性。Vectran 纤维与 Kevlar 纤维的主要性能指标比较如表 14-3所示。

表 14-3　Vectran 纤维与 Kevlar 纤维主要性能

性能指标	Vectran		Kevlar	
	高模型 K49	高强型 HT	高模型 UM	标准型 K29
密度/($g \cdot cm^{-3}$)	1.41	1.37	1.44	1.45
拉伸强度/($cN \cdot dtex^{-1}$)	24.2	21.5	20.3	19.5
拉伸模量/($cN \cdot dtex^{-1}$)	530	740	490	781
断裂伸长率/%	4.0	2.8	3.6	2.4
起始分解温度/℃	>400	>400	>400	>400
LOI 值/%	28~30	28~30	29	29
含水率/%	<0.1	<0.1	4.9	4.3

三、PAr 纤维的生产工艺

(一)聚合工艺

聚合单体为对羟基苯甲酸(HBA)和6-羟基-2-萘甲酸(HNA),聚合之前两种单体和醋酐反应进行乙酰化,然后在催化剂和氮气保护下进行熔融聚合,单体发生酯交换反应脱去醋酸,反应过程中剧烈搅拌有利于单体充分混和反应并加速醋酸的蒸出。聚合阶段后期在真空下进一步反应,使生成的醋酸完全除去,聚合物分子质量进一步提高,最后得到无规共聚树脂,聚合物特性黏度一般为2.8~5.8 dL/g。反应中也可加入第三单体进行熔融共聚合。

(二)纺丝工艺

聚芳酯熔点低,熔体黏度小,流动性好,很适合熔融纺丝。熔融纺丝过程在氮气保护下进行,温度通常控制在310 ℃左右。熔纺原丝强度不高,通常为7~8 cN/dtex。经高温自由状态热处理,聚合物发生固相反应,分子质量进一步提高,纤维强度达到20 cN/dtex 以上。生产聚芳酯纤维的热处理时间较长,生产效率较低,这是其生产成本居高不下的原因,也是该纤维发展不及芳纶的主要原因。今后聚芳酯纤维的研究方向仍然是提高纤维的性能和进一步改进生产工艺技术,以提高生产效益。

四、PAr 纤维的主要用途

聚芳酯纤维有长丝、短纤维及纸张等形式,作为一种高科技纤维,以其独特的性能,主要应用于电缆增强材料、体育器材、防护用品及高级电子仪器构件等领域。

Vectran 纤维首先作为高强度增强材料,广泛应用于光纤、通信电缆、特种电线、发热毯中发热线的增强材料,也用于水泥、橡胶、塑料等制品的增强材料;其次 Vectran 纤维作为防护材料,可制作防护服、防护罩、防护板、防护网、防护手套、安全帽等防护制品;Vectran 纤维还可作为缆索和网等所用材料,Vectran 纤维制成的缆索操作性能好,可代替钢丝,也可制作渔网、休闲吊网、养殖围网等;另外在体育运动用品领域,Vectran 纤维及其织物可用于制作网球拍、雪橇、滑板、头盔等体育用品。

随着聚芳酯纤维工业化进程的发展,其性能会进一步提高,用途也会不断开拓。

第四节　超高分子量聚乙烯纤维

超高分子量聚乙烯纤维(ultra high molecular weight polyethylene fiber,UHMWPE),又称高强高模聚乙烯纤维,是目前世界上比强度和比模量最高的纤维,是由分子量在100万~500万的聚乙烯所纺出的纤维。

一、UHMWPE 纤维的发展概况

20世纪30年代,已经有人提出了超强聚乙烯的基础理论。1975年荷兰 DSM 公司以十氢萘为溶剂,采用凝胶纺丝—超拉伸技术,在实验室试制出了具有优异抗张性能的 UHMWPE 纤维,并申请专利,1990年开始实现工业化生产,生产商品名为迪尼玛(Dyneema)的高性能聚乙烯纤维。日本东洋纺公司于1991年根据 DSM 的专利技术建厂,市场和产能不断扩大。美国联合信号公司1995年开发成功了 Spectra 纤维,模量较高,1998年产能翻番。

我国对于超高分子量聚乙烯的研究始于20世纪80年代。仪征化纤有限公司生产的超高分子量聚乙烯纤维,商品名为“力纶”。目前,我国浙江、江苏、北京、湖南等地已先后建成年产量数十至数百吨每年规模的UHMWPE纤维生产线,有两家企业可生产出强度高于35 cN/dtex的品种,产能也日益提高。

二、UHMWPE纤维的结构与性能

常规的聚乙烯纤维为典型的柔性大分子,非晶态时大分子呈无规线团状,缠结程度大,而结晶时纤维结构内的大分子多为折叠式结构,纤维受外力作用时,主要由少数连接晶区与非晶区的缚结分子承受外力作用,很容易断裂,导致纤维强度较低。而高强高模型聚乙烯纤维,折叠的大分子链伸直,大分子沿纤维轴向高度取向和结晶,使纤维呈现优异的抗张性能、高强度、高模量。

UHMWPE纤维密度仅为0.97 g/cm^3 具有良好的力学性能,良好的耐冲击性能、优良的耐光性、优异的耐化学腐蚀性等。还具有耐低温的特点,一般使用温度可以低至-150 ℃。UHMWPE纤维的耐候性良好,即使日晒1 500 h后,纤维强度保持率不低于80%,其耐紫外线性能也非常优越。

三、UHMWPE纤维的生产工艺

为了制备高强度的聚乙烯纤维,最重要的是减少分子末端、分子之间、分子本身的缠结和折叠,使大分子处于伸直的单相结晶状态。但为了增加纤维的强度,应采用较高分子量的聚乙烯,而分子量的增加会使大分子的缠结和纠缠程度相应增大,因此在纺丝过程中,熔体黏度很高,采用常规的熔融纺丝技术很难纺丝成型。

UHMWPE纤维生产工艺有:纤维状结晶生长法、单晶片—超拉伸法、凝胶挤压—超拉伸法和凝胶纺丝—超拉伸法。

迄今为止,在这几种方法中,能够纺制UHMWPE纤维的唯一工业化方法是凝胶纺丝—超拉伸法。其制备原理如图14-1所示。

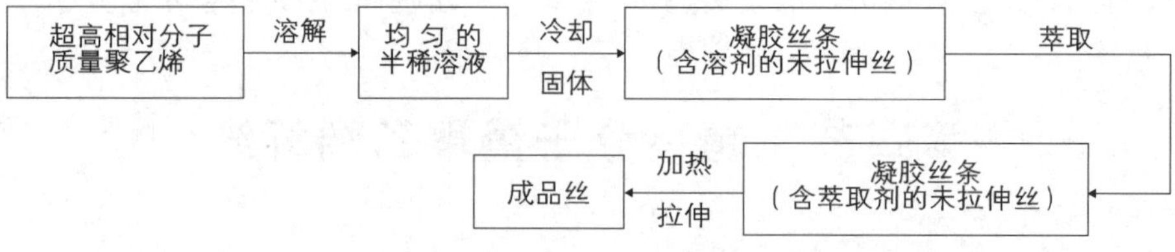

图14-1 凝胶纺丝—超拉伸纺丝原理

具体过程是:以十氢萘、石蜡油、矿物油等碳氢化合物为溶剂,将UHMWPE调制成半稀溶液(质量分数4%~12%),由喷丝孔挤出后,骤冷成为凝胶原丝,经萃取、干燥后进行30倍以上的热拉伸。通过超拉伸过程,使纤维的取向度和结晶度大大增加,从而改善了纤维的力学性能,最终制成具有伸直链结构、高强度、高模量的UHMWPE纤维。其生产工艺流程如图14-2所示。

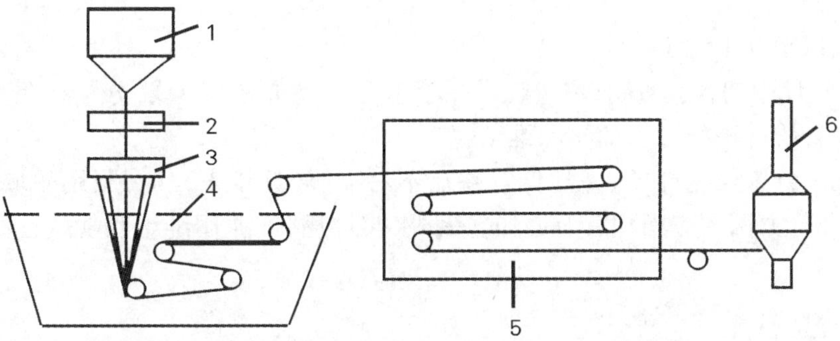

1—溶解釜；2—计量泵；3—喷丝头；4—冷却−萃取浴；5—拉伸机构；6—卷绕筒

图 14-2　UHMWPE 纤维生产工艺流程图

四、UHMWPE 纤维的主要用途

UHMWPE 纤维以其优异的物理化学性能，广泛用于航天航空、绳索类、休闲体育用品、医用材料、安全防护类以及其他复合材料类等领域。

UHMWPE 纤维质轻、高强、耐冲击，适用于做飞机上的一些非高温部位的金属替代材料，如飞机翼尖等部位；UHMWPE 纤维具有高强力、高模量、耐腐蚀、耐磨损、耐光照、柔韧性好等性能，且其密度很低，仅为 0.97 g/cm^3，能够漂浮在水上，在水中的自由断裂长度为无限长，因此尤其适用于海洋用绳，舰艇、远洋船舶缆绳，渔网、赛艇、帆船。UHMWPE 纤维与树脂复合材料的抗冲击韧性非常好，具有较强的比冲击吸收能量，因此该种复合材料在防冲击吸能领域具有非常好的应用，如用于防弹的避弹衣、头盔、复合装甲等；用于安全生产的防切割手套、护具、防冲击板材等；用于高危环境下的防冲击护具，如警用防刺服、矿工防砸头盔等。此外，UHMWPE 纤维的生物相容性和耐久性都较好，化学稳定性好，不会引起人体的过敏反应和生物排斥反应，可以用作医疗卫生方面的医用缝合线、人造关节、人造韧带、人造肢体、医用移植物、整形缝合材料等。

第五节　聚乙烯醇纤维

聚乙烯醇（polyvinyl alcohol，PVA）纤维是合成纤维的重要品种之一，它是以聚乙烯醇为原料纺丝制得的。将这种纤维经甲醛处理可得到聚乙烯醇缩甲醛纤维，我国商品名称为维纶或维尼纶。以聚乙烯醇为原料经纺丝制得的纤维是水溶性的，称为水溶性聚乙烯醇纤维。水溶性聚乙烯醇纤维不具备必要的耐热水性，没有服用价值。

一、PVA 纤维的发展概况

聚乙烯醇最早是由德国赫尔曼和黑内尔于 1924 年合成的，德国瓦克化学（Wacker chemicd）公司首先制得聚乙烯醇纤维，名为津托菲尔（Syntho-fil）。由于它溶解于热水而不能作为纺织纤维，主要用作外科的手术缝线。直到 1939 年，日本樱田一郎等研究成功聚乙烯醇的热处理和缩醛化方法，它才成为耐热水性良好的纤维。1950 年日本仓敷人造丝公司（现为可乐丽公司)开始工业化生产。20 世纪 50 年代,世界上生产聚乙烯醇纤维的国家有中国、日本、朝鲜、苏联等,产品以短纤维为主。

20 世纪 60 年代中期,我国从日本进口了一套 1 万 t/a 维纶生产线,分别在北京有机化工厂和石家庄化学纤维厂进行聚乙烯醇和维纶生产。

由于聚乙烯醇纤维染色性差、弹性低等缺点不易克服,近年来,其在服用领域不断萎缩。但在工农业、渔业等方面的应用却有所增加。另外,装饰用、产业用纤维和功能性纤维的比例也在逐步增大。

二、PVA 纤维的性能

聚乙烯醇缩甲醛纤维具有柔软、保暖等特性,因其性质与棉花颇相似,故有“合成棉花”之称。维纶短纤维外观形状接近棉,强度和耐磨性均优于棉,它与棉花的混纺织物(50/50)比纯棉织物的强度高 60%,耐磨性提高 50% ~100%。

聚乙烯醇纤维的吸湿性较好,在标准状态下回潮率为 4.5% ~5.0%,在合成纤维中是比较高的。其热传导率较低,保暖性较好;耐腐蚀性和耐日光性较好,在一般有机酸、醇、酯及石油等溶剂中不溶解;不易霉蛀,长期放置在海水中、埋于地下或长时间在日光下曝晒,强度损失都不大。

聚乙烯醇纤维的主要缺点是耐热水性较差,在湿态 110 ~115 ℃时,即有明显的变形和收缩,在水中煮沸 3 ~4 h,织物明显变形并发生部分溶解;弹性不佳,其织物不够挺括,在服用过程中易折皱;染色性较差,色泽不鲜艳;高温下的力学性能低,限制了它在汽车轮胎帘子线方面的应用。

三、PVA 纤维的制备方法

(一)PVA 的生产工艺

聚乙烯醇的生产工艺按原料可分为三种:

(1)石油→乙烯→醋酸乙烯→聚醋酸乙烯→聚乙烯醇;

(2)天然气→乙炔→醋酸乙烯→聚醋酸乙烯→聚乙烯醇;

(3)电石→乙炔→醋酸乙烯→聚醋酸乙烯→聚乙烯醇。

国内 13 家聚乙烯醇生产企业,有 10 家采用电石乙炔路线,只有中国石化集团四川尼纶厂采用天然气乙炔路线;上海金山石化、北京有机化工厂采用石油乙烯路线。

由于游离态的乙烯醇极不稳定,它会自发地进行重排转变为乙醛,不能单独存在,所以要获得具有实用价值的聚乙烯醇,通常以醋酸乙烯为单体聚合成聚醋酸乙烯,然后聚醋酸乙烯进行醇解或水解制成聚乙烯醇。乙烯醇的重排反应如下:

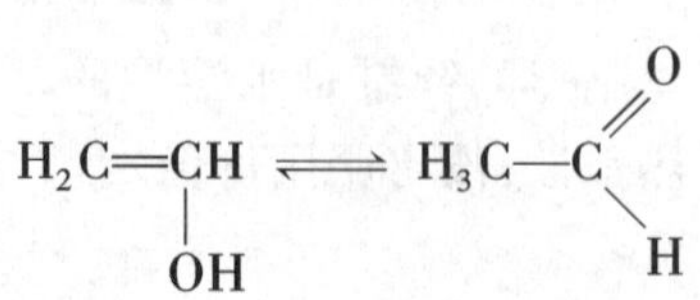

醋酸乙烯在引发剂偶氮二异丁腈的作用下,发生自由基聚合反应。根据聚醋酸乙烯的不同用途,工业上醋酸乙烯聚合的实施方法有很多种。用于制造聚乙烯醇纤维使用的聚醋酸乙烯,通常是以甲醇为溶剂采用溶剂聚合法制得的。将聚醋酸乙烯在甲醇或氢氧化钠作用下进行醇解反应,就可得到聚乙烯醇树脂。

(二)PVA 纤维的纺丝工艺

聚乙烯醇纤维既可以采用湿法纺丝成型,也可以采用干法纺丝成型。不管哪种纺丝方法,其基本工艺过程为:纺丝原液的制备、纺丝成型和后加工。

在制备纺丝原液时,工业上都以水作为溶剂,制成聚乙烯醇的浓溶液再经过滤、脱泡,以除去溶液中的机械杂质和气泡。由于聚乙烯醇的熔融温度高于分解温度,所以只能用溶液纺丝方法。对于聚乙烯醇纤维的后加工,主要包括拉伸、热定型、缩醛化、水洗、上油、干燥等工序。与其他合成纤维制造不同,在聚乙烯醇的后加工过程中,缩醛化工序即用甲醛处理纤维必不可少,通过甲醛与聚乙烯醇分子上的羟基发生分子内缩合反应,使聚乙烯醇大分子上的亲水性羟基部分地被封闭生成聚乙烯醇缩甲醛,这样就可以改善纤维的耐热水性,降低纤维的收缩率。一般在缩醛化之前纤维耐热水性较差,在 80 ~ 90 ℃的热水中收缩率为 10%。而缩醛化后同样条件下,其缩水率不超过 2%。

一般情况下,干法纺丝主要用于制造某些专用的长丝,湿法纺丝主要用于生产短纤维。聚乙烯醇短纤维的生产流程如图 14-3 所示。

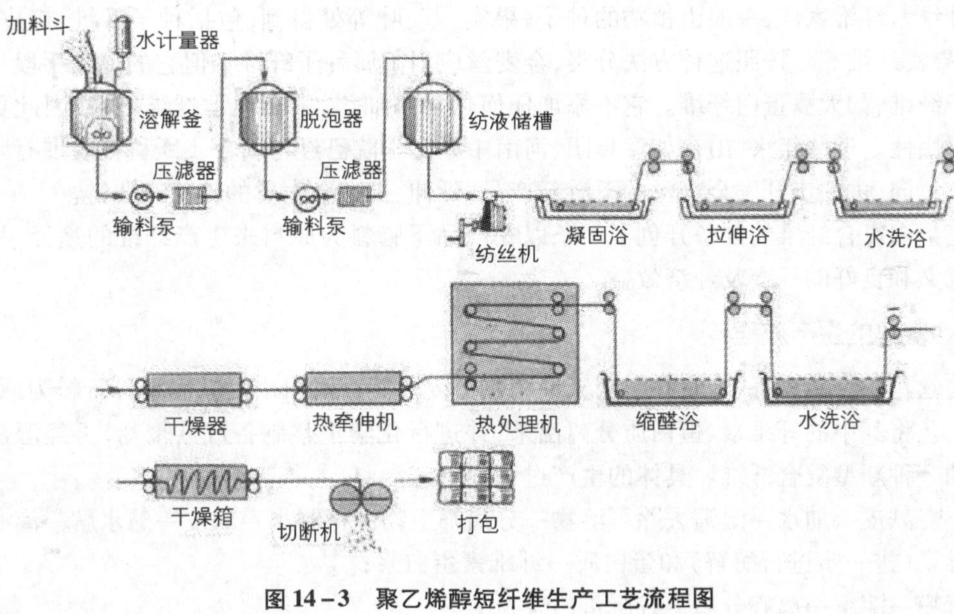

图 14-3　聚乙烯醇短纤维生产工艺流程图

四、PVA 纤维的主要用途

聚乙烯醇纤维主要为短纤维,一般用以与棉混纺,与黏胶纤维或其他纤维混纺或纯纺,制作外衣和汗衫、棉毛衫裤、运动衫等机织或针织物。

聚乙烯醇纤维作为服用纤维产量越来越小,而转向工业、农业、渔业、运输和医用等方面。对于水溶性 PVA 纤维,它是一种功能性差别化纤维。不仅具有理想的水溶温度、强度和伸度,良好的耐酸、耐碱、耐干热性能,而且溶于水后无味、无毒,水溶液呈无色透明状,在较短的时间内能自然分解,对环境不产生任何污染。主要作为中间纤维与其他纤维混纺,制成高支的高档纯毛面料、高档麻织品、水溶性的无纬毛毯,或者制成水溶性非织造布。

聚乙烯醇纤维也可用于手术缝合线等,在医药卫生方面用途广泛。

第六节　金麦丝

一、金麦丝概述

我国是小麦生产大国，种植广泛，年产量已超过1亿t，年产麸皮可达2 000万t以上，其中85%以上被直接用于酿造和饲料行业。麸皮富含纤维素、蛋白质，充分利用小麦麸皮开发新型纤维，必将会带来较好的经济效益和社会效益。为此，河南新乡飞跃科技发展有限公司组织科研人员，经过反复攻关试验，最终于2011年成功研制出纤维新品种——小麦蛋白复合纤维，商品名称为“金麦丝”。金麦丝是利用谷朊粉的高蛋白和小麦麸皮的纤维素相结合，通过湿法纺丝的方法生产出来的植物蛋白纤维。这种全新的植物蛋白纤维具有亲肤性优越，手感糯软，绿色可降解等特点。

通常情况下，以植物为主要原料的纤维，其主要化学成分是纤维素，故也称纤维素纤维，属于天然纤维素纤维家族，一般由植物的种子、果实、茎、叶等处得到，包括种子纤维、韧皮纤维、叶纤维、果实纤维等。按照这种方法分类，金麦丝应当归属种子纤维。但它的加工手段不同于其他种子纤维，如大豆蛋白纤维。它不添加任何化学添加剂，不与化学纤维接枝，因此更具环保性和服用性。近些年来，山东如意集团、河南中原工学院已经与新乡飞跃科技发展有限公司达成合作意向，进一步开发金麦丝的下游新产品，延伸、提高金麦丝的价值产业链。

小麦蛋白复合纤维的制备开创了一条以农产品下脚料为原料来生产纤维的途径，具有节能环保意义和良好的社会及经济效益。

二、金麦丝的生产流程

金麦丝是一种新型纤维，它是采用天然植物小麦的副产物粗小麦麸皮和谷朊粉为原料，经高科技工艺将其中的纤维素、蛋白质分离出来，并进行化学重整制备成共聚物，再经湿法纺丝而制成的一种新型复合纤维。具体的生产过程如下：

粗小麦麸皮→加水→湿筛去除可溶物→分离筛上物→精制小麦麸皮→碱水解→离心分离得到纤维素（进一步进行酶解）和蛋白质→纤维素蛋白浆；

谷朊粉→溶解→离心分离→谷朊蛋白浆；

纤维素蛋白浆、谷朊蛋白浆→混合→交联接枝→脱泡→纺丝成型。

三、小麦蛋白/PVA共混静电纺丝

小麦蛋白又称谷朊粉，是一种可食用的植物蛋白，蛋白质质量分数高达72%～85%，具有成膜性好、安全可靠、价格低廉等特点，目前主要用于食品和饲料工业。以小麦蛋白和PVA为原料，采用高压静电纺丝工艺，制得小麦蛋白/PVA复合纳米纤维。这种复合纳米纤维可应用于材料合成、医学等领域。

（一）小麦蛋白的提取

小麦蛋白的分离方法具体操作为：按液固比40∶1，取一定量的谷朊粉加入到质量分数为70%的乙醇中，磁力搅拌2 h使其分散均匀，采用3 000 r/min的转速离心10 min，收集上层清液；将沉淀物再用质量分数为70%的乙醇提取，磁力搅拌2 h，转速3 000 r/min离心10 min，收集上层清液；将两次收集的上层清液均匀混合，用旋转蒸发器浓缩；浓缩后剩余物冷冻干燥、粉碎、过 100 目筛，即得小麦蛋白。按凯氏定氮法（GB/T 5009.5—2010）测定其蛋白质含量。

（二）纺丝溶液的制备

按一定比例将 PVA 粒子溶于蒸馏水中，90 ℃磁力搅拌 2 h，制得质量分数为 10% 的 PVA 水溶液。将小麦蛋白与 PVA 水溶液按照一定的比例混合，pH 值控制在 12.0，30 ℃磁力搅拌 1 h，冷冻离心 10 min，取上层清液，按凯氏定氮法测定其蛋白质质量分数为 6.75 %。按小麦蛋白与 PVA 质量比 8∶2 的比例，将制得的小麦蛋白水溶液与 PVA 水溶液按照一定比例混合均匀，制备成纺丝溶液。

（三）高压静电纺丝

分别配制不同质量分数（5%，10%，15%）的小麦蛋白/PVA 共混物纺丝液，设定静电电压分别为 8、10、12、15 kV 及接收距离分别为 8、10、12、14 cm，在室温下进行静电纺丝。

如果纺丝液中的共混物质量分数较低，则不能纺丝；过高，则溶液浓度过大，纤维直径增大，容易出现串珠结构。随着电压和接收距离的增加，纤维直径均有先减小后增大的现象。在共混物质量分数 10%、电压 12 kV、接收距离 12 cm 时，可获得表而光滑、均一，直径为 280 nm 的纳米纤维。共混纤维中，小麦蛋白和 PVA 以氢键结合，其结晶度受其他因素的影响不大，说明这两种物质的相容性良好。

四、金麦丝的结构与性能

小麦蛋白复合纤维在本质上属于一种利用小麦蛋白与再生纤维素共聚通过湿法纺丝而制成的新型再生纤维。观察小麦蛋白复合纤维的纵向和截面结构，发现小麦蛋白复合纤维内部存在中空结构，并布满了大量大小不等的空隙，其表面有许多沟痕，外貌形态与常规的黏胶纤维相似。小麦蛋白复合纤维内部存在的大量孔隙使其具有良好的毛细效应，从而具有良好的吸湿性、吸水性和透气性，可在瞬间吸收大量的水分和透过大量的气体。由此可以预测，小麦蛋白复合纤维织物具有夏季穿着凉爽透气、冬季穿着保暖舒适的特点。

小麦蛋白复合纤维所用的原料来自天然小麦，具有可降解性和可再生性，因此，属于绿色环保产品，对人体无任何危害。与几种常见纤维相对比，其性能如表 14－4 所示。

表 14－4　几种纤维性能指标对比

指标	棉	涤纶	莫代尔	黏胶	莱赛尔	小麦蛋白复合纤维
线密度/dtex	1.56	0.80	1.40	1.50	1.70	1.67
长度/mm	29.90	38.00	38.00	38.00	39.30	37.60
干强/($cN \cdot dtex^{-1}$)	3.60	5.57	3.20	2.40	4.00～4.20	2.00
湿强/($cN \cdot dtex^{-1}$)	3.70	5.49	3.00	1.14	3.40～3.80	1.41
回潮率 /%	8.50	0.50	9.80	13.00	11.50	12.30
干伸长率 /%	8.00	17.90	14.00	23.80	13.00～15.00	18.40
湿伸长率 /%	13.00	17.90	14.60	27.80	16.10～18.0	14.50
蛋白质/[$g \cdot (100\ g)^{-1}$]	—	—	—	—	—	14.48

由表 14－4 可以看出，在几种纤维中，小麦蛋白复合纤维的线密度相对较大，与莱赛尔（Lyocell）纤维相近；小麦蛋白复合纤维的干强和湿强较低，与黏胶纤维相近；小麦蛋白复合纤维具有很好的吸湿性能，回潮率高达 12.3%，与黏胶纤维相近，这是由小麦蛋白复合纤维内部

存在布满大量空隙的中空结构，且其表面有许多沟痕的微观结构所决定的；小麦蛋白复合纤维的干伸长较高，与涤纶相近；小麦蛋白复合纤维的湿伸长较低，与莫代尔(Modal)纤维相近。

此外，研究发现，小麦蛋白复合纤维具有优良的可染性，固色率高，色泽艳丽，牢度良好，但耐水洗牢度较差。

五、金麦丝的主要用途

由于小麦蛋白复合纤维的良好性能，它可以用于纯纺或混纺，尤其当小麦蛋白复合纤维与其他纤维混纺时，能够充分利用不同纤维的优良特性，优势互补，进而能更有效地赋予织物多种服用性能，提高纺织品的附加值。

如小麦蛋白复合纤维/羊绒混纺针织纺织品，既保持了羊绒制品光泽柔和、手感柔软滑糯、高贵的特性，又克服了羊绒产品易起球、价格昂贵的缺点。由于小麦蛋白复合纤维染色性能优良，而纯纺真丝产品染深色困难且牢度欠佳，其混纺产品集小麦蛋白复合纤维和真丝优点于一身，织物轻薄，风格飘逸，吸湿透气，染色牢度提高且成本降低，是夏季深色服装面料的理想选择。利用小麦蛋白复合纤维的线密度、长度与棉纤维接近，但回潮率、干伸长大于棉纤维的特点，将这两种纤维混纺制成的纺织品，其吸湿性、透气性、保暖性、柔软性、光泽及亲肤性均优于纯棉纤维产品。将小麦蛋白复合纤维与氨纶或低弹丝制成混纺纺织品，由于弹力纤维的加入，弥补了小麦蛋白复合纤维弹力差的不足，可以制作各种需要弹性的外衣和内衣。随着小麦蛋白复合纤维的发展，其应用领域将会进一步得到拓展。

第七节　聚对苯撑苯并二噁唑纤维

PBO(poly-p-phenylene benzobisoxazole)纤维是聚对苯撑苯纤维的简称，是 20 世纪 80 年代美国为发展航天航空事业而开发的复合材料用增强材料，是含有杂环芳香族的聚酰胺家族中最有发展前途的一个成员，被誉为“21 世纪超级纤维”。

一、PBO 纤维概述

PBO 是由美国空军空气动力学研究人员发明的，首先由美国斯坦福(Stanford)大学研究所(SRI)拥有聚苯并唑的基本专利，之后美国陶氏(DOW)化学公司得到授权，并对 PBO 进行了工业性开发，同时改进了原来单体合成的方法，新工艺几乎没有同分异构体副产物生成，提高了合成单体的收率，打下了产业化的基础。1990 年日本东洋纺公司从美国陶氏化学公司购买了 PBO 专利技术。1991 年由道-巴迪许化纤公司在日本东洋纺公司的设备上开发出 PBO 纤维，使 PBO 纤维的强度和模量大幅度上升，达到 PPTA 纤维的两倍。1994 年，日本东洋纺公司得到道一巴迪许化纤公司的准许，出巨资 30 亿日元建成了 400 t/a PBO 单体和 180 t/a 纺丝生产线，并于 1995 年春开始投入部分机械化生产，1998 年的生产能力达到 200 t/a，商品名为 Zylon。根据东洋纺对 Zylon 的发展计划，2000 年的生产能力将达到 380 t/a，2003 年达到 500 t/a，2008 年达到 1 000 t/a。现在日本东洋纺仍然是世界上唯一一家可以进行商业化生产 PBO 纤维的公司。

二、PBO 纤维的结构与性能

PBO 作为 21 世纪的超性能纤维，它是由芳杂环组成的高聚物通过液晶纺丝制得的一种新型高性能聚合物纤维。PBO 纤维的分子结构式如下图所示。纤维大分子结构最显著的特征是大分子链沿纤维轴向呈几乎完全取向排列,具有极高的取向度。PBO 分子单元链接角为 180°,是由刚性功能单元组成的棒状高分子。分子结构单元上的双噁唑环和苯环耦合,在苯环大 π 键影响下,芳香性不高的噁唑环的稳定性得到了很大的提高,一般的亲电试剂难以进攻。这种结构特征赋予了纤维优异的力学性能、耐热阻燃性能和耐化学腐蚀性能。

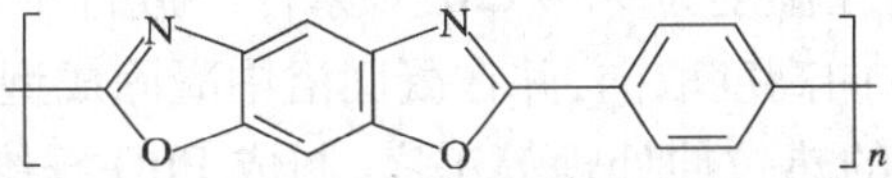

PBO 纤维具有十分优异的物理机械性能和化学性能,其强力、模量为 Kevlar 纤维的 2 倍,并兼有间位芳纶耐热阻燃的性能,而且其物理化学性能完全超过迄今在高性能纤维领域处于领先地位的 Kevlar 纤维。一根直径为 1 mm 的 PBO 细丝可吊起 450 kg 的物体,其强度是钢丝的 10 倍以上。

据东洋纺报道,其高端 PBO 纤维产品的强度为 5.8 GPa(德国有报道为 5.2 GPa),模量为 280 GPa,在现有的化学纤维中最高;耐热温度达到 600 ℃,极限氧指数为 68%,在火焰中不燃烧、不收缩,耐热性和难燃性高于其他任何一种有机纤维,主要用于耐热产业用纺织品和纤维增强材料。与其他高性能纤维对比,其性能具体见表 14-5。

表 14-5　PBO 纤维与其他高性能纤维的性能比较

纤维名称	断裂强度/($N \cdot tex^{-1}$)	模量/GPa	断裂伸长率/%	密度/($g \cdot cm^{-3}$)	回潮率/%	*LOI*/%	裂解温度/℃
ZylonHM	3.70	280	2.5	1.56	0.6	68.0	650
ZylonAS	3.70	180	3.5	1.54	2.0	68.0	650
对位芳族聚酰胺	1.95	109	2.4	1.45	4.5	29.0	550
同位芳族聚酰胺	0.47	17	22.0	1.38	4.5	29.0	400
钢纤维	0.35	200	1.4	7.80	0.0	—	—
碳纤维	2.05	230	1.5	1.76	—	—	—
高模量聚酯	3.57	110	3.5	0.96	0.0	16.5	150
聚苯并咪唑(PBI)	0.28	5.60	30.0	1.40	1.5	41.0	550

由表可见,PBO 纤维的强度、模量、耐热性和抗燃性,特别是 PBO 纤维的强度,不仅超过钢纤维,而且高于碳纤维。此外,PBO 纤维的耐冲击性、耐磨性和尺寸稳定性均很优异,并且质轻而柔软,是极其理想的纺织原料。

三、PBO 纤维的生产

(一)PBO 的合成

PBO 的合成可由熔融聚合和溶液聚合一步得到。将 4,6-二氨基间苯二酚盐与对苯二甲腈或对苯二甲酸二苯酯熔融缩聚可得到 PBO。但是目前常用的方法是以含有适量五氧化二磷(P_2O_5)的多聚磷酸(PPA)为溶剂,采用溶液聚合法,由对苯二甲酸(TA)或对苯二甲酰氯(TCL)和 4,6-二氨基-1,3-间苯二酚盐酸盐(DAR)合成 PBO,在聚合过程中,PPA 既是溶剂,也是缩聚催化剂。

高纯度的单体是制备高相对分子质量 PBO 纤维的基础,因此,在合成过程中,要注意单体的纯度不能太低。此外,在反应过程中,及时地去除生成的 H_2O 也是加快反应速度和提高相对分子质量的关键。

(二)PBO纤维的纺丝成型

对于PBO纤维,最初是采用湿法纺丝。但由于湿法纺丝的喷丝头拉伸比较小,很难制得理想的PBO纤维,所以改用类似聚对苯二甲酰对苯二胺(PPTA)纺丝成型的方法,即干-湿法纺丝,得到较好的效果。具体过程为:将合成的PBO聚合物溶于PPA中,制成质量分数为15% ~20%的纺丝原液,然后在温度为90 ~120 ℃条件下进行干-湿法纺丝,在纺丝挤出压力作用下,溶液大分子沿流动方向高度取向,并在凝固浴中凝固成型,随后初生纤维经过中和、水洗、干燥,以及在430 ℃左右的热拉伸处理等工序,制成PBO纤维,其纤维强度和模量分别可达到4.9 GPa和317 GPa。

四、PBO纤维的主要用途

PBO纤维的主要特点是耐热性好、强度和模量高,故其制品应用非常广泛。

(1)长丝的应用:可用于轮胎、胶带(运输带)、胶管等橡胶制品的补强材料,各种塑料和混凝土等的补强材料,弹道导弹和复合材料的增强组分,纤维光缆的受拉件和光缆的保护膜,电热线、耳机线等各种软线的增强纤维,绳索和缆绳等高拉力材料,高温过滤用耐热过滤材料,导弹和子弹的防护设备、防弹背心、防弹头盔和高性能航行服,网球拍、快艇、赛艇等体育器材,高级扩音器振动板、新型通信用材料,航空航天用材料等。

(2)短切纤和浆粕的应用:可用于摩擦材料和密封垫片用补强纤维;各种树脂、塑料的增强材料等。

(3)短纤维的应用:主要用于铝材挤压加工等用的耐热缓冲垫毡;高温过滤用耐热过滤材料;热防护皮带等。

(4)纱线的应用:可用于消防服;炉前工作服、焊接工作服等处理熔融金属现场用的耐热工作服;防切伤的保护服、安全手套和安全鞋;赛车服、骑手服;各种运动服和活动性运动装备;Carrace飞行员服;防割破装备等。

第八节　聚苯并咪唑纤维

一、PBI纤维概述

20世纪60年代初,美国伊利诺伊州立大学(Illinois University)的H. Vogel和C. S. Marvel首次采用二元酸与四胺反应制备了芳香族PBI,这种芳香族聚苯并咪唑具有突出的耐热和抗氧化性能。

1963年,美国赛拉尼斯(Celanese)公司与美国空军材料试验所(AFML)合作开发PBI纤维(polybenzimidazole fibers),用于制作火箭收回的降落伞。从20世纪70年代后期到80年代,赛拉尼斯公司在PBI及其纤维制备工业技术方面相继几次取得突破性进展。1983年,赛拉尼斯公司以3,3′,4,4′-四氨基联苯胺(TAB)和间苯二甲酸二苯酯(DPIP)为原料单体合成聚苯并咪唑,以二甲基乙酰胺(DMAc)为溶剂,采用溶液纺丝技术批量生产PBI纤维并进行商品化,用于制造防护服和阻燃材料,1986年产量达500 t,并在世界范围内投放市场。20世纪80年代,除美国外,英国、法国、日本及苏联都相继开展了PBI纤维的研究工作,开发出一些类似的产品,但产量都不大。

我国在20世纪70年代也曾经试制过这种纤维,目前国内对于PBI纤维的研制都处于初始阶段。

二、PBI纤维的结构与性能

PBI纤维,学名为聚2,2-间苯撑-5,5-二苯并咪唑纤维,简称为聚苯并咪唑纤维,是一种溶致性液晶杂环聚合物。通常由芳香族胺与芳香族二元羧酸或其衍生物缩聚而得。其分子结构式如下所示:

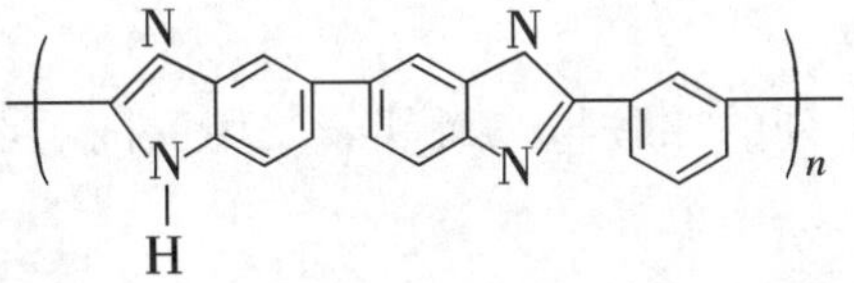

PBI是一类主链上含有苯并咪唑重复单元的杂环聚合物,其分子主链具有梯形结构,按主链的分子结构可分为两大类:L-PBI(分子链有部分脂肪链)和A-PBI(主链全部是芳香环)。L-PBI于1959年首先出现于美国杜邦公司的专利中,A-PBI于1961年首次被报道。独特的刚棒性分子结构和苯并咪唑具有的性能,共同赋予了PBI纤维优越的性能。同时也由于其分子的刚性大、分子间的氢键较强,且聚合物分子链上缺少侧基团,导致PBI溶解性差,聚合物抗压缩性和纤维复合黏结性差,纺丝成型加工难等,一定程度上限制了其应用。

PBI纤维的物理性能为:纤维为金黄色,经酸处理后纤维密度由1.39 g/cm^3提高到1.43 g/cm^3左右;具有很高的玻璃化转变温度,在400 ℃以上;纤维抗张强度为39.7~43.2 cN/dtex(短纤维为27.4 cN/dtex),延伸率为23%~24%(短纤维为30%);纤维吸湿率为15%,高于棉、丝及普通化学纤维,手感柔软,吸湿性强,因此其织物具有良好的服用舒适性。

PBI纤维的突出性能是具有优良的耐高温特性,在火焰及高温下仍有良好的尺寸稳定性,在空气中不燃烧,在氧气中燃烧缓慢。同时,PBI纤维还具有优良的耐低温性能,即使在液氮温度环境下仍能呈现类似室温条件下的性能。此外,PBI纤维可耐强酸、强碱、有机溶剂,是唯一兼有耐高温、耐化学品腐蚀及良好纺织性能的合成纤维。

三、PBI纤维的生产

(一)PBI的合成

PBI的合成方法有四种,即熔融缩聚法、溶液缩聚法、母体法、亲核取代法。工业上一般采用熔融本体缩聚工艺来制备PBI,即在惰性气体(一般为氮气)保护下,将TAB和DPIP和催化剂一起放入反应器中,边搅拌边迅速加热到225 ℃左右,停止搅拌,反应温度升至270 ℃左右,并保持1.5 h;将所得的发泡状产物冷却至室温,磨碎,然后将磨碎的预聚物重新放入反应器中,在氮气的保护下于340 ℃左右反应1 h,得到高分子量的聚苯并咪唑树脂。

由于PBI熔点高和难溶于普通溶剂,所以其纤维成型、树脂加工等比较困难。为此,可以通过化学改性的方法,在PBI大分子主链上引入其他结构基团,如苯并醌酰亚胺、苯并恶唑、三唑等,改进PBI的纺丝加工性能。

(二)PBI纤维的纺丝成型

PBI纤维的制备可通过干法或湿法纺丝加工,纺丝溶剂主要有硫酸-水溶液、二甲基甲酰胺(DMF)、二甲基亚砜(DMSO)和二甲基乙酰胺(DMAc),其中DMAc较为理想,是最适宜的纺丝溶剂。

美国的纺丝方法是将3,3'-二氨基联苯胺和间苯二甲酸二苯酯在DMAc中缩聚而成,反应生成的低分子——苯酚和水以气泡的形式残留在聚合物中,经粉碎后在375~400 ℃下加热2~3 h,将低分子充分蒸发。将聚合物溶解在含有少量氯化锂的DMAc溶剂中配成质量分数为20%~30%的纺丝原液,经过滤通过喷丝孔挤出。高温干法纺丝制成的纤维,固化后在400~500 ℃下拉伸,丝束再用质量分数为2%的硫酸-磺酸盐处理成为稳定的PBI结构,磺化后于500 ℃下热处理,以改进纤维在高温或火焰中的收缩性,最后再经过水洗、拉伸、酸洗等一系列处理,卷绕成丝筒。

俄罗斯则采用苯并咪唑系列的二胺与二氯邻苯二甲酸醚,在DMAc中缩聚后直接湿纺而得PBI纤维。

四、PBI纤维的主要用途

PBI纤维优良的耐高温性能,使得它在耐高温过滤织物、保护服、宇航服、飞行器内饰及其他许多耐高温方面有着重要应用。PBI纤维的抗燃特性突出,可用于制作消防服、防火服、飞行服、赛车服、救生服,以及钢铁、玻璃等制造业的工作服等。

PBI纤维在高温环境下不燃烧,无毒无烟,可用于飞机、潜艇及列车等的内饰材料,如装饰品、窗帘、地毯、座椅布、盖布及各种带状物等。在工业上,利用PBI纤维的耐热抗燃、耐化学试剂等特点,制成的滤布或织物可用于工业产品过滤、废水及淤泥类过滤、粉土捕集、烟道气和空气过滤、高温或腐蚀性物料的传输等。

复习指导

1. 了解本章哪些纤维是民用的,哪些纤维是产业用的。
2. 了解各种纤维的生产概况。
3. 熟记各种纤维的名称,了解其化学组成。
4. 了解特殊纤维的特种用途。
5. 了解新纤维的发展前景。

习题与思考

1. 为什么现在维尼纶很少作为服用纤维?
2. 写出PBO、PBI和PSA纤维的化学结构式。
3. PBO纤维和PBI纤维有何异同?
4. 简述PVA纤维的生产流程。
5. 简述高性能聚乙烯纤维的加工原理。

主要参考文献

[1] 肖长发,尹翠玉.化学纤维概论[M].3版.北京:中国纺织出版社,2015.
[2] 沈新元.化学纤维手册[M].北京:中国纺织出版社,2008.
[3] 薛元,易洪雷,敖利民,等.纺织导论[M].北京:化学工业出版社,2013.
[4] 姚穆.纺织材料学[M].北京:中国纺织出版社,2015.
[5] 祖立武.化学纤维成型工艺学[M].哈尔滨:哈尔滨工业大学出版社,2014.
[6] 邬国铭.高分子材料加工工艺学[M].北京:中国纺织出版社,2000.
[7]董纪震,何勤功,濮德林.合成纤维生产工艺学[M].北京:纺织工业出版社,1994.
[8]李光.高分子材料加工工艺学[M].北京:中国纺织出版社,2010.
[9]白伦,谢瑞娟,李明忠.长丝工艺学[M].上海:东华大学出版社,2011.
[10]朱建民.聚酰胺纤维[M].北京:化学工业出版社,2014.
[11]侯湘湘.己内酰胺的供需现状及发展趋势[J].合成纤维工业,2011,34(4):44-47.
[12]王素玉.聚丙烯纤维现状及发展趋势[J].合成树脂及塑料,2011,28(5):73-77.
[13]董旭东.腈纶纤维的亲水改性方法[J].炼油与化工,2005(3):40-41.
[14]张玉海.阻燃聚丙烯腈纤维生产技术现状[J].现代纺织技术,2002,10(2):27-29.
[15]张幼维,赵炯心,张斌,等.抗菌防臭腈纶[J].合成技术及应用,1999(2):33-36.
[16]肖耀南,曾汉民,张菊梅等.含多官能团功能聚丙烯腈纤维抗菌消臭机理的研究[J].合成纤维工业,2002,25(3):12-16.
[17]徐静,黄翔宇,等.抗起毛起球腈纶的开发与应用前景[J].合成纤维,2005,34(10):36.
[18]严国良.抗起球腈纶的纺丝工艺研究[J].合成纤维,2009,38(10):37.
[19]焦明立,俞力为,肖茹,等.水解聚丙烯腈/大豆分离蛋白凝胶纤维的电刺激性能[J].材料研究学报,2005,19(6):663-668.
[20]逄奉建.新型再生纤维素纤维[M].沈阳:辽宁科学技术出版社,2009.
[21]万雅波,王善元.天丝纤维的结构和性能特性[J].上海纺织科技,1999,27(3):5-8.
[22]王永宽,杨锁廷.天丝纤维的结构与性能[J].中国纤检,2005(3):47-48.
[23]李瑞洲,庞金玲.Tencel纤维性能分析及其产品开发[J].河北科学大学学报,1998,19(2):47-49.
[24]郝立军,程隆棣,于修业.天丝纤维性能及其纱线质量测试分析[J].棉纺织技术,2000,28(6):44-46.
[25]周群娣,邹小祥.天丝纤维性能与纺纱措施[J].棉纺织技术,2012,40(1):45-48.
[26]梁玉华,王秀燕.天丝纤维的染色性能研究[J].上海纺织科技,2005,33(6):10-11.
[27]刘行燕,王跃存.天丝纤维结构性能对比分析[J].山东纺织科技,2013,54(66):33-35.
[28]韩增强,武志云,汪少朋.Lyocell纤维纺丝溶剂NMMO回收工艺[J].纺织学报,2008,29(6):15-19.
[29]蔡剑.低温多效蒸发组合蒸气喷射热压缩系统用于NMMO回收[J].合成纤维,2013,42(6):14-17.
[30]YANG H H. Aramid fibers[J]. Comprehensive Composite Materials, 2003(1): 199-229.
[31]陈蕾,胡祖明,刘兆峰.芳纶1313纤维制备技术进展[J].高分子通报,2004(6):2-8.
[32]王曙中,王庆瑞,刘兆峰.高科技纤维概论[M].上海:中国纺织大学出版社,1999:338-347.

[33]汪晓峰,张玉华.芳砜纶的性能及其应用[J].纺织导报,2005(1):18-23.
[34]宋江超.芳砜纶纤维的发展和应用[J].国外丝绸,2009(2):39-40.
[35]张怀良.新型芳纶纤维[J].化工新型材料,1986(6):33.
[36]过梅丽.芳纶纤维发展新动态[J].复合材料学报,1988(1):81-82.
[37]沈庆鉴.俄罗斯国产芳纶纤维达到世界水平[J].材料导报,1992(6):59-60.
[38]丁雪梅,吴雄英.芳纶1313耐高温阻燃纤维的性能特点介绍[J].高科技纤维与应用,1996(S5):32-36.
[39]毕鸿章.俄罗斯的Armos纤维[J].高科技纤维与应用,2001(1):38.
[40]翟真.一种新型芳纶纤维:ARMOS纤维[J].济南纺织化纤科技,2001(3):41-44.
[41]王丽丽,陈蕾,胡盼盼,等.芳纶1313纤维的研制[J].上海纺织科技,2005(1):12-14.
[42]罗益峰.芳纶的新动向与新进展[J].化工新型材料,1990(6):2-10.
[43]向红兵,胡祖明,陈蕾.芳香族聚酰胺纤维改性技术进展[J].高分子通报,2008(9):47-54.
[44]赵稼祥,姚海文,丁光安.芳纶14、芳纶1414和Kevlar49的结构鉴定和性能分析研究[J].宇航材料工艺,1987(2):28-33.
[45]谢云峰,王亚涛,李顺常.碳纤维技术研究及发展状况[J].化工新材料,2013,44(5):25-27;
[46]王成国,朱波.聚丙烯腈基碳纤维[M].北京:科学出版社,2011.
[47]卢天豪,陆文晴,童元建.聚丙烯腈基碳纤维高温石墨化综述[J].高科技纤维与应用.2013,38(3):46-53.
[48]贺福.碳纤维及石墨纤维[M].北京:化学工业出版社,2010.
[49]刘淑强.聚乳酸纤维[M].上海:东华大学出版社,2012.
[50]吴改红,刘淑强.聚乳酸纤维及其纺织品[M].上海:东华大学出版社,2014.
[51]杨建忠.新型纺织材料及应用[M].上海:东华大学出版社,2011.
[52]杨斌.绿色塑料聚乳酸[M].北京:化学工业出版社,2007:9.
[53]任杰.生物可降解聚乳酸材料的制备、改性、加工与应用[M].北京:清华大学出版社,2011.
[54]刘淑强,戴晋明,贾虎生,等.纺长丝用聚乳酸切片的干燥工艺[J].纺织学报,2012,33(7):21-25.
[55]吴改红,刘淑强.纺丝温度对可降解聚乳酸长丝性能的影响[J].合成纤维,2012,41(1):20-22,38.
[56]刘淑强,张蕊萍,贾虎生,等.可生物降解聚乳酸长丝的熔融纺丝工艺[J].纺织学报,2012,33(11):11-14.
[57]宗亚宁.化学纤维概论新型纺织材料及应用[M].北京:中国纺织出版社,2009.
[58]冯建永.牛奶蛋白纤维的结构、性能及应用[J].化纤与纺织技术,2008(4):27-29.
[59]李克兢,何建新,崔世忠.牛奶蛋白纤维的结构与性能[J].纺织学报,2006,27(8):57-60.
[60]李辉芹.牛奶蛋白纤维的性能与制备[J].江苏丝绸,2006(4):7-9.
[61]阮超明,俞建勇,王妮.牛奶蛋白纤维的组成与结构研究[J].西安工程大学学报,2008,22(1):6-10.
[62]赵博.牛奶纤维的性能及其开发应用[J].合成纤维,2005(1):41-43.
[63]潘丽娜,石风俊.牛奶纤维理化性能及其开发应用探讨[J]山东纺织科技,2007(5):41-43.
[64]王红,翁阳,邢声远.牛奶蛋白纤维的性能及其应用[J].北京联合大学学报(自然科学版),2011,25(3):51-54.
[65]储云,陈峰,余旭飞,等.牛奶纤维的发展与应用[J].山东纺织经济,2007(4):63-66.
[66]王敏.牛奶纤维的生产与服用性能[J].广西化纤通讯,2003(1):31-32.
[67]杨旭红.牛奶纤维Chinon的性能与特征[J].丝绸,1999(11):39-41.
[68]李国利,李惠军.牛奶蛋白纤维基本性能的测试分析[J].山东纺织科技,2010(4):27-29.
[69]叶光斗,刘鹏清,李守群.等.聚苯硫醚纤维发展现状与应用[J].北京服装学院学报(自然科学版),2007,27(4):52-59.
[70]王桦.聚苯硫醚纤维的发展现状及其应用[J].产业用纺织品,2007(7):1-4.
[71]吴鹏飞,贾海峰,史贤宁,等.国产纤维级聚苯硫醚树脂性能研究[J].非织造布,2011,19(2):12-14.
[72]马海燕,张浩,刘兆峰.聚苯硫醚纤维的纺丝与改性[J].纺织导报,2006(4):77-79.

[73]张浩,马海燕,胡祖明,等.纤维级聚苯硫醚的研究进展[J].材料导报,2006,20(9):64-68.
[74]李刚,刘婷,陈彦模,等.聚苯硫醚纤维的研究与发展[J].合成技术及应用,2005,20(3):30-33.
[75]肖长发.高性能纤维发展概况[J].纺织导报,2005(9):50-55.
[76]朱长春,吕国会.中国聚氨酯产业现状及“十三五”发展规划建议[J].聚氨酯工业,2015(3):1-25.
[77]李栋高,蒋惠钧,潘志娟,等.纤维材料学[M].北京:中国纺织出版社,2006.
[78]徐彤.熔纺聚氨酯纤维改性研究[D].苏州:苏州大学,2005:2-3.
[79]李平舟.聚氨酯纤维异军突起 走俏市场掘金蓝海[J].环球聚氨酯,2016(1):86-89.
[80]刘凉冰.聚氨酯的化学降解及其性能[J].聚氨酯工业,2001(2):5-6
[81]徐谷仓,沈淦清.含氨纶弹性织物染整[M].北京:中国纺织出版社,2004.
[82]刘丹,王静刚,李俊贤,等.聚氨酯弹性纤维发展概况[J].化学推进剂与高分子材料,2007,1(5):20-26.
[83]钱伯章.国内外氨纶生产现状和市场分析(上)[J].上海化工,2006(7):44-46.
[84]郭大生,王文科.熔纺聚氨酯纤维[M].北京:中国纺织出版社,2003.
[85]韩秀山,杨涛,董宏伟.氨纶纤维的生产技术及发展趋势[J].化工科技市场,2004(2):14-18.
[86]杨健华,袁峰,王文科.聚氨酯熔法纺丝工艺路线[J].聚酯工业,2002(3):13-15.
[87]杨涛锋,陈大俊,李瑶君.熔纺氨纶的制备方法及性能[J].聚氨酯工业,2000(1):1-4.
[88]赵跃,谭玉荣,马辉,等.影响熔纺氨纶质量因素探讨[J].聚酯工业,2003(3):9-11.
[89]薛孝川,郑巩伟.熔纺氨纶生产技术[J].广东化纤,2001(3):25-28.
[90]王曙中.高科技纤维概论[M].上海:东华大学出版社,2014.
[91]HEARLE J W S.高性能纤维[M].马渝茳,译.北京:中国纺织出版社,2004.